火电厂热控专业规程解读

中国自动化学会发电自动化专业委员会　组编　　罗志浩　主编

内 容 提 要

本书由中国自动化学会发电自动化专业委员会组织编写，内容包括现行有效的涉及燃煤、燃气火力发电机组的整个热力系统、热工过程控制设备与系统、设计与安装调试、运行维护与检修、热工技术与监督管理、网源协调管理等相关的国标、行标及管理规定。

本书由国内长期从事火电机组热控专业管理、调试、生产、监督、科研的技术工作者精心编撰而成。本书对有关热工专业的技术和管理的规程和标准进行了精选，系统地介绍了各规程或标准的制定背景，并对主要内容进行特征提取和分析，从有利于相关火电厂热工工作的技术人员快速从中萃取出符合自己需求的角度，总结出有关热工技术和管理全方面内容的概要，以帮助读者快速了解有关热工的各项技术内容和管理办法，从而再针对性地对相关详细规程和标准进行学习和理解，以指导发电生产实际过程中的控制系统设计、检修、运行、维护与管理等全过程，提升工作的本质安全性和方案权威性。

本书适合于从事火电厂设计、安装调试、运行维护、科研等技术人员阅读使用。

图书在版编目（CIP）数据

火电厂热控专业规程解读 / 罗志浩主编；中国自动化学会发电自动化专业委员会组编. —北京：中国电力出版社，2017.1（2020.5重印）
ISBN 978-7-5123-9806-1

Ⅰ. ①火…　Ⅱ. ①罗…　②中…　Ⅲ. ①火电厂－热力系统－规程－中国　Ⅳ. ①TM621.4-65

中国版本图书馆 CIP 数据核字（2016）第 226654 号

中国电力出版社出版、发行
（北京市东城区北京站西街 19 号　100005　http://www.cepp.sgcc.com.cn）
三河市航远印刷有限公司印刷
各地新华书店经售

*

2017 年 1 月第一版　　2020 年 5 月北京第二次印刷
787 毫米×1092 毫米　16 开本　16.75 印张　403 千字
印数 1501—2500 册　　定价 **52.00** 元

《火电厂热控专业规程解读》

编 审 人 员

主　编　罗志浩

副主编　郭海峰　李法众　杨明花

参　编　郑卫东　刘玉成　杨震力　吴永存

　　　　陈　波　陈　卫　戴航丹　王　会

　　　　陈小强　丁俊宏　李　泉　陈金丹

　　　　金冯梁　章卫军　许柏和

主　审　尹　峰

前 言

随着科学技术的发展，机组容量不断增大，热工技术和管理办法日新月异，热工自动化系统已覆盖到发电厂的各个角落，并在不断地朝着信息融合、安全、智慧发电等方向蓬勃发展。同时，热工自动化技术及设备的复杂程度提高及新工艺、新需求、新型自动化装置系统使得热工专业人员对掌握测量和控制技术、理解网源协调管理办法提出了更高要求。所有这些相关工作势必在权威文件的指导下开展和学习，然后在众多的行业规程、国家标准、管理办法中体现。如何高效地找出适合自己需求的标准是广大热工技术人员的普遍困惑。

新建机组数量的不断增加伴随着对热工技术人员需求的不断增加，对热工专业人员的专业知识和运行维护能力也提出了更高层次的要求。因此提高热工自动化系统的技术水平与运行可靠性，以人为本，通过加强热工人员的技术培训，提高热工人员的技术素质，是热工管理工作中急需的，也是一项长期的重要工作。

为了推动热工相关工作的行业规程、国家标准、网源协调各项管理办法等的有效实施，协助做好热工专业的技术规范性和有效性，给广大热工技术人员提供切合实际的高效的标准浓缩版集萃，根据中国自动化学会发电自动化专业委员会的意见，组织国网浙江省电力公司电力科学研究院、华能玉环电厂、神华国华（天津）盘山发电公司、神华国华宁海电厂、神华国华舟山发电有限公司、浙江浙能温州发电有限公司、浙江浙能嘉兴发电有限公司、浙江浙能乐清发电有限公司等单位编写本书。本书主要有以下特点：

（1）全面性：该书精选的各项行业规程、国家标准、管理办法涉及热工相关的重要领域，包括火电厂设计、安装调试、运行维护、计量、热工设备、网源协调等。

（2）有效性：内容不仅全面，而且是最新的有关热工过程控制设备与系统、安装调试与检修运行维护、热工监督与管理等的权威规程和标准。

（3）简洁性：按设计、安装、验收、试验、检修和管理的划分进行编写，并就各项内容进行重点解读，适合发电厂热工专业因分工不同而开展的培训需要。

在编写过程中，参编单位领导给予了大力支持，众多专家在研讨会与审查会中提出了宝贵的修改意见，使编写组受益良多，在此一并表示衷心感谢。希望该书的出版，有助于读者热工专业知识的系统性提高。

最后，特别感谢中国自动化学会发电自动化专业委员会，没有他们的支持，也就没有本书的成功出版。

罗志浩

2016 年 10 月

目　录

前言

第一章　一般性术语……1

第一节　行标基本术语……1

1　DL/T 701—2012 火力发电厂热工自动化术语……1

2　DL/T 861—2004 电力可靠性基本名词术语……4

第二节　国标基本术语……6

3　GB/T 4270—1999 技术文件用热工图形符号与文字代号……6

4　GB/T 13983—1992 仪器仪表基本术语……6

5　GB/T 15135—2002 燃气轮机　词汇……8

6　GB/T 26863—2011 火电站监控系统术语……10

第三节　计量技术规范基本术语……14

7　JJF 1004—2009 流量计量名词术语及定义……14

8　JJF 1007—2007 温度计量名词术语及定义……15

第二章　规范设计技术要求……17

第一节　行标规范设计技术要求……17

9　DL/T 316—2010 电网水调自动化功能规范……17

10　DL/T 435—2004 电站煤粉锅炉炉膛防爆规程……18

11　DL/T 475—2006 接地装置特性参数测量导则……18

12　DL/T 520—2007 火力发电厂入厂煤检测实验室技术导则……19

13　DL/T 526—2013 备用电源自动投入装置技术条件……20

14　DL/T 589—2010 火力发电厂燃煤锅炉的检测与控制技术条件……21

15　DL/T 590—2010 火力发电厂凝汽式汽轮机的检测与控制技术条件……21

16　DL/T 591—2010 火力发电厂汽轮发电机的检测与控制技术条件……22

17　DL/T 592—2010 火力发电厂锅炉给水泵的检测与控制技术文件……23

18　DL/T 642—2016 隔爆型阀门电动执行机构……23

19　DL/T 677—2009 发电厂在线化学仪表检验规程……24

20　DL/T 775—2012 火力发电厂除灰除渣控制系统技术规程……26

21　DL/T 834—2003 火力发电厂汽轮机防进水和冷蒸汽导则……26

22　DL/T 907—2004 热力设备红外检测导则……27

23　DL/T 924—2005 火力发电厂厂级监控信息系统技术条件……28

24　DL/T 960—2005 燃煤电厂烟气排放连续监测系统订货技术条件……29

25　DL/T 996—2006 火力发电厂汽轮机电液控制系统技术条件……30

26　DL/T 1022—2006 火电机组仿真机技术规范……32

27 DL/T 1073—2007 电厂厂用电源快速切换装置通用技术条件……33
28 DL/T 1074—2007 电力用直流和交流一体化不间断电源设备……34
29 DL/T 1083—2008 火力发电厂分散控制系统技术条件……34
30 DL/T 1091—2008 火力发电厂锅炉炉膛安全监控系统技术规程……36
31 DL/T 5001—2004 火力发电厂工程测量技术规程……36
32 DL/T 5004—2010 火力发电厂试验、修配设备及建筑面积配置导则……38
33 DL/T 5174—2003 燃气-蒸汽联合循环电厂设计规定……40
34 DL/T 5175—2003 火力发电厂热工控制系统设计技术规定……41
35 DL/T 5182—2004 火力发电厂热工自动化就地设备安装管路及电缆设计技术规定……43
36 DL/T 5227—2005 火力发电厂辅助系统（车间）热工自动化设计技术规定……45
37 DL/T 5294—2013 火力发电建设工程机组调试技术规范……47
38 DL/T 5374—2008 火力发电厂初步可行性研究报告内容深度规定……49
39 DL/T 5427—2009 火力发电厂初步设计文件内容深度规定……50
40 DL/T 5428—2009 火力发电厂热工保护系统设计技术规定……51
41 DL/T 5455—2012 火力发电厂热工电源及气源系统设计技术规程……52
42 DL/T 5455—2012 火力发电厂热工电源及气源条文说明……53
第二节　国标规范设计技术要求……54
43 GB/T 1226—2010 一般压力表……54
44 GB/T 1227—2010 精密压力表……55
45 GB/T 2624.1—2006 用安装在圆形截面管道中的差压装置测量满管流体流量　第 1 部分：一般原理和要求……56
46 GB/T 2624.2—2006 用安装在圆形截面管道中的差压装置测量满管流体流量　第 2 部分：孔板……56
47 GB/T 2624.3—2006 用安装在圆形截面管道中的差压装置测量满管流体流量　第 3 部分：喷嘴和文丘里喷嘴……57
48 GB/T 2624.4—2006 用安装在圆形截面管道中的差压装置测量满管流体流量　第 4 部分：文丘里管……58
49 GB/T 3214—2007 水泵流量的测定方法……59
50 GB/T 4213—2008 气动调节阀……60
51 GB/T 6379.1—2004 测量方法与结果的准确度（正确度与精密度）第 1 部分：总则与定义……61
52 GB/T 6379.2—2004 测量方法与结果的准确度（正确度与精密度）第 2 部分：确定标准测量方法的重复性和再现性的基本方法……64
53 GB/T 6379.4—2006 测量方法与结果的准确度（正确度与精密度）第 4 部分：确定标准测量方法正确度的基本方法……65
54 GB/T 6379.5—2006 测量方法与结果的准确度（正确度与精密度）第 5 部分：确定标准测量方法精密度的可替代方法……67
55 GB/T 6587—2012 电子测量仪器通用规范……69

56 GB 7260.1—2008 不间断电源设备　第 1-1 部分：操作人员触及区使用的 UPS 的一般规定和安全要求……69
57 GB 7260.2—2009 不间断电源设备（UPS）　第 2 部分：电磁兼容性（EMC）要求……70
58 GB/T 7260.3—2003 不间断电源设备（UPS）　第 3 部分：确定性能的方法和试验要求……71
59 GB 7260.4—2008 不间断电源设备　第 1-2 部分：限制触及区使用的 UPS 的一般规定和安全要求……72
60 GB/T 7721—2007 连续累计自动衡器（电子皮带秤）……73
61 GB/T 10868—2005 电站减温减压阀……73
62 GB/T 10869—2008 电站调节阀……75
63 GB/T 11826—2002 转子式流速计……75
64 GB/T 12233—2006 通用阀门铁制截止阀与升降式止回阀……77
65 GB/T 13399—1992 汽轮机安全监视装置技术条件……78
66 GB/T 16839.1—1997 热电偶　第一部分：分度表……79
67 GB/T 16839.2—1997 热电偶　第二部分：允差……79
68 GB/T 17563—2008 可编程测量设备接口系统（字节串行、位并行）的代码、格式、协议和公共命令……80
69 GB/T 18039.3—2003 电磁兼容　环境　公用低压供电系统低频传导骚扰及信号传输的兼容水平……81
70 GB/T 18039.4—2003 电磁兼容　环境　工厂低频传导骚扰的兼容水平……82
71 GB/T 18268.1—2010 测量、控制和实验室用的电设备电磁兼容性要求　第 1 部分：通用要求……83
72 GB/T 18272.4—2006 工业过程测量和控制系统评估中系统特性的评定　第 4 部分：系统性能评估……84
73 GB/T 18272.6—2006 工业过程测量和控制系统评估中系统特性的评定　第 6 部分：系统可操作性评估……86
74 GB 50049—2011 小型火力发电厂设计规范……87
75 GB 50660—2011 大中型火力发电厂设计规范……88
第三节　国家计量检定规程设计技术要求……89
76 JJG 49—2013 弹性元件式精密压力表和真空表检定规程……89
77 JJG 51—2003 带平衡液柱活塞式压力真空计检定规程……89
78 JJG 52—2013 弹性元件式一般压力表、压力真空表和真空表检定规程……90
79 JJG 59—2007 活塞式压力计检定规程……90
80 JJG 74—2005 工业过程测量记录仪检定规程……91
81 JJG 105—2000 转速表检定规程……92
82 JJG 115—1999 标准铜-铜镍热电偶检定规程……93
83 JJG 119—2000 实验室 pH（酸度）计检定规程……93
84 JJG 130—2011 工作用玻璃液体温度计……94

85 JJG 131—2004 电接点玻璃水银温度计检定规程……95
86 JJG 134—2003 磁电式速度传感器检定规程……95
87 JJG 159—2008 双活塞式压力真空计检定规程……96
88 JJG 161—2010 标准水银温度计检定规程……96
89 JJG 160—2007 标准铂电阻温度计检定规程……97
90 JJG 195—2002 连续累计自动衡器（皮带秤）检定规程……97
91 JJG 225—2001 热能表检定规程……98
92 JJG 226—2001 双金属温度计检定规程……98
93 JJG 229—2010 工业铂、铜热电阻……99
94 JJG 241—2002 精密杯形和 U 形液体压力计检定规程……99
95 JJG 257—2007 浮子流量计检定规程……100
96 JJG 310—2002 压力式温度计检定规程……100
97 JJG 326—2006 转速标准装置检定规程……101
98 JJG 351—1996 工作用廉金属热电偶检定规程……101
99 JJG 368—2000 工作用铜-铜镍热电偶检定规程……102
100 JJG 376—2007 电导率仪检定规程……102
101 JJG 499—2004 精密露点仪检定规程……103
102 JJG 535—2004 氧化锆氧分析器检定规程……103
103 JJG 633—2005 气体容积式流量计检定规程……103
104 JJG 640—1994 差压式流量计检定规程……104
105 JJG 856—2015 工作用辐射温度计检定规程……104
106 JJG 860—2015 压力传感器（静态）检定规程……105
107 JJG 874—2007 温度指示控制仪检定规程……105
108 JJG 875—2005 数字压力计检定规程……106
109 JJG 882—2004 压力变送器检定规程……106
110 JJG 951—2000 模拟式温度指示调节仪检定规程……107
111 JJG 971—2002 液位计检定规程……107
112 JJG 985—2004 高温铂电阻温度计工作基准装置检定规程……108
113 JJG 1003—2005 流量积算仪检定规程……108
114 JJG 1029—2007 涡街流量计检定规程……109
115 JJG 1030—2007 超声流量计检定规程……109
116 JJG 1033—2007 电磁流量计检定规程……109
第四节　国家计量技术规范设计技术要求……110
117 JJF 1184—2007 热电偶检定炉温度场测试技术规范……110
118 JJF 1030—2010 恒温槽技术性能测试规范……110
119 JJF 1098—2003 热电偶、热电阻自动测量系统校准规范……111
120 JJF 1157—2006 测量放大器校准规范……111
121 JJF 1171—2007 温度巡回检测仪校准规范……112
122 JJF 1182—2007 计量器具软件测试指南……113

123 JJF 1183—2007 温度变送器检定规程……114
第五节 国家标准化指导性技术文件设计技术要求……115
124 GB/Z 18039.1—2000 电磁兼容 环境 电磁环境的分类……115
125 GB/Z 18039.2—2000 电磁兼容 环境 工业设备电源低频传导骚扰发射水平的评估……116
126 GB/Z 18039.5—2003 电磁兼容 环境 公用供电系统低频传导骚扰及信号传输的电磁环境……116
127 GB/Z 18039.6—2005 电磁兼容 环境 各种环境中的低频磁场……118
第六节 国家标准化技术规范书设计技术要求……119
128 GRK95-51 火力发电厂分散控制系统技术规范书……119
129 GRK95-52 火力发电厂锅炉炉膛安全监控系统技术规范书……121
130 GRK95-56 火力发电厂除灰除渣控制系统技术规范书……122
131 GRK95-59 火力发电厂热工自动化系统电动执行机构技术规范书……123
132 GRK95-60 火力发电厂热工自动化系统气动执行机构技术规范书……124
133 GRK98-54 火力发电厂汽机控制系统技术规范书……125
134 GRK98-55 火力发电厂给水泵汽机控制系统技术规范书……128
135 GRK98-61 火力发电厂补给水控制系统技术规范书……129
136 GRK98-62 火力发电厂凝结水精处理控制系统技术规范书……131
137 GRK98-63 火力发电厂反渗透脱盐控制系统技术规范书……132
第七节 振动标准设计技术要求……134
138 JJG 189—1997 机械式振动试验台检定规程……134
139 JJG 190—1997 电动式振动试验台检定规程……134
140 JJG 298—2015 标准振动台检定规程……135
141 JJG 637—2006 高频标准振动台……135
142 JJG 644—2003 振动位移传感器检定规程……136
第八节 机械行业标准设计技术要求……137
143 JB/T 6513—2002 锅炉灭火保护装置检定规程……137
144 JB/T 7340—2007 液位检测器……137
145 JB/T 7352—2010 工业过程控制系统用电磁阀检定规程……138
146 JB/T 8864—2004 阀门气动装置技术条件……139
147 JB/T 10500.1—2005 电机用埋置式热电阻 第 1 部分：一般规定、测量方法和检验规则……139
148 JB/T 10500.2—2005 电机用埋置式热电阻 第 2 部分：铂热电阻技术要求……141
149 JB/T 10500.3—2005 电机用埋置式热电阻 第 3 部分：铜热电阻技术要求……142
150 JB/T 10549—2006 SF_6 气体密度继电器和密度表通用技术条件……142
151 JB/T 10564—2006 流量测量仪表基本参数……143
第九节 环境保护行业标准设计技术要求……143
152 HJ/T 75—2007 固定污染源烟气排放连续监测技术检定规程……143

第十节　环境保护行业标准设计技术要求……144
153　SLT 184—1997 超声波水位计……144
154　SLT 185—1997 超声波测深仪……145
155　SLT 186—1997 超声波流速仪……147
第十一节　热工自动化标准化技术委员会标准技术要求……148
156　DRZ/T 01—2004 火力发电厂锅炉汽包水位测量系统技术规定……148
第三章　安装验评……150
第一节　行标安装验评……150
157　DL 5161.5—2002 电气装置安装工程质量检验及评定规程　第 5 部分：电缆线路施工质量检验……150
158　DL 5190.4—2012 电力建设施工技术规范　第 4 部分：热工仪表及控制装置……151
159　DL/T 5191—2004 风力发电场项目建设工程验收规程……153
160　DL/T 5210.4—2009 电力建设施工质量验收及评价规程　第 4 部分：热工仪表及控制装置……155
161　DL/T 5257—2011 火电厂烟气脱硝工程施工验收技术规程……158
162　DL 5277—2012 火电工程达标投产验收规程……159
163　DL/T 5344—2006 电力光纤通信工程验收规范……161
164　DL/T 5403—2007 火电厂烟气脱硫工程调整试运及质量验收评定规程……164
165　DL/T 5417—2009 火电厂烟气脱硫工程施工质量验收及评定规程……166
166　DL/T 5436—2009 火电厂烟气海水脱硫工程调整试运及质量验收评定规程……168
167　DL/T 5437—2009 火力发电建设工程启动试运及验收规程……170
第二节　国标安装验评……171
168　GB 12978—2003 消防电子产品检验规则……171
169　GB/T 18929—2002 联合循环发电装置验收试验……172
170　GB 50093—2013 自动化仪表工程施工及质量验收规范……173
第四章　在线验收测试……178
第一节　行标在线验收测试……178
171　DL/T 260—2012 燃煤电厂烟气脱硝装置性能验收试验规范……178
172　DL/T 262—2012 火力发电机组煤耗在线计算导则……178
173　DL/T 655—2006 火力发电厂锅炉炉膛安全监控系统验收测试规程……180
174　DL/T 656—2006 火力发电厂汽轮机控制系统验收测试规程……181
175　DL/T 657—2015 火力发电厂模拟量控制系统验收测试规程……183
176　DL/T 658—2006 火力发电厂开关量控制系统验收测试规程……184
177　DL/T 659—2006 火力发电厂分散控制系统验收测试规程……185
178　DL/T 711—2000 汽轮机调节控制系统试验导则……187
179　DL/T 824—2002 汽轮机电液调节系统性能验收导则……188

180 DL/T 851—2004 联合循环发电机组验收试验 …… 189
181 DL/T 913—2005 火电厂水质分析仪器质量验收导则 …… 191
182 DL/T 1012—2006 火力发电厂汽轮机监视和保护系统验收测试规程 …… 192
183 DL/T 1201—2013 发电厂低电导率水 pH 在线测量方法 …… 193
184 DL/T 1210—2013 火力发电厂自动发电控制性能测试验收规程 …… 194
185 DL/T 1213—2013 火力发电机组辅机故障减负荷技术规程 …… 195
第二节 国标在线验收测试 …… 196
186 GB/T 6904—2008 循环冷却水及锅炉用水中 pH 的测定 …… 196
187 GB/T 6908—2008 锅炉用水和冷却水分析方法电导率的测定 …… 197
188 GB/T 10180—2003 工业锅炉热工性能试验规程 …… 198
189 GB/T 12149—2007 工业循环冷却水和锅炉用水中硅的测定 …… 200
190 GB/T 14100—2009 燃气轮机 验收试验 …… 200
191 GB/T 14424—2008 工业循环冷却水中余氯的测定 …… 202
192 GB/T 14427—2008 锅炉用水和冷却水分析方法 铁的测定 …… 203
193 GB/T 14640—2008 工业循环冷却水及锅炉用水中钾、钠含量的测定 …… 204
194 GB/T 14642—2009 工业循环冷却水及锅炉用水中氟、氯、磷酸根、亚硝酸根、硝酸根和硫酸根的测定 离子色谱法 …… 206
195 GB/T 15453—2008 工业循环冷却水和锅炉用水中氯离子的测定 …… 207
196 GB/T 15456—2008 工业循环冷却水中化学需氧量的测定 高锰酸钾法 …… 209
197 GB/T 15479—1995 工业自动化仪表绝缘电阻、绝缘强度技术要求和实验方法 …… 209
198 GB/T 17189—2007 水力机械（水轮机、蓄能泵和水泵水轮机）振动和脉动现场测试规程 …… 211
199 GB/T 18345.1—2001 燃气轮机 烟气排放 第 1 部分：测量与评估 …… 214
200 GB/T 18345.2—2001 燃气轮机 烟气排放 第 2 部分：排放的自动监测 …… 216
201 GB/T 19952—2005 煤炭在线分析仪测量性能评价方法 …… 217
202 GB/T 21391—2008 用气体涡轮流量计测量天然气流量 …… 219
203 JB/T 6239.1—2007 工业自动化仪表通用试验方法 第 1 部分：共模、串模抗扰度试验 …… 220
204 JB/T 6239.2—2007 工业自动化仪表通用试验方法 第 2 部分：电源电压频率变化抗扰度试验 …… 221
205 JB/T 6239.3—2007 工业自动化仪表通用试验方法 第 3 部分：电源电压低降抗扰度试验 …… 222
206 JB/T 6239.4—2007 工业自动化仪表通用试验方法 第 4 部分：电源电压短时中断抗扰度试验 …… 223
207 JB/T 6239.5—2007 工业自动化仪表通用试验方法 第 5 部分：电源快速瞬变单脉冲抗扰度试验 …… 223
208 JJF 1117—2010 计量对比 …… 224

第五章　电力检修维护……226
第一节　运行维护规程……226
209　DL/T 261—2012 火力发电厂热工自动化系统可靠性评估技术导则……226
210　DL/T 335—2010 火电厂烟气脱硝（SCR）系统运行技术规范……227
211　DL/T 774—2004 火力发电厂热工自动化系统检修运行维护规程……228
212　DL/T 838—2003 发电企业设备检修导则……230
第六章　电力监督管理……232
第一节　电力监督……232
213　防止电力生产重大事故的二十项重点要求（2014）……232
214　DL/T 544—2012 电力通信运行管理规程……234
215　DL/T 1051—2007 电力技术监督导则……235
216　DL/T 1056—2007 发电厂热工仪表及控制系统技术监督导则……235
217　DL/Z 870—2004 火力发电企业设备点检定修管理导则……236
218　JJF 1033—2008 计量标准考核规范……237
219　发电厂并网运行管理规定（电监市场〔2006〕42 号）……238
第二节　电力管理……239
220　国家电网公司专业技术监督规定（试行）（国家电网生 2005-682 号）……239
221　关于开展电力工控 PLC 设备信息安全隐患排查及漏洞整改工作的通知……240
222　华北区域并网发电厂辅助服务管理实施细则（试行）……241
223　华东区域并网发电厂辅助服务管理实施细则（试行）和华东区域发电厂并网运行管理实施细则（试行）……242
224　燃煤发电机组脱硫电价及脱硫设施运行管理办法（试行）……244
225　南方区域并网发电厂辅助服务管理实施细则……245
226　南方区域发电厂并网运行管理实施细则……247
227　中国南方电网自动发电控制（AGC）技术规范（试行）……248

第一章 一般性术语

第一节 行标基本术语

1 DL/T 701—2012 火力发电厂热工自动化术语

DL/T 701—2012《火力发电厂热工自动化术语》，由国家能源局于 2012 年 4 月 6 日发布，2012 年 7 月 1 日实施。

1. 制定背景

长期以来，我国火力发电厂自动化没有统一的名词术语。由于进口设备或技术的国家不同，相应的名词术语也不同，因此同一个设备或技术往往有多种称谓，很容易造成误解。为便于国际、国内技术的交往，形成统一的认识和理解，编制 DL/T 701—1999。近年来随着火力发电厂自动化技术的进步增加了一些经常使用的名词术语，删除了一些在国家标准中已有规定的各行业通用术语，结合 GB/T 17212—1998 和 GB/T 2900.56—2008 编制了 DL/T 701—2012。

2. 主要内容

第 3 章为一般性术语。按电厂发展进程介绍火力发电厂热工自动化涉及的专业用语形成的一般性术语。包括：火力发电厂热工自动化发展最开始产生电厂数字化；电厂数字化达到一定程度后，即电厂各级控制和管理系统均进入数字化后称为数字化电厂；电厂智能化能最大限度达到火电厂安全、高效、环保运行状态；厂级监控信息系统为全厂实时生成过程综合优化服务的监控和管理信息系统。管理信息系统以计算机网络和数据库为基础，提供企业管理所需的信息，是企业管理的决策支持系统；企业资源管理以实现资源最优化配置为目标，实现一体化管理；热工自动化主要对火力发电厂的热力生产过程进行监视和控制，使之安全、经济、高效运行的过程；自动化水平包括参数检测、自动控制、连锁保护等系统的完善程度、自动化设备状况等，最终体现在电厂达到的安全、经济、环保效果；控制方式、集中控制以及单元集中控制对应有就地控制、控制室、集中控制室、单元控制室配套设施为之服务；电子设备间安装除值班员监视和控制直接需要的装置外的其他电子（电气）设备的房间。

第 4 章为控制术语。控制为实现所规定的目标，对过程或在过程中所施加的有目的的动作；自动控制可分为开环控制和闭环控制（反馈控制）；控制系统性能的好差主要由系统稳定性、可控性、时间响应、阶跃响应时间、建立时间、瞬态、稳态、超调量、控制上升时间和控制建立时间等决定；系统控制方式主要有模拟量控制系统、单元机组协调控制系统、锅炉跟踪、汽轮机跟踪、协调控制和（协调）手动；直接能量平衡指锅炉的热量释放应与汽轮机的能量需求相平衡；闭锁增（减）是一种一旦检测到参比量大于（小于）反馈量一定偏差值，或控制系统输出变量或设备允许出力达到最大限制时，阻止相对应的终端控制元件向增加偏差的方向动作的连锁；追降（升）当发生闭锁增（减）后，迫使偏差回到允许范围内；当设备处于异常工况下，可能发生超驰控制、辅机故障减负荷、机组快速减负荷等；汽、水、燃料控制系统主要有给水控制系统、主蒸汽温度控制系统、再热蒸汽温度控制系统、燃烧控制系统、燃烧量控制系统、送风量控制系统、炉膛压力控制系统、磨煤机出口温度控制系统、磨煤机入口压力控制系统和磨煤机负荷控制系统等；智能控制模拟人的思维进行的控制，如模糊控制、神经网络控专家控制等；自适应控制采用自动的方法改变控制逻辑；与电网有关的控制主要有自动发电控制、AGC 调节性能指标、自动调度系统、一次调频、二次调频、转速不等率、迟缓率、转速死区、机组自启停控制和汽轮机自启停系统等；火力发电厂机组热工自动控制系统主要有数字式电液控制系统、转速控制、负荷控制、阀门管理、负荷限制、主蒸汽压力控制、给水泵汽轮机数字式电液控制系统、旁路控制系统、开关量控制系统、顺序控制系统、功能组级控制、子功能组级控制、连锁（控制）、单个操作、自动调节装置、基地式调节仪表、可编程逻辑控制器、执行机构、调节装置、燃气轮机控制系统、床温控制系统、床压控制系统、最小流化风量、流化风压控制系统、烟气脱硫控制系统、烟气脱硝控制系统、管道仪表图、SAMA 图、仪表回路图和仪表管图或仪表连接图等。

第 5 章为测量与监视术语。监控是对工艺系统及设备的运行参数及状态较高层的监视、控制和管理；检测直接响应被测变量，并将其转换成适于测量的形式；测量与确定量值为目的的操作；量为物体或物质的属性，量主要有变量、输入变量、输出变量、被测变量、被控变量/被调量、参比变量、反馈变量、偏差变量、稳态偏差变量、控制器输出变量、操作变量/控制量/调节量、扰动变量、命令变量、最终被控变量等；值用一个数和一个适当的测量单位表示的量，值主要有被测值、示值、真值、约定真值等；误差主要有示值误差、引用误差、相对误差、基本误差；衡量仪表的精度主要有准（精）确度、准（精）确度等级、稳定性、死区、回差和偏差等；检测元件主要有传感器、变送器、智能变送器、智能电动执行机构等；现场总线仪表主要有一次仪表和二次仪表；现场监视系统主要有工业电视监视系统、视频监视系统、状态监视系统、炉管泄漏监视系统、烟气连续监视系统、旋转机械故障诊断系统、汽轮机热应力监控系统等；监视辅助设备主要有煤量测量、质量检测仪表、寿命在线预测、工艺设备状态检测、汽轮机监视仪表、给水泵汽轮机监视仪表、机组性能计算、厂级性能计算、机组运行优化指导和负荷优化分配等。

第 6 章为报警与保护术语。故障诊断系统是对存在的隐患和故障进行判断、预告或处理的系统；报警系统以表明工艺设备或控制系统不正常或工艺参数超出规定值的系统；信号器用声光信号表明偏离标准或异常工况的设备；首出原因是产生故障的引起保护动作的第一原因；报警抑制都是对报警信息的一种处理方法；热工保护和单元机组保护系统主要有炉膛安全监控系统、炉膛安全系统、燃烧器控制系统；热工保护和单元机组保护主要有炉膛外（内）爆保护、全炉膛火焰丧失保护、点火失败保护、总燃料跳闸、油燃料跳闸、燃油快速关断阀、锅炉汽包水位保护、直流锅炉断水保护、瞬间甩负荷快速控制保护、超速保护控制、超速跳闸保护、汽轮机紧急跳闸系统、汽轮机低油压保护、汽轮机低真空保护、定子冷却水断流保护等；火焰相关保护有稳定火焰、单燃烧器火焰检测、层火焰检测、全炉膛火焰检测、临界火焰、角火焰消失、全炉膛火焰丧失、炉膛吹扫、吹扫风量和清扫等。

第 7 章为计算机系统与网络通信术语。计算机监视系统主要采集数据，当作为分散控制系统的一部分时称为“数据采集系统”；网络结构有拓扑结构和自由拓扑结构；计算机常用相关术语有域、子网、网关、交换机、网桥、防火墙等；现场总线控制系统采用现场总线技术；

分散控制系统结构中最基础的一级是过程控制级，监控级是过程控制级的上一级，管理级是最上面的一级；过程输入/输出能搞到是直接与过程相连的输入和输出功能部件的总称；计算机系统相关站有过程控制（采集）站、DP 主站（1 类）、DP 主站（2 类）和 DP 从站等；计算机系统相关设备有 PA 设备、H1 现场设备、HSE 现场设备、HSE 链接设备和 HSE 交换机等；能力文件用于描述现场总线设备中通信对象的文件；设备描述有相关的设备描述语言；电子设备描述也有相对应的电子设备描述语言；通用站说明是一种刻度的 ASCII 电子文本文件；现场总线相关内容有现场总线访问子层、现场总线报文规范、互用性、互操作性、对象字典、柔性功能块、资源块、标准功能块、转换块、虚拟通信关系、虚拟现场设备、非循环周期、无线传感器网等；计算机相关设备有人机接口、通信接口、局域网、比特率、波特、计算机控制系统配置图、组态/配置、智能仪表、通信栈、用户层、连接器、耦合器、中继器、媒体访问控制地址、网段、主干、分支等；干扰有电磁骚扰、电磁干扰、电磁兼容性、无线电（频率）骚扰、无线电频率干扰/射频干扰、抗扰度、敏感度等；数据处理相关的有动态数据交换技术、Java 数据库连接、开放数据库互联、联机事物处理、过程控制中的对象链接和嵌入技术等；人机接口主要有操作员站和工程师站；数据的存储和处理主要有数据服务器和计算服务器；通信网络实现分散控制系统各过程控制站、I/O 模件、数字仪表和设备、人机界面设备之间数字交换的网络；计算机性能相关指标有扫描速度、采样周期、事故追忆记录、事件顺序记录、分辨力、冗余、容错、平均无故障工作时间、平均修复时间、寿命、故障、可用率等；干扰信号主要有共模信号、共模电压、共模干扰、共模抑制、共模抑制比、串模信号、串模电压、串模干扰、串模抑制、串模抑制比等。

第 8 章为仿真系统术语。仿真系统主要有全范围仿真系统、部分范围仿真系统和激励式仿真系统；逼真度是物理模型和数学模型与仿真对象在特征、特性方面相似的程度；实时仿真表达了仿真对象相同时间段的特性；仿真系统主要由教练员站、仿真就地操作站、仿真操作员站、仿真软件、仿真模型、仿真对象、参考机组、环境仿真、虚拟控制器和远程仿真等组成；仿真模型有物理模型和数学模型；环境仿真主要有物理仿真和数字仿真。

第 9 章为热工监督与管理术语。热工技术监督是对发电企业热工仪表及控制系统在系统设计、安装调试、维护检修、周期检定、日常校验、技术改进和技术管理等电力生产全过程中的性能和指标进行的过程监控与质量管理，主要试验有顺序控制系统调整试验、连锁保护试验、模拟量控制系统调整试验；热工监督主要参数有调节品质、模拟量控制系统可用率、动态品质指标、稳态品质指标、输入/输出点接入率、输入/输出点完好率、保护投入率、保护正确动作率、自动投入率、顺序控制系统控制投入率、连锁投入率、顺序控制系统动作正确率、比表完好率、仪表准确率、仪表故障率、周期检验率等；热工量值传递温度、压力等热工量值通过计量仪器逐级传递量值的过程；热标准计量仪器、标准计量设备主要用来检定和检验仪器和设备的可靠性及可靠性分类；可靠性分类可分为一类热控系统、二类热控系统、三类热控系统，也可分为 A 类设备、B 类设备、C 类设备；设备性能指标主要有可维修性、维修保障性、可用性、可信性、可靠性工程、可靠性模型、可靠性评估、可靠性管理、可靠性测定试验、可靠性验证试验、可靠性指标体系、最低可接受值和故障权值等。

3．规程适用性

DL/T 701—2012 适用于火力发电厂涉及安装调试生产管理等方面的统一文件用语。

2　DL/T 861—2004 电力可靠性基本名词术语

DL/T 861—2004《电力可靠性基本名词术语》，由中华人民共和国国家发展和改革委员会于 2004 年 3 月 9 日发布，2004 年 6 月 1 日实施。

1．制定背景

DL/T 861—2004 首次制定了电力可靠性领域有关的基本名词、术语及定义。为了满足电力产品的可靠性，电力生产的可靠性管理便应运而生。电力可靠性管理只要针对电力产品或者电力系统的缺陷进行管理，保证其可靠性和可行性。但电力可靠性管理需要有一套完整的电力可靠性基本名称术语作为电力可靠性管理的依据，为此，浙江省电力试验研究所组织浙江省台州发电厂、北仑发电第一有限责任公司、嘉兴发电有限公司、半山发电有限公司等单位，在消化吸收国外技术管理经验的基础上，收集、总结、提炼了电力可靠性基本名词术语，制定了 DL/T 861—2004。

2．主要内容

第 2 章为基本概念。包括元件、系统、规定功能、时刻、时间区间、持续时间、累积时间、量度。

第 3 章为特性。包括能力、可靠性、固有可靠性、可用性、可维修性及维修保障性。

第 4 章为事件与状态。主要从失效与故障、元件或系统的状态两方面论述相关名词。元件或系统丧失完成规定功能的能力的事件称为失效，可分为误用失效、弱质失效、设计失效、制造失效、耗损失效、误操作失效、渐变失效、突然失效、灾难性失效、原发性失效、从属性失效、部分失效、完全失效、失效机理和失效模式。元件或系统完成规定功能的能力下降或丧失的状态称为故障，可分为潜在故障、瞬时故障、间歇故障和严重故障。元件或系统的状态主要有工作状态、不在工作状态、可用状态、备用状态、闲置状态、不可用状态、降额状态。

第 5 章为维修。维修为保持或恢复元件处于能执行规定功能的状态所进行的包括监督活动在内的一切技术和管理活动，主要形式有维修理念、预防性维修、矫正性维修、逾期维修、计划性维修、非计划性维修、以可靠性为中心的维修、修复、故障识别、故障定位、故障诊断、故障隔离、功能核查和修复。

第 6 章为时间概念。从维修的有关时间、状态的有关时间和元件可靠性特征的有关时间三方面论述相关名词。

第 7 章为特征量。从可靠性特征量、可用性特征量和可维修性特征量三方面论述相关名词。其中可靠性特征量的基本名称有瞬时失效率、平均首次失效前实践、平均无故障工作时间和平均失效间隔时间；可用性特征量的基本名称有瞬时可用度、瞬时不可用度、平均可用度、平均不可用度、稳态可用度和稳态不可用度；可维修性特征量的基本名词有瞬时修复率、平均修复率和平均修复时间。

第 8 章为设计与分析。从设计概念、分析概念和可靠性管理三方面论述相关名词。其中设计概念的基本名词有冗余、工作冗余、备用冗余和容错；分析概念的基本名词有可靠性工程、可靠性模型、预计、可靠性预计、可靠性评价、可靠性评估、可靠性计算、可靠性分配、失效模式与影响分析、故障树、故障树分析、可靠性框图、状态转移图和失效分析；可靠性管理的基本名词有可靠性管理、可靠性改进、可靠性和可维修性保证、可靠性和可维修性控制、可靠性和可维修性大纲、可靠性和可维修性计划、可靠性和可维修性审核、可靠性和可维修性监察和设计评审。

第 9 章为电力系统可靠性通用术语。从元件状态、时间及统计评价参数、电力系统停运及停电、电力系统有关概念、电力系统的运行状态、基本充裕性指标五方面论述相关名词。其中元件状态、时间及统计评价参数的基本名词有运行状态、停运状态、部分停运状态、完全停运状态、计划停运状态、预安排停运、非计划停运状态、强迫停运状态、运行小时、备用小时、非假话停运小时、强迫停运小时、暴露时间、规定的连续功能失效、故障持续时间期望、可用系数、运行系统、暴露率、故障率、停运率、持续强迫停运率和元件瞬时性强迫停运率；电力系统停运及停电的基本名词有停运、瞬时停运、临时性停运、可延迟停运、持续停运、永久性停运、停运时间、单一停运事件、多重停运事件、共因停运事件、停电、瞬时停电和持续停电；电力系统有关概念的基本名词有电力系统可靠性、（电力系统的）充裕性、（电力系统的）安全性、大电力系统、发输电系统、大电力系统的整体性和（电力系统事故的）连锁反应；电力系统的运行状态的基本名词有运行工况、正常状态、警戒状态、紧急状态、严重事故状态和恢复过程；基本充裕性指标的基本名词有（电力系统的）缺电概率、缺电时间期望、缺电频率、缺电持续时间、期望缺供电力和期望缺供电量。

第 10 章为发电系统可靠性。从发电系统有关概念、机组和辅助设备的统计评价参数两方面论述相关名词。其中发电系统有关概念的基本名词有毛最大容量、机组降低出力量、停用状态、降低出力状态、降低出力小时、启动成功和启动失败；机组和辅助设备的统计评价参数的基本名词有强迫停运系数、机组降低出力系统、等效可用系数、（机组的）平均无故障可用小时、（辅助设备的）平均无故障可用小时、启动可靠度、系统黑启动发电机和系统黑启动容量。

第 11 章为输电系统可靠性。从容量及有关概念、输变电元件状态及相关因素、元件可靠性参数、大电力系统可靠性指标、直流输电五方面论述相关名词。其中容量及有关概念的基本名词有输电总容量、输电可靠性裕度、可用输电容量和容量效益裕度；输变电元件状态及相关因素的基本名词有系统相关停运、运行相关停运、暴露次数、相应功能失效、正常气候、恶劣气候和灾害气候；元件可靠性参数的基本名词有平均停运持续时间、继电保护误动作率、拒分闸概率、拒合闸概率、拒动概率和误动概率；大电力系统可靠性指标的基本名词有缺供负荷、停电负荷、切负荷、减负荷、等效平均停电持续时间、等效峰荷停电持续时间、等效峰荷累计停电持续时间和大电力系统电量削减指标；直流输电的基本名词有额定输送容量、降额容量、能力可用率、能力不可用率、能力利用率、单极计划停运次数、双极计划停运次数、单极非计划停运次数和双极非计划停运次数。

第 12 章为供电系统可靠性。从供电系统有关概念、元件故障参数、可靠性指标三方面论述相关名词。其中供电系统有关概念的基本名词有用户供电可靠性、供电系统、元件故障和投切时间；元件故障参数的基本名词有短路故障率、误分闸故障率、误合闸故障率和越级误分闸故障概率；可靠性指标的基本名词有用户平均停电时间 AIHC、供电可用率 SA、用户平均停电次数 AITC、故障停电平均持续时间 AID、（用户）平均停电缺供电量 AENS 和停电用户平均停电次数 AICA。

第 13 章为电力系统可靠性评估。从评估概念、电力系统可靠性准则概念、电力系统可靠性评估模型三方面论述相关名词。其中评估概念的基本名词有电力系统可靠性评估和发电容量可靠性评估；电力系统可靠性准则概念的基本名词有电力系统可靠性准则、技术性准则、经济性准则、确定性准则和概率性准则；电力系统可靠性评估模型的基本名词有解析模型、网流模型、潮流模型、状态空间模型和蒙特卡洛模型。

第 14 章为电力系统可靠性经济分析。包括电力系统可靠性价值评估、电力系统可靠性经济学、停电损失、直接停电损失、间接停电损失、临界停电持续时间、可停电负荷、可停电负荷备用。

3．规程适用性

DL/T 861—2004 适用于电力可靠性技术和管理的有关领域。

第二节　国标基本术语

3　GB/T 4270—1999 技术文件用热工图形符号与文字代号

GB/T 4270—1999《技术文件用热工图形符号与文字代号》，由国家质量技术监督局于1999 年 11 月 23 日发布，2000 年 5 月 1 日实施。

1．制定背景

GB 4270—1999 是对 GB/T 4270—1984《热工图形符号与文字代号》的修订版。标准修订时参考了 GB/T 2625—1981《过程检测和控制流程图用图形符号和文字代号》、GB/T 6567—1986《管路系统的图形符号》及 GB 3102.1～GB 3102.12—1993（量和单位》（idt ISO 31/1-12）等标准的有关内容，并与上述标准协调一致。

2．主要内容

第 3 章主要描述了热工图形符号、热工文字代号和特征数的定义。

第 4 章具体描述了热工图形符号。分别从管路系统的图形符号、阀门与阀门连接的图形符号、执行机构图形符号、热工测量元件及仪表图形符号、热力机械图形符号、热力交换器图形符号、一般热器具图形符号、容器图形符号和其他机具图形符号具体展开图形符号描述，并注明热工图形符号的使用说明。

第 5 章为热工文字代号。描述了对热工文字代号的规定、拉丁字母符号、希腊字母符号、特征数、上标与上角标、下角标，以及热工过程检测与控制系统中常用的英文缩写词。

3．规程适用性

GB/T 4270—1999 适用于涉及热工领域的设计、科研、生产及教学等方面的技术文件。

4　GB/T 13983—1992 仪器仪表基本术语

GB/T 13983—1992《仪器仪表基本术语》，由国家技术监督局于 1992 年 12 月 17 日发布，1993 年 7 月 1 日实施。

1. 制定背景

长期以来，我国仪器仪表没有统一的名词术语。由于进口设备或技术的国家不同，相应的名词术语也不同，因此同一个设备或技术往往有多种称谓，很容易造成误解。为便于国际、国内技术的交往，形成统一的认识和理解，编制 GB/T 13983—1992。

2. 主要内容

第 2 章为量和单位。基本名词包括：（可测的）量、变量、（测量）单位、基本（测量）单位、导出（测量）单位、（测量）单位的符号、（测量）单位制、（量）值、（量的）真值、（量的）约定真值、（量的）数值和（量或特性的）参比值标度。

第 3 章为测量。测量以确定量值为目的的操作，可分为静态测量和动态测量，相关名词有测量原理、测量方法、测量步骤、被测量、被测变量、输入变量、输出变量、被测值、（被测量的）变化值和影响量。信号相关名词有测量信号、模拟信号、数字信号、标准化信号、输入信号、输出信号、量化信号和二进制信号。测量法相关名词有直接测量法、间接测量法、基础测量法、直接比较法、替代测量法、微差测量法和零位测量法。测量结果相关的名词有（测量仪器仪表的）示值、未修正结果、已修正结果、测量准确度、测量重复性、测量再（复）现性、测量不确定度、绝对误差、相对误差、随机误差、系统误差、修正值、修正因子、算术平均值、残差、测量列中单次测量的标准（偏）差、测量列算术平均值的标准（偏）差、加权算术平均值和加权算术平均值的标准（偏）差。

第 4 章为仪器仪表特性。特性主要有性能特性和参比性能特性；范围相关的基本名词有测量范围、测量范围下限值、测量范围上限值、量程；标度相关的基本名词有标度范围、标度标记、零（标度）标记、标度分格、标度分格值、标度分格间距、标度长度、标度始点值、标度终点值、标度数字、线性标度、非线性标度、抑零标度和扩展标度；曲线、校验特性相关名词有测量仪器仪表的零位、仪器仪表常数、特性曲线、规定特性曲线、调整、用户调整、校准、校准曲线、校准循环、校准表格和溯源性；仪表的误差相关基本名词有灵敏度、准（精）确度、准（精）确度等级、误差极限、基本误差、一致性、独立一致性、端基一致性、零基一致性、一致性误差、重复性、重复性误差、量程误差、量程迁移（漂移）、零点误差、零点迁移（偏移）、示值误差和引用误差；线性度相关的基本名词有独立线性度、端基线性度、零基线性度、线性度误差、死区、鉴别力和鉴别力阀；稳定性相关的基本名词有漂移、点漂、零点漂移；采样相关的基本名词有采样（速）率、采样时间和扫描速率；工作条件影响相关名词有预热时间、输入阻抗、输出阻抗、负载阻抗、（电）功耗和耗气量；响应特性相关的基本名词有时间响应、阶跃响应、斜坡响应、脉冲响应、频率响应、稳态、瞬态、传递函数、增益、衰减、时滞、阻尼、周期阻尼、非周期阻尼、临界阻尼、阻尼力矩、阻尼力矩系数、阻尼因数、瞬时过冲、时间常数、上升时间、建立时间、阶跃响应时间、斜坡响应时间和频率响应特性（图）。

第 5 章为仪器仪表名称。测量仪器仪表主要组成部分为检出器、传感器、变送器、指示装置和记录装置等；仪器仪表主要有检示仪器仪表、指示仪器仪表、记录仪器仪表、总计仪器仪表、积分（算）仪器仪表、模拟式测量仪器仪表、数字式测量仪器仪表、便携式仪器仪表、遥测仪器仪表、船用仪器仪表、防尘式仪器仪表、防溅式仪器仪表、防水式仪器仪表、水密式仪器仪表、气密式仪器仪表、防腐式仪器仪表和防爆式仪器仪表等。

第6章为安全。防爆相关的基本名词有防爆型式、防爆类别、防爆合格证、防爆标志、隔爆性能试验和本质安全电路；火相关的基本名词有着火性能、易起燃性、耐火性、整体着火性、对火稳定性、隔热、绝缘电阻和绝缘强度；压力相关的基本名词有最大工作压力、泄漏压力、破坏压力和冲击压力。

第7章为工作条件、运输和贮存条件。工作条件相关的基本名词有参比工作条件、正常工作条件和极限工作条件；运输和贮存条件相关的基本名词有空调场所、升温和（或）降温封闭场所、掩蔽场所、户外场所、环境条件、环境参数、综合实验、环境温度、湿度、绝对湿度、相对湿度、露点、凝露、辐射、（机械）振动、共振、冲击、连续冲击、环境压力、电压电压、电压频率、电磁干扰、腐蚀、侵蚀、污染。

第8章为标准化和可靠性。标准化相关的基本名词有标准、互换性、通用化、系列化、品种、型式、规格、代号、标志、型号、产品定型、规范、规程、标准体系、标准草案、基础标准、产品标准、方法标准、安全标准、术语标准、包装标准、质量、质量管理、质量保证、质量控制、质量检验、质量监督、合格证书、合格标志、认证体系、等级、型式检验、出厂检验、验（交）收检验、运行试验、定期试验和抽样试验；可靠性相关的基本名词有可靠度、维修性、维修度、有效性、瞬时有效度、平均有效度、极限有效度、耐久性、失效（故障）、失效模式、失效机理、本质失效、早期失效、偶然失效、耗损失效、完全失效、部分失效、维修、维护、修理、修复时间、寿命、贮存寿命、使用寿命、平均寿命、失效率、可靠寿命、平均修复时间、修复率、耐久性试验、寿命试验、可靠性验证试验、实验室可靠性试验、现场可靠性试验、筛选试验、加速试验、安全性、应力、强度、可靠性计划、可靠性增长、可靠性设计评审、可靠性认证、试验数据和现场数据。

第9章为包装、包装标志和包装试验。包装相关的基本名词有包装件、运输包装、销售包装、外包装、内包装、内销包装、出口包装、危险品包装、防水包装、防潮包装、防锈包装、防震包装、防霉包装、防尘包装和放射性物质包装；包装标志相关的基本名词有加标、包装储运指示标志、收发货标志和危险品包装标志；包装试验相关的基本名词有堆码试验、跌落试验、连续冲击试验、斜面冲击试验、滚动试验、起吊试验、耐候试验、高温试验、低温试验、喷淋试验、长霉试验和盐雾试验。

3．规程适用性

GB/T 13983—1992 适用于仪器仪表标准制订、技术文件编制、教材和书刊编写以及文献翻译等。

5　GB/T 15135—2002 燃气轮机　词汇

GB/T 15135—2002《燃气轮机　词汇》，由国家质量监督检验检疫总局于 2002 年 12 月 31 日发布，2003 年 6 月 1 日实施。

1．制定背景

GB 15135—2002 是对 GB/T 15135—1994《燃气轮机　术语》进行的修订。GB 15135—2002 为修改采用 ISO 11086：1996《燃气轮机　词汇》。主要修改是增加了对 ISO 11086 中未列

出的词汇，但在 GB/T 15135—1994 中存在，目前仍对燃气轮机专业有用的术语则全部以规范性附录纳入。另外，为适应我国各类燃气轮机行业的需要，对标准的个别词条增加了“同义词”。

2. 主要内容

第 2 章为燃气轮机种类与型式。燃气轮机是把热能转换为机械功的旋转机械，包括压气机、加热工质的设备（如燃烧室）、透平、控制系统和辅助设备。燃气轮机的种类主要有内燃式燃气轮机、外燃式燃气轮机、单轴燃气轮机、多轴燃气轮机、固定式燃气轮机、移动式燃气轮机、自由活塞燃气轮机和抽气式燃气轮机；燃气轮机的型式主要有开式循环、闭式循环、半闭式循环、简单循环、回热循环、中间冷却循环（间冷循环）、再热循环和联合循环。

第 3 章为燃气轮机结构。燃气轮机的结构主要由透平、压气机、燃烧室、工质加热器、燃气发生器、回热器、预冷器、中间冷却器和蒸发冷却器组成。

第 4 章为燃气轮机辅助设备及附件。燃气轮机的系统主要有控制系统、调节系统、保护系统、润滑油系统、燃料控制系统、燃料供给系统、空气充气系统和双燃料系统；燃气轮机的辅助设备主要有启动设备、盘车装置、超速控制装置、超速遮断装置、火焰失效遮断装置、熄火遮断装置、燃料处理率设备、燃料注入泵和注蒸汽/注水设备；燃气轮机的附件主要有负荷齿轮箱（主齿轮箱）、转速调节器、转速变换器、燃气温度控制器、燃料流量控制阀、燃料切断阀、超温控制装置、超温检测器、进气道、排气道、进气过滤器、消音器、放气阀和罩壳。

第 5 章为燃气轮机一般词汇。旋转方向、自持转速、恒温运行、恒功率运行、冷却盘车、启动特性图、启动、正常启动、快速启动、黑启动、点火、着火、启动时间、加载时间、启动次数、清吹、旁路控制、压力控制、燃烧室检查、热通道检查、关键（部件）检查和大修。燃气轮机的一般词汇与火力发电厂热工自动化术语一般词汇有相同部分。

第 6 章为燃气轮机性能与试验。功率包含的基本名词有额定输出功率、新的和清洁的状态、标准额定输出功率、辅助负荷、现场额定输出功率、尖峰负荷额定输出功率、基本负荷额定输出功率、备用尖峰负荷额定输出功率（应急尖峰负荷额定输出功率）、半基本负荷额定输出功率（中间负荷额定输出功率）、极限输出功率、输出功率性能图、这算输出功率和轴输出功率；转速类基本名词有额定转速、透平遮断转速、点火转速、折算转速、临界转速、飞升转速和稳态转速；稳态相关的基本名词有稳定性世界、稳态转速增量调节和稳态转速调节；效率相关的基本名词有热效率、折算热效率、燃料消耗量、燃料消耗率、热耗、热耗率、热平衡、比功率、机械损失、现场条件、标准大气和标准参考条件；试验包含的基本名词有起动特性试验、保护设备试验和甩负荷试验。

第 7～11 章为透平相关的基本术语。第 7 章为透平种类与型式：透平种类有轴流式透平和径流式透平；透平型式有动力透平、压气机透平和气体膨胀透平。第 8 章为透平结构：透平可分为高压透平、中压透平和低压透平。透平的结构有外气缸、内气缸、扩压器、透平转子、透平轮盘、透平叶轮、动叶片、静叶片、透平喷嘴、透平隔板、可调静叶片、冷却叶片和级。第 9 章为透平辅助设备和附件：透平主要辅助设备有透平清洗设备。第 10 章为透平一般词汇：进气压力、透平参考进口温度、透平进口温度、透平转子进口温度、出口压力、出口温度、膨胀比（压比）和排气流量。第 11 章为透平性能与试验：透平性能参数主要有透平输出功率、机械效率、等熵效率和多变效率。

第12～16章为压气机相关的基本术语。第12章为压气机种类与型式：压气机可分为轴流式压气机和径流式压气机。第13章为压气机结构：压气机根据压力不同可分为低压压气机、中压压气机和高压压气机。压气机的结构组成部分有气缸、压气机转子、压气机轮盘、压气机叶轮、动叶片、静叶片、隔板、可调静叶片、进口导叶、出口导叶、扩压器和级。第14章为压气机辅助设备和附件：压气机辅助设备主要有压气机进气防水系统、压气机清洗系统和颗粒分离器。第15章为压气机一般词汇：进口压力、进口温度、出口压力、出口温度、压比、进口空气流量、抽气和放气。第16章为压气机性能与试验：压气机主要性能参数有压气机输入功率、机械效率、等熵效率、多变效率、喘振、渐进失速、旋转失速、堵塞和特性图。

第17～21章为燃烧室和加热器相关的基本术语。第17章为燃烧室和加热器种类与型式：燃烧室种类有分管形燃烧室、环形燃烧室、环管形燃烧室、筒形燃烧室、再热燃烧室和低排放燃烧室。第18章为燃烧室和加热器结构：结构主要由火焰筒、外壳和连焰管组成。第19章为燃烧室和加热器辅助设备和附件：燃烧室的主要辅助设备有燃料喷嘴、燃料流量分配器、点火装置和火焰检测器。第20章为燃烧室和加热器一般词汇：进口压力、进口温度、出口压力、燃烧室出口温度、一次燃烧区、二次燃烧区、一次空气和二次空气。第21章为燃烧室和加热器性能与试验：燃烧室主要性能参数有燃料空气比、理论（化学计量）燃料空气比、当量比、过量空气比、燃烧强度、比燃烧强度、燃烧室效率、燃烧室比压力损失、燃料喷射压力和温度场系数；加热器的性能参数主要有工质加热器效率。

第22～26章为燃烧室和加热器相关的基本术语。第22章为回热式热交换器种类与型式：回热器种类可分为表面式回热器、回转式回热器（再生式回热器）、壳管式回热器和板式回热器。第23章为回热式热交换器结构：主要由壳体、换热器管、换热器板、联箱、蓄热体和端板组成。第24章为回热式热交换器辅助设备及附件：主要辅助设备有吹灰器。第25章为回热式交换器一般词汇：受热面积和受热表面的传热率。第26章为回热式热交换器性能与试验：回热式热交换器的性能参数有温度有效度、能量有效度和端差。

第27章为联合循环和热电联供。联合循环种类主要有无补燃型联合循环、补燃型联合循环、排气全燃型联合循环、增压锅炉型联合循环、给水加热型联合循环、单轴联合循环、多轴联合循环、单压朗肯循环的联合循环、多压朗肯循环的联合循环和再热朗肯循环的联合循环；热点联供种类主要有余热锅炉。

3. 规程适用性

GB 15135—2002适用于开式循环（使用常规燃烧系统）、闭式循环、半闭式循环及联合循环燃气轮机。

6　GB/T 26863—2011 火电站监控系统术语

GB/T 26863—2011《火电站监控系统术语》，由国家质量监督检验检疫总局和中国国家标准化管理委员会于2011年7月29日发布，2011年12月1日实施。

1. 制定背景

长期以来，火电站监控系统没有统一的名词术语。由于进口设备或技术的国家不同，相应的名词术语也不同，因此同一个设备或技术往往有多种称谓，很容易造成误解。为便于国际、国内技术的交往，形成统一的认识和理解，编制GB/T 26863—2011。

2．主要内容

第3章为术语和定义。发电是从其他形式的能量获取电能的过程，而发电站是用于发电功用的设施。发电站主要有火电站、常规火电站、核电站、核电站常规岛等。发电站主要有用来监控的监控系统、监视、控制等保证发电站正常发电。

第4章为测量、仪表与执行元件。主要从特性、仪表、控制执行元件和现场网络四部分论述相关术语。测量特性从量、范围、误差、线性和防护五大类描述相关术语，其中与量相关的基本名词有被测量、被测变量、被测值、输入变量、输出变量、被控变量、参比变量、反馈变量、偏差变量、稳态偏差变量、控制器输出变量、操作变量、扰动变量、命令变量、最终被控变量；范围相关的基本名词有测量范围、测量范围下限值、测量范围上限值、量程、标度、标度范围；误差相关的基本名词有示值、真值、约定真值、示值误差、引用误差、相对误差、基本误差、仪表间偏差、灵敏度、准确度、精确度、准确度等级、精确度等级；线性相关的基本名词有线性度、死区、回差、切换值、切换差、鉴别力、分辨力、稳定性、漂移、点漂、零点漂移、重复性、额定转矩、控制转矩、堵转转矩、全行程时间；防护相关的基本名词有防护等级、爆炸性环境用电气设备、防爆型式、隔爆外壳d、充砂型q、增安型e、正压型p、油浸型o、本质安全型i、安全栅、浇封型m、防爆设备类别、温度组别。仪表从检测仪表、检出元件和传感器三类描述相关术语，其中检测仪表相关的基本名词有表、计、一次仪表、二次仪表、显示仪表、指示仪表、记录仪表、积算仪表、分析仪、连续气体分析仪、热导式气体分析仪、催化分析仪、顺磁式氧分析仪、氧化锆氧分析仪、非色散红外气体分析仪、色散红外气体分析仪、气相色谱仪、在线过程气相色谱仪、工业检测型红外热像仪、现场总线仪表、虚拟仪表；表、计相关的基本名词有双金属温度计、热电偶、热电阻、膜片压力表、膜盒压力表、波登压力表、波纹管压力表、流量计、变面积流量计、容积式流量计、热式质量流量计、科里奥利质量流量计、磁翻液位计；检出元件相关的基本名词有变送器、智能变送器、过程驱动开关、辐射式温度测量装置、（超）声波温度测量装置、孔板、流量喷嘴、文丘里管、流量弯管、皮托管、均速管、机翼测风装置、浮力液位测量装置、浮子液位测量装置、压力液位测量装置、超声波物位测量装置、伽马射线物位测量装置、电容物位测量装置、电导物位测量装置、雷达物位测量装置、磁致伸缩物位测量装置、离子选择点击、氧化还原复合电极、pH复合电极、键相器；传感器种类主要有电阻应变片压力传感器、压电式压力传感器、电容式压力传感器、电感式压力传感器、霍尔压力传感器、超声流量传感器、涡街流量传感器、涡轮流量传感器、电磁流量传感器、靶式流量传感器、电涡流传感器、磁电速度传感器、压电式加速度传感器、LVDT传感器、转速表。控制执行元件主要从执行元件特性和类别描述相关术语，其中执行元件特性有调节阀流量特性、快开流量特性、线性流量特性、等百分比流量特性、抛物线流量特性；类别主要有调节机构、执行机构、电动执行机构、气动执行机构、液动执行机构、直行程执行机构、角行程执行机构、执行机构的行程、智能电动执行机构、定位器、智能定位器、基地式调节仪表。现场网络主要从现场总线和无线传感器网两部分论述相关术语，其中现场总线是一个数字化的、串行、双向传输、多分支结构的通信网络系统，是用于工厂/车间仪表和控制设备的局域网。

第 5 章为监视功能及系统。从监视功能和监视系统两方面论述相关术语。监视功能相关的基本名词有采样、采样（速）率、采样时间、扫描速率、采样周期、人机接口、报警、限制报警、偏差报警、信号器、光字牌、首出原因、报警抑制。监视系统主要有报警系统、集中监视系统、数据采集系统、状态监视系统、炉管泄漏监视系统、闭路电视监视系统、视频安防监控系统、模拟视频监控系统、数字视频监控系统、汽轮机监视仪表系统、给水泵汽轮机监视仪表、汽轮机应力监视系统、火焰检测系统、烟温探针检测系统、烟气排放连续检测系统、飞灰含碳量在线检测系统。控制系统逻辑常用方式：开关量二取一、开关量三取二、开关量四取二、模拟量双冗余、模拟量三冗余、模拟量多重冗余。

第 6 章为控制功能及系统。从控制功能和控制系统两方面论述相关术语。控制功能相关的基本名词有自动控制、手动控制、半自动控制、开环控制、闭环控制、定值控制、比值控制、随动控制、前馈控制、串级控制、智能控制、自适应控制、模糊控制、最优控制、状态反馈控制、基于观测器的控制、基于模型的控制、鲁棒控制、交替控制、分程控制、切换控制、监督控制、逻辑控制、顺序控制；控制性质主要有稳定性、可控性、可观测性、时间响应、瞬态、稳态、阶跃响应时间、建立时间、超调（量）、控制上升时间；控制系统主要有被控系统、自调节被控系统、无自调节被控系统、施控系统、专家系统、机组自启停控制系统、模拟量控制系统、顺序控制系统、烟气脱硫控制系统、烟气脱硝控制系统、除灰渣控制系统、输煤控制系统、水处理控制系统、空冷控制系统、全厂辅助车间集中控制系统。

第 7 章为保护功能及系统。从保护功能和保护系统两方面论述相关术语。保护功能主要有保护设备、联锁功能、安全功能、功能安全、安全完整性、安全完整性等级。保护系统主要有逻辑系统、安全相关系统、其他技术安全相关系统、炉膛安全监控系统、汽轮机发电机组保护系统。

第 8 章为计算机控制系统。计算机控制系统主要有过程计算机系统、集中过程计算机系统、分级递阶过程计算机系统、冗余过程计算机系统、分散过程计算机系统、实时操作系统、软件、硬件、网络通信、人机接口、信号和画面、过程接口、计算机监控、分散控制系统、现场总线控制系统、可编程逻辑控制器、工控机、可编程自动控制器、客户机/服务器系统、计算机集群、控制器。

第 9 章为厂级信息系统。厂级信息系统组成部分有信息处理、信息系统、能力成熟度模型、成熟度等级、主机；厂级信息系统主要特性有可扩展性、可行性、灵活性、互操作能力、互操作性、可维护性、可重用性、可扩缩性、可使用性、安全性、保密性、完整性、兼容性、模块性、运行可靠性、可移植性；厂级信息系统相关参数有软件开发周期、软件生存周期、系统开发周期、系统生存周期、集成、集成测试、集成软件管理、风险管理、开放系统、计算机资源、计算机安全、计算机软件部件、计算机软件配置项、计算机系统、计算中心、需求分析、功能需求、功能测试、数据仓库、数字化、电子签名、企业资源计划、企业资产管理、关系数据库、实时/历史数据库、智能数据库、智能工程、制造执行系统、管理信息系统、厂级监控信息系统、功能站和客户机、客户/服务器模式、客户/服务器结构、浏览器/服务器模式、网络逻辑隔离、网络物理隔离、网络安全隔离网闸、诊断、诊断正确率、寿命管理、状态检修、以可靠性为中心的维修、旋转机械振动检测盒故障诊断系统、性能检测与故障诊断技术、润滑液检测与故障诊断技术、红外温度检测与故障诊断技术、泄漏检测与故障诊断技术、数字化电厂。

第 10 章为可靠性。能力是产品自身具有的能完成某种规定工作的一种内在品质的度量，也是可靠性的指标之一。故障是实体完成规定功能的能力下降或丧失的状态，即故障的存在将会降低可靠性，故障类主要有故障激励、故障模式、潜在故障、瞬时故障、间歇故障、持久故障、严重故障、故障识别、故障识别时间、故障分辨率、故障定位、故障定位。与故障相对的是修复，是对实体实施的矫正性修复。寿命是可靠性的另一指标，相关名词有设计寿命、安全运行寿命、剩余寿命、寿命预测、寿命的诊断技术、寿命损耗。反应设备状态的主要特性有可靠性、可维修性、维修保障性、可用性、可利用率、可信性。可靠性分析主要参数有实效、平均失效前时间、平均失效间隔时间、可用时间、平均修复时间、冗余、工作冗余、备用冗余、容错、故障安全、可靠性工程、可靠性模型、可靠性评价、可靠性评估、失效模式与影响分析、故障树、故障树分析、可靠性管理、电磁兼容性、抗扰度、敏感度；扰动种类主要有电磁骚扰、无线电（频率）骚扰、无线电频率干扰。抗扰度种类主要有静电放电抗扰度、射频电磁场辐射抗扰度、点快速瞬变脉冲群抗扰度、浪涌（冲击）抗扰度、射频场感应传导骚扰抗扰度、工频磁场抗扰度、脉冲磁场抗扰度、阻尼振荡磁场抗扰度、电压暂降、短时中断和电压变化抗扰度、振荡波抗扰度、交流电源端口谐波、谐间波及电网信号的低频抗扰度、电压波动抗扰度、共模传导骚扰抗扰度、直流电源输入端口波纹抗扰度、三相电压不平衡抗扰度、工频频率变化抗扰度、直流电源输入端口暂降、短时中断和电压变化抗扰度。扰动信号主要有串模信号、串模电压、共模转换、串模干扰、串模抑制、串模抑制比、信骚比、信噪比。信号屏蔽主要方式有保护接地、功能接地、屏蔽、电屏蔽、磁屏蔽、电磁屏蔽、信号隔离。

第 11 章为控制方式与水平。从控制方式和控制水平两方面论述相关术语。控制水平主要有过程测量、过程控制、过程自动化、自动化程度、自动化水平。控制方式主要有就地控制、集中控制、机炉集中控制、单元集中控制、辅助车间无人值班控制、控制室。控制室主要有单元控制室、全厂集中控制室、主控制楼、电缆室、电缆夹层、就地控制室、网络控制室、电子设备间、值长室、工程师室。

第 12 章为其他。从控制盘、台、柜、不间断电源和设备或系统调试三方面论述相关术语。控制盘、台、柜主要有框架、架、机组控制盘、辅助控制盘、模拟盘、模拟屏、保温箱、保温柜、电动门配电箱、电动门配电柜、端子箱、端子柜、端子架、继电器柜、中间转接柜、中间转接架。系统调试主要参数有单体调试、机组启动试运、分部试运、分散控制系统受电和测试、整套启动试运、空负荷调试、汽轮机超速试验、机组带负荷调试、模拟量控制系统负荷扰动试验、汽轮机旁路系统调试、汽轮机自启停控制系统试验、汽轮机甩负荷试验、满负荷试运、数据采集系统测点投入率、保护投入率、辅机保护投入率、保护正确动作率、辅机保护正确动作率、自动投入率、程序控制投入率、联锁投入率、辅机故障减负荷试验。

3．规程适用性

GB/T 26863—2011 适用于常规火电站、核电站，火电站监控系统的文件、图纸、科技文献使用的术语应符合 GB/T 26863—2011 的规定。GB/T 26863—2011 未纳入的与火电站监控系统相关的术语，应符合国家有关术语标准的规定。

第三节　计量技术规范基本术语

7　JJF 1004—2009 流量计量名词术语及定义

JJF 1004—2009《流量计量名词术语及定义》，由国家质量监督检验检疫总局于 2004 年 9 月 21 日发布，2005 年 3 月 21 日实施。

1. 制定背景

JJF 1004—2009 对 JJF 1004—1986《流量计量名词术语及定义》进行修订，对流量计量名词术语及定义作了统一的规定。

2. 主要内容

第 1 章为一般术语。先从流量的定义引出流量计，再介绍流量计相关特性、装置等相关术语。流体流过一定截面的量称为流量。流体充满管道的流动为管流。液体在明渠中具有自由液面的流动称为明渠流。流量计是测量流量的器具，通常由一次装置和二次装置组成。流量的方式有旋涡流、恒定平均流量的脉动流、紊层流、稳定流、不稳定流、多相流、临界流；流量计主要特性参数有流量计误差特性曲线、输出信号、一次装置的校准系数、最大流量、最小流量、流量范围、分界流量、公称流量、满刻度流量、压力损失、工作条件、工作温度、工作压力、安装条件、速度分布、充分发展的速度分布、规则速度分布、流动剖面、平均轴向流体速度、水力直径、水力半径、静压、液体的绝对静压、表压、动压、总压、滞止压力、比热比、等熵指数、压缩因子、附壁效应、多普勒效应、河床坡度、水表面比降、落差、水位、水位-流量关系、水准点；流量计主要装置有测量管、直管段、管壁取压孔、排泄孔、排气孔、水尺、测井、水头；流量计量有关系数名词有佛劳德数、雷诺数、马赫数、斯特罗哈尔数。

第 2 章为测量仪表和方法。从流量计的种类和测量方法两方面论述相关术语。流量计主要可分为差压式流量计、层流流量计、临界流流量计、电磁流量计、涡轮流量计、涡街流量计、旋进旋涡流量计、超声波流量计、容积式流量计、质量流量计、转子流量计、水表、干式燃气表、热能表、燃油加油机、燃气加气机。节流装置主要有节流孔、取压孔、均压环、环室、夹持环、孔板、喷嘴、文丘里管。节流装置相关参数有差压、压力比、渐进速度系数、流出系数、流量系数、可膨胀性（膨胀）系数。测量方法主要有速度-面积法、示踪法、堰、槽法。

第 3 章为流量标准装置。流量标准装置主要有液体流量标准装置、气体流量标准装置、体积管、标准法。液体流量标准装置是以液体（如水或油）为试验介质，提供确定准确度流量值的测量设备。按照流量工作标准的取值方式分为静态质量法、静态容积法、动态质量法和动态容积法。气体流量标准装置是以气体为试验介质，提供确定准确度流量值的测量设备。一般分为钟罩式气体流量标准装置、液体置换系统、皂膜式气体流量标准装置、pVTt 法气体流量标准装置和 mt 法气体流量标准装置等。体积管是由具有恒定横截面和已知容积的管段组成的流量计量装置。位移器（活塞或球）在计量段内沿着一定方向运动，置换出流体体积。

标准表法是流体在相同的时间间隔内连续通过标准流量计和被检流量计，用比较的方法确定被检流量计的准确度的方法。装置由流体源、试验管路系统、标准流量计、流量调节阀以及辅助设备等组成。

第 4 章为字母符号。主要介绍流量计量常用的字母符号。

3．规程适用性

JJG 1004—2009 供制定、修订计量技术法规使用，在流量计量工作的其他方面及相关科技领域亦可参考使用。

8　JJF 1007—2007 温度计量名词术语及定义

JJF 1007—2007《温度计量名词术语及定义》，由国家质量监督检验检疫总局于 2007 年 11 月 21 日发布，2008 年 5 月 21 日实施。

1．制定背景

JJF 1007—2007 对 JJF 1007—1987《温度计量名词术语（试行）》进行修订，对温度计量名词术语及定义作了统一的规定。

2．主要内容

第 3 章为温度和温标。温度表征物体的冷热程度，温标是温度的数值表示方法。温度主要有热力学温度和摄氏温度，对应的单位分别为开尔文和摄氏度。测温学是研究温度测量理论和方法的科学。温标主要有经验温标、国际（实用）温标和温标的实现。测量温度的仪器叫温度计。温度的特性主要有极限温度、相、相变、固定点、定义固定点、三相点、水三相点、凝固点、熔化点、温坪、露点、超导固定点、超导转变温度、超导转变宽度、氦超流转变点、温度场、等温面、退火、应变。温标的特性主要有非唯一性、非一致性、超导性、对流、导热、热辐射、热导率、温度梯度。热量相关名词有潜热、凝固热、溶解热、汽化热。

第 4 章为接触测温。温度计与被测对象热接触并达到热平衡的测温方法。常见接触测温式温度计有电阻温度计、热电偶、玻璃液体温度计、最高温度计、最低温度计、热敏电阻温度计、电子体温度计、双金属温度计、压力式温度计、气体温度计、声学温度计、频率温度计、噪声温度计、蒸气压温度计、表层水温度计、颠倒温度表、机械式深度温度计。常见电阻温度计主要有铂电阻温度计、标准铂电阻温度计、高温铂电阻温度计、标准套管铂电阻温度计、工业铂热电阻温度计、表面温度计、铑铁电阻温度计、负温度系数电阻温度计、二极管温度计。常见热电偶有贵金属热电偶、铂铑 10-铂热电偶、铂铑 30-铂铑 6 热电偶、铂铑 13-铂热电偶、金-铂热电偶、铂-钯热电偶、廉金属热电偶、镍铬-铜镍热电偶、铁-铜镍热电偶、镍铬-镍硅（铝）热电偶、镍铬硅-镍硅热电偶、铜-铜镍热电偶、钨铼热电偶、镍铬-金铁热电偶。热电偶相关材料有铠装热电偶电缆、铠装热电偶、热电偶组件、可拆卸的工业热电偶、绝缘物、延长型导线、补偿导线、热电偶的测量端、热电偶的参考端、体膨胀系数、液体视膨胀系数。玻璃液体温度计主要有一等标准水银温度计、二等标准水银温度计、玻璃体温度计、棒式玻璃液体温度计、内标式玻璃体液体温度计、外标式玻璃液体温度计、电接点玻璃温度计、贝克曼温度计、汞铊温度计、石油产品用玻璃液体温度计、石油用高精度玻璃水银温度计。接触测温相关参数有铂纯度、电阻率、电阻温度系数、接触电阻、电阻温度计的自热效应、塞贝克效应。接触测温装置有固定点容器、固定点炉、恒温槽、盐槽、低温恒温器、热管、温度指示控制仪、温度巡回检测仪、温度变送器。

第5章为非接触测温。非接触测温法是指温度计不与被测对象热接触的测温方法。辐射测温法是非接触测温方法之一，相关的基本名词有辐射能、辐射通量、辐射强度、辐射出射度、辐射亮度、有效辐射亮度、（绝对）黑体、灰体。辐射相关参数有斯忒藩-玻耳兹曼常、第一辐射常数、第二辐射常数、吸收比、透射比、发射率、发谱发射率、有效发射率。非接触测温方法有辐射测温法、亮度测温法、全辐射测温法、颜色测温法、比色测温法。非接触测温温度计主要有辐射温度计、亮度温度计、隐丝式光学高温计、光电高温计、红外温度计、热像仪、红外耳温计。非接触测温主要性能参数有（平均）有效波长、极限有效波长、距离系数、辐射源尺寸效应、钨带灯、干涉滤光片、高温计灯泡。温度主要有辐射温度、亮度温度、颜色温度、比色温度、表观（视在）温度。

3．规程适用性

JJF 1007—2007供制定、修订计量技术法规使用，在温度计量工作的其他方面及相关科技领域亦可参考使用。

第二章　规范设计技术要求

第一节　行标规范设计技术要求

9　DL/T 316—2010 电网水调自动化功能规范

DL/T 316—2010《电网水调自动化功能规范》，由国家能源局于 2011 年 1 月 9 日发布，2011 年 5 月 1 日实施。

1．制定背景

为适应电力行业电网水调自动化建设和发展的需要，规范建设、统一功能要求，特制定 DL/T 316—2010。

2．主要内容

第 3 章为术语及定义。包括电网水调自动化、水情。

第 4 章为水调网络。主要从基本原则、组网设备选型原则、设备组成、局域网组网要求、广域网组网要求五方面论述。

第 5 章为数据通信与交换。主要内容：通信内容、数据通信协议、数据通信管理、数据交换。

第 6 章为数据处理。应具备的功能：对数据进行合理性（数值范围、连续性等）检查、异常数据标识和提示、对不同时段（小时、日、旬、月、年）的水位、雨量、流量、有功功率和电量等数据进行统计计算、水文站点的水位-流量换算、水务数据的计算、备流域（含支流）面雨量的计算、手动和自动计算。

第 7 章为水调数据库。主要内容：数据库管理、数据管理、数据库访问。

第 8 章为实时监视与报警。应具备的功能：实时监视水电厂雨水情、闸门和机组等信息、实时跟踪水文预报和水务计算等结果、对水位、雨量、流量等进行分级越限报警和变幅报警、监视局域网中设备及重要进程运行状态、视频监视水库本位标尺、闸门启闭等。

第 9 章为信息展示。主要内容：图形、报表、查询、统计与分析、界面编辑、可视化与动态仿真。

第 10 章为信息发布。具备的功能：Web 功能、短信功能、PDA 功能。

第 11 章为水库调度应用。主要应用包括：数据分析统计、中长期水文预报、洪水预报、发电调度、调洪演算、经济运行评价。

第 12 章为安全与防护。主要内容：安全隔离区划分及安全设备部署、操作系统安全防护、病毒防护、安全保护。

第 13 章为运行管理与维护。主要内容：运行指标、管理和维护。

第 14 章为其他。介绍了培训环境、会商、视频会议应具备的相应功能。

3. 规程适用性

DL/T 316—2010 适用于省级及以上电网水调自动化功能建设，省级以下及其他水调自动化功能建设参照执行。

10 DL/T 435—2004 电站煤粉锅炉炉膛防爆规程

DL/T 435—2004《电站煤粉锅炉炉膛防爆规程》，由中华人民共和国国家发展和改革委员会于 2004 年 3 月 9 日发布，2004 年 6 月 1 日实施。

1. 制定背景

DL/T 435—2004 是根据原电力工业部《关于下达电力行业标准制、修订计划项目的通知》（综科教〔1998〕28 号文），对 DL 435—1991《火力发电厂煤粉锅炉燃烧室防爆规程》进行修订的。

2. 主要内容

DL/T 435—2004 规定了防止电站煤粉锅炉炉膛外爆/内爆在有关设备及其系统方面的基本要求，给出了对设备启、停的顺序及运行操作的指南。

第 2 章为术语。包括总一次风关断门、火焰检测器、方向闭锁、风机选型点能力、风机控制装置超驰动作、总燃料跳闸、总燃料跳闸继电器、全火焰丧失、局部火焰丧失、点火器安全关断阀、点火器、启动油枪、炉膛安全监控系统、逻辑部分、报警、连锁、富空气、富燃料、燃烧器调风挡板、稳定火焰、燃烧器、燃烧器关断挡板、燃烧调节系统、燃煤锅炉的炉膛吹扫、炉膛外爆、炉膛内爆。

第 3 章为防止炉膛爆炸的有关要求。包括：总体要求、对设备与相应系统的要求、锅炉的启动、设备调试、性能试验和正常运行及停炉。其中对设备与相应系统的要求包括炉膛结构设计、烟风道设计、原煤供应系统、制粉系统、燃烧器系统、燃烧器调节系统、点火器和启动油（气）枪、炉膛压力检测、炉膛安全监控系统、火焰检测及跳闸系统、连锁系统、报警系统、防止炉膛内爆的保护。

3. 规程适用性

DL/T 435—2004 适用于电站煤粉锅炉。

11 DL/T 475—2006 接地装置特性参数测量导则

DL/T 475—2006《接地装置特性参数测量导则》，由中华人民共和国国家发展和改革委员会于 2006 年 5 月 6 日发布，2006 年 10 月 1 日实施。

1. 制定背景

DL/T 475—2006 是根据国家发展和改革委办公厅《关于印发 2005 年行业标准项目计划的通知》（发改办工业〔2005〕739 号文）的安排，对 DL 475—1992 进行修订的。

接地装置的状况直接关系到电力系统的安全运行，科学合理地测试接地装置的各种特性参数，准确评估其状况十分重要。目前国内电力系统中接地装置的测试工作比较薄弱，一些关键的技术观念比较模糊，技术手段落后，工作方法上缺乏统一的规范和认识。鉴于原测量导则涵盖新技术、新观念不够，可操作性不强，特根据当今接地测试技术发展的观念和趋势，结合现有的实测经验予以修订，以期有效地指导电力行业接地装置的测量工作。

2．主要内容

DL/T 475—2006 规定了电力系统中发电厂、变电所、输电线路杆塔的接地装置的特性参数及土壤电阻率测试的一般原则、内容、方法、判据、周期。

第 3 章为术语和定义。包括接地极、接地线、接地装置、大型接地装置、接地网、接地装置的特性参数、接地装置的电气完整性、接地阻抗、场区地表电位梯度、跨步电位差、接触电位差、转移电位、电流极、电位极、三级法、钳表法。

第 4 章为接地装置特性参数测试的基本要求。大型接地装置的特性参数测试内容：电气完整性测试，接地阻抗测试，场区地表电位梯度测试，接触电位差、跨步电位差及转移电位的测试。

第 5 章为接地装置的电气完整性测试。测试内容包括：方法、范围、注意的问题、仪器、结果的判断和处理。

第 6 章为接地装置工频特性参数的测试。主要内容：基本要求、试验的安全、场区地表电位梯度测试。其中基本要求包括试验电源的选择、测试回路的布置、电流极和电位极、试验电流的注入、试验的安全；试验的安全包括测试方法、干扰的消除、接地阻抗的理解和判断；场区地表电位梯度测试包括测试方法、测试结果的判定、跨步电位差、跨步电压、接触电位差、接触电压和转移电位测试及结果判断、接地装置工频特性参数测试的仪器要求。

第 7 章为输电线路杆塔接地装置的接地阻抗测试。主要内容：一般要求、三极法测试、钳表法测试。

第 8 章为土壤电阻率的测试。主要内容：一般要求、单极法测试、四极法测试。

3．规程适用性

DL/T 475—2006 适用于已运行的接地装置的状况评估，新建电厂、变电所和线路杆塔的接地装置的验收测试。通信设施、建筑物等其他接地装置的特性参数测试可参照有关内容进行。

12　DL/T 520—2007 火力发电厂入厂煤检测实验室技术导则

DL/T 520—2007《火力发电厂入厂煤检测实验室技术导则》，由中华人民共和国国家发展和改革委员会于 2007 年 7 月 20 日发布，2007 年 12 月 1 日实施。

1．制定背景

DL/T 520—2007 是根据国家发展改革委办公厅《关于下达 2004 年行业标准项目计划的通知》（发改办工业〔2004〕872 号）的安排，对 DL/T 520—1993《火电厂入厂煤检测试验室技术导则》修订的。

2．主要内容

DL/T 520—2007 规定了火力发电厂入厂煤检测实验室应开展的检测项目、环境（设施）

要求、仪器设备的配置及相关技术规范。

第3章为检测项目。应开展的工作项目包括：煤样的采取、制备，煤的全水分、工业分析、全硫和发热量的测定。可选的检测项目包括：元素分析、煤灰熔融性和哈氏可磨性指数测定。

第4章为检测依据标准。检测工作所依据标准见表1。

第5章为检测实验室。应设置的实验室为制样室、天平室、工业分析室、发热量测定室、元素分析室、煤样存放室；可选择设置的实验室为检验用气体存放室、灰熔融特性试验室。

第6章为检测环境、设施技术要求。主要描述应设置的实验室的相关要求。

第7章为检测用仪器设备和标准物质。主要包括：制样用仪器设备、化验用仪器设备和标准物质。其中制样用仪器设备包括：称量仪器、煤样干燥设备、人工破碎、缩分工具、机械破碎、缩分设备、筛分设备、辅助工具。

第8章为实验室技术管理。主要工作包括：采制化工作、采制化人员技术培训、仪器检定、校准、煤样盛放及保存、试验数据审核、试验数据质量控制。

3. 规程适用性

DL/T 520—2007 适用于火力发电厂入厂煤检测实验室的建立及日常运行时的规范化技术管理。

13　DL/T 526—2013 备用电源自动投入装置技术条件

DL/T 526—2013《备用电源自动投入装置技术条件标准》，由国家能源局于 2013 年 11 月 28 日发布，2014 年 4 月 1 日正式实施。

1. 制定背景

DL/T 526—2013 由中国电力企业联合会标准化中心提出，按照 GB/T 1.1—2009《标准化工作导则　第1部分：标准的结构和编写》对 DL/T 526—2002《静态备用电源自动投入装置技术条件》进行了修订，实施后代替 DL/T 526—2002。

2. 主要内容

DL/T 526 规定了备用电源自动投入装置的基本技术要求、技术参数、试验方法、检验规则、标志、包装、运输、贮存等要求。

第1章为标准的适用范围。第2章为标准所引用的其他标准文件。第3章为标准中的术语和定义。第4章讲述了备用电源自动投入装置的放置环境条件要求、额定电气参数要求、功率消耗要求、过载能力要求、准确度和变差要求、直流电源影响、结构和外观要求、对配线端子、输出继电器和信号继电器的要求、装置所应具有的使用功能、主要技术性能要求、安全要求、绝缘要求、耐热性能、电磁兼容性能、机械性能、连续通电和静动态模拟。第5章讲述了对备用电源自动投入装置的检查和试验方法。第6章讲述了装置出厂检验和型式检验的两种方法。第7章讲述了备用电源自动投入装置在标志、包装、运输、贮存方面的具体要求，第8章讲述了产品出厂随行文件和物件要求和产品的质量保质期。附录是典型主接线下备自投装置的动作条件及动作过程说明。

3. 规程适用性

DL/T 526—2013 适用于电力系统备用电源自动投入装置，并作为该装置的设计、制造、试验和使用的依据。其他工矿企业电网用户等亦可参照使用。

14 DL/T 589—2010 火力发电厂燃煤锅炉的检测与控制技术条件

DL/T 589—2010《火力发电厂燃煤锅炉的检测与控制技术条件》，由国家能源局于 2010 年 5 月 24 日发布，2010 年 10 月 1 日实施。

1. 制定背景

DL/T 589—2010 是根据国家发展改革委办公厅《关于下达 2004 年行业标准项目计划的通知》（发改办工业〔2004〕872 号）的安排，对 DL/T 589—1996《火力发电厂燃煤电站锅炉的热工检测控制技术导则》进行修订的。

2. 主要内容

DL/T 589—2010 规定了电站燃煤锅炉本体范围内的检测与控制技术的基本要求、成套提供的检测与控制设备的基本要求及其试验和验收的要求。

第 3 章为术语和定义。包括锅炉炉膛安全监控系统、燃烧器控制系统、锅炉安全系统、独立性原则。

第 4 章为技术要求。先提出总的要求，再描述仪表检测、阀门执行机构、油燃烧器和点火器就地控制箱、FSSS 四方面具体要求。

第 5 章为设备要求。先提出总的要求，再描述远传测温元件、就地指示仪表、开关量仪表、变送器、位置开关、电源、炉膛火焰工业电视、汽包水位监视工业电视、烟温探针、锅炉点火器及油燃烧器控制装置、锅炉动力排放阀 PCV、吹灰控制装盖、空气预热器间隙调整装置、空气预热器火灾报警装置、等离子点火、脱硝系统、执行机构等设备的具体要求。

第 6 章为试验和验收。包括：出厂试验和验收、现场试验和验收。

第 7 章为技术文件和图纸。罗列了正式有效的技术文件、图纸至少应包含的内容。在设备出厂前提供的技术文件和图纸不能取代设备装箱资料。装箱资料的内容应满足检测，控制设备的安装、调试、验收、运行、检修及维护的需要。

3. 规程适用性

DL/T 589—2010 适用于额定蒸发量 1000t/h 等级及以上的煤粉锅炉，其他额定蒸发量的煤粉锅炉也可参照使用。

15 DL/T 590—2010 火力发电厂凝汽式汽轮机的检测与控制技术条件

DL/T 590—2010《火力发电厂凝汽式汽轮机的检测与控制技术条件》，由国家能源局于 2010 年 5 月 24 日发布，2010 年 10 月 1 日实施。

1．制定背景

DL/T 590—2010 是根据国家发展改革委办公厅《关于下达 2005 年行业标准项目计划的通知》（发改办工业〔2005〕739 号文）的安排对 DL/T 590—1996《火力发电厂固定式发电用凝汽汽轮机的热工检测控制技术导则》进行修订的。

2．主要内容

DL/T 590—2010 规定了凝汽式汽轮机本体范围内的检测与控制技术的基本要求、成套提供的检测与控制设备的基本要求及其试验和验收的要求。

第 3 章为术语和定义。包括数字式电液控制系统、汽轮机自动启动控制、系统迟缓率、汽轮机监视仪表、汽轮机紧急跳闸系统、零转速、汽门快控、独立性原则。

第 4 章为技术要求。先提出总的要求，再描述仪表检测、阀门执行机构及其控制、汽轮机监视仪表（TSI）、数字式电液控制系统（DEH）、汽轮机紧急跳闸系统（ETS）、汽轮机自动盘车装置等设备的技术要求。

第 5 章为设备要求。先提出总的要求，再描述远传测温元件、就地指示仪表、开关量仪表、变送器、位置开关、电源、成套检测、控制装置、DEH、ETS、TSI/TDM、执行机构等设备的相关要求。

第 6 章为试验和验收。主要有出厂试验和验收、现场试验和验收两种方式。

第 7 章为技术文件和图纸。罗列了正式有效的技术文件、图纸至少应包含的内容。在设备出厂前提供的技术文件和图纸不能取代设备装箱资料。装箱资料的内容应满足检测，控制设备的安装、调试、验收、运行、检修及维护的需要。

3．规程适用性

DL/T 590—2010 适用于 30MW 及以上汽轮机，30MW 以下的汽轮机也可参照使用。

16　DL/T 591—2010 火力发电厂汽轮发电机的检测与控制技术条件

DL/T 591—2010《火力发电厂厂汽轮发电机的检测与控制技术条件》，由国家能源局于 2010 年 5 月 24 日发布，2010 年 10 月 1 日实施。

1．制定背景

DL/T 591—2010 是根据国家发展改革委办公厅《关于下达 2004 年行业标准项目计划的通知》（发改办工业〔2004〕872 号）的要求对 DL/T 591—1996《火力发电厂汽轮发电机热工检测控制技术导则》进行修订的。

2．主要内容

DL/T 591—2010 规定了汽轮发电机本体范围内及随本体供货的氢、油、水系统的检测与控制技术的基本要求、成套提供的检测与控制设备的基本要求及其试验和验收的要求。

第 3 章为技术要求。先提出总的要求，再描述仪表安装、测温元件、温度测点位置、定子绕组冷却水流量、自动补水电磁阀、检测和分析仪表、发电机厂与汽轮机厂的配合、电（气）

动控制调节阀门、压力和差压等设备的技术要求。

第 4 章为设备要求。先提出总的要求，再描述远传测温元件、就地指示仪表、开关量仪表、变送器、位置开关等设备的相关要求。

第 5 章为试验和验收。主要有出厂试验和验收、现场试验和验收两种方式。

第 6 章为技术文件和图纸。罗列了正式有效的技术文件、图纸至少应包含的内容。在设备出厂前提供的技术文件和图纸不能取代设备装箱资料。装箱资料的内容应满足检测，控制设备的安装、调试、验收、运行、检修及维护的需要。

3. 规程适用性

DL/T 591—2010 适用于 300MW 及以上容量，采用发电机定子绕组水冷，转子和铁芯氢冷的水氢氢冷却方式的机组。其他机组也可参照使用。

17 DL/T 592—2010 火力发电厂锅炉给水泵的检测与控制技术文件

DL/T 592—2010《火力发电厂锅炉给水泵的检测与控制技术文件》，由国家能源局于 2010 年 5 月 24 日发布，2010 年 10 月 1 日实施。

1. 制定背景

DL/T 592—2010 是根据国家发展改革委办公厅《关于下达 2005 年行业标准项目计划的通知》（发改办工业〔2005〕739 号）的要求对 DL/T 592—1996《火力发电厂锅炉给水泵的热工检测、控制技术导则》进行修订的。

2. 主要内容

DL/T 592—2010 规定了火力发电厂锅炉给水泵（包括电动给水泵组、汽动给水泵及前置泵）本体范围内的检测与控制的基本要求，以及设备的试验和验收的要求。

第 3 章为技术要求。先提出总的要求，再描述仪表检测、锅炉给水泵的检测和控制等设备的技术要求。

第 4 章为设备要求。先提出总的要求，再描述就地仪表、阀门执行机构、控制盘柜等设备的相关要求。

第 5 章为试验和验收。主要有出厂试验和验收、现场试验和验收两种方式。

第 6 章为技术文件和图纸。罗列了正式有效的技术文件、图纸至少应包含的内容。装箱资料的内容应满足检测，控制设备的安装、调试、验收、运行、检修及维护的需要。

3. 规程适用性

DL/T 592—2010 适用于 300MW 及以上机组配套的锅炉给水泵，300MW 以下机组的锅炉给水泵也可参照使用。

18 DL/T 642—2016 隔爆型阀门电动执行机构

DL/T 642—2016《隔爆型阀门电动执行机构》，由国家能源局于 2016 年 1 月 7 日发布，2016 年 6 月 1 日实施。

1．制定背景

DL/T 642—2016 是按照 GB/T 1.1—2009《标准化导则　第 1 部分：标准的结构和编写》对 DL/T 642—1997《隔爆型阀门电动装置》进行修订的。

2．主要内容

DL/T 642—2016 规定了用于电站的防爆型电动执行机构的性能规范、试验方法、检验规则、标志、包装、运输和贮存等技术要求。

第 3 章为术语和定义。包括爆炸性气体环境、防爆型式、隔爆外壳“d”、隔爆接合面、隔爆接合面间隙、最高表面温度、连续运行温度。

第 4 章为技术要求。隔爆型电动执行机构应符合 DL/T 642—2016 的要求，并按照经规定程序批准的图样及技术文件制造。

第 5 章为试验方法。包括：性能及功能检查，外观检查，通用安全性检查，电气安装检查，隔爆外壳机械强度、化学成分检查，隔爆接合面检查，黏结接合面检查与试验，非金属外壳和外壳的非金属部件的表面涂层检查，非金属外壳和外壳的非金属部件试验，观察窗试验，电缆引入装置试验，隔爆外壳耐压试验，内部点燃不传爆试验，最高表面温度的测定。

第 6 章为检验规则。产品出厂应按相关规定逐台进行出厂试验检测，检验项目全部合格方能出厂。

第 7 章为标志和文件。

第 8 章为包装、贮存与运输。

3．规程适用性

DL/T 642—2016 适用于由防爆外壳“d”保护、设备类型为 IIA、IIB、IIC 三类，允许表面温度为 85℃（温度级别：T6）～450℃（温度级别：T1），设备保护级别（EPL）为 Gb 级的电动执行机构的设计、制造及检验。

19　DL/T 677—2009 发电厂在线化学仪表检验规程

DL/T 677—2009《发电厂在线化学仪表检验规程》，由国家能源局于 2009 年 7 月 22 日发布，2009 年 12 月 1 日实施。

1．制定背景

DL/T 677—2009 是根据国家发展改革委办公厅《关于印发 2005 年行业标准项目计划的通知》（发改办工业〔2005〕739 号）的要求安排制定的。

DL/T 677—2009 主要参考国内相关标准及 ASTM、ISO、IEC 标准体系中有关纯水流动在线测量相关标准，并结合当前国内电力行业在线化学仪表的实际应用情况，对 DL/T 677—1999《火力发电厂在线工业化学仪表检验规程》进行了修订。

2．主要内容

DL/T 677—2009 规定了发电厂在线的电导率、pH 值、钠离子、溶解氧和硅酸根仪表的技术要求、检验条件及检验方法等内容。

第3章为术语和定义。

第4章为化学仪表的质量验收。包括化学仪表验收要求、确认和管理以及对标准设备的具体要求。

第5章为在线电导率表说明。包括技术要求；检验条件；检验设备与标准溶液的具体要求；整机误差检验说明；二次仪表检验；电极常数检验；交换柱附加误差检验包含检验方法的解释及交换柱附加误差计算方法的介绍；温度测量误差检验及记录。整机误差检验说明：检验原则，对于测量水样电导率不大于0.30μS/cm的电导率表不能采用标准溶液法，应采用水样流动法进行整机工作误差的检验，对于测量电导率值大于0.30μS/cm的电导率表，可采用标准溶液法进行整机引用误差的检验；水样流动检验法；标准溶液检验法。二次仪表检验：引用误差检验，包含检验原理的解释、检验方法的介绍；二次仪表稳定性检验；重复性检验；二次仪表温度补偿附加误差检验介绍。对电极常数检验：检验原则；标准溶液法；标准电极法；电极常数误差计算方法。

第6章为在线pH表的介绍。技术要求：在线pH检验项目、性能指标和检验周期应符合一定的规定要求；电极的检验项目和技术要求应符合一定的规定；检验条件规定及被检仪表基本要求；检验设备与标准溶液的精度及溶液的pH值要求；整机误差检验涵盖了检验原则、水样流动检验法、标准溶液检验法；整机示值重复性检验，取多次测量的平均值的标准偏差表示重复性；温度补偿附加误差检验；二次仪表示值误差检验；输入阻抗引起的示值误差检验；电极性能检验，涵盖参比电极主要性能检验、玻璃电极性能检验。温度补偿附加误差检验，包括：检验原则，对于测量水样电导率不大于100μS/cm的在线pH表，应采用水样流动法进行温度补偿附加误差的在线检测，对于其他pH表，可采用二次仪表温度补偿误差检验法进行检验；水样流动检验法的具体操作结束；二次仪表温度补偿误差检验方法的说明；温度测量误差的检验。

第7章为在线钠表。包括：技术要求规定；检验条件规定；检验的具体要求；整机引用误差检验，其中有检验原则的介绍、动态法及静态法的具体操作；整机示值重复性检验；温度补偿附加误差检验，分为整机检验的方法和二次仪表温度补偿附加误差检验方法；二次仪表示值误差检验；二次仪表输入阻抗检验。

第8章为在线溶解氧表。包括技术要求、检验条件、检验设备与标准溶液、整机引用误差检验、零点误差检验、温度影响附加误差的检验、整机示值重复性检验、流路泄漏附加误差检验。

第9章为在线硅表。包括技术要求、检验条件、对标准溶液的要求、整机引用误差检验、整机重复性检验、抗磷酸盐干扰性能检验。

第10章为检验报告及其要求。

附录中详细地给出了电导率标准溶液的制备方法、在线电导率表检验结果的记录格式（包括在线电导率表整机工作误差检验记录、在线电导率表整机引用误差检验记录、在线电导率表二次仪表检验记录、在线电导率表二次仪表温度补偿附加误差检验记录、在线电导率表传感器电极常数检验记录、在线电导率表交换柱附加误差和温度测量误差检验记录）、低电导率标准水样制备装置、pH标准缓冲溶液的制备方法、在线pH表检验结果记录格式、钠标准溶液的配置与保存、在线钠检验结果记录格式、低浓度溶解氧标准水样制备装置、在线溶解氧表检验结果记录格式、二氧化硅标准溶液的配制方法、在线硅表检验结果记录格式、检验报告格式（包括电导率表检验报告格式、pH表检验报告格式、钠表检验报告格式、溶解氧表检验报告格式、硅表检验报告格式）等。

3. 规程适用性

DL/T 677—2009 适用于发电厂上述在线化学仪表新购置时的验收检验和运行时间的测量检验。实验室仪表可参照使用。

20　DL/T 775—2012 火力发电厂除灰除渣控制系统技术规程

DL/T 775—2012《火力发电厂除灰除渣控制系统技术规程》，由国家能源局于 2012 年 4 月 6 日发布，2012 年 7 月 1 日实施。

1. 制定背景

DL/T 775—2012 对 DL/T 775—2001《火力发电厂除灰除渣热工自动化系统调试规程》进行了如下方面的修订：①对采用可编程逻辑控制器系统、分散控制系统或者采用现场总线技术控制系统的除灰除渣控制系统，在系统配置、调试、验收等方面提出较完整的技术要求和规范；②标准名称由“火力发电厂除灰除渣热工自动化系统调试规程”改为“火力发电厂除灰除渣控制系统技术规程”；③增加系统配置、技术文件和图纸两章；④将原除灰除渣热工自动化系统调试前准备、启动前调试和启动后调试合并为系统调试。实施后代替 DL/T 775—2001。

2. 主要内容

DL/T 775—2012 规定了火力发电厂除灰除渣控制系统在配置、调试及验收过程中的技术要求及规范。

第 4 章讲述了除灰除渣系统控制方式要求、硬件平台要求、软件系统要求。第 5 章讲述了除灰除渣控制系统的调试，从调试前的检查、启动前调试、启动后的调试三个方面详细规定了调试标准和步骤。第 6 章讲述了控制系统功能、性能、抗干扰能力验收标准，新建机组应在 168h 连续试运之后验收、技术改造机组应在除灰除渣控制系统投入运行并报竣工之后验收，验收可用率不应低于 99.9%。第 7 章讲述了除灰除渣控制系统竣工技术文件和图纸应包括设计说明书、控制策略逻辑图、仪表和控制设备清单、电源分配图、通信网络接线图、控制系统安装指导等。

附录中列出了除灰除渣 PLC 控制系统的典型框图、除灰除渣 DCS 控制系统的典型框图、除灰除渣采用现场总线技术的控制系统的典型框图、Profibus 通信总线传输速率与传输范围、光纤特性和通信电缆类型。

3. 规程适用性

DL/T 775—2012 适用于火力发电厂单机额定容量为 200MW 及以上机组的除灰除渣控制系统。对于单机额定容量在 200MW 以下的火力发电机组，亦可参照执行。

21　DL/T 834—2003 火力发电厂汽轮机防进水和冷蒸汽导则

DL/T 834—2003《火力发电厂汽轮机防进水和冷蒸汽导则》，由国家经济贸易委员会于 2003 年 1 月 9 日发布，2003 年 6 月 1 日实施。

1. 制定背景

为进一步提高我国火力发电厂汽轮机运行安全性和可靠性，防止水和冷蒸汽损伤汽轮机，正确指导汽轮机的设计、安装、运行、检查、试验和维护，特制定 DL/T 834—2003。DL/T 834—2003 参考了美国国家标准《防止水对发电用汽轮机造成损坏的导则》（ANSUASME TDP-1—1985），并总结国内外汽轮机运行经验和国产设备的实际使用情况而制定的。在使用 DL/T 834—2003 时，应考虑设备类型及实际情况，并遵照制造厂家的具体要求执行。

2. 主要内容

DL/T 834—2003 规定了防止水和冷蒸汽对汽轮机造成损坏，提高运行安全、可靠性所涉及的设备和系统的设计、安装、监测、试验及运行维护的技术要求。

第 3 章讲述了发电机组汽轮机自身在防进水和冷蒸汽设计、施工、运行方面的准则。

第 4 章讲述了锅炉本体、过热蒸汽和再热蒸汽减温器、启动旁路系统、主蒸汽管道、冷段再热管道、热段再热蒸汽管道、汽轮机本体疏水、抽汽管道及疏水、回热加热器、除氧器、汽轮机轴封系统、锅炉给水泵汽轮机、疏水管疏水联箱疏水扩容器等与汽轮机进水和冷蒸汽有关的设备和系统的设计、安装、监测准则。

第 5 章讲述了主蒸汽系统、冷段再热蒸汽管道、再热减温器、热段再热蒸汽管道、轴封系统、给水加热器和抽汽系统、汽轮机运行导则。

第 6 章讲述了与汽轮机进水和冷蒸汽有关设备和系统的试验、检查和维护导则。

DL/T 834—2003 中提出的运行建议是按照一般要求提出的，对不同机组，由于容量、结构、设备及系统的设计与布置、自动化程度以及运行方式不同，应根据实际情况制定技术规程，指导运行人员处理机组正常启、停、稳定运行、负荷变动、锅炉灭火、汽轮机甩负荷和进水等情况。

3. 规程适用性

DL/T 834—2003 适用于火力发电厂的汽轮机，不适用于核电汽轮机。

22 DL/T 907—2004 热力设备红外检测导则

DL/T 907—2004《热力设备红外检测导则》，由中华人民共和国国家发展和改革委员会于 2004 年 12 月 14 日发布，2005 年 6 月 1 日实施。

1. 制定背景

DL/T 907—2004 是根据原国家经济贸易委员会电力司《关于确认 1999 年度电力行业标准制、修订计划项目的通知》（电力〔2000〕22 号文）的安排制定的。

2. 主要内容

DL/T 907—2004 规定了红外检测的对象、方法和判断依据，绝热效果评价以及技术管理工作的要求。

第 3 章为基本要求。包括对检测仪器和工具的要求、对被检测设备的要求、对检测环境的要求、检测周期。其中检测仪器包括红外温度计、红外热像仪、其他检测仪器与工具。检测周期有两种，包括在役设备检测和新投产热力设备的检测。

第 4 章为检测方法。包括红外温度计法、红外热像法、超温面积测量。

第 5 章为数据处理。包括环境温度修正、检测数据处理、超温率。

第 6 章为判断依据。凡检测设备、管道的绝热结构外表温度经环境温度修正后高于规范规定的允许值，则视为不合格。

第 7 章为检测报告。描述了红外检测报告相关内容。

第 8 章为数据库建立与归档。应将热力设备绝热状况红外检测的各种记录、缺陷统计、热谱图及检测报告分日期、按设备归类存档。根据红外检测结果，跟踪热力设备的绝热缺陷消缺情况，填写热力设备绝热结构消缺报告。

3．规程适用性

DL/T 907—2004 适用于火力发电厂和其他供热系统的热力设备。

23　DL/T 924—2005 火力发电厂厂级监控信息系统技术条件

DL/T 924—2005《火力发电厂厂级监控信息系统技术条件》，由中华人民共和国国家发展和改革委员会于 2005 年 2 月 14 日发布，2005 年 6 月 1 日实施。

1．制定背景

厂级监控信息系统（简称 SIS 系统）是主要为火力发电厂建立全厂生产过程实时/历史数据库平台、为全厂实时生产过程综合优化服务的实时生产过程监控和管理的信息系统。自 1997 年火力发电厂厂级监控信息系统提出以来，该系统得到了广泛的推广应用，但 DL/T 924—2005 发布之前，没有规范厂级监控信息系统的技术标准，给该系统的建设造成一定程度的混乱。因此，DL/T 924—2005 的制定势在必行。在总结近几年实践经验的基础上，根据国家发展和改革委员会《关于下达 2003 年度行业标准补充计划项目的通知》（发改办〔2003〕873 号）的安排进行了 DL/T 924—2005 的编制。

2．主要内容

DL/T 924—2005 规定了火力发电厂厂级监控信息系统（SIS 系统）的应用功能、硬件和软件配置、系统安全和网络管理、文档资料以及验收等的技术要求。厂级监控信息系统主要为火力发电厂建立全厂生产过程实时/历史数据库的平台、为全厂实时生产过程综合优化服务的实时生产过程监控和管理的信息系统。完成 SIS 应用功能和管理功能的计算机或服务器称为功能站，包括数据库服务器、应用软件功能、计算机或服务器、系统备份服务器、防病毒服务器，维护管理计算机。系统内的其他计算机工作站称为客户机。

第 4 章讲述了 SIS 系统的总则要求。SIS 应根据实际需要和技术发展总体规划分步实施，并不断更新、完善和升级；SIS 的开发、建设和运行管理的整个过程，应采用质量管理体系 ISO9000 进行全面质量管理；SIS 应高度整合企业软硬件资源，其系统组态设计、软硬件设备选型应坚持经济实用、安全可靠、先进成熟、通用性强及可扩充的原则；SIS 中集成的各项应用功能应是过去经实践证明有效的功能（包括单项应用），对于某些个别功能缺乏实践经验时，应进行试点；计量单位必须符合国家标准、常用物理量和法定计量单位的规定，数据辨识设计应按DL/T 950—2005进行；SIS宜通过全厂远程终端设备（简称RTU）与电力系统的能量管理系统（简称EMS）进行信息交换，从EMS通过RTU，用硬接线方式接受总的负荷指令进行机组间负荷优化分配计算；SIS和机组分散控制系统DCS应分别设置独立的网络，信息流应按单向设计，只允许DCS向SIS发送数据。当工程中SIS配置的某些功能要求SIS向DCS发送控制指令或设定值指令时，应采用硬接线方式实现，并在SIS侧和DCS侧分别设置必要的数据正确性判断功能；SIS网络应独立于管理信息系统MIS网络进行配置，信息流宜按单向设计，只允许SIS向MIS发送数据。对于装设单机容量为200MW及以下的电厂，允许SIS和MIS合用一个网络，此时，不允许在SIS中配置任何形式（通信和硬接线）向DCS发送控制指令或设定值指令等的信息传递；与生产相关度不大的信息、信息量少而消耗资源量大的信息（如摄像信息）和为厂长和行政部门管理服务的信息不宜进入SIS；在应用层面上发出调用一个常用画面或者表格的历史数据显示，从接受指令、提取压缩数据、解压缩，网上数据传输，到数据输出的一系列动作所需要的时间应不大于2s；对于设置独立网络时，SIS可用率值应不低于99.9。

第5章详细讲述了SIS系统应具有如下功能：①满足全厂生产过程信息采集、处理和监视；②满足全厂机组经济性能计算、分析和操作指导功能；③满足运行调度功能；④满足工艺设备状态监测和故障诊断；⑤控制系统优化和故障诊断；⑥机组在线性能试验数据采集功能；⑦发电厂远程技术服务网络的连接；⑧机组仿真系统的连接等。

第6章讲述了对实时/历史数据库系统服务器配置要求、数据采集、数据库存储、数据库管理、数据库应用方面的详细要求。

第7章讲述了硬件及系统配置。

第8章论述了软件组态和配置要求。

第9章讲述了系统安全和网络管理要求。

第10章讲述了文档资料包括的范围，以保证文档资料的完备、正确、简明和规范。

第11章讲述了验收时的基本要求。

3. 规程适用性

DL/T 924—2005适用于新建、扩建或已建火力发电厂的厂级监控信息系统的建设。

24　DL/T 960—2005 燃煤电厂烟气排放连续监测系统订货技术条件

DL/T 960—2005《燃煤电厂烟气排放连续监测系统订货技术条件》，由中华人民共和国国家发展和改革委员会于2005年2月14日发布，2005年6月1日实施。

1. 制定背景

DL/T 960—2005是根据原国家经济贸易委员会《关于下达2001年度电力行业标准制、修订计划项目的通知》（电力〔2001〕44号文）的要求制定的。DL/T 960—2005规范了国内外烟气排放连续监测系统设备供货的范围、技术水平和服务保证。

2. 主要内容

DL/T 960—2005规定了燃煤电厂烟气排放连续监测系统的订货技术条件。

第 3 章为术语和定义。包括绝缘电阻、绝缘强度、零气、SO_2/NO_x 中浓度标准气体、SO_2/NO_x 高浓度标准气体。

第 4 章为技术要求。首先提出基本要求，再描述气态污染物（二氧化硫、氮氧化物）监测子系统、烟尘监测子系统、烟气排放参数监测子系统、系统控制及数据采集处理子系统、其他要求等技术要求。

第 5 章为出厂试验。包括出厂试验项目、试验方法。其中试验方法包括外观和结构、绝缘电阻、绝缘强度、气路密封性、功能检查、连续运行试验、校准试验。

第 6 章为选型导则。收集各供应商所采用的监测方法（先进性和实用性）、设备技术性能指标和价格比、每年维护运行所需费用等进行综合分析，并介绍供应商选择的相关要求。

第 7 章为订货与投标应提供的资料。分别描述了订货应提供的资料、投标应提供的资料。

第 8 章为技术服务。负责系统的安装、调试和试运行；提供订货方人员在系统运行、维护和维修方面的技术培训；委托有资质的机构进行烟气排放连续监测系统验收测试；供货方应提供售后服务。

第 9 章为铭牌、包装、运输、贮存。

3．规程适用性

DL/T 960—2005 适用于燃煤电厂固定式烟气排放连续监测系统。

25　DL/T 996—2006 火力发电厂汽轮机电液控制系统技术条件

DL/T 996—2006《火力发电厂汽轮机电液控制系统技术条件》，由中华人民共和国国家发展和改革委员会于 2006 年 12 月 17 日发布，2007 年 5 月 1 日实施。

1．制定背景

DL/T 996—2006 是根据国家发展改革委办公厅《关于下达 2003 年行业标准项目补充计划的通知》（发改办工业〔2003〕873 号）的安排，是根据我国汽轮机电液控制系统的应用类型、使用条件，综合有关标准制定的。

2．主要内容

DL/T 996—2006 规定了电站中驱动发电机的汽轮机电液控制系统的类型、功能、性能指标和技术规范，统一了相关系统和专业术语的定义、缩略语和单位，规定了汽轮机电液控制系统应用功能和技术规范标准，对电子控制、液压控制、保护系统的结构和性能提出了具体要求，并对技术资料和试验、验收方法等提出了相关规定。DL/T 996—2006 可为汽轮机电液控制系统的招标文件、验收条件、运行规程的制订提供依据。

DL/T 996—2006 共包括 10 章，主要技术内容有总则、应用功能、电子和保护系统、液压和保护系统、技术规范、验收规范以及技术资料等。

第 4 章说明汽轮机电液控制系统由电子、液压系统和保护系统组成。数字式电液控制系统（DEH）应取代模拟式电液控制系统（AEH），不推荐采用电液并存跟踪、切换控制系统。透平油 DEH 系统和抗燃油 DEH 系统是电液控制（EHC）系统的主要应用类型。300MW 等级以下机组宜选用以透平油为工质的 DEH 系统，300MW 等级及以上机组可采用以抗燃油或透平油为工质的DEH系统。为满足汽轮发电机组实现机组启动、运行控制、机炉协调控制、电网自动发电控制，提高机组运行的可靠性、经济性、可控性和负荷调整的适应性，DEH应选用应用成熟、可靠性高、软件功能强、技术经济比高的系统。汽轮机电液控制系统的功能、性能和整体方案，应与汽轮机主体结构相适应。并根据机组的容量、类型、结构特点、电网的要求和实际需求，确定系统功能和性能指标的选用原则。在实现相同功能的条件下，应以系统结构简单、实用、可靠、维护工作量小，作为确定选型的基本原则。电子控制装置宜采用与机组DCS一体化配置。液压系统是DEH系统的重要组成部分，应根据应用实际慎重确定液压系统的类型。电子和液压系统设备生产厂，应具备完善的质量管理保证体系，并具有优良业绩。工程设计、系统控制逻辑的组态和调试，应为熟悉电厂生产过程和被控对象的专业单位。电子和液压设备生产厂，应提供当前先进的、成熟的、可靠的技术和设备。电子和液压设备生产厂，在保质期内应随系统软件的更新予以升级，在保质期外对存在有严重设计失误或严重质量问题的设备，应有“招回”承诺。

第5章详细说明了DEH的控制方式、控制功能、限制功能、保护功能、试验功能、接口功能。DEH控制方式应按分级分层控制的原则设计，当高一级控制层故障退出时，其下一级应继续控制机组安全运行。自动控制、操作员自动控制和阀位控制，是DEH系统基本的必备的控制方式。汽轮机自动启动控制（ATC）和后备控制为可选控制方式。在转速控制过程中，若实际转速与给定转速差大于500r/min时，应能自动实施停机；在功率闭环控制下，若实际功率与给定功率差大于 5%额定功率时，应能自动转为阀位控制、功率开环运行；在主蒸汽压力控制（TPC）故障情况下，应能自动转为阀位控制。在任何控制方式下，不应退出机组的各种保护。DEH应具有机组转速控制、功率控制、抽汽式汽轮机可调整抽汽压力控制、背压式汽轮机背压抽汽压力控制、主蒸汽压力控制（TPC）、同期控制、初始负荷控制、一次调频功能、电网自动发电控制（AGC）、协调控制（CCS）等必备功能，根据机组的特点和实际需求，可选择增加阀门管理（VM）功能、机组甩负荷快速保持（FCB）、电网自动调度控制（ADS）、汽门快控（FVA）、中压缸启动控制功能。限制功能包括对机组转速、主蒸汽压力、汽轮机真空、功率限制、抽汽或背压机组可调整抽汽压力限制。保护功能包括机械超速保护、电气超速保护和停机保护功能。试验功能包括主汽门、调节汽门在线活动试验，重要保护在线试验，超速保护试验、汽门严密性试验、假同期并网试验、系统离线仿真试验。同时DEH还需具有与其他系统传输数据的通信接口功能。

第6章主要介绍了操作员站和工程师站的功能、控制器的配置、控制柜的要求、过程输入/输出（I/O）卡的类别和功能、控制电源、就地仪表、系统裕量要求、系统实时性、控制系统可用率、电磁兼容性以及I/O通道精度。

第7章主要介绍了执行机构、电液转换装置、油系统、保护、限制和挂闸系统。

第8章规定了转速不等率、局部转速不等率、迟缓率、压力不等率和压力迟缓率、一次调频、初始负荷控制转速、负荷给定、瞬时飞升转速、超速限制（OPC）、超速保护、稳定性及油动机动作过程时间的范围和要求。

第9章主要说明了验收前应达成的协议和性能验收要求。

第10章规定了制造厂提供的文件及图纸应满足电厂DEH总体设计、安装、调试、运行和维护的需要。提供的最终资料有：DEH 系统（电子、液压和保护系统）硬件手册；DEH系统（电子、液压和保护系统）设备清单和外购设备手册；DEH控制系统组态手册；系统最终组态生成软件；系统控制逻辑图，系统接线图和UO清单；DEH系统（电子、液压和保护系统）说明书；DEH 系统（电子、液压和保护系统）操作手册；DEH 系统（电子、液压和保护系统）维护手册。

3. 规程适用性

DL/T 996—2006 适用于为新机组汽轮机控制系统的选型和老机组汽轮机调节系统的改造提供技术依据，其他类型汽轮机的电液控制系统也可参照执行。

26 DL/T 1022—2006 火电机组仿真机技术规范

DL/T 1022—2006《火电机组仿真机技术规范》，由中华人民共和国国家发展和改革委员会于2006年12月17日发布，2007年5月1日实施。

1. 制定背景

DL/T 1022—2006 是根据国家发展改革委办公厅《关于下达2004年行业标准项目计划的通知》（发改办工业〔2004〕872号）的要求，针对火力发电机组全范围培训型仿真机的设计、开发和使用而制定的，对于其他类型的火电机组仿真机，其所涉及的内容也做了相应规定。

2. 主要内容

DL/T 1022—2006 主要是以火力发电机组为仿真对象，规定了火电机组仿真机的仿真范围、基本技术要求、性能指标、验收测试项目和技术资料要求等。DL/T 1022 共分为7个章节，分别从仿真机的应用范围、术语和定义、仿真机构成、仿真机技术、性能测试和相关资料方面做了详细说明。

机组仿真是指建立物理模型和/或建立数学模型，使其与真实世界过程、概念或系统在相同受控输入下的特性是相像的。其囊括了环境仿真、物理仿真、数字仿真、模拟仿真和实时仿真等多种仿真方式，主要结构包括培训环境、主计算机、教练员站、就地操作站、仿真操作员站、网络设备和输入输出接口等。仿真机组主要应用的软件有过程模型软件、控制系统仿真软件、操作员站仿真软件、教练员站软件、仿真支撑软件、就地操作站软件、环境仿真软件、诊断和测试软件和工具软件和文档等。

仿真机可实时地仿真参考机组设备故障、装置损坏和自动控制功能失灵等异常和事故工况，能仿真程度不同和渐变的故障（如锅炉管道泄漏、真空下降、凝汽器管道结垢等），故障的仿真结果应能正确反映真实故障过程。仿真的故障可由仿真运算结果自然引发、受训人员误操作引发或教练员加入引发。仿真故障发生后，仿真机的动态响应应与参考机组相同故障后的动态响应一致或相像，或与运行经验以及工程分析得到的估计动态响应相符合。对于在参考机组中经操作能够处理的故障，受训人员可以通过仿真操作处理相应的仿真故障。如仿真操作处理不当，仿真机应产生与参考机组相应不当操作而产生的相同的事故扩展现象。各种情况下均应与现场反应一致或相像。

附录对火电厂机组仿真系统的开发、典型故障仿真、模型技术要求和应用资料要求做了一定的说明和规范，使得机组仿真能够更好地根据实际工况建立相应适合的模型来进行模拟仿真，这对实现火电机组控制室运行人员的仿真培训具有非常重要的意义。

3．规程适用性

DL/T 1022—2006 适用于以火力发电机组为仿真对象，以火电机组主控制室运行人员培训为主要目的的仿真机，包括常规燃煤、燃油、燃气锅炉发电机组仿真机，流化床锅炉发电机组仿真机，燃气蒸汽联合循环发电机组仿真机等。

27 DL/T 1073—2007 电厂厂用电源快速切换装置通用技术条件

DL/T 1073—2007《电厂厂用电源快速切换装置通用技术条件》，由中华人民共和国国家发展和改革委员会于 2007 年 12 月 3 日发布，2008 年 6 月 1 日实施。

1．制定背景

DL/T 1073—2007 是根据国家发展改革委办公厅《关于下达 2004 年行业标准项目计划的通知》（发改办工业〔2004〕872 号）的安排制定的。DL/T 1073—2007 通用基本性能指标采用 IEC 60255 标准的有关规定及国内相关的质量标准，单项功能指标根据国内实际使用要求而制定。

2．主要内容

第 3 章为术语和定义。包括并联切换、串联切换、同时切换、快速切换、同相位切换、残压切换、双向切换。

第 4 章为技术要求。包括环境条件、主要技术参数、装置的主要功能、各种功能的主要技术要求、绝缘性能、耐湿热性能、电磁兼容性能、直流电源影响、静态模拟、连续通电、机械性能、结构、外观及其他。

第 5 章为试验方法。包括试验条件、技术性能及参数试验、温度试验、温度储存试验、功率消耗试验、过载能力试验、绝缘试验、湿热试验、电磁兼容性能试验、直流电源影响试验、连续通电试验、机械性能试验、结构和外观检查。

第 6 章为检验规则。产品检验分出厂检验和型式检验两种。

第 7 章为铭牌、包装、运输、贮存。

第 8 章为其他。在用户遵守 DL/T 1073—2007 及产品说明书所规定的运输、储存条件下，产品自出厂之日起，至安装不超过两年，如发现产品和配套件非人为损坏，制造厂应负责免费维修或更换。

第 9 章为产品随行文件。包括产品合格证、产品说明书、装箱清单、随机备品备件清单、产品图样及设计文件、其他有关技术资料。

3．规程适用性

DL/T 1073—2007 适用于发电厂数字式厂用电源快速切换装置，作为该装置的设计、生产、试验和应用的依据。

28 DL/T 1074—2007 电力用直流和交流一体化不间断电源设备

DL/T 1074—2007《电力用直流和交流一体化不间断电源设备》，由中华人民共和国国家发展和改革委员会于 2007 年 12 月 3 日发布，2008 年 6 月 1 日实施。

1. 制定背景

DL/T 1074—2007 是根据国家发展改革委办公厅《关于印发 2005 年行业标准项目补充计划的通知》（发改办工业〔2005〕2152 号文）的安排制定的。

2. 主要内容

第 3 章为术语和定义。包括一体化电源设备、电力用交流不间断电源、电力用逆变电源、通信用直流变换电源、负载功率因数、动态电压瞬变范围、瞬变响应恢复时间、输出电流波峰系数、失真度、总切换时间、电磁兼容性（EMC）。

第 4 章为型号和额定值。描述了型号的含义。额定值内容包括交流额定输入电压、交流额定输入频率、直流额定输出电压、直流标称输出电压、充电装置额定输出电流、蓄电池额定容量、设备负载等级、交流额定输出电压、交流额定输出频率、交流额定输出容量。

第 5 章为技术要求。包括：正常使用的环境条件、正常使用的电气条件、结构与元器件的要求、电气间隙和爬电距离、电气绝缘性能、防护等级、噪声、温升、蓄电池组容量、事故放电能力、负荷能力、连续供电、电压调整功能、稳流精度与稳压精度、波纹系数、并机均流性能、限压及限流特性、效率及功率因数、报警及保护功能要求、监控装置、电磁兼容性（抗扰度）、谐波电流。

第 6 章为检验规则和试验方法。设备检验分出厂试验和型式试验。试验方法包括一般检查、电气绝缘性能试验、防护等级试验、噪声试验、温升试验、蓄电池组容量试验、事故放电能力试验、负载能力试验、连续供电试验、电压调整功能试验、稳流精度试验、稳压精度试验、纹波系数试验、并机均流性能试验、限压及限流特性试验、效率及功率因数试验、报警及保护功能试验、监控装置试验、电磁兼容性（抗扰度）试验、谐波电流试验、动态电压瞬变范围试验、瞬变响应恢复时间试验、同步精度试验、频率试验、电压不平衡度试验、电压相位偏差试验、电压波形失真度试验、总切换时间试验、交流旁路输入试验。

第 7 章为标志、包装、运输、贮存。

3. 规程适用性

DL/T 1074—2007 适用于发电厂、变（配）电所和其他电力工程直流和交流一体化不间断电源设备的设计、制作、选择、订货和试验，也适用于电力不间断电源（简称 UPS）、电力用逆变电源（简称 INV）、小型变电站的通信用直流变换电源（简称 DC/DC）的设计、制作、选择、订货和试验。

29 DL/T 1083—2008 火力发电厂分散控制系统技术条件

DL/T 1083—2008《火力发电厂分散控制系统技术条件》，由中华人民共和国国家发展和改革委员会于 2008 年 6 月 4 日发布，2008 年 11 月 1 日实施。

1. 制定背景

DL/T 1083—2008 是根据国家发展改革委办公厅《关于下达 2003 年行业标准项目补充计划的通知》（发改办工业〔2003〕873 号）文件的安排制定的。分散控制系统（DCS）在电力行业已被广泛应用，并基本成熟。为进一步适应电力工业发展的需要，有必要使其标准化、规范化，建立适合我国国情的、实用的、统一的分散控制系统技术条件的行业标准。DL/T 1083—2008 是根据我国分散控制系统的应用类型、使用条件，综合有关标准制定的。DL/T 1083—2008 统一了相关系统和专业术语的定义和缩略语，规定了分散控制系统应用功能和技术规范标准，对组成分散控制系统的硬件、外围设备、系统软件、应用软件的质量和性能提出了具体要求，并对技术资料和试验、验收方法等提出了相关规定，为分散控制系统的招标文件，系统设计、调试、验收、运行和维护规程的编制提供依据。

2. 主要内容

DL/T 1083—2008 应用于火电厂及火电机组所采用的分散控制系统，规定了应用于火力发电厂的计算机、通信网络和电子模件所组成的、对电厂各个工艺过程进行控制、监视的分散型控制装置和系统的硬件、软件及其应用功能应达到的技术条件和质量要求。

总则中对火电厂分散控制系统规定了几个方面的要求，主要有数据通信网络、DCS 应用软件、控制处理器、DCS 硬件、设备供货和设计能力、可用率考核和可靠性评估等。其中数据通信网络主要包括数据通信网络可靠性要求、数据通信网络实时性要求、数据通信网络容量要求和信协议要求；DCS 应用软件的要求有应用软件子系统划分和软件组态；控制处理器主要是冗余配置和分散配置两方面；分散控制系统的安全要求包括硬件和软件两方面。

第 5 章为应用功能要求。包括数据采集、模拟量控制、开关量控制和顺序控制以及公用设备控制系统。数据采集方面按照电厂工艺设计要求，对所有已有设计的测点信号进行连续采集和处理，并存储在实时和历史数据库中实现 DCS 信息共享。对于模拟量控制，DL/T 1083—2008 要求模拟量控制系统（MCS）应实现对单元机组及辅机系统的调节控制，而开关量控制系统（OCS）用于启动/停止功能子组。公用设备控制系统是指服务于多台单元机组、炉、电主机系统，且需要在多台单元机组 DCS 监视和操作的设备。

第 6 章对分散控制系统的硬件和软件进行了一定的规范要求，规定了从环境条件干扰到硬件通信的总体要求，最后还对控制处理器（CP）的处理能力和诊断冗余进行了详细的规定。分散控制系统的人机接口由操作员站、值长监视站、厂级管理信息接口站、历史站和工程师站组成。

最后对分散控制系统的硬件、软件资料和验收、测试所注意的要求进行了叙述。验收时要求：根据 DCS 所包含的功能范围，现场验收测试应满足 DL/T 655、DL/T 656、DL/T 657、DL/T 658、DL/T 659—2006 和 DL/T 1083—2008 所规定的测试条件，并且还应根据工程组织情况，分别在出厂验收、现场调试和机组试运阶段分别测试并记录。

3. 规程适用性

DL/T 1083—2008 适用于火电厂及火电机组所采用的分散控制系统，火电厂其他控制系统也可参照执行。

30　DL/T 1091—2008 火力发电厂锅炉炉膛安全监控系统技术规程

DL/T 1091—2008《火力发电厂锅炉炉膛安全监控系统技术规程》，由中华人民共和国国家发展和改革委员会于 2008 年 6 月 4 日发布，2008 年 11 月 1 日实施。

1．制定背景

DL/T 1091—2008 是根据国家发展改革委办公厅《关于印发 2007 年行业标准修订、制定计划的通知》（发改办工业〔2007〕1415 号文）的要求制定的。DL/T 1091—2008 是在对我国各类火力发电厂 FSSS 应用研究的基础上编写的 FSSS 技术规程。

2．主要内容

DL/T 1091—2008 规定了锅炉炉膛防内爆/外爆、燃烧器管理、燃烧控制系统的逻辑设计以及监控设备的要求，适用于火力发电厂大中型燃油、燃煤机组锅炉的安全监控。DL/T 1091—2008 共分 8 章，从第 5 章开始分别针对不同类型机组的炉膛安全监控的逻辑设计进行了详细的技术规定。

DL/T 1091—2008 对逻辑设计提出了最低限度的要求，随着发电厂自动化水平的提高及锅炉设备类型的多样化，监控系统也应采取相应的措施，在总则中分别提出制造、设计、安装和运行维护要求；锅炉炉膛安全监控系统操作设计要求；关键设备基本设计要求；功能配置要求和防炉膛内爆控制逻辑设计要求。

对于煤粉锅炉的炉膛安全监控系统的逻辑设计主要包括燃油系统控制、炉膛吹扫、锅炉点火、煤燃烧器控制和总燃料跳闸等方面。对于循环流化床锅炉的炉膛安全监控系统的逻辑设计主要包括燃油系统控制、炉膛吹扫、锅炉点火、给煤控制和总燃料跳闸等方面。燃油锅炉的炉膛安全监控系统的逻辑设计有燃油泄漏试验、炉膛吹扫、锅炉点火、全炉膛灭火及火检冷却风机的控制和总燃料跳闸等内容。燃气锅炉的炉膛安全监控系统的逻辑设计主要包括燃气泄漏试验、炉膛吹扫、炉膛点火、全炉膛灭火及火检冷却风机的控制和总燃料跳闸。DL/T 1091—2008 在针对上述不同锅炉的炉膛安全监控系统进行逻辑设计外还分别根据不同燃烧形式锅炉的几种不同燃料供给型式对上述内容的逻辑设计条件进行了全面的概括和总结，使得 DL/T 1091—2008 的适用范围得到较大拓展，这对逻辑的设计也提供了明确的判断条件和影响因素。

3．规程适用性

DL/T 1091—2008 适用于火力发电厂蒸发量为 410t/h～1900t/h 级燃煤锅炉炉膛的安全监控，也适用于燃油、燃气和循环流化床蒸发量为 410t/h～1050t/h 级的多燃烧器炉膛的锅炉的安全监控。其他容量的锅炉可参照执行。

31　DL/T 5001—2004 火力发电厂工程测量技术规程

DL/T 5001—2004《火力发电厂工程测量技术规程》，由中华人民共和国国家发展和改革委员会于 2004 年 10 月 20 日发布，2005 年 4 月 1 日实施。

1．制定背景

DL/T 5001—2004是根据原国家经济贸易委员会《关于下达2000年度电力行业标准制、修订计划项目的通知》（电力〔2000〕170号）的要求，对DL 5001—1991《火力发电厂工程测量技术规程》进行修订而成的。DL/T 5001—2004实施后，代替DL 5001—1991。

2．主要内容

为了统一火力发电厂、变电所及其附属设施工程测量的技术标准，及时应用测绘先进技术，提交合格的测绘成果，以适应电力建设发展的需要，特制定DL/T 5001—2004。DL/T 5001—2004集中介绍了火电厂工程测量中主要的几种测量方法和相应标准。同时在附录中列出了相应的技术指标和规范。DL/T 5001—2004从第4章开始依次介绍了平面控制测量、高程控制测量、地形测量、电厂总平面测量、勘探点定位测量和拟建管线测量等。

平面控制测量，其中平面控制网的布设原则为：全面规划、因地制宜、经济合理、考虑发展。平面控制网的建立，可采用GPS测量、导线测量等方法。在满足精度指标的前提下，可越等级布设或同等级扩展。平面控制测量步骤一般分为5步，即：①搜集资料、图上设计、选点与埋石；②水平角测量；③离测量；④GSP测量；⑤观测成果的记录、计算。

高程控制测量的基本要求：测区内高程控制的水准网或水准路线中互为最远点的高差中误差不应超过3cm。要实现高程控制则必须先建立高程控制网，其建立方法可采用水准测量、三角高程测量、全球定位系统（GPS）。对应上述方法其测量要求有：水准点应选在土质坚实，便于长期保存和使用方便的地点。墙上水准点应选设在永久建筑物或构筑物上。点位应便于寻找、保存和引测；三角高程控制点宜与平面控制点相重合，布设时沿短边及垂直角较小的路线组成三角高程网或高程导线；各级GPS高程网宜与GPS平面网同点位。

地形测量应根据工程性质、测图比例尺、测区地形条件，合理取舍。地形测量主要分为地物测绘、地貌测绘和水下地形测量。地物测绘时各级平面控制点应按现行国家标准规定符号展绘。控制点的高程注记应根据等级区分小数点后位数，没有求得坐标数据的水准点（包括临时水准点）应按主要地物测绘。地貌测绘时地貌可用等高线、规定符号和注记高程表示。地下水测量时应注意：测点平面和测深的精度要求；测深点平面位置的确定，可根据测区情况、测图比例尺及设备条件选用；平面和高程控制系统，宜与厂区控制系统一致，否则应求出两者换算关系。

电厂总平面图测量应包括电厂的建筑物、构筑物、沟管网道等生产、生活设施，以及地物、地貌的现状。电厂总平面图测量的平面控制宜采用建筑坐标系统，并应与原有的建筑坐标系统取得一致，可视需要与其他坐标系统进行联测。进行电厂总平面图的测量时，首先是建筑坐标系统的恢复与建立：可选择靠近主厂房扩建端的一个点及与该点相连的一条边作为起始坐标和起始方位，重新建立建筑坐标系；然后进行细部测量：采用极坐标法测定，即采用光电测距仪或全站仪测量细部点时，棱镜中心至测站的距离应是测点至测站的距离，测角时应直接照准墙角；最后完成电厂总平面图的汇编及应提供的成果图。

除上述测量方法以外，DL/T 5001—2004还列举了其他一些测量方法，如勘探点定位测量、拟建管线测量、水文测量。

第9章是计算机辅助成图一些相关的技术要求，计算机辅助成图的主要工序应包括数据采集、数据处理、图形处理与成果输出。数据采集宜应用地形码和信息码，地形码宜采用GB 14804 的个位数字编码及相应的代码，信息码的设计原则是便于内业处理、尽量减少中间文件。数据处理与图形处理：对原始细部测量数据、点文件和图形文件进行数据编辑时，只能对非测量数据进行修改。成果输出：图形文件通过绘图仪，输出底图，成图后依据GB/T 18316 有关规定对计算机辅助成图成果进行检查。GIS 前端数据采集：应进行用户需求分析，明确GIS的目的和适用范围，兼顾发展的要求。

施工测量适用于火力发电厂施工期间施工方格网测量、施工放样检测、主要建（构）筑物沉降观测。火力发电厂运行期间主要建（构）筑物沉降观测可参照执行。施工方格网：应根据总平面布置图和施工布置图进行布设。放样检测包括建（构）筑物平面控制网检测、建（构）筑物和设备基础的放线检测、建（构）筑物和设备基础的高程检测、地下管沟轴线的检测等。沉降观测，即主要建（构）筑物和设备基础沉降观测；资料提交。

检查验收工作应以DL/T 5001—2004 及批准后的任务书、指示书及勘测大纲为依据。DL/T 5001—2004 对测量成果有如下要求：提交的各项成品资料应项目齐全、数据准确、图面清晰、质量符合要求。归档资料应分类装订成册，并附必要的文字说明。

3．规程适用性

DL/T 5001—2004 适用于火力发电厂、变电所及其附属设施（包括新建、改建和扩建）设计阶段、施工阶段、竣工阶段的工程测量工作。运行阶段的工程测量工作可参照执行。

32　DL/T 5004—2010 火力发电厂试验、修配设备及建筑面积配置导则

DL/T 5004—2010《火力发电厂试验、修配设备及建筑面积配置导则》，由国家能源局于2010年8月27日发布，2010年12月15日实施。

1．制定背景

DL/T 5004—2010 是根据国家发展改革委办公厅《关于印发2008年行业标准计划的通知》（发改办工业〔2008〕1242 号）的安排，对DL/T 5060—1996《火力发电厂金属试验室仪器设备及建筑面积配置标准》、DL/T 5059—1996《火力发电厂修配设备及建筑面积配置标准》、DL/T 5043—1995《火力发电厂电气实验室设计标准）、DL/T 5004—2004《火力发电厂热工自动化试验室设计标准》、DLGJ 101—1991《火力发电厂化学试验室面积及仪器设备定额》进行修订的。DL/T 5004—2010 自实施之日起，代替DL/T 5043—1959、DL/T 5004—2004。

2．主要内容

DL/T 5004—2010 规定了火力发电厂试验、修配设备及建筑面积配置的基本设计原则。DL/T 5004—2010 共分10章，从第5章开始分别对金属实验室、修配车间、电气实验室、仪表与控制实验室、化学实验室和环境监测站、劳动安全和职业卫生检测站的规定、配置和面积进行了详细的说明，DL/T 5004—2010 规定的试验、修配设备及建筑面积为火力发电厂正常生产运行维修必备的基本配置，设计中可根据发电企业的运营管理模式，合理利用本系统、本地区可用资源进行优化配置，减少投资。

金属实验室主要仪器设备的配置应满足火力发电厂金属技术监督范围内金属部件的基本监督需要。对特殊监督项目、技术要求较高或需要采用有害射源的项目，如高温持久强度试验、微量元素分析、γ射线探伤等，宜外委或租借仪器设备。此外，主要仪器设备的配置应能满足金属技术监督下列工作的需要。金属试验室建筑面积宜根据规划容量的机组台数选取，一般3台及以下机组数总面积为180m^2～200m^{2}工作间设置为8间～12间；4台及以上机组数总面积为200m^2～240m^{2}工作间设置为8间～14间。

修配车间一般是对于偏远地区，无地区性机械加工协作条件或有特殊要求的火力发电厂设置的修配分场，而且均应设置汽轮机、锅炉（包括除灰及输煤）检修间，风扇磨煤机还可设置风扇磨煤机检修间，以满足日常维护和设备消缺的需要。汽轮机、锅炉检修间建筑面积可按火力发电厂单机容量125MW级、300MW级及以下、600MW级及以上分别配置：单机容量125MW级的机组汽轮机、锅炉检修间为640m^2，风扇磨煤机检修间为700m^2；单机容量300MW级及以下的机组汽轮机、锅炉检修间为790m^2，风扇磨煤机检修间为800m^2；单机容量600MW级及以上的机组汽轮机、锅炉检修间为990m^2，风扇磨煤机检修间为1200m^2。此外生活间、配电间、办公室、工具间、成品库等合计210m^2。

火电厂电气试验室可分为高压试验室、测量仪表试验室和继电保护试验室，高压试验设备应满足35kV及以下电气设备的高压试验，继电保护试验室的设备配置，应满足在电厂完成高压及低压线路保护、母线保护、各种主设备保护、厂用电保护、各种电气自动装置的调整试验，以及二次回路运行维护的需要。电气实验室总面积为330m^2，其中高压实验室面积为110m^2，测量仪表实验室面积为100m^2，继电保护实验室面积为120m^2。

仪表与控制试验室按不承担检修任务，仅承担全厂的仪表与控制设备日常维护、定期检定、校准或检验维修，备品、备件管理及技术改造等项工作的职能编制。仪表与控制实验室配置有大量表计以满足对电厂控制设备和仪表进行检定、校准和检验、调试与维修的需要，应符合三级试验室的标准要求。实验室主要包括计算机维护间、辅助仪表维护间、标准仪表间、现场维修间、备品备件保管。对于200MW～400MW机组其仪表与控制实验室总面积为180m^2；400MW～800MW机组其仪表与控制实验室总面积为190m^2～220m^2；对于800MW～1200MW机组其仪表与控制实验室总面积为230m^2～250m^2；1200MW～4800MW机组其仪表与控制实验室总面积为280m^2～300m^2。

化学试验室担负着整个电厂的水、煤、油、汽及氢气的化学监督和在线化学分析仪表的校验工作，对电厂的运行状况进行分析判断，并指导电厂的运行。化学实验室设备配置主要有水分析主要仪器设备、煤分析主要仪器设备、入厂煤试验室主要仪器设备、油分析主要仪器设备、燃油分析主要仪器设备、电厂抗燃油化验需用仪器，DL/T 5004—2010根据其用途将实验室分成公用、水、煤、油四个区域，合计总面积为372m^2。

环境监测站、劳动安全和职业卫生检测站通过对火电厂各类污染物实施监测，反映火电厂的排污现状，为环境管理、污染防治、总量控制、加强环境治理提供依据。环境监测站一般配备的仪器其精确度等级和数量能够满足机组在各种工况下的监测要求，其合计总建筑面积为200m^2～300m^2。

附录部分对各类零配件规格进行了明确标定，以及对上述建筑的配置及面积进行了详细的说明。

3．规程适用性

DL/T 5004—2010 适用于容量为 125MW～1000MW 级机组的火力发电厂的设计，其他容量等级机组的火力发电厂新建、扩建及改建工程的设计可参照执行。

33　DL/T 5174—2003 燃气-蒸汽联合循环电厂设计规定

DL/T 5174—2003《燃气-蒸汽联合循环电厂设计规定》，由国家经济贸易委员会于 2003 年 1 月 9 日发布，2003 年 6 月 1 日实施。

1．制定背景

根据原国家经济贸易委员会电力司《关于确认 1998 年度电力行业标准制修订计划项目的通知》（电力〔1999〕40 号），编制了 DL/T 5174—2003，作为 DL 5000—2000《火力发电厂设计技术规程》的补充。

2．主要内容

燃机电厂建设周期短、初投资低、占地少，在节水、环保、发电效率及负荷调峰等方面具有优越性，可以靠近负荷或城镇建设。当环保要求高或当油、气燃料落实并经技术经济比较合理时，宜建设联合循环电厂。燃机电厂可根据资金落实情况和地区电网负荷需要，或机组年利用小时数较少时，经技术经济比较，可先建成简单循环，再建成联合循环。设计中不应堵死建成联合循环和根据规划容量扩建的可能性。

DL/T 5174—2003 的阐述囊括了从厂址选择开始，到电厂各个系统和设备的设计最后细化到具体的建筑结构等的所有与燃机电厂特点有关的设计条文，其他部分应按 DL/T 5000 执行。

DL/T 5174—2003 共分 20 章，分别从最初的燃气-蒸汽联合循环电厂设计的厂址选择、总体规划、主厂房布置到具体的燃料供应设备及系统、燃气轮机设备及系统、余热锅炉及系统、汽轮机设备及系统、化学处理设备、电气设备及系统、水工设施及系统、辅助及附属设施、热工自动化，最后到建筑结构、采暖通风和空气调节、环境保护、劳动安全和工业卫生、消防等方面。

对于燃气-蒸汽联合循环电厂其前期主要内容包括有厂址选择、总体规划和主厂房布置。燃机电厂的厂址选择应根据电力规划、天然气管网规划、燃料供应条件、城市（镇）规划、水源、与相邻工矿企业关系、地区自然条件、交通运输、环境保护和建设计划等因素综合考虑。燃机电厂的总体规划应根据城镇规划及批准的规划容量对厂区、施工区、水域岸线、交通运输、出线走廊等统筹规划。主厂房布置应适应电力生产的工艺流程要求及按设备型式确定，并做到设备布局和空间利用合理，管线连接短捷、整齐，厂房内部设施布置紧凑、恰当，巡回检查的通道畅通，为燃机电厂的安全运行、检修维护创造良好的条件。

DL/T 5174—2003 除了对上述前期基建工作做了相应设计规定外，发电厂主要系统机构的设计是必不可少的，燃气电厂由多个系统构成，主要包括燃料供应设备及系统、燃气轮机设备及系统、余热锅炉及系统、汽轮机设备及系统、化学处理设备、电气设备及系统、水工设施及系统、辅助及附属设施、热工自动化。

燃机电厂的燃油系统设计应根据电厂规划容量、燃油品种和耗油量、来油方式、来油周期等情况，经技术经济比较后确定；燃气轮机的选型和技术要求应符合 GB/T 14099 的规定；余热锅炉选型和技术要求应按 JB/T 8953.3 的规定，并应满足燃气轮机快速频繁启动的要求，具有高可靠性和高可用率。在燃气轮机燃用重质油的条件下，余热锅炉还应满足吹灰、水洗及防腐蚀等要求。汽轮机设备选型和技术要求，应按 JB/T 8953.2 和联合循环发电机组相关的规定；补给水除盐处理系统（包括预脱盐系统），应根据原水水质、燃气轮机用水的水质要求、余热锅炉给水及炉水质量标准、补给水率、排污率、设备和药品的供应条件以及环境保护的要求等因素，经技术经济比较确定；发电机及其励磁系统的选型和技术要求应分别符合 GB/T 7064、GB/T 7409、DL/T 843、DL/T 650 的规定；水工设施及系统应遵守和执行国家及地方与水有关的法律和标准，应通过水务管理及工程措施达到节约用水和防止排水污染环境；辅助及附属设施应根据实际需要配置必要的技术监测设施，专业相近的试验室和监测站宜合并设置。对使用率低和费用较高的设备、仪器宜按地区协作的原则统筹安排；设计燃机电厂的热工自动化系统和设备时，应针对机组特点进行，以满足机组安全、经济运行和启停的要求。设计燃机电厂的热工自动化系统和设备时，应选用技术先进、质量可靠的设备和元件。

DL/T 5174—2003 除了对电厂主要系统和设备的设计要求做了说明以外，还包括了建筑结构、采暖通风和空气调节、环境保护、劳动安全和工业卫生、消防的设计规定内容。建筑设计应根据燃气轮机设备布置在露天与屋内等不同形式，结合周围环境、自然条件、建筑材料、技术等因素，进行建筑的平面布置、立面设计、色彩处理以及围护形式与材料的选择，妥善处理好建（构）筑物的各项使用功能之间的关系，并注意建（构）筑物群体与周围环境的协调；燃机电厂厂区内采暖热媒宜采用热水；燃气轮机厂房或联合循环发电机组厂房、燃油泵房、油处理室、天然气调压站内严禁采用明火采暖，同时建筑物内的采暖和空气调节设计还应符合 DL/T 5035 的规定；燃机电厂的环境影响评价和环境保护工程设计必须贯彻国家、地方行政当局颁布的有关环境保护的法令、条例、标准和电力行业有关规定；电厂设计的各项劳动安全与工业卫生措施，应符合有关国家标准和 DL 5053 的规定；燃机电厂的消防设计应贯彻“预防为主，防消结合”的方针，防止或减少火灾损失，保障人身和财产安全，除执行 DL/T 5174—2003 外，尚应符合 GBJ 16、GB 50229、GB 50183 及 DL 5000 等规范、规定的要求。

3. 规程适用性

DL/T 5174—2003 适用于新建、扩建燃气轮机标准额定出力为 25MW～250MW 级的简单循环和燃气-蒸汽联合循环电厂，以及类似机组的改建工程，燃气轮机标准额定出力小于 25MW 级的燃气轮机电厂和热电联产机组燃气轮机电厂可参照使用。

34 DL/T 5175—2003 火力发电厂热工控制系统设计技术规定

DL/T 5175—2003《火力发电厂热工控制系统设计技术规定》，由国家经济贸易委员会于 2003 年 1 月 9 日发布，2003 年 6 月 1 日实施。

1. 制定背景

为了在火力发电厂（简称发电厂）热工自动化设计中体现国家的经济政策和技术政策，

统一和明确建设标准，保证发电厂热工自动化系统技术先进、经济合理，使 DL 5000—2000《火力发电厂设计技术规程》正确实施特制订 DL/T 5175—2003。DL/T 5175—2003 是对 DL 5000—2000 热工自动化部分的补充和具体化，在热工控制系统设计时应执行 DL 5000—2000 及现行的有关国家标准和行业标准，并满足 DL/T 5175—2003 的要求。DL/T 5175—2003 实施之日起替代 NGGJ 16—1989《火力发电厂热工自动化设计技术规定》的相关部分。

2. 主要内容

DL/T 5175—2003 给出了火力发电厂热工控制系统在模拟量控制、开关量控制及设备选择等方面应遵循的设计方法和设计原则。热工控制系统的设计是发电厂热工自动化设计的一个重要组成部分，必须针对机组特点进行设计，应选用技术先进、质量可靠的设备和元件。新产品、新技术应经过试验获得成功后方可在设计中采用，从国外进口的产品也应是技术先进并有成功应用经验的产品。发电厂热工控制系统设计应积极采用经过审定的标准设计、典型设计、通用设计和参考设计。

热工控制系统基本规定有：①热工控制系统的设计应根据工程特点、机组容量、工艺系统、主辅机可控性及自动化水平确定。②热工控制系统应遵循在确保设备及人身安全的前提下保证机组得到较好的可用性、经济性的原则设计。③集中控制的机组应有较高的热工自动化水平，应按照在少量就地操作和巡回检查配合下在单元控制室内实现机组的启动、运行工况监视和调整、停机和事故处理的自动化水平进行设计。控制室以操作员站为监视控制中心，对于单元机组应实现炉、机、电统一的单元集中控制。④控制回路应按照保护、连锁控制优先的原则设计，以保证机组设备和人身的安全。⑤模拟量控制宜采用能直接反映过程质量要求的参数作为被调量。当这种参数在测量上有困难或测量迟延过大时，可选择与上述参数有单值对应关系的间接参数作为被调量。⑥模拟量控制项目及策略应根据机组特点、工艺过程对控制质量的要求和对象的动态特性确定，应立足于简单、可靠、适用，并能适应启、停及中间负荷情况下机组安全、经济运行的需要。⑦采用分散控制系统控制的单元机组，可按照控制系统分层分散的设计原则设计。模拟量控制可分为协调控制级、子回路控制级、执行级三级。开关量控制也可分为功能组级、子功能组级、驱动级三级。⑧控制站的配置可以按功能划分，也可按工艺系统功能区划分。策划配置时应考虑项目的工程管理和电厂的运行组织方式，并兼顾分散控制系统的结构特点。控制站的划分应满足现场运行的要求。⑨分配控制任务应以一个部件（控制器、输入/输出模件）故障时对系统功能影响最小为原则。按工艺系统功能区配置控制器时，一局部工艺系统控制项目的全部控制任务宜集中在同一个控制器内完成。按功能配置控制站时，如一个模拟量控制回路的前馈信息来自另一个控制器时，不应在系统传输过程中造成延迟。⑩控制器模件和输入/输出模件（I/O 模件）的冗余应根据不同厂商的分散控制系统结构特点和被控对象的重要性来确定。⑪机柜内的模件应允许带电插拔而不影响其他模件正常工作。模件的种类和规格应尽可能标准化。⑫在配置冗余控制器的情况下，当工作控制器故障时，系统应能自动切换到冗余控制器工作，并在操作员站上报警。处于后备的控制器应能根据工作控制器的状态不断更新自身的信息。⑬冗余控制器的切换时间和数据更新周期，应保证系统不因控制器切换而发生控制扰动或延迟。

模拟量控制系统应满足机组正常运行的控制要求，并应考虑在机组事故及异常工况下与相关的连锁保护协同控制的措施。在主辅设备可控性较好的情况下，可考虑部分模拟量控制回路实现全程控制。125MW 及以上机组宜考虑给水全程控制。采用全程控制时，应选用控制性能满足相应要求的锅炉给水控制阀门。300MW 及以上机组的模拟量控制系统应满足机组启动、停止及正常运行的控制要求，并应考虑在机组事故及异常工况下与相关的连锁保护协同控制的措施。125MW 及以上机组应配置汽轮机电调系统。机、炉协调控制系统应能协调控制锅炉和汽轮机，满足机组快速响应负荷命令、平稳控制汽轮机及锅炉的要求。协调控制系统应与汽轮机电调系统相协调。

开关量控制的功能应满足机组的启动、停止及正常运行工况的控制要求，并能实现机组在事故和异常工况下的控制操作，保证机组安全。开关量控制应完成以下功能：①实现主辅机、阀门、挡板的顺序控制、单个操作及试验操作；②大型辅机与其相关的冷却系统、润滑系统、密封系统的连锁控制；③在发生局部设备故障跳闸时，连锁启动备用设备；④实现状态报警、联动及单台辅机的保护。需要经常进行有规律性操作的工艺系统宜采用顺序控制，控制顺序及方式由工艺特点及运行方式决定。300MW 及以上机组的主要辅机、工艺子系统（送风机、引风机、一次风机、锅炉给水泵等）均应采用顺序控制。工艺系统及工艺设备的连锁条件应根据工艺要求确定。采用分散控制系统时连锁应由分散控制系统实现，当采用常规系统时连锁应由编程序控制器实现。采用分散控制系统或带上位机的可编程序控制器系统时，远方控制应由控制系统的软手操实现，即运行人员能在 CRT 和键盘上操作每一个被控对象；对于单元机组重要的保护操作可在操作台上设置由硬接线实现的后备操作。

机组的主要控制设备宜采用分散控制系统，控制阀的最小、最大控制流量及漏流量必须满足运行（包停和事故工况）控制要求。容量为 125MW 及以上机组变送器的选择，应根据技术的发展，经技术经济论证，选择高性能的模拟式变送器、模拟式智能变送器或现场总线智能变送器。执行机构宜采用电动或气动执行机构。

3．规程适用性

DL/T 5175—2003 适用于机组容量为 125MW～600MW 新建或扩建的凝汽式发电厂机组、高温高压及以上参数供热机组的热电厂的热工控制系统设计。安装上述机组的发电厂改建工程的设计可参照使用。涉外工程应考虑供货方或订货方所在国的情况，也可参照使用。

35 DL/T 5182—2004 火力发电厂热工自动化就地设备安装管路及电缆设计技术规定

DL/T 5182—2004《火力发电厂热工自动化就地设备安装管路及电缆设计技术规定》，由中华人民共和国国家发展和改革委员会于 2004 年 3 月 9 日发布，2004 年 6 月 1 日实施。

1．制定背景

DL/T 5182—2004 是根据原电力工业部《关于下达 1997 年电力行业标准计划项目的通知》（综科教〔1998〕28 号文）的安排制定的。DL/T 5182—2004 是在 NDGJ 16—1989《火力发电厂热工自动化设计技术规定》中的第 12、13 章的基础上制定的，发布后代替 NDGJ 16—1989 的第 12、13 章。

2．主要内容

DL/T 5182—2004 主要阐述了火电厂热工自动化就地设备安装管路及电缆设计所涉及的有关技术规定。DL/T 5182—2004 共分 8 章，主要技术内容包括：取源部件、检出元件、就地设备安装、就地设备防护；管路及其附件的配置、阀门的选择、管路的防护；电缆的选择与敷设、电缆桥架、电缆的防火；设备的接地等。总则中提到关于就地设备安装、管路、电缆的设计应选用技术先进、质量可靠的设备和元件，对于新产品必须经鉴定合格后方能在设计中采用，同时，总则中也强调了参考设计标准的重要性。

第 4 章涉及取源部件、检出元件、就地设备安装、就地设备的防护四个方面。取源部件仅指检出元件或测量管路与工艺设备或工艺管道连接时所用的安装部件，不包括检出元件本身。DL/T 5182—2014 中列出了几项关于取源部件的安装位置的说明，同时还阐述了不同工况下取源部件的安装设计要求：高压管路取源部件不设置在热影响区域和焊缝处；压力取源部件设置在温度取源部件介质上游；倾斜管道取源部件根据工质不同布置位置相应改变；混浊介质取源部件安装防堵或吹扫结构以及磨煤机区域和汽水管道、分析仪器等区域的一些有关设计所应该注意的要求。与取源部件相对应的是检出元件，DL/T 5182—2004 中对检出元件根据其测量原理和内部结构的区别分别对温度热电偶、管道测温元件和各式流量计等设计要求进行了说明。其中对经典文丘里管流量计节流件管段安装进行了说明，应符合 GB/T 2624 的规定，此外，还对其他流量计的设计安装进行了一定的说明：转子流量计垂直安装，电磁流量计上游管道至少有 5 倍工艺管道直径，旋涡流量计上游应有 15 倍工艺管道直径，靶式流量计上游直管段长度应大于 5 倍工艺管道直径。就地设备的安装和防护主要是针对不同取源部件和检出元件根据其所处工况的差异对应不同工况下安装所应注意的要求进行相应的说明，特别是油站、制氢站等高危险区域的变送器和执行机构的安装和运行要求做出了说明。

第 5 章主要说明了电厂中热工自动化设备安装管路的配置、选择及防护的一些相关要求。热工设备安装所涉及的管路，按作用划分应符合下列规定：①测量管路，传送被测介质的管路；②信号管路，仪表或控制设备之间传送信号的管路；③动力管路，传送气体或液体动力源的管路；④取样管路，分析仪表取样的管路；⑤吹扫管路，为防止被测介质粉尘进入测量管路及仪表而用气体进行反吹的管路；⑥放空排污管路，仪表或取源部件将被测介质放空或排污用的管路；⑦伴热管路，为仪表及管路伴热保温用的管路。

关于管路的敷设应满足以下要求：整齐美观，减少交叉和拐弯；严禁将油管路平行敷设在热管道的上部；单元控制室或机炉集控室内，不得引入水、蒸汽、油、氢等介质的管路；管路不应裸露埋设在地坪、墙壁及其他构筑物内，当管路穿过混凝土和砌体的墙壁或楼板时，应加保护套管；敷设管路时并采取补偿措施；差压测量的正、负压管路应靠近敷设；镀锌钢管的连接，应采用镀锌的螺纹管件连接，不得采用焊接连接；直径小于 10mm 铜管的连接，宜采用承插法或套管法焊接，也可采用卡套式中间接头，不宜直接对口焊接；管缆的分支处应设接管箱；避免管路与电缆在同一通道敷设安装等。对于管路的材质选择根据其内部所走介质不同主要有以下说明：信号管路的材质宜选择不锈钢管或紫铜管；控制用无油压缩空气母管及支管应采用不锈钢管；至仪表及控制设备的分支管宜采用不锈钢管或紫铜管；液压动力管路的材质宜与工艺管道一致；吹扫管路和放空排污管路的材质和规格宜与测量管路的材质和规格选择一致；控制盘内测量微压气体的管路宜采用紫铜管等。

第6章讲述电缆选择和敷设、桥架和防火等内容。电缆的选择主要包括电缆材质的选择和电缆截面的选择，电缆材质只要包括线芯和绝缘层材质两个方面，其中测量、控制回路用的补偿电缆（或补偿导线）的线芯材质，应采用与热电偶丝相同或与热电偶丝的热电特性相匹配的材质；而电缆（包括电线）或补偿电缆（包括补偿导线）的绝缘层和护套层的材质，应根据其敷设路径面临的环境温度及是否有低毒性、难燃性、耐火性等要求进行选择。电缆截面应按回路的最大允许电压降、线路的通流量、仪表或模件的最大允许外部电阻及机械强度等要求选择。电缆的敷设宜采用桥架敷设的方式，DL/T 5182—2004中还对电缆的敷设要求做了详细的说明，例如：经过有腐蚀、易燃或易爆的地方时，应采取相应措施；便于安装、维护；路径应尽量短，并保证足够的断面；电缆桥架外的各种电线、补偿导线应敷设在保护管中；电缆在穿墙、穿楼板的孔洞处，应设置保护管；明敷电缆不应平行敷设在油管路及腐蚀性介质管路的正下方，也不应在油管路及腐蚀性介质管路的阀门或接口下方通过；电缆保护管的内径，应不小于电缆外径或多根电缆包络外径的1.5倍；单根电缆保护管的敷设路径，不宜超过3个弯头，直角弯不宜超过2个；电缆穿管或电缆桥架穿过不同爆炸性气体危险区域之间的墙、板孔洞处，应以阻燃性材料严密封堵等。有关电缆防火的措施和要求也做了相关说明：如实施阻火分隔；采用难燃性电缆，应符合GB/T 12666.1的规定；多根电缆密集配置时的难燃性，应符合相关标准的要求；在外部火焰燃烧中，需要维持通电一定时间的重要连锁保护回路，应实施耐火防护或采用耐火电缆等。

3．规程适用性

DL/T 5182—2004适用于单机容量125MW～600MW新建或扩建的凝汽式发电厂以及高温高压及以上参数供热机组的热电厂的就地设备安装、管道及电缆的设计。安装上述机组的发电厂改建工程的设计可参照执行。涉外工程要考虑供方或订货方所在国的情况及使用标准时，也可参考使用。

36　DL/T 5227—2005 火力发电厂辅助系统（车间）热工自动化设计技术规定

DL/T 5227—2005《火力发电厂辅助系统（车间）热工自动化设计技术规定》，由中华人民共和国国家发展和改革委员会于2005年2月14日发布，2005年6月1日实施。

1．制定背景

DL/T 5227—2005是根据原电力工业部《关于下达1997年度电力行业标准制、修订计划项目的通知》（综科教〔1998〕28号文）的要求编制的。DL/T 5227—2005总结了20世纪90年代以来火力发电厂辅助系统（车间）自动化设计的经验，特别反映了现代网络技术发展的特点；广泛采用新技术和新产品；吸收国内外先进技术。条文编制重视与国家标准的协调一致。根据火力发电厂辅助系统（车间）的不同工艺系统，制定自动化检测和控制的设计原则及标准。DL/T 5227—2005是DL 5001—2004《火力发电厂工程测量技术规程》中热工自动化部分的补充和具体化，在辅助系统（车间）的热工自动化设计时应按DL 5000—2000《火力发电厂设计技术规程》及有关的国家标准和行业标准的规定执行，并应满足DL/T 5227—2005的要求。

2．主要内容

DL/T 5227—2005 规定了凝汽式和供热式、自备电厂、燃气轮机等火力发电厂辅助系统（车间）的自动化设计要求。

辅助系统（车间）的热工自动化设计是发电厂热工自动化设计的一个重要组成部分，必须遵照“安全可靠、经济适用、符合国情”的原则，针对机组的特点进行设计。辅助系统（车间）的热工自动化设计时应选用技术先进、质量可靠的设备和元件。火力发电厂辅助系统（车间）热工自动化设计应积极采用标准设计、参考设计、典型设计和通用设计。

辅助系统（车间）热工自动化水平应从控制方式、热工自动化系统配置与功能、运行组织、辅助车间设备可控性等多方面综合考虑。辅助系统（车间）热工自动化水平设计可根据性质相近的辅助工艺系统或相邻的辅助生产车间的划分及地理位置，适当合并控制系统及控制点，辅助系统（车间）监控点不宜超过三个（煤、灰、水），其余车间可按无人值班设计，每个控制点采用上位机进行监控。采用上位机统一监控的辅助系统（车间）的自动化水平应达到运用计算机网络技术，运行人员在巡检人员的配合下在辅助系统（车间）控制室内通过上位机实现辅助系统（车间）的启/停运行的控制、正常运行的监视和调整以及设备运行异常与事故工况的处理。采用车间集中控制的辅助系统（车间）宜在无人值班车间（区域）设置闭路电视监视系统，并与主厂房闭路电视监视系统统一考虑，以便于就地设备的监视。

脱硫系统的检测和控制宜采用独立分散控制系统（FGD-DCS）或纳入单元机组分散控制系统（DCS）。直接空冷机组宜纳入主厂房 DCS 系统，空气压缩机系统、循环水泵房、凝结水精处理、汽水取样系统、化学加药系统控制可纳入主厂房分散控制系统 DCS。灰系统集中控制室可设在除灰控制楼。水系统集中控制室可设在化学补水车间，燃油泵房宜进入主厂房分散控制系统（DCS），启动锅炉房可采用就地集中控制方式，热网站控制可纳入主厂房分散控制系统（DCS），火灾报警系统的监控宜布置在主厂房单元控制室内，空气调节控制系统监控可设置在主厂房单元控制室内。

采用煤、灰、水集中控制的控制网络系统其网络拓扑可采用总线型网络、星型网络或环行网络。网络系统的通信速率、通信距离应充分满足辅助系统（车间）监控功能实时性要求，充分考虑辅助系统（车间）分散、距离较远的特征。煤、灰、水控制网络系统应能与主厂房分散控制系统（DCS）、全厂信息监控系统（SIS）进行通信，并有互相连接的功能以实现全厂监控和管理信息网络化。不同种类网络互联宜采用开放型的标准协议和接口。灰控制网络系统上位机，可配置两台互为冗余的操作员站。水控制网络系统上位机，可配置两台互为冗余的操作员站。

网络传输介质宜采用光纤通信电缆，在满足要求的情况下可采用同轴电缆和屏蔽双绞线，也可是以上几种方式的组合。主干网络通信应冗余设置，某一通信线路的故障不应影响控制系统的通信。对于远距离或重要的辅助系统（车间），当采用远程 I/O 总线传输监控信息时，宜采用冗余通信方式。网络关键设备宜采用热备方式。煤、灰、水控制网络系统的电源应高度可靠，煤、灰、水集中控制室内的计算机电源应采用交流不间断电源（UPS）。煤、灰、水控制网络系统的 PLC 装置应可靠接地。在满足安全、经济运行的前提下，检测仪表宜精简，避免重复设置。仪表的选择应满足程控连锁要求，其动作必须安全、可靠。

3. 规程适用性

DL/T 5227—2005 适用于新建电厂的设计，扩建工程、技改工程、自备电站、燃气轮机等电厂的设计可参照执行。

37　DL/T 5294—2013 火力发电建设工程机组调试技术规范

DL/T 5294—2013《火力发电建设工程机组调试技术规范》，由国家能源局于 2013 年 11 月 28 日发布，2014 年 4 月 1 日实施。

1. 制定背景

为规范火力发电建设工程机组调试工作，提高机组调试质量和移交水平，根据国家能源局《关于下达 2009 年第一批能源领域行业标准制（修）订计划的通知》（国能科技〔2009〕163 号）的安排，制定 DL/T 5294—2013。

2. 主要内容

DL/T 5294—2013 规定的调试范围为机组分系统调试、整套启动调试和特殊项目调试，不包括单体调试、机组涉网试验、机组性能试验项目。火力发电建设工程机组调试工作，除应符合 DL/T 5294—2013 外，尚应符合国家和行业现行有关标准的规定。

DL/T 5294—2013 共分 9 章和 11 个附录，主要技术内容包括：总则、基本规定、机组调试的主要工作、机组调试工作的基本原则和程序、锅炉专业调试项目及技术要求、汽轮机专业调试项目及技术要求、电气专业调试项目及技术要求、热控专业调试项目及技术要求、化学专业调试项目及技术要求。

火力发电建设工程机组调试基本规定要求包括：①火力发电建设工程机组调试工作应由具有相应调试能力资格的单位承担。②工程建设单位在确定工程施工单位的同时，应确定调试单位，依据本规范签订委托合同，并参照国家能源局发布的《电力建设工程概算定额（第四册　调试工程）》《电力建设工程预算定额（第五册　调试工程）》《火力发电工程建设预算编制与计算规定》和《电网工程建设预算编制与计算规定》进行取费。电力建设工程概/预算定额中未包括的调试项目，合同双方协商确定调试费用。③工程初步设计审查、设备招投标等与工程建设有关的前期工作，应有调试单位人员参加，调试人员应对系统设计、设备选型、机组启动调试设施提出意见和建议。④多单位参与调试的工程，建设单位应明确一个主体调试单位。主体调试单位应对调试进度进行总体安排和协调，并对结合部位的系统完整性、安全可靠性进行检查。⑤机组调试工作应按照国家和行业现行的相关标准、设计和设备技术文件要求，以及经审批的调试、试验措施进行。⑥机组调试工作的组织机构和工程各参建单位的职责，应按现行行业标准 DL/T 5437《火力发电建设工程启动试运及验收规程》执行。⑦机组调试质量的验收及评价，应按现行行业标准 DL/T 5295《火力发电建设工程机组调试质量验收及评价规程》执行。⑧国外引进机组的调试工作，应按照建设单位与外方签订的供货合同执行。未写入合同的调试项目，应按照 DL/T 5294—2013 执行。

机组调试的主要工作有：①工程安装施工阶段，建设单位应提供给调试单位一套设计及设备制造厂家的图纸和资料，以及建设单位编制的工程一级进度计划、工程建设各种管理制度等相关文件，调试单位应依据这些图纸、资料和相关文件，完成调试大纲、调试计划、调试措施等各种调试文件的编写、审核、批准工作。做好各种验收记录表、系统试运条件检查确认表，以及调试需用仪器的准备工作，并进入现场熟悉设备和系统，对发现的问题和需要建设单位协调的事项以调试联络单的方式提出建议。②机组分部试运阶段，调试单位应参加分部试运组调度会、单机试运条件检查、单机试运及验收、完成设备或系统连锁、保护逻辑传动；负责分系统调试措施交底并做好记录、组织分系统试运条件检查、分系统试运技术指导和设备系统试运记录、填写分系统调试质量验收表、对试运中出现的问题提出解决方案或建议。③机组整套启动试运阶段，调试单位的调试总工程师应主持试运调度会并全面主持整套启动试运指挥工作。调试单位应负责组织整套启动试运条件检查确认，整套启动和各项试验前调试、试验措施交底并做好记录，组织完成各项试验，全面检查机组各系统的合理性和完整性，参加试运值班，监督和指导运行操作，做好试运记录，对试运中出现的重大技术问题提出解决方案或建议，组织机组进入和结束满负荷试运条件检查确认，填写机组整套启动试运试质量验收表和机组调试质量评价表。④机组移交生产后，调试单位应在规定时间内完成各项调试报告编写、审核、批准及印刷出版，按时移交存档资料。在生产单位的安排下，继续完成合同中未完成的调试或试验项目，配合建设单位参加工程达标和评优工作。

机组调试工作的基本原则：①在试运指挥部的统一领导下，分部试运组组长和整套试运组组长，应全面组织和协调各专业组进行机组的分部试运和整套启动试运工作，各专业组组长对本专业的试运工作全面负责，做好本专业调试工作的组织及与其他专业的协调配合工作。②在调试现场参建各单位参加试运人员，在分部试运或整套启动试运阶段，应服从分部试运组组长或整套试运组组长的统一指挥。生产单位运行操作人员，应听从调试人员指导。③调试期间应严格执行调度纪律，与电网调度及生产机组的联系工作由生产单位负责，生产单位应按照调试计划和试运要求提前向电网调度提出申请。④试运机组值班的运行值长，在机组不同的试运阶段接受各试运组试运负责人的指令，安排和指挥本值运行人员进行操作和监视。运行值班操作人员应有明确分工，试运中发现异常，应及时向试运负责人汇报，在试运负责人的指导下进行处理。⑤调试工作前调试人员应向参加人员进行调试措施交底并做好协助。⑥在进行调试项目工作时，运行人员应按照有关调试措施并遵照专业调试人员的要求进行操作。在正常运行情况下，应按照运行规程进行操作。⑦在试运中发现故障时，如暂不危及设备和人身安全，应向试运负责人汇报，不得擅自处理或中断运行；如危及设备和人身安全，可直接处理并及时报告试运负责人。⑧试运期间，设备的送、停电等操作应严格按照操作票执行。在配电间代保管前，设备及系统的动力电源送、停电工作由施工单位负责；在配电间代保管后，由生产单位负责。在机组调试期间，热控设备或仪表的送、停电等操作由施工单位负责。⑨试运期间，在与试运设备或系统有关的部位进行消缺或工作时，应按照工作票制度执行。⑩分部试运和整套启动试运期间，应召开试运调度会。机组调试工作的基本程序：调试大纲及调试措施的审批；依次按照单机试运调试、分系统调试、整套启动调试、机组满负荷试运程序进行。

锅炉专业调试项目及技术要求、汽轮机专业调试项目及技术要求、电气专业调试项目及技术要求、热控专业调试项目及技术要求、化学专业调试项目及技术要求规定了锅炉、汽轮机、电气、热控、化学专业必须开展的调试项目和技术要求。详细说明了各专业的调试依据、调试准备阶段工作、分系统调试项目及技术要求、整套启动调试项目及技术要求、特殊项目调试及技术要求。

3．规程适用性

DL/T 5294—2013 适用于新建、扩建、改建的火力发电建设工程机组调试工作。

38　DL/T 5374—2008 火力发电厂初步可行性研究报告内容深度规定

DL/T 5374—2008《火力发电厂初步可行性研究报告内容深度规定》，由中华人民共和国国家发展和改革委员会于 2008 年 6 月 4 日发布，2008 年 11 月 1 日实施。

1．制定背景

为了在发电厂建设中贯彻国家的法律、法规、产业政策、基本建设程序及方针，规范发电厂前期工作内容深度，根据国家现行的法规、政策和基本建设程序要求，并结合发电厂工程项目建设的特点制定 DL/T 5374—2008。DL/T 5374—2008 是根据国家发展改革委办公厅《关于印发 2004 年行业标准项目计划的通知》(发改办工业〔2004〕872 号文）的要求制定的，DL/T 5374—2008 发布实施后，原水利电力部电力规划设计院《火电厂工程项目初步可行性研究与可行性研究内容深度规定》(85 水电电规设字第 71 号文）废止。

2．主要内容

DL/T 5374—2008 规定了编写火力发电厂初步可行性研究报告（简称初可研报告）的基本工作内容、编写深度及程序的要求，是编制和审查发电厂初步可行性研究报告的重要依据。初步可行性研究是新建、扩建或改建工程项目建设中的一个重要环节，应由有资质的单位编制初可研报告。初可研报告应满足以下要求：①论证建厂的必要性。②进行踏勘调研、收集资料，有必要时进行少量的勘测和试验工作，对可能造成厂址颠覆性因素进行论证，初步落实建厂的外部条件。③新建工程应对多个厂址方案进行技术和经济比较，择优推荐出两个或两个以上可能建厂的厂址方案作为开展可行性研究的厂址方案。④提出电厂规划容量、分期建设规模及机组选型的建议。⑤提出初步投资估算、经济效益与风险分析。初可研报告可根据具体情况，按总报告及铁路（码头）、水文气象、岩土工程、燃料来源、电厂水源、输电系统规划设计和热电联产规划等专题报告形式编制出版。总报告说明书应按规定要求编写，并应有附件和附图，专题报告应有必要的附图。

编制初可研报告时，设计单位必须全面、准确、充分地掌握设计原始资料和基础数据。已批准的中长期电力发展规划及政府主管部门、电网公司或项目单位的委托是编制初可研报告的依据。项目单位应与有关部门签订相应的协议或承诺文件，设计单位应配合项目单位做好工作。当有多个设计单位参加初可研报告编制时，应明确其中一个为主体设计单位。主体设计单位应对所提供给其他各参加设计单位的原始资料的正确性负责，对相关工作的配合、协调和归口负责，并负责将参加设计单位和外委单项研究报告等文件的主要内容及结论性意见的适应性经确认后归纳到初可研报告中。

经审查后的初可研报告是编制近期电力发展规划、热电联产规划、煤矸石发电利用规划以及确定投资方和编制项目可行性研究报告的基础。初可研报告编制完成 3 年未进行可行性研究的项目，应进行全面的复查和调整，并编制补充初可研报告。初可研报告应由具有管理权限的政府主管部门、经授权的电网公司或经国家主管部门认可的咨询机构组织审查，也可由上述单位联合组织审查。

3．规程适用性

DL/T 5374—2008 适用于发电厂新建、扩建或改建工程项目。

39　DL/T 5427—2009 火力发电厂初步设计文件内容深度规定

DL/T 5427—2009《火力发电厂初步设计文件内容深度规定》，由国家能源局于 2009 年 7 月 22 日发布，2009 年 12 月 1 日实施。

1．制定背景

DL/T 5427—2009 是根据国家发展改革委办公厅《关于印发 2006 年行业标准项目计划的通知》（发改办工业〔2006〕1093 号）的要求进行制定的。DL/T 5427—2009 在总结原电力工业部发布的 DLGJ 9—1992《火力发电厂初步设计内容深度规定》使用经验基础上，结合目前我国对火力发电厂项目初步设计工作的要求编制。

2．主要内容

DL/T 5427—2009 规定了新建及扩建火力发电厂初步设计文件编制的内容深度要求，详细说明了初步设计说明书、初步设计图纸目录、初步设计计算书、专题论证报告所应包含的内容。初步设计文件内容深度应满足以下基本要求：①确定电厂主要工艺系统的功能、控制方式、布置方案以及主要经济和性能指标，并作为施工图设计的依据；②满足政府有关部门对初步设计专项审查的要求；③满足主要辅助设备采购的要求；④满足业主控制建设投资的要求；⑤满足业主进行施工准备的要求。

送审的初步设计文件应包括说明书、图纸和专题报告三部分；说明书、图纸应充分表达设计意图；重大设计原则应进行多方案的优化比选，提出专题报告和推荐方案供审批确定；设计单位在进行多方案优化时宜采用三维设计等先进设计手段。计算书是初步设计工作的主要内容，DL/T 5427—2009 对于内容深度也有明确要求。初步设计说明书和专题报告表达应条理清楚、内容完整、文字简练，图纸表达清晰完整，符合电力行业制图规定。所有文件签署齐全、印制质量良好。初步设计文件上报送审时，设计文件内容应完整、齐全，勘测部分及外委项目的全部文件也应一同上报。初步设计概算应准确反映设计内容，深度应满足控制投资、计划安排及基本建设贷款的需要。工程中应积极采用成熟的新技术、新工艺和新方法，初步设计文件应详细说明所应用的新技术、新工艺和新方法的优越性、经济性和可行性。电力设计院是电厂的总体设计院，对电厂工程建设项目的合理性和整体性以及各设计单位之间的配合协调负有全责，并负责组织编制和汇总项目的总说明、总图和总概算等内容。设计必须准确掌握设计基础资料。设计基础资料若有变化，应重新取得新的资料，并对设计内容进行复核与修改。政府主管部门对项目批准或核准的文件以及审定的可行性研究报告是初步设计文件编制的主要依据，设计单位必须认真执行其中所规定的各项原则，并认真执行国家的法律、法规及相关标准。

3. 规程适用性

DL/T 5427—2009 适用于单机容量 125MW 及以上燃用固体化石燃料，采用直接燃烧方式的新建及扩建火力发电厂的初步设计。125MW 以下机组及改建工程可参照执行。

40 DL/T 5428—2009 火力发电厂热工保护系统设计技术规定

DL/T 5428—2009《火力发电厂热工保护系统设计技术规定》，由国家能源局于 2009 年 7 月 22 日发布，2009 年 12 月 1 日实施。

1. 制定背景

DL/T 5428—2009 是根据国家发展改革委办公厅《关于印发 2006 年行业标准项目计划的通知》（发改办工业〔2006〕1093）的安排编制的，是电力设计和生产相关单位在热工保护系统电源、逻辑、保护系统配置及设备选择等方面的依据。DL/T 5428—2009 自实施之日起，代替 DLGJ 116—1993《火力发电厂锅炉炉膛安全监控系统设计技术规定》和 NDG 116—1989《火力发电厂热工自动化设计技术规定》第 6 章“保护”的全部内容。

2. 主要内容

火力发电厂热工保护的主要作用是当机组在启动和运行过程中发生危及设备安全的危险时，使其能自动采取保护或联联，防止事故扩大而保护机组设备的安全。DL/T 5428—2009 规定了火力发电厂热工保护系统在电源、逻辑、保护系统配置及设备选择等方面应遵循的设计原则和设计方法。DL/T 5428—2009 共有 10 章，主要技术内容有总则、热工保护系统的设计原则、锅炉保护、锅炉燃烧器控制、汽轮发电机组保护、操作和显示信号、保护设备和取样系统等。

总则中提到热工保护系统的设计是发电厂热工自动化设计的一个重要组成部分，应针对机组特点进行设计，选用技术先进、质量可靠的设备和元器件。新产品、新技术应经过试验，获得成功，并经鉴定或其他适当的评价合格后方可在设计中采用。发电厂热工保护系统设计，应积极采用经审定的标准设计、典型设计和参考设计。在热工保护系统设计时，应执行 DL 5000 以及现行的有关国家标准和行业标准的规定，并应满足 DL/T 5428—2009 的要求。保护系统设计时，应与相关控制系统、联锁装置、运行操作和工艺设备及系统等方面综合协调。

第 5 章分别从电源设计原则、逻辑设计原则、热工保护系统配置原则方面来阐述热工保护系统的设计原则。所有保护装置电源应有两路交流 220V 供电电源，其中一路应为交流不间断电源（UPS），另一路引自厂用事故保安电源或厂用低压母线；当设置有冗余 UPS 电源系统时，也可两路均采用 UPS 电源，但两路进线应分别接在不同供电母线上。也可采用两路直流 220V（或 110V）供电电源，直流接至蓄电池直流盘；两路电源互为备用且能自动切换，切换时间间隔应不影响保护系统的正常功能。热工保护系统的设计应有防止误动和拒动的措施。系统内单一部分的故障不应引起保护的误动和拒动。保护系统电源中断或恢复时不会误发动作指令。300MW 及以上容量机组的重要热工保护回路在机组运行中宜能在不解列保护功能和不影响机组正常运行情况下进行动作试验。应执行“保护优先”的原则，热工保护系统输出的操作指令应优先于其他任何指令，由被控对象驱动装置的控制回路执行。炉机保护系统（即 FSS 和 ETS）可采用安全相关系统也可采用其他可编程电子逻辑系统（DCS 或 PLC）使用软逻辑或采用继电器使用硬逻辑实现。除炉机保护系统外的其他热工保护系统，宜采用可编程电子逻辑系统（DCS 或 PLC）使用软逻辑实现。

第 6 章为锅炉保护，分为锅炉局部保护、锅炉炉膛安全保护和锅炉停炉保护。锅炉局部保护列出了主蒸汽压力高保护、再热蒸汽压力高保护、高低压旁路保护、再热蒸汽温度高保护、汽包水位保护、强制循环锅炉断水保护、直流炉断水保护、锅炉部分火焰消失保护等保护动作条件。锅炉炉膛安全保护列出了锅炉吹扫、油系统检漏试验、火焰检测及灭火保护、炉膛压力保护等保护动作条件。锅炉停炉保护列出了 MFT 和 OFT 保护动作条件及保护动作后的连锁指令。

第 7 章为锅炉燃烧器控制，列出了锅炉启动前点火和启动助燃油枪条件、煤粉燃烧器投入运行条件、磨煤机启停条件、给煤机启停条件、给（排）粉机启停条件。

第 8 章为汽轮发电机组保护，包括汽轮机局部保护、汽轮发电机组停机保护、汽轮机防进水和冷蒸汽保护、除氧给水系统保护、汽轮机旁路保护、空冷机组保护。汽轮机局部保护包括甩负荷时的防超速保护、低压缸排汽防超温保护、抽汽防逆流保护、高压加热器水位高保护、低压加热器水位高保护等保护触发后动作。汽轮发电机组停机保护包括汽轮机停机保护条件和发电机跳闸保护动作条件，从出现汽轮机跳闸信号到主汽阀和调节汽阀完全关闭的时间应符 DL/T 711—1999 的规定。汽轮机防进水和冷蒸汽保护包括汽包炉汽包高水位保护、直流炉汽水分离器高水位保护、主蒸汽再热蒸汽减温水保护动作条件和再热蒸汽冷段、高低压加热器和抽汽系统、除氧器、汽轮机轴封蒸汽系统、汽轮机本体、汽动给水泵汽轮机防进水措施。除氧给水系统保护包括除氧器压力保护、除氢器水位保护、给水泵跳闸保护、给水泵汽轮机跳闸保护的保护动作条件。汽轮机旁路保护包括汽轮机旁路的自动投入、自动闭锁和停运条件。空冷机组保护包括防冻保护和背压保护措施。

第 9 章为操作、显示和信号，列出了机组控制盘（台）和操作员站上应该设有的重要保护系统动作的操作、显示、报警信号要求。SOE 可按触发事故源分类设置 SOE 组。分类设置 SOE 组时，至少应配置有总燃料跳闸（MFT）组、汽轮机跳闸组等机组级主要 SOE 组，条件允许时也可设置主要辅机跳闸 SOE 组。

第 10 章为保护设备和取样系统，规定了参与保护的仪器仪表、火焰检测器及点火枪、执行机构、保护装置、取样系统技术上和质量上的要求。

附录中的条文说明是 DL/T 5428—2009 的补充说明，便于使用者理解和查阅相应国家标准的详细内容。

3. 规程适用性

DL/T 5428—2009 适用于汽轮发电机组容量为 125MW～1000MW 级的凝汽式火力发电厂新建、扩建和改建工程热工保护系统的设计，也适用于 50MW 级及以上的供热式机组的热电厂设计。

41　DL/T 5455—2012 火力发电厂热工电源及气源系统设计技术规程

DL/T 5455—2012《火力发电厂热工电源及气源设计技术规程》，由国家能源局于 2012

年8月23日发布，2012年12月1日实施。

1. 制定背景

为规范火力发电厂仪表与控制电源及气源系统的设计，使仪表与控制设备的电源系统和气源系统满足安全可靠、技术先进、经济合理的要求，同时便于施工和维护，国家能源局特制定了DL/T 5455—2012。DL/T 5455—2012根据国家发展改革委办公厅《关于印发2006年行业标准项目计划的通知》（发改办工业〔2006〕1093 号文）的要求，由中国电力工程顾问集团华北电力设计院工程有限公司进行编制。在编制过程中，认真总结了火力发电厂热工电源及气源系统工程的设计实践经验，吸取了相关科研成果，参考有关国际标准和国外先进标准，考虑了我国电力工程建设的实际情况，并广泛征求了有关设计和设计管理单位的意见，最后经专家审查并修改定稿。

2. 主要内容

DL/T 5455—2012共有4章，主要技术内容有总则、术语、仪表与控制电源系统、仪表与控制气源系统。

总则中提到仪表与控制电源及气源系统的设计应选用技术先进、质量可靠的设备和元器件，对于涉及安全与机组保护的仪表与控制新产品新技术应在取得成功应用经验后方可在设计中采用，在条件合适时应优先使用标准系列产品。仪表与控制电源及气源系统的设计应确保用电/用气对象安全可靠运行，满足维护检修的需要并符合电厂的运行安全规范。仪表与控制电源及气源系统的设计应根据火力发电厂供配电/气系统的特点、用电/用气设备的性能以及过程监视控制的要求合理选择方案和设备。仪表与控制电源及气源系统的设计除应符合DL/T 5455—2012外尚应符合国家现行有关标准的规定。

术语中对执行机构、隔离开关、熔断器、熔断器支持件、熔断体、耗气量、静态耗气量、动态耗气量做了解释说明。

第 3 章规定了供电范围、电源类型及电能质量要求、负荷分类和供电要求、交流 380V 电源供电要求、交流 220V 电源供电要求、直流电源供电要求、负荷计算原则、电源监视设置以及用电设备的配置与选择要求。

第4章规定了仪表与控制气源的品质要求、用气量统计及计算公式、配气网络和设备配置。

3. 规程适用性

DL/T 5455—2012适用于汽轮发电机组容量为125MW～1000MW级机组的凝汽式火力发电厂和50MW级及以上供热式机组的热电厂仪表与控制电源系统及气源系统的设计。

42 DL/T 5455—2012 火力发电厂热工电源及气源条文说明

DL/T 5455—2012《火力发电厂热工电源及气源条文说明》，由国家能源局 2012 年 8 月 23 日以第 6 号公告批准发布。

1. 制定背景

为方便大家更好地理解DL/T 5455—2012《火力发电厂热工电源及气源设计技术规程》，

国家能源局于 2012 年 8 月 23 日以第 6 号公告批准发布了 DL/T 5455—2012 条文说明。DL/T 54552—012 条文说明制定过程中，编制组进行了大量细致的调查研究，总结了我国工程建设中火电厂电源系统和气源系统设计和运行的实践经验，同时参考了国外先进的技术法规、技术标准。

2. 主要内容

条文说明共 4 章，分别为总则、术语、仪表与控制电源系统、仪表与控制气源系统，对应 DL/T 5455—2012 内相应章节。条文说明是对 DL/T 5455—2012 所规定的热工电源及气源设计要求依据的具体国家标准和出处的解释和说明，便于使用者理解 DL/T 5455—2012，同时方便使用者查阅相应国家标准的详细内容。

3. 规程适用性

DL/T 5455—2012 条文说明是对 DL/T 5455—2012 的条文说明，同样适用于汽轮发电机组容量为 125MW～1000MW 级机组的凝汽式火力发电厂和 50MW 级及以上供热式机组的热电厂仪表与控制电源系统及气源系统的设计。

第二节　国标规范设计技术要求

43　GB/T 1226—2010 一般压力表

GB/T 1226—2010《一般压力表》，由国家质量监督检验检疫总局和中国国家标准化管理委员会于 2010 年 9 月 2 日发布，2010 年 12 月 1 日实施。

1. 制定背景

GB/T 1226—2010 代替 GB/T 1226—2001《一般压力表》。GB/T 1226—2010 与 GB/T 1226—2001 相比，主要变化如下：编写格式按 GB/T 1.1—2009《标准化工作导则　第 1 部分：标准的结构和编写》的要求进行了修改；扩大了标准的适用范围，将不锈钢压力表、异型外壳的仪表纳入标准；扩大了仪表的测量范围；明确了“环境温度”含介质温度；对于直接安装的仪表，主要安装尺寸增加了接头尺寸处对四方、六方或对方长度的要求；修改了仪表超压性能要求；修改了仪表交变负荷性能要求。

2. 主要内容

GB/T 1226—2010 规定了一般压力表的术语及定义、产品分类、技术要求、试验方法、检验规则和标志、包装与贮存要求，包含了不锈钢压力表、外壳为异型（如方形）的压力表。

第 3 章为术语和定义。包括绝对压力、正压（力）、负压（力）（真空）、差压（力）、表压（力）、压力表、真空表、压力真空表、一般压力表、轻敲位移、超压、交变压力、回差、温度影响、测量范围、标度范围。

第 4 章为产品分类。从型式看，仪表按测量类别分为压力表、真空表、压力真空表；仪表按螺纹接头及安装方式分为直接安装压力表、嵌装（盘装）压力表、凸装（墙装）压力表。

从仪表的精确度等级看，可分为 1.0 级、1.6 级、2.5 级、4.0 级；从基本参数看，仪表外壳公称直径（mm）系列分别为 40、60、100、150、200、250。仪表的量程范围详见规程表 2，仪表的其他参数应符合规程的规定。

第 5 章为技术要求。包括正常的工作条件、参比工作条件、基本误差、回差、指针偏转的平稳性、轻敲位移、温度影响、超压、交变压力、指示装置、外观、耐工作环境振动性能、抗运输环境性能。

第 6 章为试验方法。仪表的试验顺序及各试验项目之间的间歇时间按规程附录 B 进行。试验的内容及具备的条件包括试验仪器、检验点、测试方法、基本误差试验、回差试验、零点误差试验、指针偏转平稳性试验、轻敲位移试验、温度影响试验、超压试验、交变压力试验、指示装置试验、外观试验、耐工作环境振动试验、抗运输环境性能试验。

第 7 章为检验规则。包括出厂检验和型式检验。

第 8 章为标志、包装与贮存。

3. 规程适用性

GB/T 1226—2010 适用于弹簧管（C 形管、盘簧管、螺旋管）等机械指针式压力表、真空表及压力真空表。

44 GB/T 1227—2010 精密压力表

GB/T 1227—2010《精密压力表》，由国家质量监督检验检疫总局和中国国家标准化管理委员会于 2010 年 9 月 2 日发布，2010 年 12 月 1 日实施。

1. 制定背景

GB/T 1227—2010 代替 GB/T 1227—2002《精密压力表》。GB/T 1227—2010 与 GB/T 1227—2002 相比主要变化如下：扩大了标准的适用范围，将不锈钢压力表、异型外壳的压力表纳入标准；对于直接安装的压力表，安装尺寸增加了接头处对于四方、六方或对方长度的要求；提高了仪表超压性能的要求；修改了仪表交变负荷性能的要求；修改了仪表的测量范围。

2. 主要内容

第 3 章为产品分类。从型式看，仪表按测量类别分为压力表、真空表、压力真空表；仪表安装方式为直接安装式、嵌装式。仪表的精确度等级，可分为 0.1 级、0.16 级、0.25 级、0.4 级。从基本参数看，仪表外壳公称直径（mm）系列分别为 150、200、250、300、400；仪表的量程范围详见规程表 1，仪表的其他参数应符合规程的规定。

第 4 章为技术要求。包括正常的工作条件、参比工作条件、基本误差、回差、指针偏转的平稳性、零点误差、轻敲位移、温度影响、超压、交变压力、指示装置、外观、耐工作环境振动性能、抗运输环境性能。

第 5 章为试验方法。仪表的试验顺序及各试验项目之间的间歇时间按规程附录 A 进行。试验的内容及具备的条件包括试验仪器、试验用工作介质、检验点、检验方法、基本误差试验、回差试验、指针偏转平稳性试验、轻敲位移试验、零点误差试验、温度影响试验、超压试验、交变压力试验、指示装置试验、外观试验、耐工作环境振动试验、抗运输环境性能试验。

第 6 章为检验规则。包括出厂检验及判定规则和型式检验及判定规则。

第 7 章为标志、包装与贮存。

3．规程适用性

GB/T 1227—2010 适用于弹簧管（C 形管、盘簧管、螺旋管）等机械指针式精密压力表及真空表（以下简称仪表）。GB/T 1227—2010 包含了不锈钢压力表、外壳为异型（如方形）的压力表。

45 GB/T 2624.1—2006 用安装在圆形截面管道中的差压装置测量满管流体流量 第 1 部分：一般原理和要求

GB/T 2624.1—2006《用安装在圆形截面管道中的差压装置测量满管流体流量 第 1 部分：一般原理和要求》，由国家质量监督检验检疫总局和中国国家标准化管理委员会于 2006 年 12 月 13 日发布，2007 年 7 月 1 日实施。

1．制定背景

GB/T 2624《用安装在圆形截面管道中的差压装置测量满管流体流量》由以下部分组成：《第 1 部分：一般原理和要求》《第 2 部分：孔板》《第 3 部分：喷嘴和文丘里喷嘴》《第 4 部分：文丘里管》。GB/T 2624.1—2006 为第 1 部分。GB/T 2624.1—2006 对所涉及的装置做过大量直接校准实验，实验的数量、分布范围和质量足以使所取得的实验结果和系数能作为相关应用系统的依据，使其具有确定的可预测不确定度限值。

2．主要内容

GB/T 2624.1—2006 规定了孔板、喷嘴和文丘里管的集合形状及安装在充满流体的管道中测量管道内流体流量的使用方法，同时也给出了用于计算流量和其相应不确定度的必要资料。GB/T 2624.1—2006 给出了一般术语和定义、符号、原理和要求，以及 GB/T 2624 的第 2 部分、第 3 部分和第 4 部分使用的测量方法和不确定度，确定了用安装在圆形截面管道中的差压装置（孔板、喷嘴和文丘里管）测量满管流体流量的一般原理和计算方法，还确定了这些差压装置所适用的管道尺寸和雷诺数的范围。

3．规程适用性

GB/T 2624.1—2006 仅适用于在整个测量段内流体保持亚声速流动，并可认为是单相流的差压装置，不适用于脉动流的测量。此外，每一种装置都只能在规定的管道尺寸和雷诺数极限范围内使用。

46 GB/T 2624.2—2006 用安装在圆形截面管道中的差压装置测量满管流体流量 第 2 部分：孔板

GB/T 2624.2—2006《用安装在圆形截面管道中的差压装置测量满管流体流量 第 2 部分：孔板》，替代 GB/T 2624—1993，由国家质量监督检验检疫总局和中国国家标准化管理委员会于 2006 年 12 月 13 日发布，2007 年 7 月 1 日实施。

1．制定背景

GB/T 2624—1993《流量测量节流装置》及 ISO 5167-2：2003 存在编辑性的错误，原规程没有详细指导节流件的加工制造技术要求以及在使用中的技术要求；对于节流件孔板、喷嘴直管段要求界定没有分开，没有强调流动调制器要进行配合性试验。随着新工艺的发展，结合实际运用需要修订和完善，GB/T 2624 给出了配合性试验的具体方法。

2．主要内容

GB/T 2624.2—2006 规定了孔板的几何尺寸和安装在管道中测量满管流体流量的使用方法（安装和工作条件），同时提供了用于计算流量和其相应不确定度的必要资料。并可配合 GB/T 2624.1 规定要求一起使用的相关资料。

第 4 章为测量原理及方法。质量流量为 $q_m=\frac{C}{\sqrt{1-\beta^4}}\varepsilon\frac{\pi}{4}d^2\sqrt{2\Delta p\rho_1}$，流出系数 C 取决于雷诺数 Re，而雷诺数 Re 取决于 q_m，C 必须用迭代法获得。

第 5 章首先界定孔板适用安装条件，孔板上下端面技术要求和加工工艺。斜角规范、边缘 G、H 和 I 的技术要求。节流孔直径技术要求、加工材料进行规范。其次对孔板的节流技术要求进行规范，对于法兰取压和角接取压进行技术规范。再对孔板系数及相应的不确定度进行规范，孔板使用限制条件、流出系数、可膨胀系数、不确定度压力损失进行了规范和指导。

第 6 章为孔板安装技术规范，明确了安装在各种管件和孔板之间的最短上游和下游直管段与孔板附加不确定度的技术关系，给出了正常安装指导实践的技术规范。流动调整器可用于减少上游直管段，通过规定的配合性试验，可以用在任何上游管件的下游。19 管管束流动整直器（1998）和 Zanker 流动调整器板是两种已通过 CB/T 2624.1 规定的配合性试验的非专利流动调整器。19 管管束流动整直器（1998）的制造及压损与运用实例。Zanker 流动调整器板的结构和安装。界定了管道圆度和圆柱度技术规范、孔板和夹持环的位置、固定方法和垫圈等。

3．规程适用性

GB/T 2624.2—2006 适用于由孔板和法兰取压口、角接取压口或 D 和 D/2 组成的一次装置。不适用于缩流取压口和管道取压口也可与孔板配合使用的其他取压口。GB/T 2624.2—2006 仅适用于在整个测量段内保持亚声速流动，且可被认为是单相的牛顿流体。不适用于脉动流的测量。

47　GB/T 2624.3—2006 用安装在圆形截面管道中的差压装置测量满管流体流量 第 3 部分：喷嘴和文丘里喷嘴

GB/T 2624.3—2006《用安装在圆形截面管道中的差压装置测量满管流体流量　第 3 部分：喷嘴和文丘里喷嘴》，由国家质量监督检验检疫总局和中国国家标准化管理委员会于 2006 年 12 月 13 日发布，2007 年 7 月 1 日实施。

1．制定背景

GB/T 2624—1993《流量测量节流装置用孔板、喷嘴和文丘里管测量充满圆管的流体流量》及 ISO 5167 3：2003 存在编辑性的错误，没有详细指导节流件的加工制造技术要求以及在使用中的技术要求；对于节流件孔板、喷嘴直管段要求界定没有分开，没有强调流动调制器要进行配合性试验。随着新工艺的发展进行修订和完善，制定 GB/T 2624.3—2006，代替 GB/T 2624—1993。

2．主要内容

GB/T 2624.3—2006 规定了喷嘴和文丘里喷嘴的几何尺寸和安装在管道中测量满管流体流量的使用方法(安装和工作条件)，同时提供了用于计算流量和其相应不确定度的必要资料。并可配合 GB/T 1624.1 规定要求一起使用的相关资料。

第 4 章为测量原理及方法。质量流量为 $q_{\mathrm{m}}=\frac{C}{\sqrt{1-\beta^4}}\varepsilon\frac{\pi}{4}d^2\sqrt{2\Delta p\rho_1}$ ，流出系数 C 取决于雷诺数 Re，而雷诺数 Re 取决于 q_{m}，C 必须用迭代法获得。

第 5 章为喷嘴和文丘里喷嘴。喷嘴在管道内的部分是圆形的，喷嘴由圆廓形的收缩部分和圆筒形的喉部组成。阐述了喷嘴廓形的技术参数和制造要求、制造材料，以及喷嘴取压的方式和技术参数。ISA1932 喷嘴的系数，使用条件、流出系数、可膨胀系数、不确定度及不确定系数的技术参数。给出了长径喷嘴形状、技术参数，高比值、低比值喷嘴的廓形技术参数。制造材料、工艺以及取压口技术参数。规范了长径喷嘴的流出系数，使用限制、压损、可膨胀性系数及相关不确定度。界定了文丘里喷嘴的具体参数和规范、文丘里喷嘴的形状、技术参数、制造材料及工艺、取压技术规范和类型。规范了文丘里喷嘴的流出系数，使用限制、压损、可膨胀性系数及相关不确定度。

第 6 章为喷嘴的安装技术规范，明确了安装在各种管件和一次装置之间的最短上游和下游直管段与喷嘴附加不确定度的技术关系，给出了正常安装指导实践的技术规范。流动调整器可用于减少上游直管段，无论在哪种情况下，都应采用测量流量时使用的相同形式的喷嘴进行试验。通过规定的配合性试验，可以用在任何上游管件的下游。界定了管道圆度和圆柱度的技术要求，加工规范。一次装置和夹持环的技术规范。规范了安装固定方法和垫圈技术参数。

3．规程适用性

GB/T 2624.3—2006 仅适用于在整个测量段内保持亚声速流动，且可被认为是单相的牛顿流体的喷嘴和文丘里喷嘴。此外，每种装置只能用于规定的管道尺寸和雷诺数。GB/T 2624.3—2006 不适用于脉动流的测量。GB/T 2624.3—2006 不涉及喷嘴和文丘里喷嘴在尺寸小于 50mm 或者大于 630mm，或者管道雷诺数低于 10000 的管道中使用。

48　GB/T 2624.4—2006 用安装在圆形截面管道中的差压装置测量满管流体流量　第 4 部分：文丘里管

GB/T 2624.4—2006《用安装在圆形截面管道中的差压装置测量满管流体流量　第 4 部

分：文丘里管》，由国家质量监督检验检疫总局和中国家标准化管理委员会于 2006 年 12 月 13 日发布，2007 年 7 月 1 日实施。

1．制定背景

GB/T 2624—1993 及 ISO 5167—4：2003 存在编辑性的错误，原规程没有详细指导节流件的加工制造技术要求以及在使用中的技术要求；对于节流件孔板、喷嘴直管段要求界定没有分开，没有强调流动调制器要进行配合性试验。随着新工艺的发展，结合实际运用需要修订和完善，制定 GB/T 2624.4—2006，代替 GB/T 2624—1994。

2．主要内容

GB/T 2624.4—2006 规定了文丘里管的几何尺寸和安装在管道中测量满管流体流量的使用方法（安装和工作条件），同时提供了用于计算流量和其相应不确定度的必要资料。并可配合 GB/T 2624.1 规定要求一起使用的相关资料。

第 4 章为测量原理及方法。质量流量为 $q_{\mathrm{m}}=\frac{C}{\sqrt{1-\beta^4}}\varepsilon\frac{\pi}{4}d^2\sqrt{2\Delta p\rho_1}$，流出系数 C 取决于雷诺数 Re，而雷诺数 Re 取决于 q_{m}，C 必须用迭代法获得。

第 5 章为经典文丘里管应用范围、制造方法及工艺。经典文丘里管的一般形状、应用范围取决于它们的制造方法。标准经典文丘里管的三种形式是以入口圆筒、入口圆锥内表面的制造方法和入口圆锥与喉部相交处的廓形来确定的。界定了文丘里管的形状、技术参数和制造要求、制造材料，以及文丘里管的取压的方式和技术参数。规范了长文丘里的流出系数，使用限制、压损、可膨胀性系数及相关不确定度。

第 6 章为文丘里的安装技术规范，明确了安装在各种管件和一次装置之间的最短上游和下游直管段与文丘里管的附加不确定度的技术关系，并给出了正常安装指导实践的技术规范和实际案例。流动调整器可用于减少上游直管段，两种情况下，都应采用经典文丘里管进行试验。通过规定的配合性试验，可以用在任何上游管件的下游。并界定了经典文丘里管的附加安装要求、技术规范。

3．规程适用性

GB/T 2624.4—2006 仅适用于在整个测量段内保持亚音速流动，且可被认为是单相流体的文丘里管。此外，每种装置只能用于规定的管道尺寸、粗糙度、直径比和雷诺数限值。GB/T 2624.4—2006 不适用于脉动流的测量。GB/T 2624.4—2006 不涉及文丘里管在尺寸小于 50mm 或者大于 1200mm，或者管道雷诺数低于 200000 的管道中使用。

49　GB/T 3214—2007 水泵流量的测定方法

GB/T 3214—2007《水泵流量的测定方法》由中国国家标准化管理委员会和国家质量监督检验检疫总局于 2007 年 11 月 5 日发布，2008 年 2 月 1 日实施。

1．制定背景

随着国民经济的不断发展，新工艺新技术的不断展现，GB/T 3214—1991《水泵流量的测定方法》需要进行修订和完善，更新规范性引用文件。GB/T 3214—2007是对GB/T 3214—1991的修订，与GB/T 3214—1991相比，主要调整了结构编排，修订了部分术语。

2. 主要内容

第3章为术语和定义：GB/T 2624.1～GB/T 2624.3—2006中的术语和定义，以及差压装置、节流件、直径比、差压、雷诺数、流出系数、流动调整器、测量不确定度、扩展不确定度。

第4章为符号和单位：采用的量的名称、符号及单位见表1和表2。

第5章为孔板、喷嘴和文丘里喷嘴：喷嘴只适用于GB/T 2624.3—2006中的ISA1932型标准喷嘴，从工作原理和计算方法、测量的一般要求、安装要求、流量测量的不确定度、差压的测量、取压装置、使用限制条件、检定八方面论述孔板、喷嘴和文丘里喷嘴相关要求。

第6章为水堰：水堰的结构、水头测定装置、水头测定方法、流量测量的计算公式、流量测量不确定度的估算。

第7章为容器：工作原理、用容器测量流量的精确度、测量装置、测量方法、流量的计算、流量测量不确定度的估算。

第8章为涡轮流量计：工作原理、涡轮流量计的特点、显示仪表的连接、流量测量不确定度的计算、涡轮流量计的检定。

第9章为电磁流量计：电磁流量计的特点、测量原理、一般要求、安装要求、流量测量不确定度的计算、电磁流量计的检定。

3. 规程适用性

GB/T 3214—2007适用于回转动力泵流量的测定，其他泵也可参照使用。

50 GB/T 4213—2008 气动调节阀

GB/T 4213—2008《气动调节阀》由国家质量监督检验检疫总局和中国国家标准化管理委员会于2008年7月28日发布，2009年2月1日实施。

1. 制定背景

随着国民经济的不断发展，新工艺新技术不断展现，GB/T 4213—1992《气动调节阀》需要进行修订和完善，更新规范性引用文件，对公称通径系列及公称压力等级系列部分进行修改和补充，对回差及始终点偏差的要求和检验范围进行修改，增加对噪声预测计算的考虑，检验规则中对阀单独出厂时增加泄漏量试验要求，对标志部分进行修改以突出强制性标志，为此结合实际运用需要修订制定了GB/T 4213—2008。

2. 主要内容

GB/T 4213—2008代替GB/T 4213—1992。GB/T 4213—2008规定了工业过程控制系统用气动调节阀（亦称控制阀）的产品分类、技术要求、试验方法、检验规则等。

第4章为产品分类及通用要求，按调节阀动作方式、调节阀调节方式、调节阀作用方式、调节阀执行机构型式，可以分为不同的种类。界定了调节阀公称通径DN后数值的优选数系以及调节阀公称压力标志PN后接数值的系列等级。调节阀的标准压力输入范围为20kPa～

100kPa，带有电-气阀门定位器的调节阀，标准输入电信号范围为直流 4mA～20mA。气源的技术标准：气的薄膜调节阀压力最高 600kPa，气的活塞调节阀压力最高 700kPa，气源无明显的油、蒸汽油蒸汽和其他液体。调节阀的正常工作条件：在规定的温度、压力等级下工作。界定了信号连接螺纹管技术规范和要求，连接端形式和尺寸要求。

第 5 章为调节阀技术要求，调节阀的基本误差不超过附录规定的基本误差限，调节阀基本误差用调节阀额定行程的百分数表示。调节阀的回差、死区不超过附录规定，调节阀回差用调节阀额定行程的百分数表示，死区用调节阀输入信号量程的百分数表示。调节阀的始终点偏差、额定行程偏差不超过附录规定。调节阀泄漏量在规定的试验条件下符合规定，界定了调节阀泄漏等级及计算公式。还界定了调节阀的填料函及其他连接处密封性、气室密封性、耐压强度、额定流量系数、固有流量特性、耐工作振动性能、动作寿命、外观、调节阀噪声预测等技术要求。

第 6 章为试验方法，界定了试验具备条件，参比工作条件的温度压力及湿度和气源要求，推荐的大气条件，给出了节阀的填料函及其他连接处密封性试验方法及技术要求，气室密封性试验方法及技术要求，基本误差计算公式及技术规范、回差、死区、始终点偏差、额定行程偏差计算公式和技术要求。界定了泄漏量的计算方法及技术规范、耐压强度试验方法和技术要求。给出了调节阀流量特性试验方法、应用规范和技术标准。

第 7 章为检验规程，界定各种阀门需要检验的项目及调节阀需要进行型式检验的种类。

第 8 章为标志、包装和贮存，阀门本体标志 M，铭牌标志 M 或 S，界定了包装规范技术标准及贮存条件。

3．规程适用性

GB/T 4213—2008 适用于气动执行机构与阀组成的各类气动调节阀（简称调节阀）。GB/T 4213—2008 中有关内容也适用于独立的气动执行机构和阀组件。GB/T 4213—2008 不适用于承受放射性工作条件等国家有特定要求工作条件的调节阀。

51　GB/T 6379.1—2004 测量方法与结果的准确度（正确度与精密度） 第 1 部分：总则与定义

GB/T 6379.1—2004《测量方法与结果的准确度（正确度与精密度） 第 1 部分：总则与定义》，由国家质量监督检验检疫总局和中国国家标准化管理委员会于 2004 年 6 月 2 日发布，2005 年 1 月 1 日实施。

1．制定背景

GB/T 6379 用两个术语“正确度”与“精密度”来描述一种测量方法的准确度。正确度指大量测试结果的（算术）平均值与真值或接受参照值之间的一致程度；而精密度指测试结果之间的一致程度。考虑精密度的原因主要是因为假定在相同的条件下对同一或认为是同一的物料进行测试，一般不会得到相同的结果。这主要是因为在每个测量程序中不可避免地会出现随机误差，而那些影响测量结果的因素并不能完全被控制在对测量数据进行实际解释过程中，必须考虑这种变异。例如，测试结果与规定值之间的差可能在不可避免的随机误差范围内，在此情形，测试值与规定值之间的真实偏差是不能确定的。类似的，当比较两批物料的测试结果时，如果它们之间的差异是来自测量程序中的内在变化，则不能表示这两批物料的本质差别，ISO 5725 中使用的一般术语"准确度"，既包含正确度也包含精密度。"准确度"这一术语在过去一段时间只用来表示现在称为正确度的部分。但是对很多人来说，它不仅包括测试结果对参照（标准）值的系统影响，也应包括随机的影响。很长时间以来，术语"偏倚"一直被限制用于统计问题，由于它在某些领域中（如医学界和法律界）曾经引起过哲学上的异议，因此引进术语"正确度"似更强调其正面含义。结合实际运用需要修订制定了GB/T 6379.1—2004，部分代替 GB/T 6379—1986《测试方法的精密度　通过实验室间试验确定标准测试方法的重复性和再现性》、GB/T 11792—1989《测试方法的精密度　在重复性或再现性条件下所得测试结果可接受性的检查和最终测试结果的确定》。

2．主要内容

GB/T 6379《测量方法与结果的准确度（正确度与精密度）》分为以下部分，其结构及对应的国际标准为：

—第 1 部分：总则与定义（ISO 5725-1：1 994，IDT）；

—第 2 部分：确定标准测量方法的重复性和再现性的基本方法（ISO 5725-2：1994，IDT）；

—第 3 部分：标准测量方法精密度的中间度量（ISO 5725-3：1994，IDT）；

—第 4 部分：确定标准测量方法正确度的基本方法（ISO5 725-4：1994，IDT）；

—第 5 部分：确定标准测量方法精密度的可替代方法（ISO 5725-5：1998，IDT）；

—第 6 部分：准确度值的实际应用（ISO5 725-6：1994，IDT）。

GB/T 6379.1—2004 为 GB/T 6379 的第 1 部分。GB/T 6379.1—2004 等同采用国际标准 ISO 5725-4：1994 测量方法与结果的准确度（正确度与精密度）。GB/T 6379.1～GB/T 6379.6 作为一个整体代替 GB/T 6379—1986 及 GB/T 11792—1989，将原精密度扩展增加了正确度，统称为准确度；除重复性条件和再现性条件外，增加了中间精密度条件。

GBT 6379.1—2004 所涉及的测量方法，特指对连续量进行测量，并且每次只取一个测量值作为测试结果的测量方法，尽管这个值可能是一组观测值的计算结果，GB/T 6379.1—2004 定量定义了一种测量方法给出正确结果的能力（正确度）与重复同样结果的能力（精密度）。这就意味着可用完全相同的方法来测量完全相同的事物，且测量过程是受控的。

第 4 章给出了准确度试验定义的实际含义，界定了标准测量方法，为使测量按同样的方法进行，测量方法应标准化。有关测量方法文件的存在意味着有一个负责研究测量方法机构的存在。准确度试验：准确度（正确度和精密度）的度量宜由参加试验的实验室报告的系列测试结果确定，为此目的而专门设立的专家组组织所有测试这样一个不同实验室间的试验称为"准确度试验"，准确度试验根据其限定目标也可称为"精密度试验"或"正确度试验"。如果目标是确定正确度，那么应事先或同时进行精密度试验，通过这样试验得到的准确度的估计值，宜指明所用的标准测量方法，且结果仅在所用的方法下才有效。同一测试对象，在一个准确度试验中，规定物料或规定产品的样本从一个中心点发往位于不同地点、不同国家，甚至不同洲的许多实验室。短暂的时间间隔：根据重复性条件的定义，确定重复性的测量必须在恒定的操作条件下进行。参与的实验室：GB/T 6379.1—2004 的一个基本假定是对一个标准测量方法而言，重复性对使用这个标准程序的每个实验室应该或至少是近似相同的，这样可以允许建立一个共同的平均重复性标准差，它适用于任何实验室。然而，每个实验室在重复性条件下进行一系列观测时，都能就该测量方法得到一个自己的重复性标准差的估计值，并可据此与共同的标准差的值来校核该估计值。界定了观测条件，列出了能使在一个实验室内获得的观测值产生变异的所有因素，这些因素包括时间、操作员与设备等。因为在不同时间进行测试时，由于环境条件的改变及设备的重新校准等都会使观测值受到影响。在重复性条件下，观测值是在所有这些因素不变的情况下取得的；在再现性条件下，观测值是在不同的实验室获得的，由于实验室的不同，不仅所有其他因素会发生改变，而且由于在两个实验室之间的管理和维护以及观测值的稳定性检查等诸多方面的差异也会对结果产生不同的影响。

第 5 章为统计模型，基本模型为估计测量方法的准确度（正确度和精密度），假定对给定的受试物料，每个测试结果 Y 是三个分量的和。界定了总平均值 m 的计算方法，总平均值 m 是测试水平；一种化学品或物料的不同成分的样品（如不同类型的钢材）对应着不同的水平。在很多技术场合，测试水平仅由测量方法确定，独立真值的概念并不适用。界定了分量 B，在重复性条件下进行的任何系列测试中，分量 B 可以认为是常数，但是在其他条件下进行的测试，分量 B 则会不同。当只对两个相同的实验室比较测试结果时，有必要确定它们相应的偏倚，通过准确度实验测定各自的偏倚，或通过在它们之间专门的试验确定。基本模型和精密度的关系：重复性方差可以直接作为误差项 e 的方差。

第 6 章为估计准确度试验设计方面的考虑。准确度试验的计划：估计一个标准测量方法的精密度和（或）正确度试验的具体安排应是熟悉该测量方法及其应用的专家组的任务，专家组中至少应该有一个成员具有统计设计和试验分析方面的经验。界定了标准测量方法，所考察的测量方法应是一个标准化的方法。这样一个方法应是稳健的，即测量结果对测量过程中的微小变动，不会产生意外的大变动。若测量过程真有较大的变化，在制定一个标准测量方法中应有适当的预防措施或发出警告，应该尽一切努力力求消除或减少偏倚。也可以用一些相似的测试程序来对已经建立的测量方法和最新标准化的测量方法的正确度和精密度进行测试。在后一种情况下，所得到的结果宜被看作是初始估计值，因为正确度和精密度随着实验室经验的积累而改变。准确度试验的实验室的选择：从统计的观点来看，那些参加估计准确度的实验室宜从所有使用该测量方法的实验室中进行随机选取。界定了用于准确度试验物料的选择，在确定一个测量方法的准确度的测试中，所使用的物料应该完全能代表该测量方法在正常的使用中的那些物料。作为一般规则，使用 5 种不同的物料通常就能够满足较大的水平变化范围，用这些水平完全能够确定所要求的准确度。当怀疑是否有必要修改最近开发的测量方法时，在对该方法进行首次调研时，只需要用较小水平数的物料，在此基础上再进行进一步的准确度试验。

第 7 章为准确度数据的应用。正确度和精密度数值的发布：精密度试验的目的是为了获得在定义一定条件下的重复性和再现性标准差的估计值。在通常正确的操作方法下，由同一个操作员使用同一仪器设备，在最短的可行的时间段内，对同一物料所做出的两个测试结果之间的差出现大于重复性限 r 的情况，平均在 20 次测试中不会超过一次。在通常正确的操作方法下，由两个实验室报告的对同一物料进行测试的测试结果的差出现大于再现性限 R 的情形，平均在 20 次测试中不会超过一次。通过引用进行测试所要遵守的标准测量方法的条款的编号，或其他方式确保测试结果定义的清晰。

3．规程适用性

GB/T 6379.1—2004 适用于多种范围的物料（物质或材料），包括液体、粉状物和固体物料，这些物料可以是人工制造的，也可以是自然存在的，只要对物料的异质性进行适当考虑。

52　GB/T 6379. 2—2004 测量方法与结果的准确度（正确度与精密度）　第 2 部分：确定标准测量方法的重复性和再现性的基本方法

GB/T 6379.2—2004《测量方法与结果的准确度（正确度与精密度）　第 2 部分：确定标准测量方法的重复性和再现性的基本方法》,由国家质量监督检验检疫总局和中国国家标准化管理委员会于 2004 年 6 月 2 日发布，2005 年 1 月 1 日实施。

1．制定背景

GB/T 6379 用两个术语“正确度”与“精密度”来描述一种测量方法的准确度正确度指大量测试结果的（算术）平均值与真值或接受参照值之间的一致程度；而精密度指测试结果之间的一致程度。GB/T 6379.2—2004 只考虑重复性标准差和再现性标准差的估计。根据实际需要与相关标准的修订，修订制定了 GB/T 6379.2—2004，部分代替 GB/T 6379—1986、GB/T 11792—1989。

2．主要内容

GB/T 6379《测量方法与结果的准确度（正确度与精密度）》分为以下部分，其结构及对应的国际标准为：

—第 1 部分：总则与定义（ISO 5725-1：1994，IDT）；
—第 2 部分：确定标准测量方法的重复性和再现性的基本方法（ISO 5725-2：1994，IDT）；
—第 3 部分：标准测量方法精密度的中间度量（ISO 5725-3：1994，IDT）；
—第 4 部分：确定标准测量方法正确度的基本方法（ISO5 725-4：1994，IDT）；
—第 5 部分：确定标准测量方法精密度的可替代方法（ISO 5725-5：1998，IDT）；
—第 6 部分：准确度值的实际应用（ISO5 725-6：1994，IDT）

GB/T 6379.2—2004 为 GB/T 6379 的第 2 部分，等同采用 ISO 于 2002 年 5 月 15 日发布的对 1994 版 ISO 5725-2 的技术修改单。GB/T 6379.1～GB/T 6379.6 作为一个整体代替 GB/T 6379—1986 及 GB/T 11792—1989，将原精密度扩展增加了正确度，统称为准确度；除重复性条件和再现性条件外，增加了中间精密度条件。

第 4 章为基本模型中的参数估计。界定了基本模型的公式，GB/T 6379.2—2004 给出的程序是建立在 GB/T 6379.1—2004 第 5 章的统计模型基础上的。实际情况中，这些标准差的确切值是未知的，精密度的估计值通过从全体实验室组成的总体抽取少量的实验室来获得。而在这些实验室内部，该估计值由所有可能测试结果的一个小样本获得。在统计实践中，如果标准差的真值未知，则以样本进行估计并替代。

第 5 章为对精密度试验的要求。试验安排：在用基本方法进行试验安排时，取自 4 批物料的样本分别代表 4 个不同测试水平，被分到 p 个实验室，每一个实验室都在重复性条件下对每一水平得到同样 n 次重复测试结果。这种试验称为平衡均匀水平试验。界定了测量工作应的组织规则。阐述了实验室征集，给出了关于参与实验室间协同试验的实验室征集工作的一般原则。在征集所需数目的协同实验室时，要明确规定这些实验室的条件。并给出了一个实验室调查征集的例子。阐述了物料准备，给出了精密度试验中选择物料时需要考虑的要点。在决定试验所需的物料数量时，应该考虑到在获得某些测试结果时会出现偶然的洒出和称量误差，从而需用到额外的物料。需要准备的物料数量应当足以满足测试之用，并且允许适当的储备。

第 6 章为参与精密度试验的人员。给出了组织机构、人员配置情况。领导小组宜由熟悉该测量方法及其应用的专家组成，界定了领导小组的任务。统计专家的职责：领导小组中至少有一个成员应具有统计设计和试验分析方面的经验。界定了执行负责人的职责。领导小组任命该实验室的一名成员为执行负责人，对此工作负全责。界定了测量负责人任务和配置，每个参与试验的实验室应指定一名成员负责实际测量的组织，按执行负责人的指令工作并报告测试结果。界定了操作员的任务和配置，在每个实验室中，测量应该由一个选定的操作员完成，该操作员是在通常操作中可能执行该测量任务的操作员代表。

第 7 章为精密度试验的统计分析。界定了精密度试验的统计分析的步骤及技术规范。数据的分析是一个统计问题，应由统计专家来解决，它包括三个相继的步骤。界定结果列表和所用记号的技术标准，一个实验室和一个水平的组合称为精密度试验的一个单元。理想的情况是，一项有 p 个实验室和 q 个水平的试验，列成 pq 个单元的表，每个单元包含 n 次重复测试结果，以此来计算重复性标准差和再现性标准差。给出多余数据、缺失数据、离群值、离群实验室、错误数据的处理方法。给出平衡均匀水平测试结果定义及处理方法，给出了单元离散度公式。界定了测试结果的一致性和离群值检查规范，根据对多个水平获得的数据，即可对重复性标准差和再现性标准差进行估计，给出了检验离群值的数值方法，如柯克伦（Cochran）检验法则、格拉布斯（Grubbs）检验。界定了总平均值和方差的计算技术标准，以及精密度值和平均水平 m 之间的函数关系的建立的技术标准。界定了统计分析程序的步骤的方法和技术标准。给出了给领导小组的报告和领导小组做出的决定的技术规范，完成统计分析后，统计专家应向领导小组提交一份报告。界定了报告中应包括的内容。

第 8 章为统计数值表。给出了柯克伦检验的临界值，给出了格拉布斯检验的临界值，给出了曼德尔的 h 和 k 统计值的临界值。

3．规程适用性

GB/T 6379.2—2004 所涉及的测量方法特指对连续量进行测量，并且每次只取一个测量值作为测试结果的测量方法，尽管这个值可能是一组观测值的计算结果。

53 GB/T 6379.4—2006 测量方法与结果的准确度（正确度与精密度） 第 4 部分：确定标准测量方法正确度的基本方法

GB/T 6379.4—2006《测量方法与结果的准确度（正确度与精密度） 第 4 部分：确定标准测量方法正确度的基本方法》由国家质量监督检验检疫总局和中国国家标准化管理委员会于 2006 年 11 月 13 日发布，2007 年 4 月 1 日实施。

1．制定背景

GB/T 6379 用两个术语“正确度”与“精密度”来描述一种测量方法的准确度正确度指

大量测试结果的（算术）平均值与真值或接受参照值之间的一致程度；而精密度指测试结果之间的一致程度。根据实际需要修订制定 GB/T 6379.4—2006，部分代替 GB/T 6379—1986、GB/T 11792—1989。

2. 主要内容

GB/T 6379《测量方法与结果的准确度（正确度与精密度）》分为以下部分，其结构及对应的国际标准为：

—第 1 部分：总则与定义（ISO 5725-1：1994，IDT）；

—第 2 部分：确定标准测量方法的重复性和再现性的基本方法（ISO 5725-2：1994，IDT）；

—第 3 部分：标准测量方法精密度的中间度量（ISO 5725-3：1994，IDT）；

—第 4 部分：确定标准测量方法正确度的基本方法（ISO5 725-4：1994，IDT）；

—第 5 部分：确定标准测量方法精密度的可替代方法（ISO 5725-5：1998，IDT）；

—第 6 部分：准确度值的实际应用（ISO5 725-6：1994，IDT）。

GB/T 6379.4—2006 为 GB/T 6379 的第 4 部分，等同采用 ISO 于 2002 年 5 月 15 日发布的对 1994 版 ISO 5725-2 的技术修改单。GB/T 6379.1～GB/T 6379.6 作为一个整体代替 GB/T 6379—1986 及 GB/T 11792—1989，将原精密度扩展增加了正确度，统称为准确度；除重复性条件和再现性条件外，增加了中间精密度条件。

GB/T 6379.4—2006 提供了在应用一种测量方法时，估计该测量方法的偏倚及实验室偏倚的基本方法。所涉及的测量方法，特指对连续量进行测量，并且每次只取一个测量值作为测试结果的测量方法，尽管这个值可能是一组观测值的计算结果。为使测量在相同条件下进行，重要的是测量方法的标准化，所有测量都按标准方法执行。偏倚值是对一种测量方法给出正确（真）值能力的定量估计。当按一种测量方法报告其测试结果及测量方法的偏倚值时，意味着测量是用完全相同方法对同一特性进行的。

第 4 章根据实验室间试验确定标准测量方法的偏倚，界定了统计模型，给出了对标准物料的要求，标准物料应是均匀的。标准物料对于标准测量方法准备应用的水平范围内的每个水平上的特性值（如浓度、含量）应是已知的。在某些情形下，重要的是在评估试验中需用一组标准物料，每种对应于特性的不同水平，因为标准测量方法在不同水平上的偏倚可能不相同。标准物料的检查与分送：在分送前，对标准物料需进行缩分，此时应特别仔细，以免引入任何额外的误差，应参考相关的有关样本缩分的国家（国际）标准。界定了估计测量方法偏倚时试验设计方面的考虑的方法及规范，试验的目的是估计测量方法的偏倚量，并判定在统计上是否显著。若它在统计上是显著的，进一步的目标是确定那些根据实验结果仍以一定概率未能检测到的最大偏倚量。界定了所需实验室数所需实验室数及在每个水平所需测试结果数彼此是有关系的。统计评估测试结果应按 GB/T 6379.2 叙述的方式处理。特别当检测到有离群值时，应采取所有必要的步骤检查其产生的原因，同时对所采用的接受参照值是否合适进行重新评定。界定了对统计评估结果的解释，精密度检验测量方法的精密度由重复性标准差的估计值与再现性标准差的估计值表示，给出了标准测量方法偏倚的估计。

第 5 章为标准测量方法单个实验室偏倚的确定。在按 GB/T 6379.2—2004 规定的实验室间进行精密度试验，且已确定测量方法的重复性标准差的条件下，一个实验室的试验可用于估计该实验室偏倚。试验应严格遵照标准方法，而测量应在重复性条件下进行。在评估正确度之前，应对实验室所用的标准测量方法的精密度进行检查，这也包括比较（不同实验室的）实验室内标准差以及所引用的标准测量方法的重复性标准差。给出了测试结果数处理方法及技术标准，实验室偏倚估计值的不确定度依赖于测量方法的重复性以及所获得的测试结果数。给出了统计分析方法及技术标准。

第 6 章给出了领导小组的报告和领导小组做出的决定，给出了统计专家的报告完成统计分析后，统计专家应向领导小组提交一份报告方法和内容。给出了领导小组采取决定的内容，领导小组应讨论统计专家的报告，并对问题做出决定。

第 7 章为正确度数据的应用。正确的数据应按 GB/T 6379.1—2004 第 7 章的要求进行。

3. 规程适用性

GB/T 6379.4—2006 仅适用于接受参照值可作为约定真值的情形。例如，根据测量标准和（或）适宜的标准物料（标准物质/标准材料），和（或）根据参考测量方法或制备一个已知样本。

54 GB/T 6379.5—2006 测量方法与结果的准确度（正确度与精密度） 第 5 部分：确定标准测量方法精密度的可替代方法

GB/T 6379.5—2006《测量方法与结果的准确度（正确度与精密度） 第 5 部分：确定标准测量方法精密度的可替代方法》，由国家质量监督检验检疫总局和中国国家标准化管理委员会于 2006 年 11 月 13 日发布，2007 年 4 月 1 日实施。

1. 制定背景

GB/T 6379 用两个术语“正确度”与“精密度”来描述一种测量方法的准确度正确度指大量测试结果的（算术）平均值与真值或接受参照值之间的一致程度，而精密度指测试结果之间的一致程度。对 ISO 5725-5：1998 及 ISO 5725-5：1998/Cor.1：2005 的错误作了修改和更正，根据实际需要修订制定 GB/T 6379.5—2006，部分代替 GB/T 6379—1986、GB/T 11792—1989。

2. 主要内容

GB/T 6379《测量方法与结果的准确度（正确度与精密度）》分为以下部分，其结构及对应的国际标准为：

—第 1 部分：总则与定义（ISO 5725-1：1994，IDT）；
—第 2 部分：确定标准测量方法的重复性和再现性的基本方法（ISO 5725-2：1994，IDT）；
—第 3 部分：标准测量方法精密度的中间度量（ISO 5725-3：1994，IDT）；
—第 4 部分：确定标准测量方法正确度的基本方法（ISO5 725-4：1994，IDT）；
—第 5 部分：确定标准测量方法精密度的可替代方法（ISO 5725-5：1998，IDT）；
—第 6 部分：准确度值的实际应用（ISO5 725-6：1994，IDT）。

GB/T 6379.5—2006 为 GB/T 6379 的第 5 部分，等同采用国际标准 ISO 5725-5：1998 及 ISO 于 2005 年 6 月 1 日发布的技术修改单 ISO 5725-5：1998/Cor.1：2005。GB/T 6379.5—2006 详细描述了确定标准测量方法的重复性标准差与再现性标准差基本方法的替代方法，即分割水平设计和非均匀物料设计；描述了用来分析精密度试验结果的稳健方法，这种方法不要求在计算过程中对数据进行离群值的检查与剔除。特别对其中一种详尽说明了方法的使用。

第 4 章为分割水平设计。界定了分割水平设计的应用技术标准，分割水平设计提供了一种能减少前述风险的确定标准测量方法的重复性标准差与再现性标准差的方法。给出了分割水平设计安排，分割水平设计标准。参加试验的每个实验室，在 q 个水平上均测量两个样本。给出了分割水平试验的组织方法，当计划一个分割水平试验时，应遵循 GB/T 6379.1—2004 第 6 章所给的指南。包含许多公式（公式中含有一个通常用 A 表示的量），这些公式通常用来确定试验应包含的实验室数。给出了统计模型处理方法、基本模型计算公式及技术标准，给出了分割水平试验数据的统计分析方法和技术标准。给出了对数据一致性与离群值的检查方法，给出了报告分割水平试验的结果处理方法和案例。给出了非均匀物料试验数据的统计分析公式、对数据一致性与离群值的检查的公式方法。非均匀物料试验中，这些结果按顺序进行检验。第一步，将柯克伦检验应用于测试结果间的极差。若基于此检验，判定某个测试结果间极差为离群值，应予以剔除，则在计算重复性和再现性标准差时须将产生这个离群极差的 2 个测试结果都予以剔除（但是该单元中的其他测试结果仍应保留）。第二步，将柯克伦检验用于样本间极差。最后，将格拉布斯检验用于单元平均值。若判定某个样本间极差为离群值，或某个单元平均值为离群值，而产生离群值的相应测试结果予以剔除，则在计算重复性和再现性标准差时，应剔除相应单元的所有测试结果。给出了报告非均匀物料试验的结果原则和非均匀物料设计计算的一般公式，并提供了一个一般公式的应用例子。

第 5 章为非均匀物料设计。给出了非均匀物料设计的应用案例。由于物料的变化，试样或试样部分准备可能是一个重要的变异源，为确保试验中的每一测试结果与其他测试结果相互独立，应谨慎行事，如果几个试样分别是在不同的试样准备阶段作准备的，则不能保证测试结果之间的独立性。给出了非均匀物料设计的安排的方法和实例，给出了非均匀物料试验的统计模型处理方法。

第 6 章为数据分析的稳健方法。给出了数据分析稳健方法的应用规范。建议对精密度试验得到的数据进行两种离群值的检验（柯克伦检验和格拉布斯检验）。如果两种检验中的一个或两个统计量超过 1%显著水平的临界位时，则应剔除相应的数据（除非统计专家有充分的理由认为应将其保留），统计专家的决定将会对重复性和再现性标准差位的计算产生重大影响。常会遇到某些精密度试验数据处于歧离值和离群值之间边缘附近的数据，而对此做出的判断（剔除或保留），对最后的计算结果有很大影响。有一些稳健方法是以某种稳健方式将单元内的测试结果相结合，这些方法在实际应用中较为复杂。给出了稳健分析：算法 A，用于所使用的数据，该算法可以求得其平均值与标准差的稳健值；算法 S，用于任何设计的实验室内标准差（或实验室内极差），用该算法可得到标准差或极差的一个稳健的联合值。给出了均匀水平设计特定水平的稳健分析公式，在均匀水平设计中，对某特定水平，将算法 S 应用于单元极差或单元标准差，计算该水平的重复性标准差的估计值，并给出了均匀水平设计特定水平的稳健分析案例。特定水平的稳健分析：分割水平设计的某一水平重复性标准差的稳健估计值可以通过将算法 A 用于该水平的单元差值，并给出了分割水平设计特定水平的稳健分析案例。给出了非均匀物料试验特定水平的稳健分析公式和非均匀物料试验特定水平的稳健分析案例。

3．规程适用性

GB/T 6379.5—2006 是对 GB/T 6379.2—2004 的补充，它提供在某些情况下比 GB/T 6379.2—2004 中给出的基本方法更有价值的一些可替代的设计方法；还提供了估计重复性与再现性标准差的一种稳健分析方法，与 GB/T 6379.2—2004 中所描述的基本方法相比，该方法依赖数据分析者的判断的程度较小。

55　GB/T 6587—2012 电子测量仪器通用规范

GB/T 6587—2012《电子测量仪器通用规范》，由国家质量监督检验检疫总局和中国国家标准化管理委员会于 2012 年 12 月 31 日发布，2013 年 6 月 1 日实施。

1．制定背景

GB/T 6587—2012 按照 GB/T 1.1—2009 给出的规则起草。代替 GB/T 6587.1—1986《电子测量仪器环境试验总纲》、GB/T 6587.2—1986《电子测量仪器温度试验》、GB/T 6587.3—1986《电子测量仪器湿度试验》、GB/T 6587.4—1986《电子测量仪器振动试验》、GB/T 6587.5—1986《电子测量仪器冲击试验》、GB/T 6587.6—1986《电子测量仪器运输试验》、GB/T 6587.8—1986《电子测量仪器电源频率与电压试验》、GB/T 6593—1996《电子测量仪器质量检验规则》。

GB/T 6587—2012 纳入并调整了 GB/T 6587.1—1986、GB/T 6587.2—1986、GB/T 6587.3—1986、GB/T 6587.4—1986、GB/T 6587.5—1986、GB/T 6587.6—1986、GB/T 6587.8—1986、GB/T 6593—1996 中适用的内容。

2．主要内容

GB/T 6587—2012 规定了电子测量仪器包括系统和辅助设备的术语、要求、试验方法和质量检验规则等。

第 4 章为仪器的一般要求。包括外观与结构、尺寸和重量、功能、性能特性、接口、兼容性或相互配合、安全性、环境适应性、包装运输、电磁兼容性、电源适应性和可靠性。

第 5 章为仪器的试验方法。包括基准工作条件、检验条件、外观与结构、检查尺寸和重量检查、功能检查、性能特性测试、接口、兼容性或相互配合检查、安全试验、环境适应性试验、包装运输试验、电磁兼容性试验、电源适应性试验和可靠性试验。

第 6 章为仪器的质量检验规则。包括一般规定、检验项目、鉴定检验、质量一致性检验及其他。

3．规程适用性

GB/T 6587—2012 适用于各种类型的电子测量仪器，是产品研制、设计、生产、验收和检验的主要技术依据，也是制定电子测量仪器产品标准和其他技术文件应遵循的原则和基础。

56　GB 7260.1—2008 不间断电源设备　第 1-1 部分：操作人员触及区使用的 UPS 的一般规定和安全要求

GB 7260.1—2008《不间断电源设备　第 1-1 部分：操作人员触及区使用的 UPS 的一般

规定和安全要求》，由国家质量监督检验检疫总局和中国国家标准化管理委员会于 2008 年 5 月 20 日发布，2009 年 4 月 1 日实施。

1．制定背景

GB 7260《不间断电源设备》分为以下几个部分：《第 1-1 部分：操作人员触及区使用的 UPS 的一般规定和安全要求》《第 1-2 部分：限制触及区使用的 UPS 的一般规定和安全要求》《第 2 部分：电磁兼容性（EMC）要求》《第 3 部分：确定性能的方法和试验要求》。GB 7260.1—2008 引用了 GB 4943—2001《信息技术设备的安全》及 IEC 60950-1：2001 的相关内容。GB 7260.1—2008 由中国电器工业协会提出，由全国电力学标准化技术委员会（SAC/TC60）归口。GB 7260.1—2008 为首次发布。

2．主要内容

定义了 UPS 的专业术语和电气参数。规定了型式试验时的工作参数、试验负载、电源接口。标志和说明应该符合易于看见、位置鲜明的要求。电源额定值应该有明确的标志：输入电源要求、输出电源额定值。安全说明须给出避免操作、安装、维修、运输或储存 UPS 时引起危险的特别事项，且必须正确使用警告标签，突出介绍了标签样式。第 5 章对基本设计要求做了规定，包括电击和能量危险的防护、操作人员触及部件的要求和防止触及部件的要求，应配置反响馈电保护和紧急开关装置。第 7 章规定了 UPS 结构要求，包括外壳、稳定性、机械强度、开口等。最后对电气要求和试验条件做了相关规定。

3．规程适用性

GB 7260.1—2008 适用于直流环节具有储能装置的电子式不间断电源设备。GB 7260.1—2008 包裹的不间断电源设备（UPS）的主要功能是保证交流电源输出的连续性。UPS 也可使电源保持规定的特性，从而提高电源质量。GB 4943—2001 及 IEC 60950-1：2001 相关章节中关于地区差异的注释同样适用。GB 7260.1—2008 适用于预定安装在操作人员触及区内、用于低压配电系统的移动式、驻立式、固定式或嵌装式的 UPS。GB 7260.1—2008 规定了保证操作人员和可能触及设备的外行人员安全的要求。当特别说明时，也适用于维修人员。

57　GB 7260.2—2009 不间断电源设备（UPS）　第 2 部分：电磁兼容性（EMC）要求

GB 7260.2—2009《不间断电源设备（UPS）　第 2 部分：电磁兼容性（EMC）要求》，由国家质量监督检验检疫总局和中国国家标准化管理委员会于 2009 年 5 月 6 日发布，2010 年 2 月 1 日实施。

1．制定背景

GB 7260.2—2009 的全部技术内容为强制性。

GB 7260 分为以下几个部分：《第 1-1 部分：操作人员触及区使用的 UPS 的一般规定和安全要求》《第 1-2 部分：限制触及区使用的 UPS 的一般规定和安全要求》《第 2 部分：电磁兼容性（EMC）要求》《第 3 部分：确定性能的方法和试验要求》。GB 7260.2—2009 为 GB 7260 的第 2 部分，等同采用 IEC 62040-2：2005《不间断电源设备（UPS）第 2 部分：电磁兼容性

（EMC）要求》（英文版）。GB 7260.2—2009 对 IEC 62040-2：2005 进行了勘误，GB7260.2—2009 实施后代替 GB 7260.2—2003《不间断电源设备（UPS） 第 2 部分：电磁兼容性（EMC）要求》。

2．主要内容

GB 7260.2—2009 规定了 UPS 的类别，其中包括 C1、C2、C3、C4 类及这四类 CPU 的适用环境关系。第 6 章对发射的限值的要求做了规定，目的是保证 UPS 正常运行时，产生的骚扰不会达到妨碍其他设备的程度，其中包括传导发射和辐射发射。第 7 章规定了 UPS 抗扰度要求。

3．规程适用性

GB 7260.2—2009 适用于安装在下述场所的 UPS：单台 UPS 或由数台 UPS 互联与相关控制器/开关装置构成单一电源组成的 UPS 系统；连接至工业、住宅、商业和轻工业的低压供电系统的任何操作者可触及区或独立电气场所。

58 GB/T 7260.3—2003 不间断电源设备（UPS） 第 3 部分：确定性能的方法和试验要求

GB/T 7260.3—2003《不间断电源设备（UPS） 第 3 部分：确定性能的方法和试验要求》，由国家质量监督检验检疫总局于 2003 年 2 月 21 日发布，2003 年 8 月 1 日实施。

1．制定背景

《不间断电源设备（UPS）》分为 3 个部分：

—第 1 部分：安全性要求；

—第 2 部分：电磁兼容性（EMC）的要求；

—第 3 部分：确定性能的方法和试验要求。

GB/T 7260.3—2003 为第 3 部分，对应于 IEC 62040-3：1999《不间断电源设备（UPS） 第 3 部分：确定性能的方法和试验要求》，GB/T 7260.3—2003 与 IEC 62040-3：1999 的一致性程度为修改（MOD）采用。除根据我国国情和便于理解，GB/T 7260.3—2003 对 IEC 62040-3：1999 作了必要修改，及对其编辑性错误进行了改正之外，两个标准的内容均完全一致。

2．主要内容

第 4 章为一般环境使用条件。包括正常环境和气候使用条件、由买主确定的非正常使用条件。

第 5 章为电气使用条件和性能。主要包括 UPS 输入和输出的规定、UPS 中间直流电路和蓄电池电路的技术要求、UPS 开关的额定值和性能、冗余和并联 UPS 系统（见附录 A）、电磁兼容性及信号电路。

第 6 章为 UPS 的电气试验。主要包括 UPS 功能单元的试验（如适用）、按制造厂商申明的特性进行的整体 UPS 型式试验、工厂验证试验/现场试验及 UPS 开关试验方法。

第 7 章为非电气性试验。主要包括环境和运输试验方法、环境储存和运行试验方法及 UPS

的噪声水平。

3．规程适用性

GB/T 7260.3—2003 适用于直流环节有电储能装置的电子间接交流变流系统。GB/T 7260.3—2003 涉及的不间断电源设备（UPS）的基本功能是确保交流电源的连续供电，不间断电源设备也可用于改善电源的质量，使其保持在预定的特性范围之内。

GB/T 7260.3—2003 适用于功率从不足 100W 到数兆瓦，能满足用户对不同负载类型、供电连续性和供电质量要求的各种型式 UPS。

GB/T 7260.3—2003 适用于下列电子式不间断电源设备（UPS）：

a）输出单相或三相固定频率交流电压；

b）直流环节有储能装置，另有规定者例外；

c）额定电压不超过交流 1000V；

d）可为移动式、静止放置和/或固定安装的设备。

GB/T 7260.3—2003 还包括规定了所有电力转换开关的形式，这些开关总是与 UPS 的输出相关，且是 UPS 不可缺少的构成部分。这些开关包括断路器、旁路开关、隔离开关、负载转换开关和互连开关。它们与 UPS 的其他功能单元相互配合，用以保持负载电力的连续性。

GB/T 7260.3—2003 不涉及常规的主配电板、整流器输入开关或直流开关（如用于蓄电池，整流器输出或逆变器输入等的开关），也不适用于基于旋转电机的 UPS。

59　GB 7260.4—2008 不间断电源设备　第 1-2 部分：限制触及区使用的 UPS 的一般规定和安全要求

GB 7260.4—2008《不间断电源设备　第 1-2 部分：限制触及区使用的 UPS 的一般规定和安全要求》，由国家质量监督检验检疫总局和中国国家标准化管理委员会于 2008 年 5 月 20 日发布，2009 年 4 月 1 日实施。

1．制定背景

GB 7260 分为以下几个部分：《第 1-1 部分：操作人员触及区使用的 UPS 的一般规定和安全要求》《第 1-2 部分：限制触及区使用的 UPS 的一般规定和安全要求》《第 2 部分：电磁兼容性（EMC）要求》《第 3 部分：确定性能的方法和试验要求》。GB 7260.4—2008 为 GB 7260 的第 1-2 部分。

2．主要内容

主要内容包括：主要定义和规范引用文件、一般要求、基本设计要求、布线、连接和供电、结构要求、电气要求和模拟异常条件。GB/T 7260.4 旨在保证按制造商规定的方法安装、操作和维修 UPS 的安全。

3．规程适用性

GB 7260.4—2008 适用于直流环节具有储能装置的电子式不间断电源设备；适用于预定安装在限制触及区内，用于低压配电系统的移动式、驻立式、固定式或嵌装式 UOS。

60　GB/T 7721—2007 连续累计自动衡器（电子皮带秤）

GB/T 7721—2007《连续累计自动衡器（电子皮带秤）》，由国家质量监督检验检疫总局和中国国家标准化管理委员会于2007年12月5日发布，2008年9月1日实施。

1. 制定背景

GB/T 7721—2007 修改采用国际法制计量组织国际建议 OIML R50《连续累计自动衡器（皮带秤）》（*Continuous totalizing automatic weighing instruments*）1997年版（R50-1、R50-2）。

R50 国际建议由 OIML TC9/SC2 自动衡部分技术委员会起草，并于1996年在国际计量大会上得到批准。R50《连续累计自动衡器（皮带秤）》分为两部分：《第1部分（R50-1）　计量要求和技术要求试验》《第2部分（R50-2）　型式评价报告》。

由于我国现行的计量产品的管理模式与国际上不尽相同，因此 GB/T 7721—2007 和 R50 国际建议存在一定的差异（详见 GB/T 7721—2007）。

2. 主要内容

GB/T 7721—2007 规定了皮带输送机型连续累计自动衡器（简称电子皮带秤）的术语和定义、产品型号、计量性能要求、通用技术要求、电子皮带秤的要求、试验方法、检验规则及标志、包装、运输和贮存，还规定了电子皮带秤的型式评价的试验程序、型式评价报告格式。

第5章提出了皮带秤的计量性能要求。主要包括皮带秤的准确度等级、最大允许误差、最小累计数荷、最小流量、模拟试验方法和现场试验方法。

第6章为皮带秤的应用技术要求。主要包括皮带秤使用的适用性、操作安全性、累计显示器和打印装置的相关要求、超出范围指示、置零装置、位移传感器、皮带秤相连的输送机、皮带秤的安装条件、辅助设备、印封装置及称重传感器。

第7章为电子皮带秤的要求。主要包括对电子皮带秤的通用要求、功能要求、检查和试验、安全性能等。

第8章对皮带秤的试验方法做出了规定。主要包括皮带秤的模拟试验和物料试验、控制方法。

第9章为皮带秤的检验规则。包括型式评价、型式评价要求及出厂检验。

3. 规程适用性

GB/T 7721—2007 适用于利用重力原理，以连续的称量方式，确定并累计散装物料质量的电子皮带秤，亦适用于单速皮带输送机或变速皮带输送机一起适用的电子皮带秤。

61　GB/T 10868—2005 电站减温减压阀

GB/T 10868—2005《电站减温减压阀》，由国家质量监督检验检疫总局和中国国家标准化管理委员会于2005年9月14日发布，2006年4月1日实施。

1. 制定背景

随着国民经济的发展和新工艺的涌现，GB/T 10868—1989《电站减温减压阀技术条件》

已不再适用，根据实际需要修订制定GB/T 10868—2005。GB/T 10868—2005扩大了电站汽水系统中压力和温度的适用范围，增加了规范性引用文件的导语，对术语进行了增减，增加了订货要求，增补了性能要求、简化了技术条件，删除了安装要求、简化了技术要求，增加了检验和试验，增加了性能测试，增加了质量证明书，对标志、包装、保管和运输作了修改和补充，对编辑性的错误作了修改和更正。

2．主要内容

GB/T 10868—2005规定了电站减温减压阀（电站减压阀）的订货要求、性能规范、技术要求、检验和试验、性能测试、质量证明书、标志、包装、保管和运输等。

第4章为订货要求，给出了供选择和确定阀门的基本订货要求，以便于订货、询价和咨询。

第5章为性能要求，阀门在设计参数工况下运行，其进出口压力和温度的变化范围、出口蒸汽流量及变化范围、出口参数的偏差值、噪声水平、泄漏等级等性能指标应分别符合规定的要求。给出了流量及变化范围，流量计算应符合规定。流量的变化范围为$0.3Q$～$1.0Q$，对流量变化范围和流量特性有特殊要求时，可由供需双方协商。给出了调压性能，在阀门减压比范围内，出口压力应能在最大与最小值之间连续可调，不得有卡阻和异常振动现象。调温性能及偏差：阀门出口温度在饱和温度以上（含饱和温度）应任意可调，偏差值为±2.5℃，饱和温度时负偏差为零。给出了压力特性，当减压比和流量确定时，改变进口压力30%，其出口压力偏差值应符合规定。给出了流量特性，当减压比确定时，改变出口流量30%时，其出口压力偏差值应符合规定。阀门噪声：正常运行时，在阀门出口中心线同一水平面下游1m并距管壁1m处测其噪声，总体噪声水平应符合规定。

第6章为技术要求。阀门的技术要求除应符合JB/T 3595有关规定外，阀门的公称压力应符合GB/T 1048的规定，阀门的公称尺寸应符合GB/T 1047的规定，阀门承压件材料的选用以及各种材料的压力和温度等级应符合JB/T 3595的规定等。

第7章为检验和试验。界定了检验的方法和技术规范。铸件外观检验：阀门铸钢件外观质量应符合规定。给出了无损检测规范和条件。给出了压力试验的规范，每台阀门均应进行泄漏量试验，阀门泄漏等级按结构形式确定：单座阀门不得低于Ⅳ级；双座阀门不得低于Ⅱ级。

第8章为性能测试。给出了性能测试范围、性能测试方法，给定最高进口压力和温度（或压力），调节阀门某一出口压力和温度（或压力），在出口压力和温度（或压力）最大允许偏差值范围内测最大流量。保持出口压力和温度（或压力）不变情况下，测试出口处最大流量的变化范围。

第9章为质量证明书。界定了质量证明书的内容。制造单位的检查部门在阀门制造过程中和完工后，应按GB/T 10868—2005和图样规定对阀门进行各项检验和试验并保存好记录。

第10章为标志、包装、保管和运输。阀门型号编制方法应符合JB/T 4018的规定。给出了阀门的铭牌内容（至少应包含内容）。界定了包装、运输和保管内容，阀门的进、出口应用盖板或塞子等加以保护，且应易于装拆。阀门装箱前阀瓣应处于关闭状态，给出了阀门出厂时应附带的技术文件。

3．规程适用性

GB/T 10868—2005适用于工作压力p≤25.4MPa，工作温度t≤570℃参数条件下使用的电站蒸汽系统用电站减温减压阀（电站减压阀）。

62　GB/T 10869—2008 电站调节阀

GB/T 10869—2008《电站调节阀》，由国家质量监督检验检疫总局和中国国家标准化管理委员会于2008年1月31日发布，2008年7月1日实施。

1. 制定背景

随着国民经济的不断发展，GB 10869—1989《电站调节阀技术条件》需要进行修订和完善，更新规范性引用文件。GB/T 10869—2008代替GB 10869—1989，较GB 10869—1989有一定的改动。

2. 主要内容

GB/T 10869—2008规定了电站调节阀的术语、订货要求、性能要求、技术要求、检验与试验、质量证明书、标志、包装、保管和运输等方面的要求。

第5章为调节阀的性能要求。除买方特殊要求外，在规定条件下，调节阀的基本误差、回差、死区、额定行程偏差、固有流量特性、噪声水平、泄漏量等性能指标应分别符合5.2～5.5的规定。

第6章为调节阀的技术要求。调节阀的技术要求应符合JB/T 3595的有关规定。规定了调节阔的公称压力、调节阀的公称尺寸、额定流量系数、固有流量特性、驱动力和调节阀结构长度应符合相关标准。

第7章规定可调节阀的检验与试验方法。调节阀的出厂检验和型式试验应遵照附录A的规定进行。调节阀外观质量检验、材料检验及无损检测，壳体强度试验，阀体泄漏试验，气动执行机构密封性试验，调节阀额定流量系数的测量，调节阀的基本误差、回差、死区和额定行程偏差试验应参见相关规定。

3. 规程适用性

GB/T 10869—2008适用于火力发电机组汽水系统及燃油系统用调节阀（汽轮机调速系统用调节阀不在此范围内）。

63　GB/T 11826—2002 转子式流速计

GB/T 11826—2002《转子式流速计》，由国家质量监督检验检疫总局于2002年9月9日发布，2003年3月1日实施。

1. 制定背景

GB/T 11826—2002对GB/T 11826—1989《旋桨式流速仪》和GB/T 11827—1989《旋杯式流速仪》进行合并修订，其主要修订内容：对GB/T 11826—1989和GB/T 11827—1989中的某些相关内容进行了合并修订；对流速仪检定公式符号进行了修改，使之与国际标准ISO 3455：1976《明渠水流测量直线明槽转子式流速仪的检定》的相关内容相一致；对最小二乘法计算公式进行了改进；对仪器制造工艺性要求方面进行了删减；对编辑性的错误作了修改和更正。

2．主要内容

GB/T 11826—2002 规定了转子式流速仪的组成结构、技术要求、检定、试验方法、检验规则和标志、包装、运输、贮存等。

第 4 章为产品分类及型号。工作姿态：流速仪转子的轴可以垂直，也可以平行于水流方向。流速仪的类型：有旋杯流速仪、旋桨流速仪。水流流速关系：流速仪的转子受水流驱动，以一定的角速度转动。当水流速度超过某一临界速度时，该角速度与流速仪所在这一点的水流速度在允许的误差范围内有比较稳定的线性关系。流速仪产品型号命名采用 SL/T 108 的规定。

第 5 章为结构及基本参数。给出了各种流速仪的型式及基本参数。流速仪的基本部分包括感应部分、发信部分、定向部分，辅助部分包括计数部分、悬挂部分及特殊附件（测杆、信号传输线、悬索和铅鱼等）。介绍了转子结构、支撑结构、发信结构、定向结构、计数部分、悬挂部分、特殊附件。

第 6 章为技术要求。流速仪应符合要求，并按照规定程序批准的图样及文件生产。适用的测速范围：旋杯流速仪一般为 0.015m/s～4.000m/s，旋桨流速仪一般为 0.030m/s～15.000m/s。给出了流速仪的工作环境、一般维护和外观等技术参数。

第 7 章为检定。界定了检定的方法和技术要求。流速仪的性能指标应以长水槽检定为准，性能指标包括检定速度范围、起转速度、临界速度、检定公式、全线相对均方差或各速度级相对误差等。流速仪检定时采用悬杆安装。检定速度范围一般应大于使用范围。当某型号流速仪通过高速检定验证其高速性能稳定时，计算公式使用上限允许作相应的上延。检定点从起转速度至使用上限值的最高速应不少于 16 点，低速部分的测点应分布较密；检定公式计算点数应不少于 12 点。当最高速度大于 3.5m/s 时，检定点数和计算点数应相应增加。流速仪检定水温一般为 20℃±5℃。界定了检定证书的内容范围。

第 8 章给出了试验方法。

第 9 章界定了检验规则和技术要求。出厂检验批量生产的流速仪应逐架进行出厂检验。给出了需要进行型式检验的若干种情况。型式检验的样品应从经出厂检验合格的流速仪中随机抽取 5 架进行检验，如不足 5 架时进行全检。在型式检验中，有两架不合格时，则判该批不合格；有一架不合格时，则应加倍抽取再进行不合格项目复检，其后仍有不合格时，则判该批不合格。对该批不合格品经分析原因采取措施进行返修后，重新进行第二次型式检验，若合格则确认该批合格，若仍不合格则认为该批不合格，应停止型式检验。经过型式检验的流速仪需更换易损件，并经出厂检验合格后，方能出厂。

第 10 章界定了标志、包装、运输、贮存的要求。在每架流速仪明显位置刻有商标图案及出厂编号。流速仪装箱时，流速仪及全部零件、附件（除测杆外）应妥善地安置在仪器箱中指定位置并压紧，以防运输途中发生碰撞损坏。包装箱可用防水瓦楞纸箱或木箱。要求外包装箱牢固、加固。速仪装在仪器箱里，贮存室温为－25℃～55℃，相对湿度小于 90%，仪器箱附件不得有酸性、碱性及其他腐蚀性物质。球轴承结构的流速仪每隔六个月应检查并加油。

3. 规程适用性

GB/T 11826—2002 规定的各项技术内容，主要提供给有关产品设计、制造、试验测试及相关产品标准、技术条件编制时选择应用。GB/T 11826—2002 适用于江河、湖泊、水库、渠道、管道、水力实验室等流速测验用的转子式流速仪（简称流速仪）。

64 GB/T 12233—2006 通用阀门铁制截止阀与升降式止回阀

GB/T 12233—2006《通用阀门铁制截止阀与升降式止回阀》，由国家质量监督检验检疫总局和中国国家标准化管理委员会于 2006 年 12 月 25 日发布，2007 年 5 月 1 日实施。

1. 制定背景

GB/T 12233—2006 是对 GB/T 12233—1989《通用阀门铁制截止阀与升降式止回阀》的修订。增加了止回阀压力试验泄漏量，增加了检验规则，增加了可锻铸铁管法兰的内容，删除了公称压力 PN16 以上产品的相关内容，删除了柱塞阀内容，对编辑性的错误作了修改和更正。GB/T 12233—2006 由中国机械工业联合会提出，由全国阀门标准化技术委员会（SAC/TC 188）归口。

2. 主要内容

GB/T 12233—2006 规定了铁制截止阀与升降式止回阀的分类、要求、试验方法、检验规则、标志和供货要求等。

第 3 章为分类。给出了阀门的结构形式、型号和参数。型号按 JB/T 308 的规定，参数公称尺寸按 GB/T 1047 的规定，公称压力按 GB/T 1048 的规定。

第 4 章为要求。界定了阀门的工作要求，壳体材料的压力、温度等级按 GB/T 17241.7—1998 的规定。升降式止回阀安装时应使阀瓣在垂直于水平面上下运动。阀座内径应与公称尺寸一致。阀体体腔流道截面积不得小于公称尺寸的圆面积。公称压力小于 PN16 且结构长度为短系列的阀门，流道截面积最大可减少 15%。给出了阀盖的要求、阀瓣和阀座要求、阀杆与阀杆螺母要求。填料可以是方形、矩形或 V 形。安装填料时，对有切口的填料允许切成 45°，并对切口按 120°交叉进行安装。填料压盖应采用带孔整体式或分体式，不允许采用开口式，其连接可用 T 型螺栓，也可用活节螺栓。支架可以与阀盖制成整体，也可以设计成两体，由设计者确定。截止阀和升降式止回阀壳体强度和密封，应符合 GB/T 13927 的规定。截止阀按 JB/T 8859 规定的方法试验后，其静压寿命次数应达到要求。

第 5 章为试验方法。截止阀和升降式止回阀压力试验方法按 GB/T 13927 的规定。截止阀静压寿命试验按 JB/T 8859 的规定。

第 6 章为检验规则。每台截止阀和升降式止回阀必须进行出厂检验，经检验合格后方可出厂。给出了型式检验的条件。型式检验中每台被检截止阀和升降式止回阀的壳体试验、密封试验结果必须符合相应技术要求的规定，其余检验项目中若有一台阀门一项指标不符合技术要求的规定，允许从供抽样的截止阀和升降式止回阀中再抽取规定的抽样台数，再次检验时全部检验项目的结果必须符合技术要求规定，否则判为不合格。

第 7 章为标志和供货要求。截止阀与升降式止回阀的标志按 GB/T 12220 的规定。截止阀与升降式止回阀的供货要求按 JB/T 7928 的规定。

3. 规程适用性

GB/T 12233—2006 适用于公称压力 PN10～PN16，公称尺寸 DN15～DN200，适用温度不大于 200℃的内螺纹连接和法兰连接的铁制截止阀和升降式止回阀。GB/T 12233—2006 也适用于节流阀。

65　GB/T 13399—1992 汽轮机安全监视装置技术条件

GB/T 13399—1992《汽轮机安全监视装置技术条件》，由国家技术监督局于 1992 年 2 月 17 日发布，1992 年 10 月 1 日实施。

1. 制定背景

GB/T 13399—1992 规定了固定式发电用汽轮机（简称汽轮机）安全监视装置的保护监视项目及其技术要求。

2. 主要内容

第 3 章为总则。汽轮机安全监视装置应能保护机组安全可靠地运行。在汽轮机启动、运行和停机过程中，该装置应能指示机组的主要运行参数值；运行中参数越限时应能发出报警、停机信号，并能提供巡测、计算机接口信号。界定了汽轮机应配备的保护监视项目内容。规定了汽轮机安全监视装置所选用的各类传感器和仪表须符合的要求。

第 4 章为技术要求。界定了各监测项目的要求和技术标准。转速测量包括零转速测量、盘车转速测量、正常运行和机组超速时的转速测量。转速测量传感器推荐用磁阻式传感器或电涡流式传感器。50MW 以上机组应有电超速保护装置。电超速保护装置应配有专用的转速测量传感器，测量通道为双通道，能输出报警和停机开关量。轴向位移测量和保护装置监测机组转子在启停和运行中的窜动值。测量传感器推荐用电磁感应式传感器或电涡流式传感器。胀差测量装置监测汽轮机转子与汽缸之间的相对膨胀值。测量传感器推荐用电磁感应式传感器或电涡流式传感器。主轴偏心测量装置监测汽轮机盘车工况下主轴的弯曲值。实测值应为测量值减去主轴出厂时的原始偏心值。25MW 及 25MW 以上的机组应有轴承座振动测量装置。测量传感器选用磁电式速度传感器，测点布置与测量方法均应符合 JB 4057 的规定。润滑油压过低保护装置按不同的润滑总管油压值，分别设置独立的装置。装置安装于汽轮机各主轴承进油的总油管道上，并考虑运行试验设施。凝汽器低真空保护装置用于凝汽式汽轮机，凝汽室真空过低时发出报警或停机信号。应按不同的低真空值设置独立的装置。

第 5 章为汽轮机安全监视装置组成和类别。汽轮机安全监视装置由测量传感器、转换测量部分及显示（或记录）仪表组成。汽轮机安全监视装置分单项测量（或保护）装置、组合式测量保护装置和整屏式测量保护装置三类。

第 6 章为汽轮机安全监视装置的包装、发货、运输。汽轮机安全监视装置的包装箱，均应具有防潮、防震、防腐蚀措施，并符合 JB 2862 规定。汽轮机安全监视装置一般是在汽轮机主机安装完工半年之前供货到现场，以确保各类传感器、仪表的完整性。

第 7 章为汽轮机安全监视装置出厂试验。单项仪表、组合仪表和仪表屏均应进行老化试验（试验时间应不少于 72h）和温度试验，并进行例行试验，组合式与整屏汽轮机安全监视装置均要进行厂内动模系统特性试验。

第 8 章界定了汽轮机安全监视装置出厂时应提供的文件。

3．规程适用性

GB/T 13399—1992 适用于汽轮机本体安全监测装置的设计、配套选型与出厂调试。其他类型汽轮机亦可参照执行。

66 GB/T 16839.1—1997 热电偶 第一部分：分度表

GB/T 16839.1—1997《热电偶 第一部分：分度表》，由国家技术监督局于 1997 年 6 月 3 日发布，1998 年 5 月 1 日实施。

1．制定背景

GB/T 16839.1—1997 是根据国际电工委员会 IEC 出版物 584-1 第二版（1995 年）《热电偶 第 1 部分：分度表》制定的，在技术内容和编写规则上与之等同。实施 1990 年国际温标(ITS-90)后，热电偶的电动势-温度关系稍有变化，因此 IEC 根据最新的研究成果出版了 584-1 的第二版。GB/T 16839.1—1997 对 ZBY300-85《工业热电偶分度表与允差》中的分度表部分做了修改。为了促进国际上的统一，IEC 各国家委员会承诺在其国家或地区标准中最大限度地采用 IEC 国际标准。IEC 标准与相应的国家或地区标准之间，如有不一致之处，应在国家标准或地区标准中明确指出。

2．主要内容

第 3 章为热电偶类型的字母标志，给出了各种热电偶丝材料组合及成分。

第 4 章为 R 型（铂铑 13%铂）电动势-温度关系、材料成分。

第 5 章为铂铑 10%铂（S 型）电动势-温度关系、材料成分。

第 6 章为铂铑 30%/铂铑 6%（B 型）电动势-温度关系、材料成分。

第 7 章为铁/铜镍（J 型）电动势-温度关系、材料成分。

第 8 章为铜/铜镍（T 型）电动势-温度关系、材料成分。

第 9 章为镍铬/铜镍（E 型）电动势-温度关系、材料成分。

第 10 章为镍铬/镍铝（K 型）电动势-温度关系、材料成分。

第 11 章为镍铭硅/镍硅（N 型）电动势-温度关系、材料成分。

附录中所列的是导出分度表的多项式，因此不会带来误差，分度表［$E=f(c)$］由相应的分度函数导出，反函数表［$c=f(E)$］由相应的反函数导出。

3．规程适用性

GB/T 16839.1—1997 提供了将热电偶电动势转换为相对应的被测温度和将温度转换为相对应的热电偶电动势的分度表。

67 GB/T 16839.2—1997 热电偶 第二部分：允差

GB/T 16839.2—1997《热电偶 第二部分：允差》，由国家技术监督局于 1997 年 6 月 3

日发布，1998 年 5 月 1 日实施。

1．制定背景

GB/T 16839.2—1997 是根据国际电工委员会 IEC 出版物 584-2 第二版（1982 年）《热电偶　第 2 部分：允差》和 1989 年 7 月的第一次修正制订的，在技术内容和编写规则上与之等同。为了促进国际上的统一，IEC 各国家委员会承诺在其国家或地区标准中最大限度地采用 IEC 国际标准。IEC 有关技术问题的正式决议或协议，是由各技术委员会代表了对这些问题特别关切的所有国家委员会提出的。这些决议和协议尽可能地表达了对所涉及的问题在国际上的一致意见。这些决议或协议以标准、技术报告或导则的形式出版，并以推荐标准的形式供国际上使用，并在此意义上为各国家委员会所承认。IEC 标准与相应的国家或地区标准之间，如有不一致之处，应在国家标准或地区标准中明确指出。

2．主要内容

第 3 章为允差，给出了各种热电偶允差等级。提及的温度极限不一定推荐为极限工作温度。为进行试验，测量端与参比端间的导体应无不连续情况。

3．规程适用性

GB/T 16839.2—1997 是按 GB/T 16839.1—1997 电动势-温度关系制造的贵金属和廉金属热电偶的制造允差。允差值适用于向用户交货的通常用直径 0.25mm～3mm 的丝材制成的热电偶，而不得用作使用中热电偶的分度漂移值的允差。

68　GB/T 17563—2008 可编程测量设备接口系统（字节串行、位并行）的代码、格式、协议和公共命令

GB/T 17563—2008《可编程测量设备接口系统（字节串行、位并行）的代码、格式、协议和公共命令》，由国家质量监督检验检疫总局和中国国家标准化管理委员会于 2008 年 6 月 30 日发布，2009 年 1 月 1 日实施。

1．制定背景

GB/T 17563—2008 等同采用 IEC 60625-2：1993（英文版）。GB/T 17563—2008 与 IEC 60625-2：1993 的主要差异如下：

—为了方便国内用户使用，进行了部分编辑性修改；

—按照 GB/T 1.1—2000 的要求对标准的格式进行了编排、修改。

GB/T 17563—2008 是对 GB/T 17563—1998《可程控测量设备标准数字接口的标准代码、格式、协议和公共命令》的修订。GB/T 17563—2008 代替 GB/T 17563—1998。与 GB/T 17563—1998 比较，标准名称发生了变动。GB/T 17563—2008 在技术内容上做出了微小调整，为了使用方便，做了下列修改：

a）根据我国的实际使用情况，按照 GB/T 1.1—2000 的规定，对 GB/T 17563—1998 进行了编辑性的修改，根据英文文本对章条号进行了重新排版；

b）增加了部分术语与缩略语；

c）增加了附录的内容；

d）对 GB/T 17563—1998 中个别编辑性错误进行了修正。

2．主要内容

GB/T 17563—2008 为设备规定了一套代码和格式，使这些设备可以通过 GB/T 15946 总线连接在一起。GB/T 17563—2008 也规定了为实现使用中独立的、与设备有关的信息交换所必需的通信协议，并进一步规定了仪表系统应用中常用的公共命令和特性。

GB/T 17563—2008 除定义了各种与设备相关的信息外，还对 GB/T 15964 中包含的一些接口功能进行了扩展和进一步解释，但同时保持了该标准的兼容性。

GB/T 17563—2008 包括了以下主题：

——子集；

——包括差错处理的标准报文处理协议；

——明确的程序和响应报文语法结构；

——在仪表系统中广泛应用的公共命令；

——标准状态报告结构；

——系统组态和同步协议。

3．规程适用性

GB/T 17563—2008 是为了直接用于中小规模的仪表系统，也适用于主要由测量、激励以及与仪表控制器互连的设备组成的系统。还可用于仪表系统范围以外的某些设备。

应用 GB/T 17563—2008 并没有解除用户在应用层次上对系统兼容性所承担的责任。用户必须熟悉所有系统组件的特性，以便组成最佳系统。

GB/T 17563—2008 的读者包括管理人员和设计人员。

69 GB/T 18039.3—2003 电磁兼容 环境 公用低压供电系统低频传导骚扰及信号传输的兼容水平

GB/T 18039.3—2003《电磁兼容 环境 公用低压供电系统低频传导骚扰信号传输的兼容水平》，由国家质量监督检验检疫总局于 2003 年 2 月 21 日发布，2003 年 8 月 1 日实施。

1．制定背景

GB/T 18039.3—2003 等同采用国际标准 IEC6 1000-2-2：1990《电磁兼容环境 第 2-2 部分：公用低压供电系统低频传导骚扰及信号传输的兼容水平》。GB/T 18039.3—2003 是 GB/T 18039 的第 3 部分。

2．主要内容

第 2 章为谐波，给出了谐波的技术标准。在规定谐波兼容水平时，必须考虑到：一方面，谐波源的数量正在不断地增加；另一方面，作为阻尼元件的纯电阻性负荷（加热负荷）在整个负荷中的比例正在减少。

第 3 章为谐间波，通过安装一个吸收电路（串联谐振电路）可以避免对纹波控制接收器的干扰，这个电路调谐到控制频率并通常置于网络之中。当由于带宽的原因，使吸收电路无效时，不得不适当地设计能承受高幅值谐间波的设备。

第4章为电压波动，目前只可能根据不同重复率下矩形电压变化来给出兼容水平。

第5章为电压暂降和短时供电中断，电压暂降和短时供电中断是不可预见的基本随机事件，最好用统计术语来加以描述。如果事故出现在输电系统中，并被快速保护所消除，或者，如果有故障自清除功能，则电压暂降可能持续不到0.1s。如果故障对带有一些保护装置的系统影响较小，这些故障可能持续几秒。大多数电压暂降持续100ms～1500ms。按照架空线系统中使用的自动重合闸装置的类型，某些电压暂降可能以断电的形式持续十分之几秒到几十秒。对每个电压等级，可以统计估算电网中每100km线路每年绝缘故障的平均次数。但必须相当谨慎地对待这些估计值，因为它们极大地依赖于当地的条件和线路的特性。

第6章为电压不平衡，电压不平衡一般用负序（或零序）分量与正序分量之比来定义。接在两两相之间的单相负荷引起的电压不平衡实际上等于该负荷的功率与网络三相短路功率之比。在低压网络中，负序电压不平衡的兼容水平为2%，某些情况下，至少在有限的时段内，如故障期，可能出现更高的值。

第7章为电网信号传输，给出了不同系统的控制频率和计算参数。公用供电网络是为用户提供电能的，但也被公用事业部门用来传输信号。电网信号传输系统的兼容性问题分为三种层次。纹波控制系统，一般地，纹波扩展系统的干扰信号在500Hz以内。在这个频率范围内，对奇次谐波（非3的倍数），信号的幅值不宜超过规定的兼容水平。电源传号系统，因为各个系统的特性不同，不能给出具有普遍性的指导。但这些系统的制造商必须确保系统间的兼容性。信号必须遵守与谐波，特别是与电压波动或电压暂降有关的一般兼容性规则。

第8章为电源频率变化，对大多数公用供电系统，频率一般在额定值±1Hz的范围内变化。

第9章为直流分量，尚在考虑之中。

3．规程适用性

GB/T 18039.3—2003涉及频率范围在10kHz以下以及扩展到电网信号传输系统的传导骚扰。GB/T 18039.3—2003给出了标称电压最高为220V（单相）或380V（三相），标称频率为50Hz的低压交流配电系统的电磁兼容水平。GB/T 18039.3不涉及兼容水平评估的应用，如对具体设备或装置容许发射骚扰的评估，因为这必须考虑随频率变化的系统阻抗等其他一些系统参数。此外，GB/T 18039.3并不对有关标准化技术委员会提出的抗扰度水平的规范加以评判，而只是提供指导。

70　GB/T 18039.4—2003 电磁兼容　环境　工厂低频传导骚扰的兼容水平

GB/T 18039.4—2003《电磁兼容　环境　工厂低频传导骚扰的兼容水平》，由国家质量监督检验检疫总局于2003年2月21日发布，2003年8月1日实施。

1．制定背景

GB/T 18039.4—2003等同采用国际标准IEC 61000-2-4：1994《电磁兼容环境工厂低频传导骚扰的兼容水平》。GB/T 18039.4—2003根据工厂网络电磁环境的类型给出了兼容水平的要求。GB/T 18039.4—2003 是 GB/T 18039 的第 4 部分。

2. 主要内容

GB/T 18039.4—2003 是 GB/T 18039 系列的一部分，它给出了工厂和非公用供电系统的兼容水平，兼容水平与正常运行条件下供电系统中可能产生的骚扰有关。

第 4 章为电磁环境分类，给出了电磁环境的分类。

第 5 章为兼容水平，IPC 宜按其兼容水平分类。为了选择特殊的设备或装置，如旋转电机、电力电容器组、滤波器等，有必要对可能存在于设备端点的电压偏移做出专门说明。负责制定产品标准的相关专业标准化技术委员会，应该规定出能正确选择元件的技术数据。在确定设备供电电源的运行条件时，也应考虑 GB/T 18039.4—2003 的兼容水平。IPC 处符合兼容水平并不一定表明 PCC 处满足发射要求，在选择设备时，应认真考虑这一情况。给出了电压变化、电压暂降和短时中断、电压不平衡、电源频率偏移、谐波和谐间波电压下的兼容水平。

3. 规程适用性

GB/T 18039.4—2003 适用于交流 50Hz 低压和中压供电系统。GB/T 18039.4—2003 不包括船舶、飞机、海上平台及铁路的供电系统。GB/T 18039.4—2003 涉及工厂或其他非公用供电系统内部祸合点（IPC）电压与期望的理想正弦电压参数（幅值、频率、相位平衡及波形）偏移的要求。兼容水平是按电磁环境的不同类型给出的。GB/T 18039.4—2003 仅考虑与供电电源有关的电磁骚扰，电磁环境的类型依据供电系统的特性确定。GB/T 18039.4—2003 实际上是对工厂和非公用交流供电系统的分类。

71 GB/T 18268.1—2010 测量、控制和实验室用的电设备电磁兼容性要求 第 1 部分：通用要求

GB/T 18268.1—2010《测量、控制和实验室用的电设备电磁兼容性要求 第 1 部分：通用要求》，由国家质量监督检验检疫总局和中国国家标准化管理委员会于 2011 年 1 月 14 日发布，2011 年 5 月 1 日实施。

1. 制定背景

GB/T 18268.1—2010 是 GB/T 18268 的第 1 部分，等同采用 IEC 61326-1：2005（第 1 版）《测量、控制和实验室用的电设备电磁兼容性要求 第 1 部分：通用要求》，删除了 IEC 61326-1：2005 的前言和引言，修订了编辑性的错误。

2. 主要内容

第 4 章为总则，给出了 GB/T 18268.1—2010 范围内的设备和系统可能遭受到各种各样的电磁骚扰，这些骚扰是通过电源、测量或控制线路传导的，或是在环境中辐射的。骚扰的种类和等级依据系统、子系统或设备安装和运行的特定条件而定。

第 5 章为电磁兼容试验方案。给出了电磁兼容的试验方案及技术标准。从电特性和某一特殊装置的用途上考虑可能认为某些试验是不合适的，也是不必要的。在这些情况下，不进行试验的决定应在电磁兼容试验方案中予以记录。给出了试验时受试设备的配置，测量、控

制和实验室设备经常由非固定配置的系统组成。在设备内部，不同组件的种类、数量和安装对于每个系统都可能是不相同的。因而不必对设备每一种可能的配置进行试验，这是合理的。给出了受试设备组成：对电磁兼容有重要影响，属于受试设备的所有装置、机架、模块、板等都应以文件记录下来，如软件也相关，软件的版本也应以文件记录下来。界定了试验时受试设备的工作条件：工作状态、环境条件、试验时受试设备的软件、性能判据规范、试验描述，在电磁兼容试验方案中应规定欲施加的每个试验。

第 6 章为抗扰度要求，界定了试验条件，试验时的配置和工作状态应在试验报告中确切地注明。界定了抗扰度试验要求，给出了偶然性方面因素，在试验期间，性能判据应可观测，并且不应该是一个偶然现象。试验持续时间和试验次数应足以测试电磁兼容试验方案中规定的受试设备的每个功能。对自动（微处理器）控制的受试设备进行试验时，应特别注意这一点。给出了性能判据 A、B、C。

第 7 章为发射要求，给出了发射限值，测量应在符合电磁兼容试验方案的工作状态下进行。

第 8 章为试验结果和试验报告，试验结果应记录在一份综合的试验报告中，该试验报告应具有足够多的细节以提供试验可重复性。

第 9 章为使用说明，如果 GB/T 18268 的某些部分有要求，相关的使用说明可列入用户文件中。

3．规程适用性

GB/T 18268.1—2010 规定了为专业、工业过程、工业制造和教育使用的电设备的电磁兼容性抗扰度和发射要求，这些电设备是由小于交流 100V 或直流 150V 的电源或电池，或者由被测线路供电工作，其中包括用于工业和非工业场所的设备和计算装置。

72　GB/T 18272.4—2006 工业过程测量和控制系统评估中系统特性的评定　第 4 部分：系统性能评估

GB/T 18272.4—2006《工业过程测量和控制系统评估中系统特性的评定　第 4 部分：系统性能评估》，由国家质量监督检验检疫总局和中国家标准化管理委员会于 2006 年 5 月 8 日发布，2006 年 11 月 1 日实施。

1．制定背景

GB/T 18272.4—2006 在制定时按 GB/T 1.1—2000《标准化工作导则第 1 部分：标准的结构和编写规则》和 GB/T 2000.2—2001《标准化工作指南　第 2 部分：采用国际标准的规则》的有关规定做了如下编辑性修改：删除 IEC 国际标准前言，“本标准”一词改为“GB/T 18272 的本部分”。GB/T 18272.4—2006 等同采用 IEC 61069-4：1997《工业过程测量和控制系统评估中系统特性的评定　第 4 部分：系统性能评估》，修订了编辑性的错误。

2．主要内容

GB/T 18272.4—2006 论述了在评估工业过程测量和控制系统的性能时所采用的方法。所谓系统评估，就是根据各种迹象判断该系统是否适用于某一特定使命或者某一类使命，GB/T 18272《工业过程测量和控制系统评估中系统特性的评定》由以下部分组成：

第 1 部分：总则和方法学；

第 2 部分：评估方法学；

第 3 部分：系统功能性评估；

第 4 部分：系统性能评估；

第 5 部分：系统可信性评估；

第 6 部分：系统可操作性评估；

第 7 部分：系统安全性评估；

第 8 部分：与任务无关的系统特性评估。

GB/T 18272.4—2006 是 GB/T 18272 的第 4 部分。

第 4 章为性能特性，系统宜能在规定的时间（响应时间）内以一定的精确度执行工业过程测量和控制任务。若有多项任务需要执行，则系统在处理这些任务时应不妨碍其他任务的执行。因此，在一个时间帧内所能处理的任务量（吞吐量）是一个重要指标，它取决于系统的处理能力。性能不能直接评估，只能通过分析和测试其子特性加以确定。为了能确定各种子特性，必须利用信息转换对系统进行分析，必须针对系统的每一条信息流检查子特性。系统的性能主要取决于系统的设计，其次取决于可能在系统的制造和集成阶段（通过硬件和软件）引入的因素。给出了精确度信息转换的精确度要素的组成，给出了信息转换的响应时间包含的要素。每一项任务的响应时间都可以量化，其数值可包含概率因素。概率因素取决于评定条件和（或）试验条件的控制精确度以及所采用的共享资源等条件。给出了系统的处理能力：取决于系统元件的数量、信息转换中这些系统元件的功能共享方式以及元件的周期时间。对于能够进行几种不同信息转换的系统，剩余处理能力不能用一个数值表示。对于能够执行不同信息转换的系统，在评定系统处理能力之前首先应确定每一种信息转换的参比条件，以转换数/单位时间表示。

第 5 章为复查系统要求文件（SRD）。复查系统要求文件，核对文件是否按 GB/T 18272.2—2000 所述的方式阐述并列出性能要求。性能评估是否有效，很大程度上取决于对有关要求的说明是否全面详尽。

第 6 章为分析系统规范文件（SSD），复查系统规范文件，检查文件是否按 GB/T 18272.2—2000 第 6 章所述方法列出所有性能数据。给出了检查文件应该提供的各项内容。

第 7 章为评估程序，界定了评估程序和技术参数。系统要求文件（SRD）和系统规范文件（SSD）提供的信息必须完整、准确，以保证性能评估能够正常进行。若在评估的某一阶段信息丢失或信息不完整，应就此问题与系统要求文件和系统规范文件的编制者取得联系，以获取所需的补充信息。给出了分析系统要求文件和系统规范文件要求及性能的影响条件。给出了设计评估计划的方法和技术要求，必须核查每一个潜在的评估项目，确定对此项目的评定应该进行到什么程度才能达到提高置信度水平的要求，给出了全部评估项目的原则，以及最终确定的评估计划至少应规定和（或）列出的要点。

第 8 章为评定技术，宜选用可以将评定结果与系统要求文件规定的要求作定性和（或）定量比较的评定技术。可以选择只需根据系统文件进行分析的评定技术，也可选择需要接触实际系统以实验为依据的评定技术。给出了分析法评定技术要求，分析法评定是对系统的结构进行定性分析，以系统元件基本性能特性的定量分析作为补充。给出了试验法评定技术。尽管通常可以对一种信息转换中的每一个模块和元件单独进行试验，但这些试验往往不能提供有关任务执行情况的足够数据。此类试验只能在每一种信息转换的界面上进行。

第9章为评估的实施与评估报告的编写方法。评估的实施与评估报告的编写方法应符合GB/T 18272.1—2000中5.5和5.6的规定。

3．规程适用性

GB/T 18272.4—2006阐述了系统地评估工业过程测量和控制系统的性能所采用的方法。GB/T 18272所述的评估方法学适用于制定性能评估计划。GB/T 18272.4—2006分析了系统性能的子特性，同时对评估性能时所要考虑的评判依据，GB/T 18272.4—2006提出了各种不同的辅助性能评定技术供参考。

73 GB/T 18272.6—2006 工业过程测量和控制系统评估中系统特性的评定 第6部分：系统可操作性评估

GB/T 18272.6—2006《工业过程测量和控制系统评估中系统特性的评定 第6部分：系统可操作性评估》，由国家质量监督检验检疫总局和中国国家标准化管理委员会于2006年5月8日发布，2006年11月1日实施。

1．制定背景

GB/T 18272.6—2006在制定时按GB/T 1.1—2000《标准化工作导则 第1部分：标准的结构和编写规则》和GB/T 2000.2—2001《标准化工作指南 第2部分：采用国际标准的规则》的有关规定做了如下编辑性修改：删除IEC国际标准前言，“本标准”一词改为“GB/T 18272的本部分”。GB/T 18272.6—2006等同采用IEC 61069-6：1998《工业过程测量和控制系统评估中系统特性的评定 第6部分：系统可操作性评估》。GB/T 18272.6—2006等同采用IEC 61069-6：1998，修订了编辑性的错误。

2．主要内容

GB/T 18272.6—2006论述了在评估工业过程测量和控制系统的可操作性时所采用的方法。所谓系统评估，就是根据各种迹象判断该系统是否适用于某一特定使命或者某一类使命。要想获取所有迹象，就需要全面地（即在各种影响条件下）评定与系统的特定使命或一类使命相关的所有各种系统特性。GB/T 18272《工业过程测量和控制系统评估中系统特性的评定》由以下部分组成：

第1部分：总则和方法学；

第2部分：评估方法学；

第3部分：系统功能性评估；

第4部分：系统性能评估；

第5部分：系统可信性评估；

第6部分：系统可操作性评估；

第7部分：系统安全性评估；

第8部分：与任务无关的系统特性评估。

GB/T 18272.6—2006是GB/T 18272的第6部分。

第 4 章为可操作性特性。对于一个可操作的系统，它必须通过人机接口向操作人员提供一个透明的、连贯的窗口来观察将要执行的任务。系统应具备能高效、直观、透明、稳健地与这些任务相互作用的手段，所达到的程度可以用可操作性特性来表示。在评估可操作性时，要关注系统处理操作人员提供给系统的信息（如指令和请求）的方式，以及系统提供给操作人员的信息的透明度，如过程/系统的状态和数值、趋势、报告等。给出了可操作性效率因素，如果一个系统能使操作人员在可接受的时限内以最低的出错风险用最少的脑力和体力完成任务，这个系统就具有可操作性效率。衡量系统可操作性效率的标准是它所能达到的程度。给出了可操作性的直观性因素，系统提供的操作工具能使操作人员发送指令并向操作人员显示信息，这些操作工具不宜与利用系统提供的功能执行任务的操作人员的技能、受教育程度和一般文化相冲突。系统可操作性的直观性的衡量标准是操作工具符合一般工作实践需要的程度。给出了衡量系统可操作性的透明度的标准，即系统提供工具的范围。给出了可操作性的稳健性因素，系统提供操作人员发送指令的操作工具宜能正确理解和响应操作人员任何明确无误的操作，如果这些操作不明确，系统宜进一步请求提供补充信息以消除疑问，达到这一点的程度是衡量系统稳健性的标准。

第 5 章为复查系统要求文件（SRD）。复查系统要求文件，核对文件是否提出并按 GB/T 18272.2—2000 所述的方式列出将由操作人员用系统执行的所有任务和这些任务的可操作性要求。可操作性评估是否有效，完全取决于对有关要求的说明是否全面详尽。

第 6 章为复查系统规范文件（SSD）。复查系统规范文件，检查文件是否按 GB/T 18272.2—2000 所述的方法列出得一项任务的可操作性要求。应特别注意检查文件是否逐项任务提供有关各项内容的信息。

第 7 章为评估程序。为保证可操作性评估的正常进行，系统要求文件和系统规范文件提供的信息必须完整和准确。若在评估的某一阶段有信息丢失或信息不完整的情况发生，应就有关问题与系统要求文件和系统规范文件的编制者取得联系，以获取所需要的补充信息。给出了分析系统要求文件和系统规范文件要求，设计评估计划要求，评估项目筛选原则，评估工作清单内容。评估计划要点。

第 8 章为评定技术。宜选用以将评定结果与系统要求文件规定的要求作定性和（或）定量比较的评定技术。所选用的技术可以是只需根据系统文件进行分析，也可以是需接触实际系统以实验为依据的技术。给出了用满意度衡量可操作性原则，设计评估时考虑的操作人员条件。给出了分析法评定技术条件。第 9 章为评估的实施与评估报告的编写方法。评估的实施与评估报告的编写方法应符合 GB/T 18272.1—2000 中 5.5 和 5.6 的规定。

3. 规程适用性

GB/T 18272.6—2006 涵盖了工业过程测量和控制系统的可操作性的评估方法。GB/T 182722 所述的评估方法学适用于制定可操作性评估计划。GB/T 18272.6—2006 分析了系统可操作性的子特性，同时对评估可操作性时需要考虑的评判依据做了说明。GB/T 18272.6—2006 提出了各种不同的可操作性辅助评定技术供参考。

74 GB 50049—2011 小型火力发电厂设计规范

GB 50049—2011《小型火力发电厂设计规范》，由中华人民共和国住房和城乡建设部和国家质量监督检验检疫总局于2010年12月4日发布，2011年12月1日实施。

1. 制定背景

制定GB 50049—2011的意义在于使小型火力发电厂在设计方面满足安全可靠、技术先进、经济适用、节约能源、环保的要求。GB 50049—2011是根据原建设部《关于印发〈2006年工程建设标准规范制订、修订计划（第二批）的通知〉》的要求，由河南省电力勘测设计院会同有关单位在GB 50049—1994《小型火力发电厂设计规范》的基础上修订完成的。

2. 主要内容

主要内容有：总则、术语、基本规定、热（冷）电负荷、厂址选择、总体规划、主厂房布置、运煤系统、锅炉设备及系统、除灰渣系统、脱硫系统、脱硝系统、汽轮机设备及系统、水处理设备及系统、信息系统、仪表与控制、电气设备及系统、水工设施及系统、辅助及附属设施、建筑与结构、采暖通风与空气调节、环境保护和水土保持、劳动安全与职业卫生、消防。

3. 规程适用性

GB 50049—2011适用于高温高压及以下参数、单机容量在125MW以下、采用直接燃烧方式、主要燃用固体化石燃料的新建、扩建和改建火力发电厂的设计。

75 GB 50660—2011 大中型火力发电厂设计规范

GB 50660—2011《大中型火力发电厂设计规范》，由中华人民共和国住房和城乡建设部和国家质量监督检验检疫总局于2011年2月18日发布，2012年3月1日实施。

1. 制定背景

GB 50660—2011是根据原建设部《关于印发〈2006年工程建设标准规范制定、修订计划（第二批）〉的通知》的要求，由中国电力工程顾问集团公司会同有关单位共同编制而成的。GB 50660—2011在编制过程中，规范编制组先后完成了规范大纲编制、规范大纲审查、调研报告编制、规范征求意见稿编制、向社会征求意见、规范送审稿编制等各阶段的工作，最后经审查定稿。

2. 主要内容

主要技术内容有：总则，术语，电力系统对火力发电厂的要求，总体规划，机组选型，主厂房区域布置，运煤系统，锅炉设备及系统，除灰渣系统，烟气脱硫系统，烟气脱硝系统，汽轮机设备及系统，水处理系统，信息系统，仪表与控制，电气设备及系统，水工设施及系统，辅助及附属设施，建筑与结构，采暖、通风和空气调节，环境保护和水土保持，消防、劳动安全与职业卫生等。

3. 规程适用性

GB 50660—2011适用于蒸汽初参数为超高压及以上、单台机组容量在125MW及以上、采用直接燃烧方式、主要燃用固体化石燃料的火力发电厂工程的设计。

第三节 国家计量检定规程设计技术要求

76 JJG 49—2013 弹性元件式精密压力表和真空表检定规程

JJG 49—2013《弹性元件式精密压力表和真空表检定规程》，由国家质量监督检验检疫总局于 2013 年 6 月 27 日发布，2013 年 12 月 27 日实施。

1. 制定背景

JJF 1002《国家计量检定规程编写规则》、JJF 1001《通用计量术语及定义》、JJF 1059《测量不确定度评定与表示》共同构成 JJG 49 修订工作的基础性系列规范。JJG 49—2013 代替 JJG 49—1999《弹簧管式精密压力表和真空表检定规程》。

2. 主要内容

第 3 章为术语及计量单位。第 4 章概述了精密表主要用途及工作原理。第 5 章介绍了计量性能要求，包括准确度等级、零位误差、示值误差、回程误差、轻敲位移、指针偏转平稳性和 300 分格精密表准确度等级。第 6 章为通用技术要求，包括外形结构、标志、指示装置、测量范围及分度值。第 7 章为计量器具控制，包括首次检定、后续检定和使用中检查，详细介绍了检定条件、检定项目、检定方法、检定结果处理和检定周期。附录包括检定记录表格式、检定证书/检定结果通知书内页格式。

3. 规程适用性

JJG 49—2013 适用于弹性元件式精密压力表和真空表的首次检定、后续检定和使用中检查。

77 JJG 51—2003 带平衡液柱活塞式压力真空计检定规程

JJG 51—2003《带平衡液柱活塞式压力真空计检定规程》，由国家质量监督检验检疫总局于 2003 年 3 月 5 日发布，2003 年 9 月 1 日实施。

1. 制定背景

JJG 51—2003 代替 JJG 51—1983《二、三等标准液柱平衡活塞式压力计、压力真空计试行检定规程》。

2. 主要内容

第 3 章概述了压力计的主要用途、组成及工作原理。第 4 章为计量性能要求，包括压力计的准确度等级和最大允许误差、压力校验器密封性、活塞承重盘平面对活塞轴线垂直度、活塞空载鉴别力、活塞转动延续时间、活塞有效面积、活塞全负荷鉴别力专用砝码质量的允许误差。第 5 章为通用技术要求，压力计的铭牌上应标有仪器名称、型号、编号、准确度等级、测量范围、制造厂名称、制造年月及制造计量器具许可证标志、活塞系统灵活性、专用砝码数量及其产生的压力量值、电机转速。第6章为计量器具控制。包括首次检定和后续检定，检定条件包括检定条件、环境条件、工作介质和传压介质，检定项目和检定方法，检定结果的处理，检定周期。附录包括温度修正、带平衡液柱活塞式压力真空计检定记录格式、检定证书内页格式、中国各主要城市重力加速度。

3．规程适用性

JJG 51—2003适用于测量范围为－0.1MPa～0.4MPa的工作基准及一、二等标准带平衡液柱活塞式压力真空计（简称压力计）的首次检定和后续检定。

78　JJG 52—2013弹性元件式一般压力表、压力真空表和真空表检定规程

JJG 52—2013《弹性元件式一般压力表、压力真空表和真空表检定规程》，由国家质量监督检验检疫总局于2003年3月5日发布，2003年9月1日实施。

1．制定背景

JJF 1002《国家计量检定规程编写规则》、JJF 1001《通用计量术语及定义》、JJF 1059《测量不确定度评定与表示》共同构成JJG 52修订工作的基础性系列规范。JJG 52—2013代替JJG 52—1999《弹簧管式一般压力表、压力真空表和真空表检定规程》。

2．主要内容

第3章为术语及计量单位。第4章概述了压力表主要用途及工作原理。第5章为计量性能要求。包括准确度等级及最大允许误差、零位误差、示值误差、回程误差、轻敲位移、指针偏转平稳性、电接点压力表设定点偏差和切换差、带检验指针压力表两次升压示值之差、双针双管或双针单管压力表两指针示值之差。第6章为通用技术要求。外观包括外形结构、标志、指示装置测量范围和分度值，电接点压力表的电气安全性要求包括绝缘电阻和绝缘强度、双针双管压力表两管不连通性、氧气压力表禁油要求。第7章为计量器具控制。包括首次检定、后续检定和使用中检查，检定条件，检定项目。检定方法包括外观、零位误差检定、示值误差检定、回程误差检定、轻敲位移检定、指针偏转平稳性检查、电接点压力表设定点偏差和切换差检定、电接点压力表的绝缘电阻、电接点压力表的绝缘强度、带检验指针压力表两次升压值之差检定，分别详细介绍了双针双管压力表两管不连通性的检查、双针双管或双针单管压力表两指针示值之差检定和氧气压力表禁油要求检查，检定结果处理及检定周期。附录包括弹性元件式一般压力表检定记录格式、弹性元件式一般压力表检定证书/检定结果通知书页内格式。

3．规程适用性

JJG 52—2013适用于弹性元件式一般压力表、真空压力表和真空表的首次检定、后续检定和使用中检查。

79　JJG 59—2007活塞式压力计检定规程

JJG 59—2007《活塞式压力计检定规程》，由国家质量监督检验检疫总局于2007年6月

14日发布，2007年12月14日实施。

1．制定背景

根据JJF 1002《国家计量检定规程编写规则》、JJF 1001《通用计量术语及定义》、JJF 1059《测量不确定度评价与表示》共同构成JJG 59—2007修订工作的基础性系列规范。

2．主要内容

第3章为概述，讲述了活塞式压力计的原理、结构、分类以及计量量程。

第4章计量性能要求。准确度等级规定了活塞式压力计的准确度等级和最大允许误差的对应关系。规定了活塞有效面积的最大允许误差。规定了专用砝码质量的最大允许误差要求、活塞式压力计活塞承重盘平面对活塞轴线垂直度的偏差要求、活塞转动延续时间、活塞下降速度。压力计的鉴别力应小于能产生相当于最大允许误差10%压力的砝码质量值。给出了密封性要求、活塞有效面积周期变化率。

第5章为通用技术要求，包括外观要求、活塞系统要求、专用砝码和承重盘要求。

第6章为计量器具控制，其中计量器具控制包括首次检定、后续检定和使用中检验。检定项目，包含第4章和第5章内容。检定条件：检定设备（检定用主标准器、检定用配套设备、工作介质）；环境条件（活塞式压力计的检定在室温、相对湿度为80%以下的恒温室进行，检定前，活塞式压力计须在环境条件下放置2h以上，方可进行检定）；其他条件。检定方法：外观检查；活塞系统检查；专用砝码和承重盘检查；校验器密封性检定；承重盘平面对活塞轴线的垂直度检定；活塞转动延续时间检定；活塞下降速度检定；活塞有效面积检定（可以根据情况采用直接平衡法或起始平衡法）；活塞式压力计鉴别力检定；专用砝码、活塞及其连接件质量检定；活塞有效面积周期变化率检定。检定结果的处理：按要求检定合格的活塞式压力计，出具检定证书；检定不合格的活塞式压力计出具检定结果通知书，并注明不合格项目；若活塞有效面积周期变化率不合格，则应缩短检定周期；活塞有效面积周期变化率如果两次不合格，则认为该活塞式压力计不合格，并出具检定结果通知书。活塞式压力计的检定周期：首次检定后为1年；之后的后续检定一般不超过2年。送检时应附带上一次检定证书。

3．规程适用性

JJG 59—2007适用于测量范围上限为0.6MPa～500MPa，工作介质为液体的活塞式压力计的首次检定、后续检定和使用中检验。

80　JJG 74—2005 工业过程测量记录仪检定规程

JJG 74—2005《工业过程测量记录仪检定规程》，由国家质量监督检验检疫总局于2005年12月20日发布，2006年6月20日实施。

1．制定背景

为了规范过程仪表的检定规范，根据JJF 1001《通用计量术语及定义》、JJF 1002《国家计量检定规程编写规则》共同构成JJG 74—2005修订工作的基础性规范。

2. 主要内容

第3章为概述。工业过程测量记录仪是一种用于指示和记录（存储）温度、压力、真空、流量、物位、氧量、碳量等工业过程量值的仪表。给出了工业过程测量记录仪不同分类方式下的分类，自动平衡式记录仪和直接驱动式记录仪的工作原理。

第4章为计量性能要求。规定了不同准确度等级下仪表的指示基本误差的最大允许值；不同准确度等级下仪表的记录基本误差的最大允许值：首次检定的模拟记录仪表指示回差和记录回差，后续检定的模拟记录仪表的指示回差和记录回差；仪表的指示（记录）重复性要求；阶跃响应时间（行程时间）要求；仪表设定点误差的允许范围；切换差的允许范围；仪表稳定性要求。

第5章为通用技术要求。规定了表计的外观要求；规定了模拟记录的仪表在运行时记录的曲线在记录质量上的要求，数字记录的仪表在运行时记录的曲线在记录质量上的要求；规定了工业过程测量记录仪在环境温度为15℃～35℃，相对湿度为45%～75%时的绝缘电阻大小和绝缘强度要求。

第6章为计量器具控制要求。包括首次检定、后续检定和使用中检验。检定条件包括设备条件、环境条件、供电条件。规定了在首次检定、后续检定和使用中检验时表计在计量性能和通用技术要求上的项目。描述了计量性能要求中各项目检定前的准备工作：按规定接线、通电预热、检定点的选择、下限值和量程调整、对标尺和调整灵敏度及阻尼。为指示基本误差的检定，规定了模拟指示的仪表和数字指示的仪表的指示基本误差的检定规则以及误差计算过程中数据处理原则。记录基本误差的检定，包括模拟记录的仪表和数字记录的仪表。规定了回差的检定、重复性、阶跃响应时间（行程时间）的检定（包括数字指示和记录的仪表以及模拟指示和记录的仪表）、设定点误差的检定、切换差的检定、稳定性的检定和记录质量的检查（分为模拟指示和记录的仪表以及数字指示和记录的仪表）、外观检查、绝缘电阻的检定、绝缘电阻的检定。规定了鉴定结果的处理。规定了检定周期一般不超过一年。

3. 规程适用性

JJG 74—2005适用于配热电偶或热电阻以测量温度，以及以直流电压、电流和电阻作为模拟电信号输入，反映其他物理、化学量的工业过程测量记录仪的首次检定、后续检定和使用中检验。

工业过程测量记录仪包括自动电位差计、自动平衡电桥、函数记录仪以及数字模拟指示相结合的混合式记录仪、无纸记录仪。

81　JJG 105—2000转速表检定规程

JJG 105—2000《转速表检定规程》，由国家质量技术监督局于2000年5月8日发布，2000年10月1日实施。

1. 制定背景

JJG 105—2000代替JJG 105—1983《机械式转速表试行检定规程》、JJG 327—1983《电子计数式转速表试行检定规程》、JJG 328—1983《磁电式转速表试行检定规程》、JJG 329—1983

《电子频闪式转速表试行检定规程》。

2. 主要内容

第1章为术语：转速表、转速比、转速表基本误差、转速表示值变动性、转速表回程误差转速表摆幅率、时基频率准确度、时基频率稳定度、参考标准、参考条件和比对。第2章概述了检测主要表计以及转速表的分类。第3章为技术要求：转速表的外观和结构，转速表的组件（包括转速传感器、转速表的测头及插接件）、转速表的工作位置状态、转速表的准确度以及其他各式转速表的准确度等级、误差要求。第4章为检定条件和检定项目。第5章为检定方法。包括转速表外观、结构及组件的检查，转速表工作位置的检查，试运转检查。并介绍了固定离心式和磁电式转速表的检定、定时式转速表的检定、频闪式转速表（度盘读数）的检定、频闪式转速表（数字显示）的检定、电子计数式转速表的检定和高精度转速表的检定。第6章为检定结果处理与检定周期。

3. 规程适用性

JJG 105—2000 适用于新制造、使用中和修理后的各式转速表的检定。

82　JJG 115—1999 标准铜-铜镍热电偶检定规程

JJG 115—1999《标准铜-铜镍热电偶检定规程》，由国家质量技术监督局于1999年5月14日发布，1999年9月1日实施。

1. 制定背景

JJG 115—1999 代替 JJG 115—1990《标准铜-铜镍（康铜）热电偶检定规程》。

2. 主要内容

第1章为技术要求。第2章规范了热电偶检定中使用的检定设备，详细列出了标准器与配套设备具体参数。第3章对具体检定方法进行了说明。第4章列举了检定结果的处理过程所应用原理与公式，并对检定周期进行了说明。附录包括铜-铜镍（康铜）热电偶（T型）E（t），S（t）分度表、标准铜-铜镍（康铜）热电偶检定记录、检定证书背面格式、利用实际值计算内插公式系数 a_1、a_2、a_3 和 b_1、b_2、b_3 的方法。

3. 规程适用性

JJG 115—1999 适用于测量范围为－200℃～100℃的标准铜-铜镍（康铜）热电偶（简称热电偶）的首次检定、后续检定和使用中的检查。

83　JJG 119—2000 实验室 pH（酸度）计检定规程

JJG 119—2000《实验室 pH（酸度）计检定规程》，由国家质量监督检验检疫总局于2005年9月5日发布，2006年3月5日实施。

1. 制定背景

JJG 119—2000 代替 JJG 119—1984《实验室 pH（酸度）计检定规程》。JJG 119—2000 引

用 JJF 1001—1998《通用计量术语及定义》、OlML Recommendation R54（1980）：pH Scale for Aqueous Solutions。

2. 主要内容

第 3 章为测量原理。第 4 章为计量性能要求，主要明确了电计示值误差、电计输入电流、电计输入阻抗引起的示值误差、电计温度补偿器引起的示值误差、电计示值重复性、仪器示值总误差、仪器示值重复性等要求。第 5 章为通用技术要求。第 6 章为计量器具控制，涉及检定条件、检定项目和检定方法、检定结果的处理和检定周期。附录包括标准溶液的配制和保存、0℃～100℃的 k 值（k=2.30259RT/F）、原始检定记录格式、检定证书及检定结果通知书内页格式。

3. 规程适用性

JJG 119—2000 适用于 pH（酸度）计和可作为 pH（酸度）计使用的实验室通用离子计（简称仪器）的首次检定、后续检定和使用中检验。

84　JJG 130—2011 工作用玻璃液体温度计

JJG 130—2011《工作用玻璃液体温度计》，由国家质量监督检验检疫总局于 2011 年 9 月 20 日发布，2012 年 3 月 20 日实施。

1. 制定背景

JJG 130—2011 代替 JJG 50—1996《石油产品用玻璃液体温度计检定规程》、JJG 130—2004《工作用玻璃液体温度计》、JJG 618—1999《高精密玻璃水银温度计》、JJG 978—2003《石油用高精密玻璃水银温度计检定规程》。JJG 130 引用下列文件：JG 160—2007《标准铂电阻温度计》、GB/T 514—2005《石油产品试验用玻璃液体温度计技术条件》、YB/T 2305—2007《焦化产品试验用玻璃温度计》。

2. 主要内容

第 3 章为术语：标度、标度板、标度线、标度值、主标度、辅标度、展刻线、浸没线、露出液柱、中间泡、安全泡。第 4 章为概述，介绍了原理和构造。第 5 章为计量性能要求，主要明确了示值稳定度、示值误差、线性度等要求。第 6 章为通用技术要求。第 7 章为计量器具控制，涉及检定条件、检定项目和检定方法、检定结果的处理和检定周期。附录包括石油产品用玻璃液体温度计技术规格和检定点、焦化产品用玻璃液体温度计技术规格和检定点、冰点（0℃）的制作和使用方法、温度计感温液柱修复方法、水银温度计破碎后的实验室参考处置方法、常用感温液体在玻璃中的视膨胀系数、辅助温度计的基本要求、玻璃液体温度计不在规定条件下使用的修正公式、工作用玻璃液体温度计检定证书（内页）格式、工作用玻璃液体温度计检定结果通知书（内页）格式。

3. 规程适用性

JJG 130—2011 适用于测量范围在－60℃～＋300℃，分度值为 0.1℃的二等标准水银温度计的首次检定、后续检定和使用中检验。

85 JJG 131—2004 电接点玻璃水银温度计检定规程

JJG 131—2004《电接点玻璃水银温度计检定规程》，由国家质量监督检验检疫总局于 2004 年 3 月 2 日发布，2004 年 9 月 2 日实施。

1. 制定背景

JJG 131—2004 代替 JJG 131—1991《电接点玻璃水银温度计检定规程》。JJG 131—2004 引用 JB/T 9264—1999《电接点玻璃温度计》。

2. 主要内容

第 4 章介绍了测量原理和常见结构。第 5 章为计量性能要求，主要明确了示值稳定度、示值误差、动作误差、不灵敏区等要求。第 6 章列举了电接点玻璃水银温度计的通用技术要求。第 7 章为计量器具控制，涉及检定条件、检定项目和检定方法、检定结果的处理和检定周期。附录包括电接点玻璃水银温度计检定证书（内页）格式、电接点玻璃水银温度计检定结果通知书（内页）格式、电接点玻璃水银温度计温度修正值测量结果的不确定度评定。

3. 规程适用性

JJG 131—2004 适用于测量范围在－30℃～300℃的各种量程的电接点玻璃水银温度计（简称温度计）的首次检定、后续检定和使用中检验。无标尺的固定接点温度计也可参照本规程进行校准或测试。

86 JJG 134—2003 磁电式速度传感器检定规程

JJG 134—2003《磁电式速度传感器检定规程》，由国家质量监督检验检疫总局于 2003 年 9 月 23 日发布，2004 年 3 月 23 日实施。

1. 制定背景

随着国民经济的发展，磁电式传感器广泛运用，为了规范磁电式传感器的定型校验，修订制定 JJG 134—2003，代替 JJG 134—1984《磁电式速度传感器试行检定规程》。

2. 主要内容

主要内容包括磁电式速度传感器原理、计量性能要求、通用技术要求及计量器具控制。其中计量器具控制包括定型鉴定或样机试验、首次检定、后续检定和使用中检验。并在附录中展示了检定证书内页的格式。

3. 规程适用性

JJG 134—2003 适用于 0.5Hz～5000Hz 频率范围内的惯性型磁电式速度传感器（简称传感器）的定型鉴定、样机试验、首次检定、后续检定和使用中的检验。

87 JJG 159—2008 双活塞式压力真空计检定规程

JJG 159—2008《双活塞式压力真空计检定规程》，由国家质量监督检验检疫总局于2008年3月25日发布，2008年9月25日实施。

1. 制定背景

为了规范双活塞式压力真空计检定，修订制定JJG 159—2008，代替JJG 159—1994《二、三等标准活塞式压力真空计》。

2. 主要内容

JJG 159—2008 首先介绍双活塞式压力真空计的组成测量原理。规定了真空计的计量性能要求，其中包括准确度等级、有效面积、比例常数等。规定了通用技术要求及计量器具控制。其中计量器具控制包括检定项目、检定条件、工作介质和环境条件。并在附录中展示了检定记录格式。

3. 规程适用性

JJG 159—2008 适用于测量范围为－0.1MPa～1MPa的双活塞式压力真空计的首次检定、后续检定和使用中检验。

88 JJG 161—2010 标准水银温度计检定规程

JJG 161—2010《标准水银温度计检定规程》，由国家质量监督检验检疫总局于2010年9月6日发布，2011年3月6日实施。

1. 制定背景

为规范标准水银温度计检定，修订制定JJG 161—2010，代替JJG 128—2003《二等标准水银温度计检定规程》、JJG 161—1994《一等标准水银温度计》。

2. 主要内容

第3章为术语：零位误差、示值修正值、温度波动性、温度均匀性。第5章为计量性能要求，主要明确了示值修正值和零位、示值稳定值、毛细管均匀性和刻线等分均匀性允许误差。第6章为通用技术要求。第7章为计量器具控制，包括首次检定和后续检定。介绍了检定条件、检定项目、检定方法、检定额数据计算、检定结果处理。附录包括标准水银温度计后续检定记录参考格式、标准水银温度计后续检定证书数据页参考格式、标准水银温度计检定结果通知书数据页参考格式、水银蒸发滴的连接方法、水三相点的制备及使用方法。

3. 规程适用性

JJG 161—2010 适用于测量范围为-60℃～300℃，分度值为 0.05℃或 0.1℃的标准水银（含汞基合金）温度计的首次检定、后续检定和使用中检验。

89　JJG 160—2007 标准铂电阻温度计检定规程

JJG 160—2007《标准铂电阻温度计检定规程》，由国家质量监督检验检疫总局于 2007 年 6 月 14 日发布，2007 年 12 月 14 日实施。

1．制定背景

为了规范标准铂电阻温度计检定，修订制定 JJG 160—2007，代替 JJG 160—1992《标准铂电阻温度计》。

2．主要内容

JJG 160—2007 规定了铂电阻温度计的原理，温度值的定义及内插方法，并介绍了符号说明。计量性能要求包括电阻特性、技术条件。通用技术要求中规定了外观尺寸、结构。计量器具控制中规定了检定条件、检定项目、检定方、计算公式、检定结果的处理、检定周期。并在附录中展示了检定证书格式及检定结果通知书格式。

3．规程适用性

JJG 160—2007 适用于−189.3442℃～660.323℃（或各分温区）工作基准、一等和二等标准铂电阻温度计的首次检定和后续检定。

90　JJG 195—2002 连续累计自动衡器（皮带秤）检定规程

JJG 195—2002《连续累计自动衡器（皮带秤）检定规程》，由国家质量监督检验检疫总局于 2002 年 11 月 4 日发布，2003 年 5 月 4 日实施。

1．制定背景

R50 国际建议由 OIML TC9/SC2 自动衡器分技术委员会起草，并于 1996 年在国际计量大会上得到批准。R50 国际建议《连续累计自动衡器（皮带秤）》分为两部分：第一部分（R50-1）“计量要求和技术要求——试验”；第二部分（R50-2）“型式评价报告”。由于我国现行的计量法规和计量器具的管理模式与国际上不尽相同，皮带秤实际应用等方面也有我国的特点。因此 JJG 195—2002 与 R50 国际建议存在少量的差异。JJG 195—2002 代替 JJG 195—1979《滚轮式皮带秤试行检定规程》、JJG 560—1988《悬臂式电子皮带秤试行检定规程》、JJG 650—1990《电子皮带秤试行检定规程》。

2．主要内容

规定了术语及计量单位。对计量性能要求规定了准确度等级、最大允许误差、最小累计载荷、最小流量，及对于模拟试验及现场试验的要求。通用技术要求中规定了适用性、操作安全性，并介绍了累计显示器和打印装置、超出范围指示、置零装置、位移传感器、辅助装置及封装，规定了安装条件、说明性标志、检定标记。对电子皮带秤的要求中规定了通用要求、干扰的适用、对显著增差的反映、开机自检程序及功能要求。计量器具控制中规定了型式评价、首次检定、后续检定和使用中检验。最后规定了对皮带秤用户的要求。

3．规程适用性

JJG 195—2002 规定了皮带输送机型连续累计自动衡器（简称皮带秤）的计量性能要求、通用技术要求、计量器具控制以及检定方法和试验程序。适用于皮带秤的型式评价（定型鉴定）、首次检定、后续检定和使用中检验以及产品质量监督抽查检验。JJG 195—2002 还为以溯源的方式评价皮带秤的计量特性或技术特性，为其提供标准化的要求和试验程序及表格。

91　JJG 225—2001 热能表检定规程

JJG 225—2001《热能表检定规程》，由国家质量监督检验检疫总局于 2001 年 12 月 4 日发布，2002 年 3 月 1 日实施。

1．制定背景

JJG 225—2001 参照采用国际法制计量组织（OIML）的国际建议 R75《热能表》（草案）（2001 年 5 月），并参照我国国情，增减了少量内容。JJG 225—2001 代替 JJG 225—1992《热能表》。

2．主要内容

规定了术语与定义，包括热能表的组成部件、标称运行条件、总量检定、分量检定。阐述了热能表的工作原理及结构。计量性能要求中规定了流量传感器的密封性和强度、热能表的准确度等级、热能表的误差限、非叶轮式的流量传感器的重复性 Et、热能表的温度下限、流量传感器的最大压降。计量器具控制中规定了检定条件、检定项目、检定方法、检定结果的处理、检定周期。规定了定型鉴定及样机试验的项目列表。附录中给出了水的焓值和密度表、热系数表。

3．规程适用性

JJG 225—2001 适用于热能表的首次检定、后续检定、使用中检验、定型鉴定及样机试验。计量吸收热量的热能表的检定可参考使用。

92　JJG 226—2001 双金属温度计检定规程

JJG 226—2001《双金属温度计检定规程》，由国家质量监督检验检疫总局于 2001 年 6 月 5 日发布，2001 年 10 月 1 日实施。

1．制定背景

为规范双金属温度计检定，修订制定 JJG 226—2001，代替 JJG 226—1989《双金属温度计》。

2．主要内容

计量性能要求给出了准确度等级和最大允许误差、角度调整误差、回差、重复性、设定点误差、切换差、切换重复性、热稳定性要求。通用技术要求中规定了外观及绝缘电阻的要求。计量器具控制中规定了检定条件、检定项目和检定方法。并规定了对检定结果的处理和检定记录格式。

3. 规程适用性

JJG 226—2001 适用于测量范围在－80℃～＋500℃，由双金属元件和护套组成温度检测元件且具有圆形度盘的双金属温度计（简称温度计）的首次检定、后续检定和使用中检验。

93 JJG 229—2010 工业铂、铜热电阻

JJG 229—2010《工业铂、铜热电阻》，由国家质量监督检验检疫总局于 2010 年 9 月 6 日发布，2011 年 3 月 6 日实施。

1. 制定背景

为规范工业铂、铜热电阻，修订制定 JJG 229—2010，代替 JJG 229—1998《工业铂、铜热电阻》。

2. 主要内容

工业铂、铜热电阻由装在保护套管内的一个或多个铂、铜热电阻感温元件组成，包括内部连接线以及用来连接电测量仪表的外部端子（不包括测量、显示装置）。可含安装固定用的装置和接线盒，但不含可分离的保护管或安装套管。阐述了工业铜热电阻阻值与温度之间的关系。规定了计量性能要求，包括允许误差和稳定性。通用技术要求规定了外观要求和绝缘电阻。计量器具控制中规定了首次检定、后续检定和使用中检验。规定了检定条件和检定方法并给出记录格式。

3. 规程适用性

JJG 229—2010 适用于－200℃～＋850℃整个或部分温度范围使用的温度系数 a 标称值为 851×10^{-3}℃$^{-1}$ 的工业铂热电阻和－200℃～＋850℃整个或部分温度范围使用的温度系数 a 标称值为 4.280×10^{-3}℃$^{-1}$ 的工业铜热电阻（简称热电阻）的首次检定、后续检定和使用中检验。

94 JJG 241—2002 精密杯形和 U 形液体压力计检定规程

JJG 241—2002《精密杯形和 U 形液体压力计检定规程》，由国家质量监督检验检疫总局于 2002 年 9 月 13 日发布，2003 年 3 月 13 日实施。

1. 制定背景

为了规范精密杯形和 U 形液体压力计的定型、校验，修订制定 JJG 241—2002，代替 JJG 241—1981《二、三等标准液体压力计试行检定规程》。

2. 主要内容

压力计利用流体静力学原理制造，其结构形式为连通器。由于液体在常压下可流动而不

可压缩的特性，当被测压力作用于压力计某一端液面时，使液体产生流动，造成连通器内两端液面的位置发生改变。当两液面间的液柱差产生的压力与被测压力相等时液体停止流动。

计量性能要求中规定了测量范围、分度值与准确度等级、零位误差、准确度等级及示值最大允许误差、密封性、耐压强度。通用技术要求中规定了标识和外观要求。计量器具控制中规定了检定条件、检定项目、检定方法、检定结果处理和检定周期。

3. 规程适用性

JJG 241—2002 适用于以蒸馏水为工作介质的精密杯形和 U 形液体压力计（简称压力计）首次检定、后续检定和使用中检验。

95　JJG 257—2007 浮子流量计检定规程

JJG 257—2007《浮子流量计检定规程》，由国家质量监督检验检疫总局于 2007 年 8 月 21 日发布，2008 年 2 月 21 日实施。

1. 制定背景

为了规范浮子流量计的定型、校验，修订制定 JJG 257—2007，代替 JJG 257—1994《转子流量计》。

2. 主要内容

概述了玻璃管浮子流量计和金属管浮子流量计的结构型式和工作原理。计量性能要求中规定了准确度等级和最大允许误差、示值误差和回差。通用技术要求中规定了铭牌和标识、随机文件和外观、流量测量上限值数系、流量计的流量范围度及防爆性能要求。计量器具控制中规定了检定条件、检定项目和检定方法。

3. 规程适用性

JJG 257—2007 适用于浮子流量计（简称流量计）的型式评价、首次检定、后续检定和使用中检验。

96　JJG 310—2002 压力式温度计检定规程

JJG 310—2002《压力式温度计检定规程》，由国家质量监督检验检疫总局于 2002 年 11 月 4 日发布，2003 年 5 月 4 日实施。

1. 制定背景

为了规范压力式温度计的校验，修订制定 JJG 310—2002，代替 JJG 310—1983《压力式温度计检定规程》。

2. 主要内容

计量性能要求中规定了示值误差、回差、重复性、设定点误差、切换差、报警设定点误差。通用技术要求中规定了外观和绝缘电阻。计量器具控制中规定了检定条件、检定项目和检定方法。

3．规程适用性

JJG 310—2002 适用于测量范围在－20℃～＋200℃的圆形标度蒸汽压力式温度计和测量范围在－80℃～＋600℃的圆形标度气体压力式温度计及完全补偿式液体压力式温度计（简称温度计），附加机械电接点压力式温度计（简称电接点温度计）的首次检定、后续检定和使用中检验。

97 JJG 326—2006 转速标准装置检定规程

JJG 326—2006《转速标准装置检定规程》，由国家质量监督检验检疫总局于 2006 年 3 月 8 日发布，2006 年 9 月 8 日实施。

1．制定背景

为了规范转速标准装置的规范，修订制定 JJG 326—2006，代替 JJG 326—1983《标准转速装置试行检定规程》。

2．主要内容

转速标准装置（简称装置）主要用于各式转速表、转速测量系统的检定与校准。转速标准装置主要由三部分组成：转速源，通常使用可控旋转电机；变速箱，由齿轮箱或其他变速设备构成，以产生宽范围的标准转速；测控系统，用于调节、控制标准转速的稳定性和准确性。

计量性能要求中规定了准确度等级、转速测量范围、转速相对扩展不确定度、转速稳定性、时基性能分辨力、声噪声。通用技术要求中规定了外观及附件、标准装置生产厂应给出的技术指标和其他技术要求、装置环境适应性。计量器具控制中规定了检定条件、检定项目、检定方法、检定结果的处理和检定周期。

3．规程适用性

JJG 326—2006 适用于 30r/min～6×10^4r/min、相对扩展不确定度为 1×10^{-31}～1×10^{-5}（k=3）的转速标准装置的首次检定、后续检定和使用中的检验。

98 JJG 351—1996 工作用廉金属热电偶检定规程

JJG 351—1996《工作用廉金属热电偶检定规程》，由国家技术监督局于 1996 年 8 月 23 日发布，1997 年 3 月 1 日实施。

1．制定背景

为了规范工作用廉金属热电偶检定，制定 JJG 351—1996。

2．主要内容

规定了工作用廉金属热电偶的技术要求、检定条件、检定项目和检定方法。规定了检定结果的处理和检定周期。

3. 规程适用性

JJG 351—1996 适用于长度不小于 750mm 的新制造和使用中的分度号为 K 的镍铬-镍硅热电偶、分度号为 N 的镍铬硅-镍硅热电偶、分度号为 E 的镍铬-铜镍热电偶、分度号为 J 的铁-铜镍热电偶（分别简称 K、N、E、J 型热电偶）在－40℃～1300℃范围内的检定。

99 JJG 368—2000 工作用铜-铜镍热电偶检定规程

JJG 368—2000《工作用铜-铜镍热电偶检定规程》，由国家质量技术监督局于 2000 年 7 月 9 日发布，2000 年 9 月 15 日实施。

1. 制定背景

为了规范铜-镍热电偶技术要求，制定 JJG 368—2000。

2. 主要内容

规定了铜-铜镍热电偶技术要求。规定了检定设备和检定方法和检定记录。

3. 规程适用性

JJG 368—2000 适用于新制的和使用中的测量范围为－200℃～350℃的工作用铜-铜镍（康铜）热电偶（简称热电偶）首次检定和后续检定。

100 JJG 376—2007 电导率仪检定规程

JJG 376—2007《电导率仪检定规程》，由国家质量技术监督局于 2007 年 11 月 21 日发布，2008 年 5 月 21 日实施。

1. 制定背景

为了规范电导率仪的技术要求，修订制定 JJG 376—2007，代替 JJG 376—1985《电导仪试行检定规程》。

2. 主要内容

规定了电导率仪的术语和计量单位。阐述了电导率仪的组成和原理。计量性能要求中规定了电子单元重复性、电子单元引用误差、电导池常数示值误差、温度系数示值误差、温度测量示值误差、仪器引用误差和重复性。计量器具控制中规定了检定条件、检定项目、检定方法、检定结果的处理和检定周期。

3. 规程适用性

JJG 376—2007 适用于电解质电导率仪的首次检定、后续检定和使用中检验。电阻率仪和基于电导率测量原理的盐度计和总溶解固体含量（TDS）测量仪的校准可参照执行。

101 JJG 499—2004 精密露点仪检定规程

JJG 499—2004《精密露点仪检定规程》，由国家质量监督检验检疫总局于 2004 年 6 月 4 日发布，2004 年 12 月 1 日实施。

1. 制定背景

为了规范精密露点仪的技术要求，修订制定 JJG 499—2004，代替 JJG 499—1987《精密露点仪试行检定规程》。

2. 主要内容

在等压的条件下使气体中水蒸气冷却至凝聚相出现，通过控制露层传感器露层的温度，使气体中的水蒸气与水（或冰）的平展表面呈热力学相平衡状态，准确测量此时露层的温度，即为该气体的露点温度。测量气体中的水蒸气露点温度的仪器叫作露点仪。

规定了准确度等级、示值误差、通用技术要求、外观检查、露点室及传感器检查方法。规定了检定条件、检定项目、检定方法。规定了检定结果的处理和检定记录格式。

3. 规程适用性

JJG 499—2004 适用于热电制冷（镜面或声表面波器件）自动检测露层的平衡式精密露点仪的首次检定、后续检定和使用中检验。

102 JJG 535—2004 氧化锆氧分析器检定规程

JJG 535—2004《氧化锆氧分析器检定规程》，由国家质量监督检验检疫总局于 2004 年 9 月 21 日发布，2005 年 3 月 21 日实施。

1. 制定背景

为了规范氧化锆氧分析器的技术要求及校验，修订制定 JJG 535—2004，代替 JJG 535—1988《氧化锆氧分析器试行检定规程》。

2. 主要内容

计量性能要求中规定了示值误差、重复性、响应时间和漂移。通用技术要求中规定了外观、绝缘电阻、绝缘强度。计量器具控制中规定了检定条件、检定项目、检定方法、检定结果的处理及检定周期。

3. 规程适用性

JJG 535—2004 适用于含氧量测量下限不小于 0.1%的氧化锆氧分析器（简称仪器）的首次检定、后续检定和使用中检验。

103 JJG 633—2005 气体容积式流量计检定规程

JJG 633—2005《气体容积式流量计检定规程》，由国家质量监督检验检疫总局于 2005 年 4 月 28 日发布，2005 年 10 月 28 日实施。

1．制定背景

为了规范气体容积式流量计的技术要求，修订制定 JJG 633—2005，代替 JJG 633—1990《气体腰轮流量计试行检定规程》。

2．主要内容

计量性能要求中规定了准确度等级、最大允许误差、重复性及密封性。通用技术要求中规定了外观要求。计量器具控制中规定了型式评价和样机试验、首次检定、后续检定和使用中检验。并给出检定证书及结果通知书格式。

3．规程适用型

JJG 633—2005 适用于气体容积式流量计（包括气体腰轮流量计、旋转活塞式气体流量计和湿式气体流量计等）的型式评价或样机试验、首次检定、后续检定和使用中检验。不适用于膜式煤气表的检定。

104 JJG 640—1994 差压式流量计检定规程

JJG 640—1994《差压式流量计检定规程》，由国家技术监督局于 1994 年 7 月 12 日发布，1994 年 12 月 1 日实施。

1．制定背景

为了规范差压式流量计的技术要求，制定 JJG 640—1994。

2．主要内容

JJG 640—1994 详细概述了差压式流量计的组成及原理。检定内容中给出了几何检验法、系数检定的内容。列举了按测量原理分的差压计类型：位移平衡型、力平衡型、微位移型。技术要求中规定了几何检验法的标志。介绍了节流件的安装。规定了一般要求及计量性能要求。检定条件中对检定设备及量具和仪器有明确的要求。检定项目和检定方法中规定了几何检验法的要求、对厚度及长度的检验、对节流孔直径的检验。最后规定了检定周期和结果处理。

3．规程适用性

JJG 640—1994 适用于新制造、使用中和修理后的差压式流量计的检定。对于均速管、楔形流量传感器及弯管流量计等差压式流量计也应按 JJG 640—1994 进行检定。

105 JJG 856—2015 工作用辐射温度计检定规程

JJG 856—2015《工作用辐射温度计检定规程》，由国家质量监督检验检疫总局于 2015 年 12 月 7 日发布，2016 年 6 月 7 日实施。

1．制定背景

为了进一步规范工作用辐射温度计的技术要求，特制定 JJG 856—2015，代替 JJG 67—2003《工作用全辐射温度计检定规程》、JJG 415—2001《工作用辐射温度计检定规程》、

JJG 856—1994《500℃以下工作用辐射温度计》。

2．主要内容

工作用辐射温度计是指发射率设定值可设置为1的单波段辐射温度计和发射率比可设置为1的比色温度计，不包括红外耳温计、红外额温计和接触式辐射温度计。

3．规程适用性

JJG 856—2015 适用于在测温范围－50℃～3000℃之内的工作用辐射温度计的首次检定和后续检定。

106 JJG 860—2015 压力传感器(静态)检定规程

JJG 860—2015《压力传感器（静态）检定规程》，由国家质量监督检验检疫总局于2015年1月30日发布，2015年7月30日实施。

1．制定背景

JJG 860—2015 是结合我国国情，在 JJG 860—1994《压力传感器(静态)》的基础上，采用了相关国标的内容，保留了行之有效内容的前提下，进行修订的。除编辑性修改外，主要变化如下：重新规定了压力传感器准确度等级的划分：细化了检定条件和检定方法；扩展了压力传感器的计量性能要求和通用技术要求；增加了检定项目内容；理顺了检定项目和检定方法的顺序；增加了高度差修正的计算。

2．主要内容

压力传感器是一种能感受压力，并按照一定的规律将压力转换成可用输出信号(一般为电信号)的器件或装置，通常由压力敏感元件和转换元件组成。按压力测试的不同类型，压力传感器可分为表压传感器、差压传感器和绝压传感器等。

JJG 860—2015 规定了压力传感器的技术要求，规定了压力标准器和检定设备对检定项目和检定方法做出明确要求，给出了检定周期和结果处理方法，并在附录中给出检定记录格式。

3．规程适用性

JJG 860—2015 适用于测量范围为－0.1MPa～500MPa（表压、差压和绝压）的压力传感器(静态)的首次检定、后续检定和使用中检查。

107 JJG 874—2007 温度指示控制仪检定规程

JJG 874—2007《温度指示控制仪检定规程》，由国家质量监督检验检疫总局于2007年2月28日发布，2007年8月28日实施。

1．制定背景

为了规范温度指示控制仪的技术要求，修订制定 JJG 874—2007，代替 JJG 874—1994《温度指示控制仪》。

2．主要内容

计量性能要求中规定了示值误差、稳定度、设定点误差、切换差。通用技术要求中规定了外观、绝缘电阻和绝缘强度。计量器具控制中规定了检定条件、检定项目、检定方法、检定结果的处理和检定周期。

3．规程适用性

JJG 874—2007 适用于测量范围在－50℃～＋300℃，采用测温热敏电阻或其他半导体类测温传感器的指针式和数字式温度指示仪、温度指示控制仪和温度控制仪（简称温控仪）的首次检定、后续检定和使用中检验。

108　JJG 875—2005 数字压力计检定规程

JJG 875—2005《数字压力计检定规程》，由国家质量监督检验检疫总局于 2005 年 12 月 20 日发布，2006 年 6 月 20 日实施。

1．制定背景

为了规范数字压力计的技术要求，修订制定 JJG 875—2005，代替 JJG 875—1994《数字压力计》。

2．主要内容

数字压力计是采用数字显示被测压力量值的压力计，可用于测量表压、差压和绝压。被测压力经传压介质作用于压力传感器上，压力传感器输出相应的电信号或数字信号，由信号处理单元处理后在显示器上直接显示出被测压力的量值。

计量性能要求中规定了最大允许误差、回程误差、零位漂移、稳定性、静压零位误差、附加功能。通用技术要求中规定了外观和绝缘电阻。计量器具控制中规定了检定条件、检定项目、检定方法、检定结果的处理和检定周期。

3．规程适用性

JJG 875—2005 适用于－0.1MPa～250MPa 的数字压力计（简称压力计）的首次检定、后续检定和使用中检验。

109　JJG 882—2004 压力变送器检定规程

JJG 882—2004《压力变送器检定规程》，由国家质量监督检验检疫总局于 2004 年 6 月 4 日发布，2004 年 12 月 1 日实施。

1．制定背景

为了规范压力变送器的技术要求，修订制定 JJG 882—2004，代替 JJG 882—1994《压力变送器》。

2. 主要内容

压力变送器是一种将压力变量转换为可传送的标准化输出信号的仪表，而且其输出信号与压力变量之间有一给定的连续函数关系（通常为线性函数）。主要用于工业过程压力参数的测量和控制，差压变送器常用于流量的测量。压力变送器有电动和气动两大类。

计量性能要求中规定了测量误差、回差、静压影响。通用技术要求中规定了外观和密封性的要求，规定了绝缘电阻和绝缘强度的要求。检定方法中针对性能要求分别给出检定项目。

3. 规程适用性

JJG 882—2004 适用于压力（包括正、负表压力，差压和绝对压力）变送器的定型鉴定（或样机试验）、首次检定、后续检定和使用中检验。

110　JJG 951—2000 模拟式温度指示调节仪检定规程

JJG 951—2000《模拟式温度指示调节仪检定规程》，由国家质量技术监督局于 2000 年 5 月 8 日发布，2000 年 10 月 1 日实施。

1. 主要内容

规定了术语：标称电量值、设定点误差、切换值、切换差、时间比值、非线性系数（r）、零周期、比例带、再调时间（积分时间）、预调时间（微分时间）、静差、干扰系数。计量性能要求包括指示基本误差（最大允许误差）、回程误差（回差）、位式控制仪表要求、时间比例控制仪表要求、连续及断续（二位式）比例积分微分控制仪表要求、稳定性。通用技术要求中包括外观、绝缘电阻、绝缘强度。计量器具控制对检定条件做了明确要求。检定方法中对接线方式、机械调零和通电预热均有要求。

2. 规程适用性

JJG 951—2000 适用于配热电偶或热电阻的模拟式温度指示及指示调节仪的首次检定、后续检定和使用中检验；也适用于以直流电压、电流和电阻作为模拟电信号输入的，反映其他物理变量的模拟式指示及指示调节仪的检定。模拟式温度指示及指示调节仪（简称仪表）包括对输入电信号未作线性化处理的仪表，也包括对输入电信号经线性化处理后使标尺为等刻度的仪表（如光柱指示的仪表和线性刻度的指针式仪表），这些仪表可以是台式的、盘装式的和便携式的。

111　JJG 971—2002 液位计检定规程

JJG 971—2002《液位计检定规程》，由国家质量监督检验检疫总局于 2002 年 9 月 13 日发布，2002 年 12 月 13 日实施。

1. 主要内容

规定了液位计的计量性能要求及检定标准。其中针对示值误差、回差、稳定性、液位信号输出误差、设定点误差、切换差等指标制定了检验标准。通用技术要求中规定了外观、主电源变化的影响、环境温度影响、共模干扰影响、抗扰度的性能、耐压及密封、绝缘性能。检定方法中规定了两种常用方法，即用液位计水箱检定装置的检定方法和用模拟液位的检定方法。

2. 规程适用性

JJG 971—2002 适用于液位计的定型鉴定、样机试验、首次检定、后续检定和使用中检验。液位计包括的类型有浮子式、浮球式、浮筒式、压力式、电容式、电导式和反射式等。用其他原理制造的液位计、物位计也可参照 JJG 971—2002 进行检定。

112 JJG 985—2004 高温铂电阻温度计工作基准装置检定规程

JJG 985—2004《高温铂电阻温度计工作基准装置检定规程》，由国家质量监督检验检疫总局于 2004 年 3 月 2 日发布，2004 年 6 月 2 日实施。

1. 主要内容

高温铂电阻温度计是根据金属铂丝的电阻随温度变化而变化的特性来测量温度的一种仪器。高温铂电阻温度计工作基准装置应包括工作基准高温铂电阻温度计及定义固定点装置。定义固定点装置包括银凝固点、铝凝固点、锌凝固点、锡凝固点以及水三相点装置。高温铂电阻温度计工作基准装置用于检定一等标准高温铂电阻温度计。

JJG 985—2004 首先规定了温度值的定义及内插方法，对符号意义进行了说明。高温铂电阻温度计工作基准装置应包括工作基准高温铂电阻温度计三支及定义固定点装置。温度计的电阻特性、稳定性及热电性能应满足要求。规定整套检定装置应在各个固定点进行复现性试验。通用技术要求中规定了外观尺寸和结构要求。检定过程要遵循环境条件要求并有相应的配套设备。检定方法中规定了常规检查项目、固定点装置的复现检查项目和稳定性检查方法。

2. 规程适用性

JJG 985—2004 适用于工作基准高温铂电阻温度计及高温铂电阻温度计工作基准装置在 0℃～961.78℃范围的首次检定和后续检定。

113 JJG 1003—2005 流量积算仪检定规程

JJG 1003—2005《流量积算仪检定规程》，由国家质量监督检验检疫总局于 2005 年 9 月 5 日发布，2005 年 12 月 5 日实施。

1. 主要内容

概述了工作原理和结构以及流量信号的输入形式。计量性能要求中规定了流量积算仪的准确度等级、电源变化影响。通用技术要求中规定了外观检查、功能检查、小信号切除、绝缘电阻和绝缘强度。计量器具控制中规定了型式评价、样机试验、首次检定、后续检定和使用中检验。

2. 规程适用性

JJG 1003—2005 适用于流量积算仪的型式评价、样机试验、首次检定、后续检定和使用中检验。

114 JJG 1029—2007 涡街流量计检定规程

JJG 1029—2007《涡街流量计检定规程》，由国家质量监督检验检疫总局于2007年8月21日发布，2007年11月21日实施。

1. 主要内容

涡街流量计利用卡门涡街原理，适用于气体、液体和蒸汽流量的测量。对准确度等级和重复性都有要求。规定了通用技术要求，检定条件中规定了检定用液体、检定用气体和检定环境要求，并规定了流量计的安装要求。

2. 规程适用性

JJG 1029—2007适用于涡街流量计的型式评价、首次检定、后续检定和使用中检验。

115 JJG 1030—2007 超声流量计检定规程

JJG 1030—2007《超声流量计检定规程》，由国家质量监督检验检疫总局于2007年8月21日发布，2007年11月21日实施。

1. 主要内容

第3章为术语，包括：超声流量计、超声换能器、接触式超声流量计、外夹式超声流量计、传播时间、声道、声道角、单声道流量计、双声道流量计、多声道流量计、表体、零流量读数、脉冲系数、流动调整器、信号处理单元、分界流量 q、流量计系数。

第4章为概述，介绍了工作原理及结构形式。

第5章讲述了计量性能要求，包括准确度等级、重复性、流量计系数调整、双向测量流量计的要求、外夹式流量计的要求。

第6章介绍了通用技术要求，包括随机文件、铭牌和标识、外观、保护功能、密封性。

第7章介绍了计量器具控制。检定条件涉及流量标准装置的要求、检定用液体、检定环境条件、安装条件等。介绍了检定项目和检定方法，检定结果的处理，检定周期。

2. 规程适用性

JJG 1030—2007适用于以时间差法为原理的封闭管道用超声流量计的型式评价、首次检定、后续检定和使用中检验。不适用于明渠或暗渠超声流量测量仪表的检定。

116 JJG 1033—2007 电磁流量计检定规程

JJG 1033—2007《电磁流量计检定规程》，由国家质量监督检验检疫总局于2007年11月21日发布，2008年2月21日实施。

1. 主要内容

第3章为术语，包括：一次装置（传感器）、二次装置（转换器）、流量特征系数、流动调整器、引用误差。

第 4 章为概述，介绍了工作原理及构造及用途。

第 5 章讲述了计量性能要求，包括准确度等级、引用误差、误差表示方法和选取原则、重复性。

第 6 章介绍了通用技术要求，包括随机文件、标识、外观、密封性、保护功能。

第 7 章介绍了计量器具控制。检定条件涉及流量标准装置、检定用液体、检定环境条件、安装条件等。介绍了检定项目和检定方法，检定结果的处理，检定周期。

2．规程适用性

JJG 1033—2007 适用于封闭管道安装的电磁流量计的型式评价、首次检定、后续检定和使用中的检验。不适用于测量血液、液态金属和铁矿浆和明渠流量测的流量计，亦不适用于插入式电磁流量仪表和电磁式水表的检定。

第四节　国家计量技术规范设计技术要求

117　JJF 1184—2007 热电偶检定炉温度场测试技术规范

JJF 1184—2007《热电偶检定炉温度场测试技术规范》，由国家质量监督检验检疫总局于 2007 年 11 月 21 日发布，2008 年 2 月 21 日实施。

1．制定背景

长期以来，我国对于热电偶检定炉温度场测试技术一直没有统一的规范，所以才制定了 JJF 1184—2007。

2．主要内容

第 2 章为名词术语。第 3 章为检定炉的组成以及分类。第 4 章说明测试项目包括轴向温度场测试和径向温度场测试。第 5 章详细描述了测试的条件。第 6 章对测试方法进行了介绍，并对具体测试方法进行具体问题具体分析。第 7 章为数据处理所需公式以及具体含义。第 8 章为测试结果的表达。第 9 章说明检定炉的复测时间间隔根据实际使用情况自行决定，但最长不能超过一年。附录包括贵金属偶和廉金属偶检定炉的技术要求、温度场测试记录、温度场测试结果整理表、检定炉温度场测试报告（背面）格式、标准铂铑10-铂热电偶检定炉温度场测量结果不确定度评定实例。

3．规程适用性

JJF 1184—2007 适用于 300℃～1500℃范围内包括带温控器和不带温控器的卧式管式热电偶检定炉温度场的测试。对于立式管式检定炉、退火炉的温度场测试，可参照执行。

118　JJF 1030—2010 恒温槽技术性能测试规范

JJF 1030—2010《恒温槽技术性能测试规范》，由国家质量监督检验检疫总局于 2010 年 9

月6日发布，2011年3月6日实施。

1. 主要内容

第3章为概述。恒温槽是以液体为导热介质，通过温度控制系统以及搅拌或射流装置的作用，达到设定温度，并保持其内部工作区域的温度稳定均匀，主要用作检定、校准各类温度计或其他计量器具所需要的恒温设备。

第4章为测试条件。规定了环境条件：环境温度15℃～35℃或满足产品使用说明书中的要求；环境湿度35%～85%或满足产品使用说明书中的要求。环境条件还应满足电测仪器设备的其他使用要求。规定了测量用标准器及配套设备。

第5章为测试项目和测试方法。规定了测试项目：稳定性和均匀性，其中均匀性包括上水平面温差、下水平面温差和工作区域最大温差。规定了测试方法，包括测试前的准备、波动性测试、均匀性测试（包括均匀性测试的测试步骤、均匀性测试的数值计算）。

2. 规程适用性

JJF 1030—2010适用于检定或校准用液体恒温槽温度稳定性和均匀性的测试。

119 JJF 1098—2003 热电偶、热电阻自动测量系统校准规范

JJF 1098—2003《热电偶、热电阻自动测量系统校准规范》，由国家质量监督检验检疫总局于2003年3月5日发布，2003年6月1日实施。

1. 主要内容

第3章为名词术语。第4章为概述，包括系统的组成、系统的用途。第5章为计量特性，包括系统各主要部件的技术要求、专用测量软件的功能要求、安全性能、计量特性。第6章为校准条件，包括环境条件、校准用标准器及配套设备。第7章为校准项目和校准方法，校准项目是指在系统校准前，应对其配置的标准器、电测仪表、恒温装置、参考端恒温器和工业偶系统用的补偿导线等有计量性能要求的各个组成部件，按相应的检定规程或校准规范单独检定或校准。校准方法包括校准前的预处置、安全性能检测、扫描开关寄生电势的测试、通道间数据采集差值的测试、校准结果不确定度验证、重复性测试、恒温性能的测试、专用软件的功能检查。第8章为校准结果的表达，经校准的系统发给校准证书。第9章为复校时间间隔，可根据实际使用情况自行决定。建议复校时间间隔最长不超过1年。复校时应附上次校准证书。

附录包括标准热电偶自动测量系统测量结果不确定度评定实例、工业热电阻自动测量系统测量结果不确定度评定实例、校准证书。

2. 规程适用性

JJF 1098—2003适用于S型二等标准热电偶、工作用热电偶和工业热电阻自动测量系统（简称系统）的校准。对于R型、B型标准热电偶测量系统的校准也可参照执行。

120 JJF 1157—2006 测量放大器校准规范

JJF 1157—2006《测量放大器校准规范》，由国家质量监督检验检疫总局2006年9月6日发布，2006年12月6日实施。

1．主要内容

第 4 章为概述。测量放大器是具有规定时间计权、频率计权和电压指示功能的宽量程、低噪声仪器，主要用于声学及振动等方面的工程测量以及声学和振动测量仪器的检定和校准，通常由放大器、衰减器、频率计权、时间计权、滤波器、检波器和指示器等部分组成。

第 5 章为计量特性。包括：整机灵敏度；频率计权；线性频率响应；高、低通滤波器特性；指示器分度误差；输入衰减器误差；输出衰减器误差；本机噪声；时间计权（测量放大器对突然施加的信号或阶跃信号所产生的过冲，F 时间计权一般应不超过 1.1dB，S 时间计权一般应不超过 1.6dB；当施加的信号突然切断时，测量放大器指示值的衰减速率，对 F 时间计权一般应大于 27dB/s，S 时间计权一般应为 3.8dB/s～4.9dB/s）；碎发音响应；有效值特性；电输出的级线性；谐波失真；内部参考信号；极化电压。

第 6 章为校准条件。包括：环境条件（空气温度 20℃～26℃，相对湿度 30%～80%）；标准器及其他设备（音频信号发生器、碎发音信号发生器、频率计、数字电压表、失真度测量仪、精密衰减器、直流检流计）。

第 7 章为校准项目和校准方法。包括：外观；整机灵敏度；频率计权；线性频率响应；高、低通滤波器的特性；指示器分度误差；输入衰减器误差；输出衰减器误差；本机噪声；时间计权（过冲、衰减速率）；碎发音响应；有效值特性；电输出的级线性；谐波失真；内部参考信号；极化电压。

第 8 章为校准结果表达。包括：校准记录；校准数据处理（所有的数据应先计算，后修约）；校准证书（经校准的仪器应出具校准证书）；校准结果的测量不确定度（测量放大器校准结果的测量不确定度按 JJF 1059—1999 的要求评定；主要校准项目的测量扩展不确定度建议不超过规定的数值，其包含因子为 2，相当于置信概率 95%）。

第 9 章为复校时间间隔。测量放大器的复校时间间隔建议为 1 年。然而，复校时间间隔的长短取决于仪器的使用情况（使用部位的重要性、环境条件、使用频率）、使用者、仪器本身质量等诸多因素，因此，客户可根据实际使用情况自主决定复校的时间间隔。

2．规程适用性

JJF 1157—2006 适用于声学、振动测量用测量放大器的校准。

121　JJF 1171—2007 温度巡回检测仪校准规范

JJF 1171—2007《温度巡回检测仪校准规范》，由国家质量监督检验检疫总局于 2007 年 2 月 28 日发布，2007 年 8 月 28 日实施。

1．主要内容

第 3 章为概述。巡回检测仪由测量显示仪器和一组传感器组成。第 4 章为计量特性。功能性检查包括外观、显示功能、巡检周期，具有打印功能的巡检仪不能有错打漏打或打印不清等现象。安全性能检查包括绝缘电阻和绝缘强度。测量误差：巡检仪各通道的示值与实际温度的差值为巡检仪测量误差，误差的表示形式有以与被测量有关的量程和量化单位表示、直接以被测量值表示两种。

第 5 章为校准条件。校准条件包括校准用标准仪器和校准用配套设备。第 6 章为校准方法。包括外观检查；显示功能检查；巡检周期的检查；绝缘电阻的检查；绝缘强度的检查；测量误差校准（预热、预调，校准点选择，校准顺序，零点的校准，其他各温度点的校准，实际温度与测量误差的计算）。

第7章讲述的是经校准的巡检仪发给的校验证书中应该给出的信息。第8章为复校时间间隔，巡检仪的复校时间间隔可根据具体使用情况由用户决定，建议复校时间间隔最长不超过一年。

2．规程适用性

JJF 1171—2007 适用于以热电偶、热电阻、半导体电阻为温度传感器，测量范围为－60℃～＋300℃的温度巡回检测仪器的校准。

122　JJF 1182—2007 计量器具软件测试指南

JJF 1182—2007《计量器具软件测试指南》，由国家质量监督检验检疫总局于 2007 年 8 月 21 日发布，2007 年 11 月 21 日实施。

1．制定背景

计量检定/校准、数据处理及测量不确定度分析中广泛应用计算机技术和测量软件，测量软件对测量结果的准确性和可靠性起到至关重要的作用。计量器具软件，尤其是涉及贸易计算、安全防护、医疗卫生、环境监测、资源保护、法制评价、公正计量等属于国家法制管理的计量器具软件的可靠性和保护能力，日益受到各国的高度重视。因此应对计量器具软件进行控制，以确保计量器具的计量特性符合法制计量要求。

2．主要内容

第 4 章为计量器具软件的应用要求，根据 ISO/IEC 9126 规定的质量特性要求，计量器具软件可从功能性、可靠性、易用性、效率、可维护性和可移植性等六大因素进行测试，并按计量器具软件的技术特性分类或应用领域制定相应的软件测评细则和程序，满足相应要求。其中：计量器具软件技术特性分类，可分为基于嵌入的计算机系统及基于通用的计算机系统；基本要求，适用于各种计量器具软件，包括软件标识、算法和功能的正确性、软件保护和硬件特性支持；特定要求是针对某些种类的计量器具或应用领域的技术特性。当某技术在计量系统中使用时，应满足除基本要求外，还需考虑计量数据自动和长期储存、通信系统传输、相关组件指定与分离和组件接口指定、维护和升级、操作系统和硬件兼容性、可移植性。

第 5 章为计量器具软件水平分类。软件设计和结构：计量器具软件应按照指南的要求设计，使其法制相关功能的一致性易于评价；法制相关软件应按照不受也不允许受其他软件影响的方式来设计；法制相关软件应按照不受也不能够被计量器具接口所更改的方式来设计；软件的功能性应设计为具有可测试性。软件保护：法制相关程序和数据应被保护以避免偶然或无意地更改；法制相关程序和数据应被保护以避免遭到破坏或未被授权者有意识地更改；只有被批准和验证了，软件才允许使用；在软件控制硬件的过程中，能够产生假测量值的功能缺陷应能被检测到并采取措施。规定了计量器具风险分类。

第 6 章为型式评价。申请单位有提供技术文档资料和计量器具软件源代码的义务，讲述型式评价的文档资料的要求、型式评价的基本要求、型式评价的验证方法、型式评价的验证程序。

第 7 章为测评细则编制要求。各计量专业委员会应参照 JJF 1182—2007，按照计量器具技术特性的分类或应用领域分别制定相应软件测评的细则和程序，提出特定要求，在制定相应测评细则时应按照规定的内容和格式编制。

3. 规程适用性

JJF 1182—2007 提出的计量器具软件应用要求，覆盖了不同种类的计量器具软件。各计量专业技术委员会应参照 JJF 1182—2007，按计量器具技术特性的分类或应用领域分别制定相应软件测评的细则和程序，提出其特定要求。

以下技术要求能够直接应用于控制计量器具软件：

1）对计量特性有影响并起关键作用的软件应予以特别表示并得到保护。该标识应易于获得，对软件进行保护的证据记录应保存足够时间。

2）测量数据和重要计量参数的储存或传递应得到足够的保护，以避免意外或有意地破坏。

3）计量器具应具有防止欺骗性使用的特性，同时应将误操作的可能性减至最小。

4）计量器具的计量特性不应受到与其连接设备自身特性或其通信的远程设备（包括无线接入设备）的影响。

123　JJF 1183—2007 温度变送器检定规程

JJF 1183—2007《温度变送器校准规范》，由国家质量监督检验检疫总局于 2007 年 11 月 21 日发布，2008 年 5 月 21 日实施。

1. 主要内容

第 3 章为概述，讲述了温度变送器的原理、结构、分类以及计量量程。第 4 章为计量特性要求，规定了带传感器和不带传感器温度变送器中的准确度等级和最大允许误差的对应关系，规定了温度变送器的安全性能，规定了温度变送器的绝缘电阻、温度变送器的绝缘强度要求。第 5 章为温度变送器校准条件介绍，介绍校准标准器和一些相关设备、校准条件要求、温度变送器工作电源要求。

第 6 章为校准项目和校准方法。介绍了普通温度变送器、新制造的不带传感器的变送器和 DDZ 系列变送器的校准项目。校准方法说明，指出测量误差的校准，测量误差的校准的准备工作，校准步骤及带传感器变送器和不带传感器变送器的测量误差计算公式，为测量结果的处理；介绍了温度变送器绝缘电阻的测量；介绍了温度变送器绝缘强度的测量。测量结果数据处理原则：小数点后保留的位数应以修约误差小于变送器最大允许误差的 1/20～1/10 为限。测量结果是由多次测量的算术平均值给出，其末位应与扩展不确定度的有效位数对齐。

第 7 张为校准结果的表达方式。校准报告至少应包括 15 信息，其中本次校准所用测量标准的溯源性及有效性说明中应包括标准器的名称、型号规格、测量范围及不确定度、有效日期等说明。校准环境的表述中应包括环境温度、相对湿度和供电的状况；带传感器的变送器还应说明校准时保护套管的拆卸状态机升降温试验的说明。校准结果及其测量不确定度的说明中应给出每个被校点温度对应的输出平均值或换算成温度值，以及相应的扩展不确定度和包含因子。

2. 规程适用性

JJF 1183—2007 适用于传感器为热电偶或热电阻的温度变送器的校准。变送器包括带温度传感器和不带温度传感器的。使用时，要注意使用相应的引用文献的现行有效版本。

第五节 国家标准化指导性技术文件设计技术要求

124 GB/Z 18039.1—2000 电磁兼容 环境 电磁环境的分类

GB/Z 18039.1—2000《电磁兼容 环境 电磁环境的分类》，由国家质量技术监督局于2000 年 4 月 3 日发布，2000 年 12 月 1 日实施。

1. 制定背景

GB/Z 18039.1—2000 等同采用 IEC 技术报告 IEC 61000-2-5: 1996《电磁兼容 第 2 部分：环境 第 5 分部分：电磁环境的分类》。GB/Z 18039.1—2000 对电气和电子设备所处的电磁环境进行了分类，从而为获得电磁兼容性提供了技术规范。

GB/Z 18039.1—2000 是《电磁兼容 环境》系列国家标准化指导性技术文件之一，系列国家标准化指导性技术文件包括自下内容：

GB/Z 18039.1—2000 电磁兼容 环境 电磁环境的分类；

GB/Z 18039.2—2000 电磁兼容 环境 工业设备电源低频传导骚扰发射水平的评估。

2. 主要内容

电磁环境的分类是根据典型位置占主要成分的电磁现象进行分类或描述的，而不是根据现有的试验规程。然而，在概率相同的现象之间做出选择时，利用现有试验规程（如果合适的话）进行调整会使情况变得简单，并且使推荐值更容易被接受。在 GB/T 4365 中电磁环境的定义提到了“电磁现象”。GB/Z 18039.1—2000 中使用了术语“骚扰度”以量化构成电磁环境的现象，而与试验等级的考虑无关。

因此，在分类法中，电磁现象的概念和术语是定义电磁环境和选择骚扰度的起点，第 4～6 章即为这一过程的第一步。已经分出了三类基本的电磁现象：低频现象、高频现象和静电放电。第一步，定义现象的属性（描值、波形、源阻抗、出现的频率等），确定预期的骚扰度范围。第二步，对指定的位置类别，从这个范围中找出一个单一的值作为某种现象的最有代表性的值，从而规定那类位置的兼容水平。

3. 规程适用性

GB/Z 18039.1—2000 为负责制定设备或系统抗扰度标准的人员提供指导，而不作为技术规范。其目的是对电磁环模进行分类，以便更好地利用装在电气或电子元件的设备抗扰度要靠的技术规范，从而获得电磁兼容性。GB/Z 18039.1—2000 对选择抗扰度水平也给出了基本的指导。这些数据适用于在 GB/Z 18039.1—2000 规定的特定场所利用电磁能工作的设备、分系统或系统。

应该注意到，对所选择的设备抗扰度要求不但会受到环境的限制，而且还会受到使用要求（如可靠性或安全性）的约束，这就使其比一般要求更加严格。为了更一般的目的（如通用标准或产品标准）在确定抗扰度水平时，也可能要考虑统计的、经济的方面以及某些应用方面的共同经验。

125　GB/Z 18039.2—2000 电磁兼容　环境　工业设备电源低频传导骚扰发射水平的评估

GB/Z 18039.2—2000《电磁兼容　环境　工业设备电源低频传导骚扰发射水平的评估》，由国家质量技术监督局于2000年4月3日发布，2000年12月1日实施。

1．制定背景

GB/Z 18039.2—2000等同采用IEC技术报告IEC 61000-2-6:1996《电磁兼容　第2部分：环境　第6分部分：工业设备电源低频传导骚扰发射水平的评估》。GB/Z 18039.2—2000推荐了工业厂矿中的电气和电子设备电源低频传导骚扰发射水平的评估方法。

GB/Z 18039.2—2000是《电磁兼容　环境》系列国家标准化指导性技术文件之一，系列国家标准化指导性技术文件包括自下内容：

GB/Z 18039.1—2000 电磁兼容　环境　电磁环境的分类；

GB/Z 18039.2—2000 电磁兼容　环境　工业设备电源低频传导骚扰发射水平的评估。

2．主要内容

GB/Z 18039.2—2000阐述与供电电源连接的设备所发射的低频传导骚扰，这些骚扰包括：

——谐波及谐间波；

——不平衡；

——电压变化；

——电压暂降。

3．规程适用性

GB/Z 18039.2—2000推荐了评估工业环境中安装在非公用电网中的装置、设备和系统发射所产生的骚扰水平的程序，并只限于供电电源中的低频传导骚扰。在此基础上，可以获得相关的发射限值，它适用于交流50/60Hz中，低压非公用电网。航运、航空、近海平台以及铁路等电网不属于GB/Z 18039.2—2000的范围。

126　GB/Z 18039.5—2003 电磁兼容　环境　公用供电系统低频传导骚扰及信号传输的电磁环境

GB/Z 18039.5—2003《电磁兼容　环境　公用供电系统低频传导骚扰及信号传输的电磁环境》，由国家质量监督检验检疫总局于2003年2月1日发布，2003年8月1日实施。

1．制定背景

GB/Z 18039.5—2003等同采用IEC6 1000-2-1：1990《电磁兼容　第2部分：环境　第1

分部分：环境的描述公用供电系统低频传导骚扰及信号传输的电磁环境》。GB/Z 18039.5—2003 的目的是给出公用供电系统预期能出现的各种类型骚扰的资料，是有关标准给出的兼容水平值的参考文件。

2．主要内容

第 4 章规定电磁兼容水平的目的。从电磁兼容水平的定义可以看出，它是一个参考值，借助电磁兼容水平，可以协调系统的骚扰水平及各种类型设备的抗扰度水平。在实际应用中，“骚扰限值”是指在装置、设备或系统的电磁环境中以一定概率出现的最大骚扰水平。这是为避免引起干扰而必须与其他水平相关的参考值。在有些情况下，最大骚扰水平是由几个骚扰源（如谐波）叠加的结果，在其他情况下，它由单个骚扰源（如非重复性的电压暂降）产生。

第 5 章为谐波。阐述了谐波的现象、原理以及影响性因素。谐波是指频率为供电系统频率整数倍（如 50Hz）的一些正弦电压或正弦电流。谐波骚扰一般是由具有非线性电压/电流特性的设备引起的，这样的设备可以认为是谐波电流源。由发电、输电和配电设备产生的谐波电流小、畸变水平低；工业和民用负荷产生的谐波电流较大、畸变水平相对较高。通常电网中只有少数谐波源产生显著的谐波电流，其他设备大多数产生的单次谐波功率是低的。谐波的主要有害影响为：使调节装置的运行不正常；造成纹波控制器和其他电网信号传输系统、保护继电器以及可能采取的其他控制装置失灵等。谐波的高幅值可引起纹波控制接收器和保护继电器的失灵。长期影响主要是发热。

第 6 章为谐间波。给出了谐波产生的现象、原因、种类和影响。在以供电频率为基波频率的谐波电压或谐波电流之间，还能观察到另外一些频率不是基波频率整数倍的分量，它们以离散的频率或宽带频谱的形式出现。谐间波源能在低压电网或中、高压电网中找到，由低压网络产生的谐间波主要影响其邻近的设备；而在中压/高压电网中产生的谐间波则流入由它们供电的低压电网中。谐间波的影响是由离散频率对纹波控制接收器产生的干扰。通过感应电动机和电弧炉已观察到了这种影响，不过上述其他类型设备也可产生这种影响。

第 7 章为电压波动。给出了电压波动的现象、原因和影响。电压波动可描述为电压包络线的周期变化或一系列随机的电压变化，其变化范围通常不超出 GB 156 给出的工作电压的±10%，在低压电网中家用电器是电压波动的重要来源，但是各个电器只影响数目有限的用户。由于电压波动的幅值不超过±10%，通常大多数设备不被这种骚扰所干扰。电压波动所造成的主要危害就是闪烁。

第 8 章为电压暂降和短时供电中断。给出了电压暂降和短时供电中断的现象、产生原因和影响。电压暂降是电力系统中某一点的电压突然降低，继之经过半周波到几秒钟的短时间之后电压恢复。短时供电中断指电源电压消失不超过 1min，短时供电中断可认为是降幅为 100%的电压暂降。电压暂降可能由开关操作大电流或故障导致保护装置（包括自动重合闸）动作所引起。这些事件可能产生于用户系统或公用供电网。电压暂降和短时供电中断可骚扰接在供电网上的设备。

第 9 章为电压不平衡。给出了电压不平衡的现象、产生原因和影响。电压不平衡是指三相电压幅值不相同或相位不对称（即相位差不是正常的 120°），或者两者皆存在的情况。不平衡的单相负荷是产生电压不平衡的主要原因。三相感应电机的负序阻抗与其启动期间的阻抗相似，从而在不平衡电源上运行的电机将吸取不平衡电流，其不平衡度是电源电压下不平衡电流的几倍。

第 10 章为电网信号传输系统。给出了电网信号传输系统的现象和影响。公用电网是为了给用户供电而建造的，但有时也会由电业单位用于信号的传输。就信号传输系统本身及其对电网和负荷的影响而论，在利用它们时（即负荷调节、仪表的遥测等），必须保证具有电磁兼容性，电网信号系统可能受到电网骚扰特别是谐波和谐间波的影响。考虑相邻系统的相互影响也是有必要的。

第 11 章为电源频率变化。给出了电源频率变化的现象、产生原因和影响。在任何情况下，频率都取决于负荷与发电设备功率之间的动态平衡。任何以供电频率作为时间基准的电力设备也都会受到影响。

3. 规程适用性

GB/Z 18039.5—2003 的目的是给出公用供电系统预期能出现的各种类型骚扰的资料，是有关标准给出的兼容水平值的参考文件。GB/Z 18039.5—2003 涉及频率范围 10kHz 及以下并扩展到电网信号传输系统的传导骚扰。在 GB/T 18039.3（IEC6 1000-2-2）中给出了不同电压等级系统的兼容水平。GB/Z 18039.5—2003 不涉及兼容水平评估的应用，如对具体设备或装置允许发射的骚扰评估，因为这必须考虑随频率变化的阻抗等其他一些系统参数。GB/Z 18039.5—2003 不对有关产品委员会提出的抗扰水平的规范加以评判，而只提供指导。GB/Z 18039.5—2003 的目的是给出公用供电系统预期能出现的各种类型骚扰的资料，是有关标准给出兼容水平值的参考文件。

127　GB/Z 18039.6—2005 电磁兼容　环境　各种环境中的低频磁场

GB/Z 18039.6—2005《电磁兼容　环境　各种环境中的低频磁场》，由国家质量监督检验检疫总局和中国国家标准化管理委员会于 2005 年 2 月 6 日发布，2005 年 12 月 1 日实施。

1. 制定背景

GB/Z 18039.6—2005 等同采用 IEC6 1000-2-7：1998《电磁兼容环境　第 2-7 部分：各种环境中的低频磁场》，是《电磁兼容环境》系列国家标准化文件之一，是有关标准给出的兼容水平值的参考文件。

2. 主要内容

第 4 章为自然现象。给出了三种自然的磁场和计算公式。

第 5 章为供电系统环境。给出了架空线路和地下电缆线路敷设的技术标准，以及电力公司的中压/高压厂站最大磁场，和供电统相关的磁场的值与测量时的负荷电流、系统的电压有关，这些参数决定了架空线路导体的对地高度、地下电缆的埋深和结构。只要有可能，在 GB/Z 18039.6—2005 内所说明的值是以系统电压和最大的负荷条件［或以千安（kA）为单位表示的导体的电流］为基准的。给出了供电部门的低压配电房磁场值。

第 6 章为牵引系统环境。给出了分类和磁场值。

第 7 章为工业环境。工业环境的特征是由大量的单相和三相的波动负荷决定的。给出了各种典型工业设备的磁场值。

第 8 章为商业办公室环境。单层的小办公室经受的总体磁场水平与住宅区环境的相似。多层办公楼经受的较高水平的磁场背景，是因为其电气装置带有较大的电流且与配电网表现相似；在其中性线上经常有较大的三次谐波电流分量。

第 9 章为住宅区环境。房屋的内部布线和设备通常不会显著地增加磁场的背景值。然而，在公寓住宅区的环境可能与多层商用楼遇到的情况相似，即架设有电网而且变电站靠近住房。住宅内的磁场的背景值取决于距离附近电源供电网络电缆和架空线的远近以及其负载的大小。

第 10 章为医院环境。给出了医院的磁场影响。

第 11 章为不同源产生的磁场的总结和比较。给出了与架空线相关的磁通密度范围和家用电器以及办公环境磁通密度范围的比较，很明显在不同环境的磁场水平存在相当的重叠。

3．规程适用性

近年来，由于注意到磁场可能对人体和动物生理的影响，以及对某些电气设备，特别是对图像显示装置的性能产生有害的影响，从而激发了人们对磁场的关注。GB/Z 18039.6—2005 中给出了根据调查得出的结果，供参考之用。

第六节　国家标准化技术规范书设计技术要求

128　GRK95-51 火力发电厂分散控制系统技术规范书

GRK95-51《火力发电厂分散控制系统技术规范书》，由电力工业部电力规划设计总院批准，1995 年 4 月实施。

1．制定背景

随着 DCS 在火力发电厂运用越来越广泛，为了规范 DCS 的设计技术标准和运用，根据实际需要和相关国家标准制定了 GRK95-51。

2．主要内容

第 3 章为技术要求。界定了硬件、软件、人机接口、数据通信系统、数据采集系统、基本要求、FSSS、SCS、基本技术要求。DCS 应完成模拟量控制（MCS）、锅炉炉膛安全监控系统（FSSS）、顺序控制（SCS）和数据采集（DAS）功能，以满足各种运行工况的要求，确保机组安全、高效运行。DCS 应由分散处理单元、数据通信系统和人机接口组成。DCS 系统应易于组态，易于使用，易于扩展。DCS 的设计应采用合适的冗余配置和诊断至模件级的自诊断功能，使其具有高度的可靠性。系统内任一组件发生故障，均不应影响整个系统的工作。系统的参数、报警和自诊断功能应高度集中在 CRT 上显示和在打印机上打印，控制系统应在功能和物理上适当分散。DCS 应采取有效措施，以防止各类计算机病毒的侵害和 DCS 内各存贮器的数据丢失。所提供的 DCS 至少应具有三年以上类似功能的成功应用实绩。系统硬件应采用有现场运行实绩的、先进可靠的和使用以微处理器为基础的分散型的硬件。系统内所有模件均应是固态电路，具有标准化、模件化和插入式的结构。系统应能在电子噪声、射频干扰及振动都很大的现场环境中连续运行，且不降低系统的性能。控制系统应包括由微处理器构成的各个子系统，这些子系统实现对单元机组及辅机系统的调节控制。FSSS 应是 DCS 的一部分，其处理器模件应冗余配置。卖方提供的 FSSS 应满足 GRK95-51 所规定的功能和特性等要求。FSSS 的设计应符合规定和锅炉制造厂商的要求。FSSS 应包括燃烧器控制系统（BCS）和燃料安全系统（FSS），应提供 FSSS 与运行人员的人机接口，使运行人员能在启动、停机或正常运行的工况下，监视 BCS 和 FSS 的自动过程。FSSS 还应有 MCS、SCS 及其他控制子系统的接口，并能接受和发送为综合整个机组运行工况所要求的信息和指令。SCS 用于启动/停止子组项。一个子组项被定义为电厂的某个设备组，如一台送风机及其所有相关的设备（包括风机油泵、挡板等）。所设计的子组级程控进行自动顺序操作，目的是为了在机组启、停时减少操作人员的常规操作。在可能的情况下，各子组项的启、停应能独立进行。对于每一个子组项及其相关设备，它们的状态、启动许可条件、操作顺序和运行方式，均应在 CRT 上显示出系统画面。

第 4 章为备品备件和专用工具。界定了备品备件的服务原则，给出了专用工具的配置及要求。卖方应保证备品备件长期稳定的供货。对主要设备或与主设备功能相同并接插兼容的替代品，其备品的供货期至少是设备验收后 10 年或该设备退出市场后 5 年（二者之中取时间长的一种）。当卖方决定中断生产某些组件或设备时，应预先告知买方，以便买方增加这些设备的备品备件。卖方应提供所有便于维修和安装 DCS 所使用的专用工具。除专用工具外，卖方还应向买方提供一份推荐的维修测试人员必备的标准工具的清单。

第 5 章为设计联络会议（DLM）。界定了联络会议的次数和协调的问题。召开设计联络会议的目的是及时协调接口设计，妥善解决技术问题和保证工程的顺利开展。关于 DLM 的安排，包括会期、地点和参加人数等可参见有关章节内容。卖方可在其报价中对有关安排提出修改意见。最终安排将在合同签订前由买卖双方协商确定。买方人员参加在卖方制造厂召开的 DLM 所需的往返机票、当地交通和食宿等费用，均由卖方支付。由于在具体设计过程中出现的某些共同关心的问题，有可能在中国或在卖方的国家召开计划外的 DLM，卖方应负责筹办和参加这些会议，并支付所需费用。在每次 DLM 之前两周，卖方应向买方提交技术文件和图纸，以便买方在会上讨论和确认这些技术文件和图纸。每次 DLM 结束时，买卖双方应签署会议纪要。纪要与合同具有同等效力。

第 6 章为工程服务。界定了工程服务的内容和标准。合同签订后，卖方应指定一项目经理，负责协调卖方在工程全过程的各项工作。如系统设计、工程进度、制造确认、编程和技术服务、图纸文件、工厂和现场测试、编制文件、启动、投运和现场系统可利用率测试等工作。在设备和系统制造前，卖方应将设备布置图、子系统说明书、功能控制及逻辑控制图提供给买方审核批准，以保证所供系统和设备能符合合同文本的各项规定。卖方还应向买方（设计院）提交所有最终接口资料和图纸，以便买方能顺利开展其设计工作。

第 7 章为试验、验收和演示。界定了验收的要求和步骤以及技术标准。给出了现场试验的步骤和方法、技术要求以及保证期义务原则。卖方在制造过程中，应对设备的材料、连接、组装、工艺、整体以及功能进行试验和检查，以保证完全符合 GRK95-51 和已确认的设计图纸的要求。买方应有权在任何时候，对设备的质量管理情况，包括设备试验的记录进行检查。此外，还应进行工厂验收试验、演示和现场试验。系统在设备制造、软件编程和反映目前系统真实状况的有关文件完成后，卖方应在发货前进行能使买方满意的工厂验收试验和演示。试验应包括对所有可联网并已装载软件的设备进行适当的运行。采用仿真机构成DCS所有输入信号、组态和控制输出的一个完整的功能闭环试验。在开始试验前，要求所提供的系统已在40℃高温下，顺利运行72h，卖方应说明这一温度试验步骤。

第8章为包装、装船和仓储。给出了包装、装船和仓储要求。卖方对每一件设备均应严格执行原设备制造商推荐的维护建议，以确保设备的在装船时完好如初。

第9章为数据和文件。给出了数据处理的原则，文件处理的要求和规范。合同签字后，卖方应在30天内提出一份在合同期间准备提交买方审查、确认或做参考的文件和图纸清单。清单应包括需由买方确认的图纸、进度和文件，并准备一份有关合同情况的详细工作报告。卖方提供的资料应包括涉及所有系统部件的安装、运行、注意事项和维护方法的详细说明，此外还应包括所购设备的完整设备表和详细指南。与设备表相对应的设备项目代号应在所有相关图纸上表示出来，卖方还应根据要求提供其设备代号与市场上可买到的该设备型号间的参照表。卖方应提供足以使买方能够进行检查和修改的所有系统程序和组态文件，这些文件包括打印出来的程序，并装订成册。卖方应提供适合于用户工程师使用的、高质量的用户手册。卖方应提供适合于没有计算机专业知识的控制工程师使用的高质量文件。

第10章为培训。给出了培训的内容和要求。对买方的设计、施工、运行和维修人员的培训，是DCS成功启动和运行的基础。卖方应提供买方认为必要的附加培训，因为在国外培训结束后，卖方对所供硬件和软件又有所修改。

3．规程适用性

GRK95-51提出的是最低限度的要求，并未对所有技术细节做出规定，也未完全陈述与之有关的规范和标准。卖方应提供符合GRK95-51和有关工业标准要求的优质DCS。GRK95-51对某发电厂2×300MW机组采用的分散控制系统（简称DCS）提出了技术方面和有关方面的要求。GRK95-51的内容是按对一套DCS的要求编制的。

129 GRK95-52 火力发电厂锅炉炉膛安全监控系统技术规范书

GRK95-52《火力发电厂锅炉炉膛安全监控系统技术规范书》，由电力工业部电力规划设计总院批准，1995年4月实施。

1．制定背景

为了规范火力发电厂锅炉炉膛安全监控系统设计规范性，根据火力发电厂锅炉炉膛安全监控系统设计技术规定以及火力发电厂现场实际需要和相关国家标准制定了GRK95-52。

2．主要内容

第2章为技术规范。界定了FSS、FSSS、BCS基本技术要求和条件。FSSS应包括燃烧器控制系统（BCS）和燃料安全系统（FSS）。FSS的基本要求：卖方所供的FSS应能防止由炉膛内燃料和空气混合物产生的不安全工况，必要时，切除燃料系统，并避免锅炉受压部件过热。BCS基本要求：卖方应设计和提供具有对油燃烧器和煤燃烧器的安全点火、投运和切除的连续监视等功能。给出了BCS应该具备的功能内容。

第 3 章为设备规范。界定了硬件、软件的具体要求。FSSS 系统应采用有现场运行实绩的、先进可靠的设备，控制器应采用以微处理器为基础的控制器或可编程序控制器（PLC），FSSS 装置应具有在线自动/手动火焰检测器和全部逻辑的试验功能。系统内所有模件均应是固态电路，具有标准化、模块化和插入式的结构。系统应能在电子噪声、射频干扰及振动都很大的现场环境中连续运行，且不降低系统的性能。电子装置机柜的外壳防护等级：室内应为 NAMN12，室外应为 NAMA4。理器模件应清晰地标明各元器件，并带有 LED 自诊断显示。所有 IO 模件都应有标明 IO 状态的 LED 指示和其他诊断显示，如模件电源指示等。

第 4 章为供货范围。给出了供货范围的技术规范。

第 5 章为工程技术服务。界定了系统组态，调试、培训的基本内容。卖方应根据买方按工程要求提出的规范书原则性逻辑框图进行详细逻辑设计，并负责系统的组态。卖方应负责系统设备到货后的安装指导和调试，以保证所提供系统能够顺利投运，买方应积极协助配合。卖方应在合同签订后向买方提供技术培训，技术培训应包括课堂讲授和操作指导。

第 6 章为买方的工作。界定了买房应该提供的技术资料和设备。

第 7 章为工作安排。界定了工程联络设计的规范。

第 8 章为备品备件及专用工具。界定了备品备件和专用的数量及范围。

第 9 章为试验、验收。界定了验收的要求和步骤以及技术标准。卖方在制造过程中，应对设备的材料、连接、组装、工艺、整体以及功能进行试验和检查，以保证完全符合 GRK95-52 和已确认的设计图纸的要求。系统在设备制造、软件编程和反映目前系统真实状况的有关文件完成后，卖方应在发货前进行能使买方满意的工厂验收试验。除规定的工厂验收试验外，买方有权在卖方的工厂进行各单独功能的试验，包括硬件试验以及逐个回路的组态和编程检查。在工厂验收前，系统设计应体现出卖方在设备上所做的最新修改。

第 10 章为包装运输及贮存。给出了包装、运输的基本要求。每个设备箱至少应包括两份详细的装箱单和一份质量检验证明。

3. 规程适用性

GRK95-52 对卖方提供的锅炉炉膛安全监控系统（FSSS）提出了技术方面和有关方面的要求，包括功能设计、设备结构、性能和制造、安装和试验等。GRK95-52 提出了最低限度的要求，并未对一切技术细节做出规定，也未充分引述有关标准和规范的条文。卖方应保证提供符合 GRK95-52 和有关工业标准的优质产品，如果卖方提供的报价与 GRK95-52 有偏差，应以书面形式提出，并对每一点都做详细说明。如卖方没有以书面形式对 GRK95-52 的条文提出异议，那么，买方认为卖方提供的产品完全满足 GRK95-52 的要求。GRK95-52 经买卖双方确认后作为订货合同的附件，与合同正文具有同等效力。

130　GRK95-56 火力发电厂除灰除渣控制系统技术规范书

GRK95-56《火力发电厂除灰除渣控制系统技术规范书》，由电力工业部电力规划设计总院批准，1995 年 4 月实施。

1. 制定背景

为了规范火力发电厂除灰除渣控制系统设计规范性，根据火力发电厂锅炉炉膛安全监控系统设计技术规定和火力发电厂现场实际需要和相关国家标准制定了 GRK95-56。

2．主要内容

第 2 章为技术规范。界定了火力发电厂除灰除渣控制系统执行的规范和标准，给出了具体内容和技术标准。除灰、除渣工艺系统由除渣部分、除灰部分，以及渣系统、循环水系统、中速磨排石子煤系统、飞灰系统、灰库气化及卸载系统组成。给出了系统检测及控制功能的技术规范。

第 3 章为设备规范。界定了硬件、软件的具体要求。装设的所有仪表和控制设备应具备在两个电厂除灰除渣控制系统运行两年以上成功经验，不得选用没有实践经验的仪表。所有控制仪表及设备应具有最高的可用性、稳定性、可操性和可维护性，应满足要求的功能。卖方提供的控制盘、台、柜和按钮站应为安装在它们内部或上面的设备提供环境保护，即能防尘、防滴水、防潮、防结露、防昆虫及啮齿动物，能耐指定的高、低温度以及支承结构的振动，当控制室内安装时应符合 NEMA12 标准，当安装于现场时应符合 ENMA4 或 NEMA4X（系统进口时）或相应的标准。安装有 CRT 和键盘的监视控制操作台是除灰渣系统的监视控制中心。运行监视应具有数据采集、CRT 屏幕显示，参数处理、越限报警、制表打印等功能。可编程序控制器（PLC）所有硬件应是制造厂的标准产品或标准选择件。

第 4 章为供货范围。给出了供货范围的技术规范。

第 5 章为工程技术服务。给出了技术培训、培训资料和现场服务的技术规范。卖方应根据 GRK95-56 和买方提供的工艺要求进行控制系统设计和组态。卖方应对需方提供技术培训和操作指导。卖方应该提供买方安装、接线、调试、运行和维护所需的全部资料和样本。卖方负责指导所供控制系统的现场安装，全面负责控制系统的检查、受电、功能恢复、调试直至投入运行。

第 6 章为买方的工作。界定了买房应该提供的技术资料和设备。

第 7 章为工作安排。界定了工程联络设计的规范。

第 8 章为备品备件及专用工具。界定了备品备件和专用的数量及范围。

第 9 章为质量保证和试验。给出了检查与试验的技术规范。

3．规程适用性

GRK95-56 对卖方提供的气力除灰和水力除渣控制系统提出了技术方面和有关方面的要求，包括功能设计、设备结构、性能和制造、安装和试验等。GRK95-56 提出了最低限度的要求，并未对一切技术细节做出规定，也未充分引述有关标准和规范的条文。卖方应保证提供符合 GRK95-56 和有关工业标准的优质产品。如果卖方的报价与 GRK95-56 有偏差，应以书面形式提出，并对每一点都作详细说明。如卖方没有以书面形式对 GRK95-56 的条文提出异议，那么，买方认为卖方提供的产品完全满足 GRK95-56 的要求。GRK95-56 经买卖双方确认后作为订货合同的附件，与合同正文具有同等效力。

131　GRK95-59 火力发电厂热工自动化系统电动执行机构技术规范书

GRK95-59《火力发电厂热工自动化系统电动执行机构技术规范书》，由电力工业部电力规划设计总院批准，1995 年 4 月实施。

1．制定背景

为了规范火力发电厂电动执行机构设计规范性，根据火力发电厂现场实际需要和相关国家标准制定了 GRK95-59。

2．主要内容

第 2 章为技术规范。界定了火力发电厂电动执行机构设计的具体内容和技术标准。给出了系统检测和控制功能的技术规范，及误差、精度、回差的要求。电动执行机构可以通过伺服放大器（随执行机构供）接受来自连续调节器输出的 4mA～20mA DC 模拟信号或断续调节器输出的 24VDC 脉冲信号，但不管采用哪种输入信号，都应确保电动执行机构和自动调节系统的接口协调。

第 3 章为设备规范。界定了电源、工作条件以及电动执行器的技术要求，给出了电动执行器的技术规范标准。

第 4 章为供货范围。给出了供货范围的技术规范。

第 5 章为工程技术服务。给出了技术培训、培训资料和现场服务的技术规范。在电动执行机构出厂前，应事先通知买方，买方可派员对出厂检验过程进行监督。如买方提出要求，卖方应派员指导现场安装和配合试运行。卖方应提供买方电动执行机构存放的条件和要求。

第 6 章为买方的工作。界定了买房应该提供的技术资料和设备。

第 7 章为工作安排。界定了工程联络设计的规范。

第 8 章为备品备件及专用工具。界定了备品备件和专用的数量及范围。

第 9 章为质量保证和试验。给出了检查与试验的技术规范。卖方应保证所提供的设备满足电厂安全、可靠运行的要求，并对电动执行机构的设计、制造、供货、试验、装箱、发运、现场调试等过程全面负责。

3．规程适用性

GRK95-59 对卖方提供的热工自动化系统中的电动执行机构提出了技术方面和有关方面的要求，包括功能设计、设备结构、性能和制造、安装和试验等。GRK95-59 提出了最低限度的要求，并未对一切技术细节做出规定，也未充分引述有关标准和规范的条文。卖方应保证提供符合 GRK95-59 和有关工业标准的优质产品。如果卖方的报价与 GRK95-59 有偏差应以书面形式提出，并对每一点都作详细说明。如卖方没有以书面形式对 GRK95-59 的条文提出异议，那么买方认为卖方提供的产品完全满足 GRK95-59 的要求。GRK95-59 经买卖双方确认后作为订货合同的附件，与合同正文具有同等效力。

132　GRK95-60 火力发电厂热工自动化系统气动执行机构技术规范书

GRK95-60《火力发电厂热工自动化系统气动执行机构技术规范书》，由电力工业部电力规划设计总院批准，1995 年 4 月实施。

1．制定背景

为了规范火力发电厂气动执行机构设计规范性，火力发电厂现场实际需要和相关国家标准制定了 GRK95-60。

2．主要内容

第 2 章为技术规范。界定了火力发电厂气动执行机构设计执行的规范和标准，给出了具体内容和技术标准。给出了系统检测及控制功能的技术规范。气动执行机构可以通过伺服放大器（随执行机构供）接受来自连续调节器输出的 4mA～20mA DC 模拟信号或断续调节器输出的 24VDC 脉冲信号，但不管采用哪种输入信号，都应确保气动执行机构和自动调节系统的接口协调。

第 3 章为设备规范。界定了电源、工作条件以及气动执行机构的技术要求，给出了气动执行机构的技术规范标准，及误差、精度、回差的要求。气动执行机构及其附件，在仪用空气压力 450kPa～800kPa 范围内应能安全地工作，并满足 GRK95-60 的要求。气动执行机构应具有三断保护，即当失去控制信号或失去仪用气源或电源故障时具有自锁功能，并具有供报替用的输出的接点。每一气动执行机构应配有可调整的过滤减压阀，以及监视气源和信号的压力表。气动执行机构应配置手轮，以便在动力源消失时就地手动操作。

第 4 章为供货范围。给出了供货范围的技术规范。

第 5 章为工程技术服务。给出了技术培训、培训资料和现场服务的技术规范。在气动执行机构出厂前，应事先通知买方，买方可派员对出厂检验过程进行监督。如买方提出要求，卖方应派员指导现场安装和配合试运行。卖方应提供买方气动执行机构存放的条件和要求。

第 6 章为买方的工作。界定了买方应该提供的技术资料和设备。

第 7 章为工作安排。界定了工程联络设计的规范。

第 8 章为备品备件及专用工具。界定了备品备件和专用的数量及范围。

第 9 章为质量保证和试验。给出了检查与试验的技术规范。卖方应保证所提供的设备满足电厂安全、可靠运行的要求，并对气动执行机构的设计、制造、供货、试验、装箱、发运、现场调试等过程全面负责。

3．规程适用性

GRK95-60 对卖方提供的热工自动化系统中的气动执行机构提出了技术方面和有关方面的要求，包括功能设计、设备结构、性能和制造、安装和试验等。GRK95-60 提出了最低限度的要求，并未对一切技术细节做出规定，也未充分引述有关标准和规范的条文。卖方应保证提供符合 GRK95-60 和有关工业标准的优质产品。如果卖方的报价与 GRK95-60 有偏差应以书面形式提出，并对每一点都作详细说明。如卖方没有以书面形式对 GRK95-60 的条文提出异议，那么买方认为卖方提供的产品完全满足 GRK95-60 的要求。GRK95-60 经买卖双方确认后作为订货合同的附件，与合同正文具有同等效力。

133 GRK98-54 火力发电厂汽机控制系统技术规范书

GRK98-54《火力发电厂汽机控制系统技术规范书》，由电力工业部电力规划设计总院批准，1998 年 7 月实施。

1．制定背景

为了提高火力发电厂热工自动化工程设计水平，指导主要热工自动化设备的招（议）标工作，电力规划设计总院先后以电规发〔1995〕74 号和电规电控〔1998〕30 号文颁发了 10 本火力发电厂热工自动化系统技术规范书，GRK98-54 是其中的一本。

2．主要内容

第 1 章为总则。界定了汽轮机控制系统的设计规范总则。GRK98-54 中提出的是最低限度的要求，并未对所有技术细节做出规定，也未充分引述与之有关的规范和标准。卖方应保证提供符合 GRK98-54 和有关工业标准的优质产品。如果卖方未以书面形式对 GRK98-54 提出异议，则买方认为卖方提供的产品将完全满足 GRK98-54 的要求。如有异议，不管多么微小，都应在报价书中以“对规范书的意见和同规范书的差异”为标题的专门章节中予以详细说明。

第 2 章为技术要求。界定了火力发电厂汽轮机控制系统执行的规范和标准，给出了具体内容和技术标准。汽轮机组应采用由纯电调和液压伺服系统组成的数字式电液控制系统（DEH 系统），并能在锅炉跟随、汽机跟随、协调控制、变压运行、定压运行中任何一种机组运行方式下安全经济地运行。DEH 系统的基本自动控制功能是汽轮机的转速控制和负荷控制功能。对于特定的机组还可以包括其他一些参数的控制。系统应能在 CRT 上用图像和文字显示出机组正常启动、停运及事故跳闸工况下的操作指导，包括提供当前的过程变量值和设备状态、目标值、不能超越的限值、异常情况、运行人员应进行的操作步骤、对故障情况的分析和应采取的对策等。DEH 系统应能利用汽轮机及其转子的物理模型和数学模型，求得汽轮机转子的实时热应力，作为监视和控制汽轮机启动、运行和寿命管理的依据。汽轮机自启动及负荷自动控制功能是指具有以最少的人工干预，实现将汽轮机从盘车转速带到同步转速并网，直至带满负荷的能力。ATC 系统的启动程序完成将汽轮机从盘车转速升速到同步转速的任务。DEH 控制系统应按分级分层控制的原则设计，以便高一级控制系统故障退出时可降至较低一级继续维持安全运行。液压伺服系统是 DEH 系统的一个组成部分，应成套供应。液压伺服系统应包括油源及液压执行机构两大部分，所供的系统应具有成功应用的实绩。

第 3 章为设备规范。界定了电子控制装置、硬件、软件、电源、工作条件的技术要求。一套完整的 DEH 控制系统设备应该包括电子控制装置、液压系统和就地仪表设备三大部分。DEH 系统电子部分硬件至少应包括基于微处理器的控制机柜、操作员站、打印机和工程师站，另有显示操作面板作为可选件。机柜内的所有模件均应是固态电路，具有标准化、模件化和插入式的结构。处于备用状态的冗余处理器应能跟踪运行处理器的组态和变化。卖方应在其报价书中说明冗余处理器模件的切换时间和数据更新周期，并保证系统的控制和保护功能不会因冗余切换而丢失或延迟。运行人员通过键钮或鼠标等手段发出的任何操作指令均应在 1s 或更短的时间内从 I/O 通道输出，从发出指令到已被执行的确认信息应在 2s 内在 CRT 上反映出来。卖方应提供一套完整的满足要求的程序软件包，包括实时操作系统程序、应用程序及应力计算程序，并负责系统的生成、组态、CRT 画面生成和打印制表格式生成等。卖方应提供 DEH 总电源装置（柜），这个装置应能接受由买方提供的两路交流 220V×（1±10%）的单相电源［其中一路来自不停电电源（UPS）］。两路电源应在 DEH 电源装置内互为备用，自动切换。系统设计应采用各种抗噪技术，包括光电隔离、高共模抑制比、合理的接地和屏蔽等。耐共模电压≥250V，共模抑制比应≥90dB；耐差模电压≥60V，差模抑制比应≥60dB，

EH 供油系统应是组合式结构，由油箱、油泵、过滤器、蓄能器、冷油器、再生装置、油管路、各种阀门及端子箱基本部件，以及用来监控供油系统运行工况的就地仪表、控制设备组成。EH 供油系统应采用具有良好的抗燃性和稳定性的抗燃油作为工作介质。执行机构带调节阀空载（无蒸汽）的快速关闭全行程时间应小于 0.2s。卖方应在报价规范书中列出随 DEH 系统将提供的用于实现系统控制及保护功能所需的过程参量检测装置，如变送器、阀位传感器、过程变量开关、热电偶、热电阻等的清单供买方确认。

第 4 章为卖方工作/供货范围。给出了供货范围的技术规范。卖方应根据工程所采用的汽轮机发电机的本体资料及有关的说明，进行 DEH 系统的设计，提供符合 GRK98-54 要求的硬件、软件、服务和有关图纸资料，属于为实现 DEH 系统功能而对其他控制系统提出的要求，其接口工作应由 DEH 系统卖方负责并提供。

第 5 章为买方的工作。给出了买方工作范围和供货范围。

第 6 章为工程技术服务。界定了培训、资料、现场服务工作范围和要求。对买方的设计、施工、运行和维修人员的培训，是 DEH 系统成功地施工、运行、维护和管理的基础。卖方应委派有丰富经验的专家，采用现代化的培训手段，对买方的工作人员进行培训。每位教员均应具备正规课堂讲学的经验。教员应负责教会学员掌握培训课程的内容，提供如何使用技术资料的指导，并解答学员在培训过程中提出的有关问题。买方将派出人员参加卖方举办的工厂培训。培训人数、地点及培训时间在签订合同前确定。卖方应提供买方认为必要的附加培训，作为工厂培训的补充。卖方提供的文件及图纸应满足电厂总体设计、设备安装、现场调试、运行和维护的需要。如果不能满足买方有权提出补充要求，卖方应无偿地提供所需的补充技术资料。卖方提供的资料应包括所有有关系统部件的安装、运行、注意事项和维护方法的详细说明，所购设备的完整设备表和详细指南。卖方应提供足以使买方能够进行检查和修改的所有系统程序和组态文件，这些文件包括打印出来的程序，并装订成册。卖方应提供适合于用户工程师使用、高质量的用户手册。这些手册应既可用作教材，又可作为参考手册。卖方应提供适合于缺乏计算机专业知识的控制工程师使用的高质量文件。按照合同规定，在完成所有设备和系统的安装、启动调试及投运期间，卖方应派出常驻工程现场的专家，以提供现场服务。卖方派出的专家，在设备和系统的安装、接线、调试和启动期间，应对安装和接线进行监督和指导，负责启动和调试。

第 7 章为工作安排。界定了工程进度节点和交接，设计联络内容时间及技术规范。

第 8 章为备品备件及专用工具。界定了备品备件和专用的数量及范围。

第 9 章为质量保证和试验。给出了检查与试验步骤及相关技术规范。按 GRK98-54 提供的所有设备、材料及服务，应由卖方负责质量控制。卖方应利用一个质量控制程序以检验其所有项目及服务，也包括分包商的项目和服务，是否符合合同和技术规范的要求。

3. 规程适用性

GRK98-54 是根据现行标准编制的，是该系统招（议）标用技术规范书的一个典型范本，GRK98-54 是国内工程相应控制系统招（议）标用技术规范书的典型范本和指导性文件，可在具体工程中参照使用。GRK98-54 经买、卖双方确认后作为订货合同的技术附件，与合同正文具有同等效力。

134　GRK98-55 火力发电厂给水泵汽机控制系统技术规范书

GRK98-55《火力发电厂给水泵汽机控制系统技术规范书》，由电力工业部电力规划设计总院批准，1998 年 7 月实施。

1．制定背景

为了提高火力发电厂热工自动化工程设计水平，指导主要热工自动化设备的招（议）标工作，电力规划设计总院先后以电规发〔1995〕74 号和电规电控〔1998〕30 号文颁发了 10 本火力发电厂热工自动化系统技术规范书，GRK98-55 是其中的一本。

2．主要内容

第 1 章为总则。界定了给水泵汽机控制系统的设计规范总则。GRK98-55 中提出的是最低限度的要求，并未对所有技术细节做出规定，也未充分引述与之有关的规范和标准。卖方应保证提供符合 GRK98-55 和有关工业标准的优质产品。如果卖方未以书面形式对 GRK98-55 提出异议，则买方认为卖方提供的产品将完全满足 GRK 98-55 要求。如有异议，不管多么微小，都应在报价书中以“对规范书的意见和同规范书的差异”为标题的专门章节中予以详细说明。

第 2 章为技术要求。界定了火力发电厂给水泵汽轮机控制系统执行的规范和标准，给出了具体内容和技术标准。MEH 系统的主要任务是通过控制给水泵汽轮机的转速来控制锅炉的给水流量。MEH 系统应是以冗余的微处理器为基础的数字式控制系统。当 MEH 采用专用的独立系统（不是单元机组分散控制系统的构成部分）时，MEH 系统应提供接口（硬接线与/或数据通信）实现与分散控制系统（DCS）的连接。MEH 系统应能以操作人员预先设定的升速率自动地将汽轮机转速自最低转速一直提升到预先设定的目标转速。当发生系统内部故障时，MEH 应能自动地切换至手操，隔断系统输出，发出故障报警信号并指明故障性质。MEH 系统应设计成汽动给水泵能以自动方式或手动方式进行启动，使转速从 0 升至约 3000r/min，超过此转速，给水泵的控制可切换至由 DCS 的给水控制系统进行控制。液压伺服系统是 MEH 系统的一个组成部分，随 MEH 系统成套供应。液压伺服系统应包括油源及液压执行机构两大部分。液压系统的设计应符合国际电工委员会（IEC）规定的安全设计原则，对操作人员可能发生的误操作应有防范措施，当系统电源故障或油源失压时，能保证给水泵汽轮机安全地停机。

第 3 章为设备规范。界定了电子控制装置、硬件、软件、电源、工作条件的技术要求。一套完整的 DEH 控制系统设备应该包括电子控制装置、液压系统和就地仪表设备三大部分。MEH 系统电子部分硬件至少应包括基于微处理器的控制机柜、操作员站、打印机和工程师站，另有显示操作面板作为可选件。机柜内的所有模件均应是固态电路，具有标准化、模件化和插入式的结构。系统应能在环境温度 0～40℃，相对湿度 10%～95%（不结露）的环境中连续运行。当 MEH 系统不与主汽轮机 DEH 系统合用液压系统时，MEH 系统应设置独立的供油单元，向进汽阀调速阀执行机构提供液压动力。供油单元应与汽轮机的润滑油系统分开，采用具有良好稳定性的矿物油或合成油作为液压介质。卖方应在报价规范书中列出随 MEH 系统提供的用于实现系统控制、监视、报警及保护功能所需的过程参量检测装置，如变送器、阀位传感器、过程变量开关、转速传感器等的清单供买方确认。清单中应包括为满足现场巡视及就地操作时的需要随液压系统提供的诸如压力表、温度表、液位表等就地仪表。

第 4 章为卖方工作/供货范围。给出了供货范围的技术规范。卖方应根据工程所采用的汽轮机发电机的本体资料及有关的说明，进行 MEH 系统的设计，提供符合 GRK98-55 要求的硬件、软件、服务和有关图纸资料，属于为实现 MEH 系统功能而对其他控制系统提出的要求，其接口工作应由 MEH 系统卖方负责并提供。

第 5 章为买方的工作。给出了买方工作范围和供货范围。

第 6 章为工程技术服务。界定了培训、资料、现场服务工作范围和要求。对买方的设计、施工、运行和维修人员的培训，是 MEH 系统成功地施工、运行、维护和管理的基础。卖方应委派有丰富经验的专家，采用现代化的培训手段，对买方的工作人员进行培训。每位教员均应具备正规课堂讲学的经验。教员应负责教会学员掌握培训课程的内容，提供如何使用技术资料的指导，并解答学员在培训过程中提出的有关问题。买方将派出人员参加卖方举办的工厂培训。培训人数、地点及培训时间在签订合同前确定。卖方应提供买方认为必要的附加培训，作为工厂培训的补充。卖方提供的文件及图纸应满足电厂总体设计、设备安装、现场调试、运行和维护的需要。如果不能满足买方有权提出补充要求，卖方应无偿地提供所需的补充技术资料。卖方提供的资料应包括所有有关系统部件的安装、运行、注意事项和维护方法的详细说明，所购设备的完整设备表和详细指南。卖方应提供足以使买方能够进行检查和修改的所有系统程序和组态文件，这些文件包括打印出来的程序，并装订成册。卖方应提供适合于用户工程师使用，高质量的用户手册。这些手册应既可用作教材，又可作为参考手册。卖方应提供适合于缺乏计算机专业知识的控制工程师使用的高质量文件。按照合同规定，在完成所有设备和系统的安装、启动调试及投运期间，卖方应派出常驻工程现场的专家，以提供现场服务。卖方派出的专家，在设备和系统的安装、接线、调试和起动期间，应对安装和接线进行监督和指导，负责启动和调试。

第 7 章为工作安排。界定了工程进度节点和交接，设计联络内容时间及技术规范。

第 8 章为备品备件及专用工具。界定了备品备件和专用的数量及范围。

第 9 章为质量保证和试验。给出了检查与试验步骤及相关技术规范。按 GRK98-55 提供的所有设备、材料及服务，应由卖方负责质量控制。卖方在制造过程中，应对设备的材料、连接、组装、工艺、整体以及功能进行试验和检查，以保证完全符合 GRK98-55 和确认了的设计图纸的要求。买方有权在任何时候，对设备的质量管理情况，包括设备试验的记录进行检查。应对整个系统进行工厂验收试验、演示和现场试验。测试验收除满足 GRK98-55 要求外，还应参照电力部颁发的《火力发电厂汽机控制系统在线验收测试规程》(DL/T 656—1998) 进行。

3. 规程适用性

GRK98-55 是根据现行标准编制的，是该系统招（议）标用技术规范书的一个典型范本，GRK98-55 是国内工程相应控制系统招（议）标用技术规范书的典型范本和指导性文件，可在具体工程中参照使用。GRK98-55 经买、卖双方确认后作为订货合同的技术附件，与合同正文具有同等效力。

135 GRK98-61 火力发电厂补给水控制系统技术规范书

GRK98-61《火力发电厂补给水控制系统技术规范书》，由电力工业部电力规划设计总院批准，1998 年 7 月实施。

1．制定背景

为了提高火力发电厂热工自动化工程设计水平，指导主要热工自动化设备的招（议）标工作，电力规划设计总院先后以电规发〔1995〕74 号和电规电控〔1998〕30 号文颁发了 10 本火力发电厂热工自动化系统技术规范书，GRK98-61 是其中的一本。

2．主要内容

第 1 章为总则。界定了补给水控制系统的设计规范总则。GRK98-61 中提出的是最低限度的要求，并未对所有技术细节做出规定，也未充分引述与之有关的规范和标准。卖方应保证提供符合 GRK98-61 和有关工业标准的优质产品。如果卖方未以书面形式对 GRK98-61 提出异议，则买方认为卖方提供的产品将完全满足 GRK98-61 的要求。如有异议，不管多么微小，都应在报价书中以“对规范书的意见和同规范书的差异”为标题的专门章节中予以详细说明。GRK98-61 所使用的标准如与卖方所执行的标准发生矛盾时，按较高标准执行。

第 2 章为技术要求。界定了火力发电厂补给水控制系统执行的规范和标准，给出了具体内容和技术标准。给出了补给水系统的工艺举例、控制方式、系统控制、输入输出控制要求、检测仪表等技术规范。采用 CRT 操作员站进行监视控制，即通过 CRT 画面和键盘对整个工艺系统进行监视和控制，控制室不再设常规控制仪表盘。CRT 屏幕应能显示工艺流程及测量参数、控制对象状态，也应能显示成组参数。当参数越限报警或控制对象故障或状态变化时，应以不同颜色进行显示，并应有音响提示，键盘的操作应有触感、声音反馈，反馈的音量大小可以调整。锅炉补给水处理控制系统采用以微处理器为基础的可编程序控制器（PLC）进行顺序控制，顺序控制逻辑设计应符合工艺系统的控制要求。控制系统应对整个工艺系统进行集中监视、管理和自动顺序控制，并可实现远方手操。化学除盐系统采用顺序控制、远程控制及就地操作相结合的控制方式。顺序控制应包括每列除盐装置的投运、停止和再生程序、自动加酸加碱程序、自动/半自动启动另一列除盐装置程序等。对于顺序控制设置必要的分步操作、成组操作或单独操作等，并有跳步、中断或旁路等操作功能。还应设有必要的步骤时间和状态指示，必需的选择和闭锁功能。

第 3 章为设备规范。界定了仪表、控制盘、台、柜及按钮站、CRT 操作员站、可编程序控制器（PLC）的设备规范和技术要求。装设的所有仪表和控制设备应具备在两个电厂锅炉补给水处理控制系统运行两年以上成熟经验的资格，不得选用没有实践经验的仪表和控制设备。所有控制仪表及设备应具有最高的可靠性、可用性、稳定性、可操性和可维护性，并满足功能要求。卖方提供的控制盘、台、柜和箱，应为安装在它们内部或上面的设备提供环境保护，即能防尘、防滴水、防腐、防潮、防结露、防昆虫及啮齿动物，能耐指定的高、低温度以及支承结构的振动，符合 IP52 标准（对于室内安装）和 IP56（对于室外安装）或相应的标准。CRT 操作员站是锅炉补给水处理系统的监视控制中心，应具有数据存取、CRT 画面显示、参数处理、越限报警、制表打印等功能。PLC 所有硬件应是制造厂的标准产品或标准选择件。系统中所有模件应是接插式的，便于更换。机柜内应提供 I/O 总量的 10%做备用，同时在插槽上还应留有扩充 10%I/O 的余地。中央处理单元 CPU 应设置足够容量的存贮器，考虑40%的备用量。

第4章为供货范围。给出了供货范围的技术规范。卖方应该提供除了控制电缆和台、盘、柜仪表用阀门导管等安装材料以外的所有控制设备和就地表计。

第5章为技术服务。给出了卖方的技术服务、现场服务、培训技术规范。卖方应根据GRK98-61和买方提供的设计资料进行控制设计和组态。卖方应对买方提供技术培训和操作指导。卖方应该提供买方安装、接线、调试、运行和维护所需的全部资料和样本。

第6章为买方工作。界定了买方应该提供的技术资料和规范。

第7章为工作安排。界定了工程进度节点和交接，设计联络内容时间及技术规范。

第8章为备品备件及专用工具。界定了备品备件和专用的数量及范围。

第9章为质量保证和试验。给出了检查与试验步骤及相关技术规范。

第10章为包装运输及贮存。给出了买方、卖方的运输、包装和存储技术规范。

3. 规程适用性

GRK98-61是根据现行标准编制的，是该系统招（议）标用技术规范书的一个典型范本，GRK98-61是国内工程相应控制系统招（议）标用技术规范书的典型范本和指导性文件，可在具体工程中参照使用。GRK98-61经买、卖双方确认后作为订货合同的技术附件，与合同正文具有同等效力。

136 GRK98-62火力发电厂凝结水精处理控制系统技术规范书

GRK98-62《火力发电厂凝结水精处理控制系统技术规范书》，由电力工业部电力规划设计总院批准，1998年7月实施。

1. 制定背景

为了提高火力发电厂热工自动化工程设计水平，指导主要热工自动化设备的招（议）标工作，电力规划设计总院先后以电规发〔1995〕74号和电规电控〔1998〕30号文颁发了10本火力发电厂热工自动化系统技术规范书，GRK98-62是其中的一本。

2. 主要内容

第1章为总则。界定了凝结水精处理控制系统的设计规范总则。GRK98-62中提出的是最低限度的要求，并未对所有技术细节做出规定，也未充分引述与之有关的规范和标准。卖方应保证提供符合GRK98-62和有关工业标准的优质产品。如果卖方未以书面形式对GRK98-62提出异议，则买方认为卖方提供的产品将完全满足GRK98-62的要求。如有异议，不管多么微小，都应在报价书中以“对规范书的意见和同规范书的差异”为标题的专门章节中予以详细说明。GRK98-62所使用的标准如与卖方所执行的标准发生矛盾时，按较高标准执行。

第2章为技术要求。界定了火力发电厂凝结水精处理控制系统执行的规范和标准，给出了具体内容和技术标准。给出了精处理工艺工况使用条件、控制方式、检测仪表、系统控制、输入输出信号要求的技术规范。凝结水精处理工艺系统由两部分组成，一部分为凝结水精处理部分，另一部分为再生系统。采用CRT操作员站进行监视控制，即通过CRT画面和键盘对整个工艺系统进行监视和控制，控制室不再设常规控制仪表。凝结水精处理控制系统采用以微机处理器为基础的可编程序控制器（PLC）进行顺序控制，顺序控制逻辑设计应符合工艺系统的控制要求。

第 3 章为设备规范。界定了仪表、控制盘、台、柜及按钮站、CRT 操作员站、可编程序控制器（PLC）的设备规范和技术要求。装设的所有仪表和控制设备应具备在两个凝结水精处理控制系统运行两年以上成熟经验的资格，不得选用没有实践经验的仪表和控制设备。所有控制仪表及设备应具有最高的可靠性、可用性、稳定性、可操性和可维护性，并满足功能要求。卖方提供的控制盘、台、柜和箱，应为安装在它们内部或上面的设备提供环境保护，即能防尘、防滴水、防腐、防潮、防结露、防昆虫及啮齿动物，能耐指定的高、低温度以及支承结构的振动，符合 IP52 标准（对于室内安装）和 IP56（对于室外安装）或相应的标准。CRT 操作员站是凝结水精处理系统的监视控制中心，应具有数据存取、CRT 画面显示、参数处理、越限报警、制表打印等功能。PLC 所有硬件应是制造厂的标准产品或标准选择件。系统中所有模件应是接插式的，便于更换。机柜内应提供 I/O 总量的 10%做备用，同时在插槽上还应留有扩充 10% I/O 的余地。中央处理单元 CPU 应设置足够容量的存贮器，考虑 40%的备用量。

第 4 章为供货范围。给出了供货范围的技术规范。卖方应该提供除了控制电缆和台、盘、柜仪表用阀门导管等安装材料以外的所有控制设备和就地表计。

第 5 章为技术服务。给出了卖方的技术服务、现场服务、培训技术规范。卖方应根据 GRK98-62 和买方提供的设计资料进行控制设计和组态。卖方应对买方提供技术培训和操作指导。卖方应该提供买方安装、接线、调试、运行和维护所需的全部资料和样本。

第 6 章为买方工作。界定了买方应该提供的技术资料和规范。

第 7 章为工作安排。界定了工程进度节点和交接，设计联络内容时间及技术规范。

第 8 章为备品备件及专用工具。界定了备品备件和专用的数量及范围。

第 9 章为质量保证和试验。给出了检查与试验步骤及相关技术规范。

第 10 章为包装运输及贮存。给出了买方、卖方的运输、包装和存储技术规范。

3．规程适用性

GRK98-62 是根据现行标准编制的，是该系统招（议）标用技术规范书的一个典型范本，GRK98-62 是国内工程相应控制系统招（议）标用技术规范书的典型范本和指导性文件，可在具体工程中参照使用。GRK98-62 经买、卖双方确认后作为订货合同的技术附件，与合同正文具有同等效力。

137　GRK98-63 火力发电厂反渗透脱盐控制系统技术规范书

GRK98-63《火力发电厂反渗透脱盐控制系统技术规范书》，由电力工业部电力规划设计总院批准，1998 年 7 月实施。

1．制定背景

为了提高火力发电厂热工自动化工程设计水平，指导主要热工自动化设备的招（议）标工作，电力规划设计总院先后以电规发〔1995〕74 号和电规电控〔1998〕30 号文颁发了 10

本火力发电厂热工自动化系统技术规范书，GRK98-63 是其中的一本。

2．主要内容

第 1 章为总则。界定了反渗透脱盐控制系统的设计规范总则。GRK98-63 中提出的是最低限度的要求，并未对所有技术细节做出规定，也未充分引述与之有关的规范和标准。卖方应保证提供符合 GRK98-63 和有关工业标准的优质产品。GRK98-63 所使用的标准如与卖方所执行的标准发生矛盾时，按较高标准执行。

第 2 章为技术要求。界定了火力发电厂反渗透脱盐控制系统执行的规范和标准，给出了具体内容和技术标准。给出了反渗透脱盐工艺工况使用条件、控制方式、检测仪表、系统控制、输入输出信号要求的技术规范。采用操作站和 PLC 对整个系统进行监视和控制。即使用 CRT 画面和键盘通过 PLC 对整个工艺系统进行监控。反渗透脱盐控制系统和离子交换除盐控制系统公用两台互为冗余的操作站（每一台操作站由一台工控机、一台 CRT、一个键盘及一台打印机构成）。两台操作站布置在一个控制室内，运行人员可在任一台操作站上监控上述两个系统。反渗透脱盐控制系统采用顺序控制、远程控制及就地操作相结合的控制方式。顺序控制必须设置分步、成组或单独操作等功能，还应设有必要的步骤、时间和状态指示以及连锁和闭锁。

第 3 章为设备规范。界定了仪表、控制盘、台、柜及按钮站、CRT 操作员站、可编程序控制器（PLC）的设备规范和技术要求。装设的所有仪表和控制设备应具备在两个反渗透脱盐控制系统运行两年以上成熟经验的资格，不得选用没有实践经验的仪表和控制设备。所有控制仪表及设备应具有最高的可靠性、可用性、稳定性、可操性和可维护性，并满足功能要求。卖方提供的控制盘、台、柜和箱，应为安装在它们内部或上面的设备提供环境保护，即能防尘、防滴水、防腐、防潮、防结露、防昆虫及啮齿动物，能耐指定的高、低温度及支承结构的振动，符合 IP52 标准（对于室内安装）和 IP56（对于室外安装）或相应的标准。

第 4 章为供货范围。给出了供货范围的技术规范。

第 5 章为技术服务。给出了卖方的技术服务、现场服务、培训技术规范。卖方应根据 GRK98-63 和买方提供的设计资料进行控制设计和组态。卖方应对买方提供技术培训和操作指导。卖方应该提供买方安装、接线、调试、运行和维护所需的全部资料和样本。

第 6 章为买方工作。界定了买方应该提供的技术资料和规范。

第 7 章为工作安排。界定了工程进度节点和交接，设计联络内容时间及技术规范。

第 8 章为备品备件及专用工具。界定了备品备件和专用的数量及范围。

第 9 章为质量保证和试验。给出了检查与试验步骤及相关技术规范。

3．规程适用性

GRK98-63 是根据现行标准编制的，是该系统招（议）标用技术规范书的一个典型范本，可在具体工程中参照使用。GRK98-63 经买、卖双方确认后作为订货合同的技术附件，与合同正文具有同等效力。GRK98-63 适用于发电厂反渗透脱盐装置采用顺序控制的系统（不适用于采用手动控制的系统）。它包括系统功能、设备配置、性能、结构、安装和试验等方面的技术要求。

第七节　振动标准设计技术要求

138　JJG 189—1997 机械式振动试验台检定规程

JJG 189—1997《机械式振动试验台检定规程》，由国家技术监督局于 1997 年 9 月 1 日发布，1998 年 3 月 1 日实施。

1．制定背景

JJG 189—1997 用于代替 JJG 189—1987《机械式振动试验台检定规程》。

2．主要内容

第 1 章对机械式振动试验台的基本结构进行了说明。第 2 章对机械式振动试验台的技术进行了说明。第 3 章对检定项目和检定条件做出了要求。第 4 章对机械式振动试验台的各项检定方法进行了说明，包括振动台工作时的噪声测定、振动频率示值的检定、振动位移幅值的示值检定、振动台本底位移幅值的检定、振动加速度幅值的示值检定、振动加速度波形失真度的检定、台面位移幅值均匀度的检定、台面横向均匀度的检定、台面横向振动比的检定、扫描速率的检定、频率和位移幅值的示值稳定性检定。第 5 章具体规定计机械式振动试验台的检定结果的处理和检定周期。附录包括检定项目的选择、检定证书背面格式。

3．规程适用性

JJG 189—1997 适用于最大负载质量为 1000kg 以下的新制造、使用中及修理后的机械式振动试验台（简称振动台）的检定。

139　JJG 190—1997 电动式振动试验台检定规程

JJG 190—1997《电动式振动试验台检定规程》，由国家技术监督局于 1997 年 9 月 1 日发布，1998 年 3 月 1 日实施。

1．制定背景

JJG 190—1997 用于代替 JJG 190—1987《电动式振动试验台检定规程》。

2．主要内容

第 1 章对电动式振动试验台的基本结构进行了说明。第 2 章对电动式振动试验台的技术进行了说明。第 3 章对检定项目和检定条件做出了要求。第 4 章对电动式振动试验台的各项检定方法进行了说明，包括振动台工作时最大噪声测定、振动台台面漏磁的检定、振动频率示值的检定、振动加速度幅值的示值检定、振动位移（或速度）幅值的示值检定、振动加速度信噪比的检定、加速度波形失真度的检定、台面加速度幅值均匀度的检定、台面横向振动比的检定、扫描速率的检定、扫描定振精度的检定、振动频率示值的稳定性检定、加速度幅值的示值稳定度检定。第 5 章具体规定计电动式振动试验台的检定结果的处理和检定周期。

附录包括检定项目的选择、检定证书背面格式。

3. 规程适用性

JJG 190—1997 适用于额定正弦推力为 100kN 以下的新制造、使用中及修理后的电动式振动试验台（以下简称振动台）的检定。

140 JJG 298—2015 标准振动台检定规程

JJG 298—2015《标准振动台检定规程》，由国家质量监督检验检疫总局于 2015 年 12 月 7 日发布，2016 年 6 月 7 日实施。

1. 制定背景

为了规范标准振动台的校验，JJG 298—2015 对 JJG 298—2005《中频标准振动台（比较法）检定规程》进行了修订。

2. 主要内容

标准振动台是对振动传感器和测量仪进行检定或校准时产生标准正弦振动激励的装置。它通常由振动台、功率放大器（或驱动器）、控制系统（或信号源、频率计和电压表）、控制传感器及辅助设备所组成。振动台通常利用洛伦兹力、逆压电效应、液压或机械结构产生机械振动；控制系统通常采用具有信号发生和采集功能的分析系统实现，通常同时具有备正弦振动控制和振动校准功能。

计量性能要求规定了磁通密度、声压级、信号噪声比、频率示值误差、稳定性、波形失真度、横向振动比、幅值均匀度。通用技术要求规定了铭牌合格证等要求。计量器具控制中规定了检定条件、检定项目、检定方法、检定结果的处理和检定周期。

3. 规程适用性

JJG 298—2015 适用于频率为 0.1Hz～20kHz，加速度为 1000m/s^2 以下的中频标准振动台（比较法）的首次检定、后续检定和使用中的检验。

141 JJG 637—2006 高频标准振动台

JJG 637—2006《高频标准振动台》，由国家技术监督局于 2006 年 9 月 6 日发布，2007 年 3 月 6 日实施。

1. 制定背景

JJG 637—2006 用于代替 JJG 637—1990《高频标准振动台检定规程》。JJG 637—2006 引用下列文件：GB/T 2298—1991《机械振动与冲击 术语》、GB/T 20485.1—2008《振动与冲击传感器的校准方法 第 1 部分：基本概念》、GB/T 13823—1992《振动与冲击传感器的校准方法 激光干涉振动绝对校准（一次校准）》、GB/T 13823—1992《振动与冲击传感器的校准方法 正弦激励比较法校准（二次校准）》、JJG 233—1996《压电加速度计》。

2. 主要内容

第3章对高频标准振动台的基本结构进行了说明。第4章对高频标准振动台的计量性能要求做出了说明，主要明确了频率分辨力和示值误差、频率和加速度的稳定度、加速度信噪比、加速度总谐波失真度、加速度均匀度、横向振动比。第5章列举了高频标准振动台的通用技术要求。第6章具体规定计量器具控制，涉及检定条件、检定项目和检定方法、检定结果的处理和检定周期。附录包括检定证书内页格式、检定结果通知书内页格式。

3. 规程适用性

JJG 637—2006适用于频率为0.8Hz～50Hz，加速度10m/s^2～20000m/s^{2}范围内，用于振动检定和校准的高频标准振动台（简称高频台）的首次检定、后续检定和使用中检定。高频电动式标准振动台的标准可参照执行。

142 JJG 644—2003振动位移传感器检定规程

JJG 644—2003《振动位移传感器检定规程》，由国家质量监督检验检疫总局于2003年9月23日发布，2004年3月23日实施。

1. 制定背景

JJG 644—2003用于代替JJG 644—1990《振动位移传感器检定规程》。JJG 644—2003引用下列文件：GB/T 2298—1991《机械振动与冲击　术语》、GB/T 13866—1992《振动与冲击测量描述惯性式传感器特性的规定》、GB/T 13823.1—1993《振动与冲击传感器的校准方法　基本概念》、GB/T 13823.3—1992《振动与冲击传感器的校准方法、正弦激励比较法校准（二次校准）》、GB/T 13823.16—1995《振动与冲击传感器的校准方法、温度响应比较测试法》、JJG 2054—1990《振动计量器具计量检定系统》、JJF 1015—2002《计量器具型式评价和型式批准通用规范》、JJF 1016—2002《计量器具型式评价大纲编写导则》、JB/T 9256—1999《电感位移传感器》、JB/T 9257—1999《交流差动变压器式位移传感器》、JB/T 9258—1999《直流差动变压器式位移传感器》、JB/T 9329—1999《仪器仪表运输、运输存储基本环境条件及试验方法》。

2. 主要内容

第3章对振动位移传感器的基本结构进行了说明。第4章对振动位移传感器的计量性能要求做出了说明。第5章列举了振动位移传感器的通用技术要求。第6章具体规定计量器具控制，涉及定型鉴定或样机试验、首次检定、后续检定和使用中检验、检定结果的处理和检定周期。附录包括定型鉴定、样机试验方法、检定证书内页格式、检定结果通知书内页格式。

3. 规程适用性

JJG 644—2003适用于0～5000Hz频率范围内的用于机械振动测量的电感式、电容式及电阻式的位移传感器（简称传感器）的定型鉴定、样机试验、首次检定、后续检定和使用中的检验。

第八节 机械行业标准设计技术要求

143 JB/T 6513—2002 锅炉灭火保护装置检定规程

JB/T 6513—2002《锅炉灭火保护装置检定规程》，由国家质量监督检验检疫总局于2002年7月16日发布，2002年12月1日实施。

1. 主要内容

第4章为产品分类。包括型号及含义、交流电源额定值（风机用额定电压为三相交流380V，频率50Hz，机柜用额定电压为单相交流220V，电压偏差为－15%～＋10%，频率为50Hz）外形及安装尺寸、重量。

第5章为技术要求。包括：影响量和影响因素的标准基准值与试验允差、影响量和影响因素标称范围的标准极限值外观要求、对使用场所的其他要求、环境温度的极端范围极限值、炉膛清扫的要求、炉膛火焰监视要求、主燃料跳闸的应对方法、光照度响应范围、光照度响应误差、火焰脉动频率响应范围、火焰脉动颇率响应误差、检测火焰响应时间、低温性能、高温运行要求、功率消耗、最高允许温度、绝缘性能、耐蚀性性能、承受震动能力、承受冲击能力、承受碰撞击能力、承受脉冲群干扰能力、承受静电放电能力、承受辐射电磁场干扰能力、承受快速瞬变干扰能力、触点性能、机器寿命、结构及外观要求。

第6章为检验方法。

第7章为检验规则。包括检测分类、定型试验、型式试验、出厂检验。

第8章为标志、标签、使用说明书。

第9章为包装、运输和贮存要求。

第10章为供货的成套型。包括随产品供应的文件和随产品供应的配套件。

第11章为质量保证。

2. 规程适用性

JB/T 6513—2002适用于锅炉灭火保护装置（简称装置）。该装置是燃煤、燃油和燃气电站锅炉的主要保护装置，能监视炉膛火焰，并能指导燃料安全、经济，稳定地燃烧，确保机组安全运行。JB/T 6513—2002仅适用于新的装置。

144 JB/T 7340—2007 液位检测器

JB/T 7340—2007《液位检测器检定规程》，由国家质量监督检验检疫总局于2007年3月6日发布，2007年9月1日实施。

1. 主要内容

第3章为液位检测器的分类方式。液位检测器分水位检测器和油位检测器两种，适用介质为水的检测器按公称压力高低和容器连接位置的不同分成五种类别，适用介质为油的检测器按公称压力高低和容器连接位置的不同分成五种类别，还介绍了标记实例。

第4章为液位检测器的主要尺寸。

第5章为技术要求。强调了生产技术要求；表述了零件和安装要求，包括不锈钢管的直线度公差、安装后不锈钢管的铅垂度允许公差、不锈钢管与管接头的同轴度公差、相邻发信装置允许的最小距离、液位调整偏差等。

第6章为相关试验方法。包括耐压试验、发信装置的试验、型式试验。耐压试验要求：按试验压力是公称压力的1.5倍并按规定的工作液体进行耐压试验，保压10min，各处不得有泄漏现象；上下闸阀应分别按各自要求单独试压。发信装置的试验要求：将同一套发信装置逐个与相应的浮筒进行模拟试验，检测其功能的可靠性；液位检测器所有零部件安装完毕后，与高压罐一起进行液位检测试验，检查发信装置的工作情况是否正常。型式试验要求：首批试制的液位检测器应做型式试验，试验内容按6.1和6.2进行，并按规定进行外部尺寸和外观质量的检查；当产品结构、工艺或主要零件材料变更时，应重新进行型式试验；做型式试验的产品每种型式不得少于两台。

第7章为检验规则。液位检测器出厂前必须按6.1.2的规定逐台检验，按批抽查按6.3的规定进行，抽查数量为每批产品的10%，但不得少于5个，若抽检中有不合格项目，则对此项目加倍复试，如仍有不合格者，则对该批产品全检。液位检测器必须经制造厂检验部门按标准要求进行检查和验收，并附有合格证。

第8章为标志、包装、运输和贮存。标牌应标明产品名称、公称压力、制造厂名称、出厂日期和编号。包装要求：液位检测器应按GB/T 4879的规定进行防锈包装；防锈包装后的液位检测器的上、下阀门和不锈钢管应牢固装入按GB/T 7284规定的框架木箱内，发信装置和浮筒要用木箱单独包装并有防震、防潮等措施；液位检测器包装内应装入产品合格证、使用说明书、装箱单、随机备件清单等文件。运输要求：运输过程中严禁磕碰和摔打，包装箱不得变形和损坏，特别是发信装置搬运中应轻搬轻放，避免雨雪浸淋。贮存条件：液位检测器应存放在清洁、干燥、避免日晒、雨淋的场所；液位检测器自发货之日起，贮存期一年内上、下阀门内各零件不得有锈蚀。

第9章为计量器具控制。包括首次检定、后续检定和使用中检验。

2. 规程适用性

JB/T 7340—2007适用于检测公称压力为0.1MPa，0.1MPa～1.6MPa，1.6MPa～10MPa，10MPa～31.5MPa的水、油容器的液位。

145　JB/T 7352—2010 工业过程控制系统用电磁阀检定规程

JB/T 7352—2010《工业过程控制系统用电磁阀检定规程》，由国家质量监督检验检疫总局于2010年2月11日发布，2010年7月1日实施。

1. 主要内容

第3章概述了分步直动式电磁阀和手动复位式电磁阀特点。

第4章为分类和基本参数。分类方式按动作类型分类、按控制方式分类、按连接方式分类，基本参数公称通径（DN）、公称压力（PN）、最小工作压差范围和最大工作压差、额定供电电压、线圈标记、介质种类和温度、工作环境。

第 5 章为技术要求。包括工作压差、绝缘电阻、绝缘强度、泄漏量、密封性、耐压强度、湿热环境影响、线圈允许温度、额定流量系数、动作寿命、响应时间、机械震动影响、运输环境温度影响、运输碰撞影响、外观、防护性。

第 6 章为试验方法。包括：试验条件和一般规定（包括参比试验大气条件、一般试验大气条件、试验的一般规定、试验所用仪表的精确度和允许的测量误差），工作压差试验，绝缘电阻试验，绝缘强度试验，泄漏试验，密封性试验，耐压强度试验，湿热环境影响试验，线圈允许温度测量，额定流量系数测试，动作寿命试验，响应时间试验，机械振动影响试验，运输环境温度影响试验，运输碰撞影响试验，外观检查，防护性试验。

第 7 章为检验规则。包括检验分类、检验项目、组批规则、出厂检验、型式检验。

第 8 章为标志、包装和贮存要求。

2．规程适用性

JB/T 7352—2010 适用于以清洁的液体、气体、蒸汽为工作介质，在管路中实现开闭控制功能的电磁阀。不适用于以液压、气压作动力控制的电磁换向阀。

146　JB/T 8864—2004 阀门气动装置技术条件

JB/T 8864—2004《阀门气动装置技术条件》，由中华人民共和国国家发展和改革委员会于 2004 年 3 月 12 日发布，2004 年 8 月 1 日实施。

1．主要内容

第 4 章为技术要求。包括气动装置结构、性能、表面和外观质量、材料。

第 5 章为试验方法。包括空载试验、强度试验、负载试验、密封试验、动作寿命次数试验。

第 6 章为检验规则。出厂检验：每台气动装置出厂前应进行出厂检验，出厂检验项目及技术要求按相应的规定。型式试验：应进行型式试验的情况，型式试验采取从生产厂质检部门检查合格的库存气动装置产品中或已提供给用户但未经使用的产品中随机抽取的方法，型式试验项目，型式试验的技术要求。

第 7 章为标志、包装、贮存。

2．规程适用性

JB/T 8864—2004 适用于工业用阀门配套的做直线运动的直线型气动装置，以及作回转运动的回转型气动装置（360°转动），带有电磁控制的气动装置。

气动装置的使用条件如下：

工作压力：0.4MPa～0.7MPa。

工作环境：温度－20℃～80℃。

气源应为清洁、干燥的空气，不得含有腐蚀性气体、溶剂或其他液体。

147　JB/T 10500.1—2005 电机用埋置式热电阻　第 1 部分：一般规定、测量方法和检验规则

JB/T 10500.1—2005《电机用埋置式热电阻　第 1 部分：一般规定、测量方法和检验规则》，

由中华人民共和国国家发展和改革委员会于2005年2月14日发布，2005年8月1日实施。

1．制定背景

JB/T 10500《电机用埋置式热电阻》分为三个部分：

—第1部分：一般规定、测量方法和检验规则；

—第2部分：铂热电阻技术要求；

—第3部分：铜热电阻技术要求。

JB/T 10500.1—2005为JB/T 10500的第1部分。JB/T 10500.1—2005参照EEC 60751《工业铂热电阻》制定，对应EEC 751《工业铂热电阻》，提出了对电机用埋置式热电阻的特定要求、测量方法和检验规则，如：

—引接线技术要求及纵向耐拉力：

—耐电压；

—相容性；

—密封性；

—抗干扰性。

JB/T 10500.1—2005与JJG 229《工业铂、铜热电阻检定规程》相比，有下列不同：

—测量绝缘电阻时，规定了必须采用500V绝缘电阻表，而JJG 229中7.1规定为“采用100V级绝缘电阻表”；

—测量设备中不要求设置“液氮杜瓦瓶”；

—测量设备中高温炉的设置，适用于生产200℃以上热电阻的测量要求；

—测量设备中对冰点槽的尺寸给以规定，并增加了玻璃试管尺寸的规定。

JB/T 10500.1—2005的附录A、附录B、附录C均为资料性附录。

JB/T 10500.1—2005为首次制定。

2．主要内容

第3章为型号规格。包括型号、分度号的代号，外形和尺寸符号，外形尺寸和允许偏差，型号和型号示例。

第4章为一般规定。包括引接线、绝缘电阻、热响应时间、耐电压、耐压力、相容性、密封性、抗干扰性的相关规定。

第5章为测量方法。包括：用钢直尺、游标卡尺、外径千分尺等工具测量外形尺寸及外观的顺序；测量0℃时电阻值 R（0℃）[检定热电阻的标准仪器和设备，测量条件应遵循的要求，接线方法应遵循的要求，插入深度，0℃时电阻值 R（0℃）的测量方法]；电阻温度系数的测定；用液压机（压力表准确度为1.5级）和万用表测量耐压力的顺序；用拉力试验机（测量范围0～50N，准确度1.0级）和夹具测定引线纵向耐拉力的方法；绝缘电阻（检验常温绝缘电阻时，环境温度应在15℃～35℃范围内，相对湿度应不大于80%，用500V绝缘电阻表；测量上限绝缘电阻之前，应让热电阻在试验温度至少停留30min；测量温度值为180℃±2℃，用500V绝缘电阻表测量）；用耐电压仪测量耐电压的步骤；在搅拌水槽中进行检验，水槽的温度保持在冰点的情况下，测量在不同激励电流下的稳态电阻值，判断自热影响的大小；热响应时间；密封性检测；测量热循环影响；测量超上限温度能力；抗干扰性的测量。

第 6 章检验规则。热电阻的检验包括出厂检验和型式检验。为了检验热电阻是否符合规定的技术要求，每支热电阻交货必须通过出厂检验。出厂检验至少包括一些必需的项目，检验项目的顺序由制造厂决定。型式检验：热电阻应进行型式检验的情况；型式检验的抽样数为该批热电阻总数的 1%，最少不得少于三支。型式检验应包括规定的全部必需的项目。

第 7 章为标志。每件热电阻应有清晰的标签，基本内容应包括制造厂及商标、型号、规格、分度号、*R*（0℃）；制造日期及批号、标准号。

第 8 章为包装、运输、储存与保证期方面的要求。

3．规程适用性

JB/T 10500.1—2005 适用于电机绕组及电机铁芯心测温用铂、铜热电阻，作为温度传感器与显示仪表配套，测量电机中绕组或定子铁芯的温度，也适用于有类似测温要求的其他机械装置。

148 JB/T 10500.2—2005 电机用埋置式热电阻 第 2 部分：铂热电阻技术要求

JB/T 10500.2—2005《电机用埋置式热电阻 第 2 部分：铂热电阻技术要求》，由中华人民共和国国家发展和改革委员会于 2005 年 2 月 14 日发布，2005 年 8 月 1 日实施。

1．制定背景

JB/T 10500《电机用埋置式热电阻》参照 IEC 60751《工业铂热电阻》制定，分为三个部分：

—第 1 部分：一般规定、测量方法和检验规则；
—第 2 部分：铂热电阻技术要求；
—第 3 部分：铜热电阻技术要求。

JB/T 10500.2—2005 为 JB/T 10500 的第 2 部分，对应 JB/T 8622《工业铂热电阻技术条件及分度表》，提出了对电机用埋置式热电阻特定的综合要求，如：

—绝缘电阻试验时，JB/T 10500.2—2005 规定必须用 500V 绝缘电阻表，不同于 JB/T 8622 中 6.4.1 的规定“试验电压可取直流 10V～100V 任意值”；

—JB/T 10500.2—2005 规定最大激励电流为 5mA，与 JB/T 8622 中 6.7 的规定“若制造厂未特别申明，则激励电流采用 10mA”有一定差异；

—IEC 60751《工业铂热电阻》4.3.4 对此说明“自热这个试验进行时……稳态电阻应当用在温度计中的功率消耗不大于 0.1mW 的电流来测量，相当于测得的电阻增量的温升不超过 0.3℃”。

JB/T 10500.2—2005 为首次制定。

2．主要内容

第 4 章为技术要求。包括：图样及技术文件；温度传感体材料；分度特性［电阻-温度关系、分度表、允差、0℃时的电阻值 *R*（0℃）、电阻温度系数］；热循环影响，铂热电阻在热循环影响下，在 0℃时的电阻变化值不超过 0.12Ω；自热影响，铂热电阻受自热影响的电阻增量，折算成温度值时应不超过 0.30K。

3．规程适用性

JB/T 10500.2—2005 适用于 JB/T 10500.1—2005 规定的铂热电阻。

149　JB/T 10500.3—2005 电机用埋置式热电阻　第 3 部分：铜热电阻技术要求

JB/T 10500.3—2005《电机用埋置式热电阻　第 3 部分：铜热电阻技术要求》，由中华人民共和国国家发展和改革委员会于 2005 年 2 月 14 日发布，2005 年 8 月 1 日实施。

1．制定背景

JB/T 10500《电机用埋置式热电阻》参照 EEC 60751《工业铂热电阻》标准制定，分为三个部分：

—第 1 部分：一般规定、测量方法和检验规则；

—第 2 部分：铂热电阻技术要求；

—第 3 部分：铜热电阻技术要求。

JB/T 10500.3—2005 为 JB/T 10500 的第 3 部分，对应 JB/T 8623《工业铜热电阻技术条件及分度表》，提出了对电机用埋置式热电阻特定的综合要求。

2．主要内容

第 3 章为铜热电阻技术基本参数。包括分度号、铜热电阻技术的测量范围（－4℃～＋150℃）、最大激励电流。

第 4 章为技术要求。包括：铜热电阻的图样和技术文件；温度传感体的材料要求；分度特性，电阻和温度之间的关系，分度表，在 0℃时铜热电阻的电阻值 R，铜热电阻的电阻温度系数和标称值的偏差；铜热电阻受自热影响的电阻增量，折算成温度值时，应不超过 0.2K；铜热电阻应能先后两次承受 160℃（允许误差±2℃）热冲击试验，每次历时 15h，电阻值变化量按规定的要求。

3．规程适用性

JB/T 10500.3—2005 适用于 JB/T 10500.1—2005 规定的铜热电阻。

150　JB/T 10549—2006 SF_6 气体密度继电器和密度表通用技术条件

JB/T 10549—2006《SF_6 气体密度继电器和密度表通用技术条件》，由中华人民共和国国家发展和改革委员会于 2006 年 5 月 6 日发布，2006 年 10 月 1 日实施。

1．主要内容

第 4 章为产品分类和型号命名。包括：不同分类方式下的分类、产品的型号命名及含义。

第 5 章为额定参数。包括交流电源、直流电源、产品规格。

第 6 章为产品技术要求。包括：正常工作条件；使用环境的其他要求（使用环境不应有超过 JB/T 10549—2006 规定的振动和冲击；使用环境不应有易燃、易爆介质，不应有腐蚀、破坏绝缘的气体及导电介质，不应充满水蒸气及有严重的霉菌）；环境温度极端范围极限值；

结构和外观要求；测量范围；功率消耗；准确度要求；密封要求；绝缘性能要求，包括绝缘电阻和介质强度；耐湿热性能；触点性能；外壳防护；承受振动响应能力；承受振动耐久能力；承受冲击响应能力；承受冲击耐久能力；承受碰撞能力；机械寿命；电磁兼容要求；连续通电试验。

第 7 章为 SF_6气体密度继电器和密度表在各参数上的检验方法。第 8 章为检验规则，产品检验分为型式检验和出厂检验。第 9 章为标志、标签、使用说明书。第 10 章为包装、运输和贮存。第 11 章为供货的成套性，包括随产品供应的随机文件和随产品供应的配套器件。

第 12 章为质量保证。除购销合同另有规定外，在用户完全遵守 JB/T 10549—2006、产品企业标准及产品使用说明书规定的运输、贮存、安装和使用要求的情况下，产品自出厂之日起，一般为一年内，如发现产品及其配套件损坏，制造厂负责免费修理或更换。

2．规程适用性

JB/T 10549—2006 适用于 SF_6气体密度继电器和密度表（简称产品），适用于产品装配的实际位置的温度与被测量 SF_6气体的实际温度一致的情况，作为设计、制造、检验、使用该产品的依据。对于被测量的 SF_6气体有温升（如运行中的 SF_6断路器、GIS、电流互感器、电压互感器等高电压电气设备）的情况，测量数据仅作参考。

151 JB/T 10564—2006 流量测量仪表基本参数

JB/T 10564—2006《流量测量仪表基本参数》，由中华人民共和国国家发展和改革委员会于 2006 年 7 月 27 日发布，2006 年 10 月 11 日实施。

1．主要内容

第 2 章为基本参数。包括：精确度等级；公称工作压力；公称通径；测量范围上限值，包括流量测量范围上限值以及差压测量范围上限值；动力，包括电源、气源；输出信号，包括电输出信号（电模拟输出信号和电频率输出信号）、气动输出信号。第 3 章为常用法定计量单位名称与符号列表。

2．规程适用性

JB/T 10564—2006 适用于工业过程测量和控制系统中封闭管道内流体的流堂测量仪表（简称仪表）。实验室及其他领域中应用的仪表亦应参照使用。JB/T 10564—2006 不适用于明渠流的仪表。

第九节　环境保护行业标准设计技术要求

152 HJ/T 75—2007 固定污染源烟气排放连续监测技术检定规程

HJ/T 75—2007《固定污染源烟气排放连续监测技术检定规程》，由国家质量监督检验检疫总局于 2007 年 7 月 12 日发布，2007 年 8 月 1 日实施。

1．主要内容

HJ/T 75—2007 规定了固定污染源烟气排放连续检测系统中的颗粒物 CEMS、气态污染物 CEMS 和有关排气参数连续监测系统的主要技术指标、检测项目、安装位置、调试检测方法、验收方法、日常运行管理、日常运行质量保证、数据审核和上报数据的格式。

第 3 章为术语和定义：烟气排放连续监测，固定污染源烟气 CEMS 的正常运行，有效数据，有效小时均值，有效日均值，有效月均值，参比方法，校准，校验，调试检测，技术验收，比对监测，固定污染源烟气 CEMS 数据审核和处理。

第 4 章为固定污染源烟气 CEMS 的组成。

第 5 章为固定污染源烟气 CEMS 技术性能要求。

第 6 章为固定污染源烟气 CEMS 安装位置要求，包括一般要求和具体要求。

第 7 章为固定污染源烟气 CEMS 的技术验收，包括技术验收条件、参比方法验收内容、参比方法验收测试报告格式、参比方法验收技术指标要求、联网验收内容、联网验收技术指标要求、验收结果。

第 8 章为固定污染源烟气 CEMS 日常运行管理要求，包括日常巡查、日常维护保养、烟气 CEMS 的校准和校验。

第 9 章为固定污染源烟气 CEMS 日常运行质量保证，包括定期校准、定期维护定期校验、烟气 CEMS 时空数据的判别、比对监测。

第 10 章为固定污染源烟气 CEMS 的数据审核及处理，包括数据审核、确实数据的处理、比对监测时数据的处理、烟气 CEMS 维修时数据的处理、时空数据的修约。

第 11 章为数据记录与报表。

2．规程适用性

HJ/T 75—2007 适用于以固体、液体为燃料或原料的火电厂锅炉、工业/民用锅炉及工业炉窑等固定污染源的烟气 CEMS。生活垃圾焚烧炉、危险废物焚烧炉及以气体为燃料或原料的固定污染源烟气 CEMS 可参照执行。

第十节　环境保护行业标准设计技术要求

153　SLT 184—1997 超声波水位计

SLT 184—1997《超声波水位计》，由中华人民共和国水利部于 1997 年 11 月 12 日发布，1998 年 1 月 1 日实施。

1．制定背景

SLT 184—1997 与 SLT 185—1997《超声波测深仪》和 SLT 186—1997《超声波流速仪》同时制定，因三种产品都是应用超声波技术进行水文测验，在技术上有共性要求，三项标准应相互协调，有的内容以相同形式表达。SLT 184—1997 的技术要求与 GB 9359—1988《水文仪器总技术条件》、GB/T 13336—1991《水文仪器系列型谱》、GB 50179—1993《河流流量测验规范》及 GB/T 15966—1995《水文仪器基本参数及通用技术条件》的规定也是协调一致的。

2．主要内容

第 4 章为超声波水位计的产品分类，分为液介式和气介式。

第 5 章为超声波水位计的技术要求。技术参数：测量范围；分辨力；盲区；液介式传感器应能承受不小于 405kPa（4 个大气压）的水压力，不漏水，黏结面不脱落；水位计的换能器与主机之间的传输电缆的允许长度，液介式应不小于 100m，气介式应不小于 20m；供电电源分直流和交流两种，优选直流；绝缘电阻；换能器两信号线之间应不小于 5MΩ，机壳与交流电源线之间应不小于 1MΩ。功能要求：水位计应具备温度一声速补偿功能和消除波浪影响功能；水位计应具备预置实时时间、测量周期功能，最小测量周期为 1min，最大测量周期为 24h；数据记录方式可分为数据存贮和打印两种，优选数据存贮方式；信号接口，数字量为 BCD 码或雷格码；水位计应具有较强的抗电磁干扰性能。超声波水位计的准确度要求：其在 10m 测量范围内的准确度要求；其重复性误差和再现性误差要求；温度-声速补偿误差；始终准确度要求。适用环境条件：工作环境温度、工作环境相对湿度、工作环境其他条件。整机要求：水位计整机结构应便于运输、安装、使用和维修；水位计的水上设备应具有防潮、防尘、防盐雾的措施；水位计的零部件应选用耐腐蚀材料制作，若用其他材料应作表面处理；水位计表面的涂镀层应牢固、均匀，不应有脱落、划伤、锈迹等缺陷；检修时限；包装要求。

第 6 章为试验方法及要求。实验要求：液介式水位计在水槽进行试验；试验环境条件应符合 5.4.1 和 5.4.2；检测用钢尺的要求；数据处理方法。还介绍了各种试验方法、可靠性试验。

第 7 章为检验规则。出厂检验：批量生产的水位计应逐台进行出厂检验；出厂检验由制造厂质量检验部门按表 2 中的序号 1、2、3、10 进行；每台水位计经检验合格后，应附合格证，方可出厂。型式检验：需要进行型式检验的条件；型式检验由制造厂质量检验部门或上级指派的检测部门按产品标准试验方法的内容进行全检；型式检验的样品，应从经出厂检验合格的产品中随机抽取 3 台，少于 3 台时应全部检验；在型式检验中若有两台或两台以上不合格时，则判该批型式检验不合格；经过型式检验的水位计，需要更换易损件，再进行出厂检验，合格后，方能出厂。还介绍了可靠性试验。

第 8 章为超声波水位计的标志、包装、运输和贮存。标志：水位计应在其显著部位标明其型号、名称、生产厂家、出厂编号及日期等；外包装箱标志的内容。介绍了包装要求、运输要求。贮存要求：贮存水位计的附近不得有酸性、碱性及其他腐蚀性物质；存放半年之内，水位计不应有锈蚀、长霉或其他妨碍功能的现象。

3．规程适用性

SLT 184—1997 适用于江河、湖泊、水库及地下水等水位测量中应用的各种类型超声波水位计。

154 SLT 185—1997 超声波测深仪

SLT 185—1997《超声波测深仪》，由中华人民共和国水利部于 1997 年 11 月 12 日发布，

1998年1月1日实施。

1．制定背景

SLT 185—1997与SLT 184—1997《超声波水位计》和SLT 186—1997《超声波流速仪》同时制定，因三种产品都是应用超声波技术进行水文测验，在技术上有共性要求，三项标准应相互协调，有的内容以相同形式表达。SLT 185—1997的技术要求与GB 9359—1988《水文仪器总技术条件》、GB/T 13336—1991《水文仪器系列型谱》、GB 50179—1993《河流流量测验规范》及GB/T 15966—1995《水文仪器基本参数及通用技术条件》的规定也是协调一致的。

2．主要内容

第4章为产品分类。超声波测探仪（简称测深仪）可分为缆道型和船用型两大类。测深仪的型号命名规则按SL/T 108的规定编制。

第5章为技术要求，包括技术参数、功能要求、准确度要求、使用环境条件要求、整机要求。

第6章为试验方法及要求。试验要求：测深仪应在规定的条件下进行试验，在不产生异议时，也可以在近似条件下模拟进行，一般可用流速仪检定槽代替专用吸声水槽，水槽长度必须大于仪器量程，水槽宽度和深度应符合试验要求，槽壁光滑平整，水面、槽底和侧壁均不应产生反射信号使仪器误读数；试验环境条件应符合5.4中内容；整个试验过程应以经过计量检定的翎卷尺距离测量值作为约定真值，钢卷尺的准确度应不大于被测试测深仪准确度的20%，否则应予修正，应以经过计量检定的水温计测读水温，其准确度应不低于0.5℃；测试过程中不得对被测试的测深仪进行调整，试验结果在数据处理时允许合理的线性平移。还介绍了试验方法及顺序、可靠性试验的试验方法。

第7章为检验规则。出厂检验：批量生产的测深仪，应逐台进行出厂检验；出厂检验由制造厂质量检验部门按表1中的序号1、2、3、9规定进行；每台测深仪经检验合格后，应附合格证，方可出厂。型式检验：测深仪有下列情况之一时，应进行型式检验（新产品或老产品转厂生产的试制定型鉴定；正式批量生产后，如结构、材料、工艺等有较大改变，可能影响产品性能时；正常生产时，定期或积累一定产量后，应周期性进行一次检验；产品长期停产后恢复生产时；出厂检验结果与上次型式检验有较大差异时；国家质量监督机构提出进行型式检验要求时）；型式检验由制造厂质量检验部门或上级指派的检测部门按产品标准试验方法的内容进行全检（不包括可靠性试验）；在型式检验中若有两台或两台以上不合格时，则判该批型式检验不合格，若有一台不合格时，则应加倍抽样进行不合格项目复验，其后仍有不合格时，则判该批型式检验不合格，若全部检验合格，剔除样品中不合格品后，该批型式检验产品应判为合格；经过型式检验的测深仪，需更换易损件，再进行出厂检验，合格后，方能出厂。可靠性试验：可靠性试验一般应在新产品研制或定型生产时进行，也可按用户要求另行商定。

第8章为标志、包装、运输、贮存。

3．规程适用性

SLT 185—1997适用于江河、湖泊、水库等水深测量中应用的各种类型超声波测深仪。

155 SLT 186—1997 超声波流速仪

SLT 186—1997《超声波流速仪》，由中华人民共和国水利部于 1997 年 11 月 12 日发布，1998 年 1 月 1 日实施。

1．制定背景

SLT 186—1997 与 SLT 184—1997《超声波水位计》和 SLT 185—1997《超声波测深仪》同时制定，因三种产品都是应用超声波技术进行水文测验，在技术上有共性要求，三项标准应相互协调，有的内容以相同形式表达。SLT 186 的技术要求与 GB 9359—1988《水文仪器总技术条件》、GB/T 13336—1991《水文仪器系列型谱》、GB 50179—1993《河流流量测验规范》及 GB/T 15966—1995《水文仪器基本参数及通用技术条件》的规定也是协调一致的。

2．主要内容

第 4 章为超声波流速仪的产品分类。

第 5 章为超声波水位计的技术要求。技术参数：测量范围；水面宽度；分辨力；采样时段；供电电源分直流和交流两种，优选直流；其绝缘电阻大小。功能要求：换能器及水下装置应能承受与其入水深度相应的水压力，不漏水，黏结面不脱落；所有与换能器相连接的电缆应具有保护措施或使用铠装电缆，以防在安装和使用中被损坏；流速仪可以具备温度-声速补偿功能；流速仪应具备较强的抗电磁干扰性能；数据记录方式可分为显示、存贮和打印；信号接口数字量为 BCD 码或雷格码；水位计应具有较强的抗电磁干扰性能；流速仪工作时间。规定了超声波流速仪的准确度要求。使用环境条件：工作环境温度、工作环境相对湿度、入水深度、工作深度、含沙量、声道要求。整机要求：流速仪整机结构应便于运输、安装、使用和维修；流速仪的水上设备应具备防潮、防尘、防盐雾的措施；流速仪的零部件应选用耐腐蚀材料制作，若使用其他材料应作表面处理；流速仪表面的涂镀层应牢固、均匀，不应有脱落、划伤、锈蚀等缺陷；流速仪应作为一种可更换零件的可修复产品，其平均无故障工作时间（MTBF）应大于等于 8000h；流速仪在非包装状态下应能承受使用及搬动过程中的振动；包装好的流速仪应能承受运输过程中的冲击和跌落。

第 6 章为试验方法及要求。实验要求：实验设备及仪表；试验环境条件应符合使用环境条件；测试过程中不得对被测试的流速仪进行调整。还介绍了各种试验方法。

第 7 章为检验规则。出厂检验：批量生产的流速仪，应逐台进行出厂检验；出厂检验由制造厂质量检验部门按表 1 中的序号 1、2、3、7 规定进行；每台流速仪经检验合格后，应附合格证，方可出厂。型式检验：需要进行型式检验的条件；型式检验由制造厂质量检验部门或上级指派的检测部门按产品标准试验方法的内容进行全检；型式检验的样品，应从经出厂检验合格的产品中随机抽取 3 台，少于 3 台时应全部检验；在型式检验中若有两台或两台以上不合格时，则判该批型式检验不合格；经过型式检验的流速仪，需要更换易损件，再进行出厂检验，合格后，方能出厂。还介绍了可靠性试验。

第 8 章为标志、包装、运输和储存。

3. 规程适用性

SLT 186—1997 规定了超声波声脉冲传播时差法测速的超声波流速仪的产品分类、技术要求、试验方法、检验规则及标志、包装、运输、贮存要求。SLT 186—1997 适用于江河、渠道中进行流速测量的声脉冲传播时差法的超声波流速仪。不适用于多普勒频移技术的超声波流速仪。

第十一节　热工自动化标准化技术委员会标准技术要求

156　DRZ/T 01—2004 火力发电厂锅炉汽包水位测量系统技术规定

DRZ/T 01—2004《火力发电厂锅炉汽包水位测量系统技术规定》，由电力行业热工自动化标准化技术委员会于 2004 年 10 月 20 日发布，2004 年 12 月 20 日实施。

1. 制定背景

原国家电力公司《防止电力生产重大事故的二十五项重点要求》（国电发〔2000〕589 号）（简称《要求》）和《国家电力公司电站锅炉汽包水位测量系统配置、安装和使用若干规定（试行）》［简称《规定（试行）》］颁发以来，对提高锅炉运行安全性、防止锅炉汽包满（缺）水事故发挥了重要作用。但是，根据近年来实践，《要求》和《规定（试行）》中的某些条款在实施过程中较难操作。此外，随着汽包水位测量技术的发展，也需要对《规定（试行）》进行重新修订，以形成正式规定。由于国家电力公司已经解散，经与华能国际电力公司、大唐国际电力公司、中国电力投资集团公司、中国华电集团公司、国电电力集团公司和北京国华电力公司协商，决定由电力行业热工自动化标准化技术委员会在《规定（试行）》的基础上编制 DRZ/T 01—2004。DRZ/T 01—2004 为电力行业热工自动化标准化技术委员会发布的推荐性标准。

2. 主要内容

第 2 章为汽包水位测量系统的配置，锅炉汽包水位测量系统的配置必须采用两种或以上工作原理共存的配置方式。锅炉汽包水位控制和保护应分别设置独立的控制器。锅炉汽包水位控制应分别取自 3 个独立的差压变送器进行逻辑判断后的信号。锅炉汽包水位保护应分别取自 3 个独立的电极式测量装置或差压式水位测量装置（当采用 6 套配置时）进行逻辑判断后的信号。每个汽包水位信号补偿用的汽包压力变送器应分别独立配置。

第 3 章为汽包水位测量信号的补偿，差压式水位测量系统中应设计汽包压力对水位-差压转换关系影响的补偿，应精心配置补偿函数以确保在尽可能大的范围内均能保证补偿精度。差压式水位表应充分考虑平衡容器下取样管参比水柱温度对水位测量的影响。

第 4 章为汽包水位测量装置的安装，描述了安装方法及注意事项。

第 5 章为汽包水位测量和保护的运行维护，汽包水位测量装置应定期利用停炉机会根据汽包内水痕迹或其他有效的方法核对水位表（计）计的零位值。锅炉启动时应以电极式汽包水位测量装置为主要监视仪表；锅炉正常运行中应经常核对各个汽包水位测量装置间的示值偏差，当偏差超过30mm时应尽快找出原因，进行消除。差压式水位测量保护的运行维护监视的内容及其设定方法。锅炉汽包水位保护投入需要注意的事项和方法。

3．规程适用性

DRZ/T 01—2004规定了火力发电厂锅炉汽包水位测量系统的配置、补偿、安装和运行维护的技术要求，适用于火力发电厂高压、超高压及亚临界压力的汽包锅炉。

第三章 安 装 验 评

第一节 行 标 安 装 验 评

157 DL 5161.5—2002 电气装置安装工程质量检验及评定规程 第 5 部分：电缆线路施工质量检验

DL 5161.5—2002《电气装置安装工程质量检验及评定规程 第 5 部分：电缆线路施工质量检验》，由国家经济贸易委员会于 2002 年 9 月 16 日发布，2002 年 12 月 1 日实施。

1. 制定背景

DL 5161《电气装置安装工程质量检验及评定规程》是一套系列标准，用于电气装置安装施工质量检查、验收及评定。DL 5161.5—2002 是 DL 5161 的第 5 部分，是根据原国家经济贸易委员会电力司《关于确认 1999 年度电力行业标准制、修订计划项目的通知》（电力〔2000〕22 号）编制的。

2. 主要内容

第 1 章为电缆管及电缆架安装，适用于电缆管、电缆架的制作及安装，以表格形式阐述电缆管配置及敷设的工序、检验项目、性质、质量标准、检验方法及器具。电缆支架（桥架）制作及安装也是以表格形式罗列相应的工序、检验项目、性质、质量标准、检验方法及器具。

第 2 章为电缆敷设，适用于额定电压 35kV 及以下的电力电缆线路和控制电缆线路的敷设，检验数量电缆夹层按 2%抽检，电缆竖井按 5%抽检，水平段电缆敷设按 3%抽检。同第 1 章一样以表格形式描述生产厂房内及隧道、沟道内的电缆敷设检查、管道内电缆敷设、直埋电缆敷设的工序、检验项目、性质、质量标准、检验方法及器具。

第 3 章为电缆终端制作安装，适用于额定电压 35kV 及以下电力电缆及控制电缆的电缆终端与电缆中间接头的制作安装 6kV 以上电力电缆终端或中间接头制作安装按 30%旁站检查，6kV 及以下电力电缆终端或中间接头制作按 5%旁站检查，控制电缆终端制作按 3%旁站检查。电力电缆终端制作安装检查、控制电缆终端制作安装检查、电力电缆中间接头制作安装以表格的形式罗列了工序、检验项目、性质、质量标准、检验方法及器具。

第 4 章为 35kV 及以上电缆线路，适用于 35kV 及以上电缆线路安装工程。35kV 以上电缆线路的安装检查以表格的形式罗列了工序、检验项目、性质、质量标准、检验方法及器具。

第 5 章为电缆防火及阻燃，适用于电缆防火与阻燃安装工程的检验。电缆防火阻燃的检查以表格的形式罗列了工序、检验项目、性质、质量标准、检验方法及器具。

第 6 章为记录及签证，适用于 35kV 及以上电缆的敷设、汇总统计电缆敷设设计变更部分、直埋电缆隐蔽前检查、对电缆中间接头位置的记录，具体记录相关事宜已以表格的形式说明。

3．规程适用性

DL 5161.5—2002 是 GB 50168《电气装置安装工程电缆线路施工及验收规范》及其相关国家标准、电力行业标准的表格化表现形式，是用于电缆线路施工质量检验的电力行业标准。

158 DL 5190.4—2012 电力建设施工技术规范 第4部分：热工仪表及控制装置

DL 5190.4—2012《电力建设施工技术规范 第4部分：热工仪表及控制装置》，由国家能源局于2012年1月4日发布，2012年3月1日实施。

1．制定背景

DL 5190.4—2012 是根据国家能源局《关于下达2009年第一批能源领域行业标准制（修）订计划的通知》（国能科技〔2009〕163号）文的要求，由电力行业火电建设标准化技术委员会负责，会同有关单位在DL/T 5190.5—2004《电力建设施工及验收技术规范 第5部分：热工自动化》的基础上修订的。

2．主要内容

第2章为基本规定。论述了热工仪表及控制装置的施工、安装、设备放置位置及相关人员的一般规定。开箱检验与保管：设备到达现场需要按照相应的规定进行开箱检验，对已开箱检验的设备、材料需要相应的规程和技术文件规定的保管条件分类入库保管。施工准备：热工仪表及控制装置施工前应具备的条件；安装前各类部件应进行检查和清理，其中部分部件需要进行光谱分析和作相应的标识；应对设备基础及预留孔和预埋铁件的坐标、尺寸进行核查；仪表管道及策略元件安装前，应对相关专业的预留孔和已装的取源部件进行核查；热工仪表及控制装置的安装，宜在有可能对其造成损坏的施工工序完成后进行。

第3章为取源部件及敏感元件的安装。分析了取源部件及敏感元件的设置、开孔、施焊、热处理工作、材质等的一般规定。温度：根据现场实际条件罗列测温元件安装的位置及需要符合的相关规定，如不同的介质，测温元件的安装方式也不同；或者相同的介质，不同的测温元件安装方式也不同。压力：压力测点位置的选择应符合相应的规定，需要注意的是压力取源部件的端部不得超出被测设备或管道的内壁，取压孔和取源部件均应无毛刺。流量：流量测量节流装置的安装应符合相应的规定；安装前应对节流件的外观及节流孔直径进行检查和测量，并做好记录；节流件外观、材质、尺寸应符合相应的规定；大型烟、风道流量测量，宜采用同一截面多点取样取平均值的方式。物位：物位测点应选择在介质工况稳定处，并应满足仪表测量范围的要求；单室、双室平衡容器的安装应符合相应的规定；各种水位计、物位计和料位计的安装也应符合相应的规定。分析：分析仪表的取样部件安装，应按设计和制造厂产品技术文件的要求，装在取样样品有代表性的位置。机械量：各种传感器的安装应符合相应的规定。称重：电子皮带秤称量框架的安装应符合相应的规定；电子轨道衡秤台下面，各个荷重传感器的受力应均匀。其他：炉膛火焰检测装置的探头、水冷发电机高阻检漏仪、工业电视摄像探头、火灾探测器的安装应符合相应的规定；固定在锅炉炉壁上的炉膛火焰摄像探头部件应能随水冷壁自由膨胀，不得与锅炉钢架、平台等有刚性连接。

第4章为就地检测和控制仪表的安装。介绍了就地仪表安装环境、所需要仪表接头的垫片材质及一边安装前应进行检查、检定的一般规定。压力和差压指示仪表及变送器：就地安装的指示仪表刻盘中心距地面的高度宜为压力表 1.5m、差压计 1.2m；测量蒸汽、水及油的就地压力表、指示仪表、变送器、测量蒸汽或液体流量时的安装应符合相应的规定；仪表阀、三阀组排污阀的型号、规格应符合设计要求。开关量仪表：开关量仪表及敏感元件安装应符合相应规定；开关量仪表安装前应进行外观检查，应安装在便于调整、维护、振动小和安全的地方。分析仪表：分析仪表的安装应符合相应的规定。执行器：执行机构安装前需要进行相应的检查；执行机构、调节机构、电磁阀的安装应符合相应的规定；阀门电动装置的检查也应符合相应的规定。

第5章为控制盘（台、箱、柜）的安装。控制盘安装：控制室和电子设备室的盘柜安装应满足相应的要求；搬运和安装控制盘时也应符合产品技术文件的要求；控制盘安装前应作相应的检查；盘、柜、箱、接线盒等安装应符合相应的规定。盘上仪表及设备安装：控制室仪表及设备安装应符合相应的规定；盘内电缆、导线、表管、盘上仪表及设备的标牌、铭牌、端子都应满足相应的要求；仪表及控制装置的接地、抽屉式配电柜的抽屉也应符合相应的规定。计算机及附属系统安装：计算机及其设备的安装、型号规格应符合设计要求；计算机的预制电缆应敷设在带盖板的电缆槽盒中，金属电缆槽盒与盖板应接地良好；某些信号电缆不应通过计算机电缆槽内敷设。

第6章为电线盒电缆的敷设及接线。介绍了电缆桥架、电缆保护管的布置、安装位置及环境等的一般规定。电缆保护管的制作应采用机械加工，光缆的敷设环境温度应符合产品技术文件的要求。测量和控制回路接线后测试绝缘时，应采取防止弱电设备损坏的安全技术措施。电缆保护管安装：电缆保护管的内径、弯曲角度、固定、加工、连接及埋设深度都应符合相应的技术要求。电缆支吊架、电缆桥架安装：电缆桥架结构类型、层间距离、支吊架跨距、防腐类型及连接、变径、转弯时应符合相应设计要求；电缆支架应固定牢固、横平竖直、整齐美观，安装需符合有关规定。电线、电缆的敷设及固定：电线和补偿导线的敷设及型号应与现场设备配套使用；电缆线芯的材质、型号、规格应符合设计要求；电缆在桥架上的排列顺序、电缆、光缆的最小弯曲半径应符合设计要求。电缆敷设后应及时挂装标志牌；电缆沟道、电缆桥架和竖井等采取的防火封堵措施，应符合相应的规定。接线：电缆接线前两端应作为电缆头，电缆头可采用热缩型；电缆头、电缆芯线安装位置、光缆芯线终端接线应符合相应的符合；电缆、导线不应有中间接头。

第7章为管路敷设。介绍了仪表管的材质及规格、管路敷设、管缆敷设、测量管路的长度的一般规定。管路弯制和连接：金属管子的弯制应采用冷弯；管子的弯曲半径、管路连接方式、应符合相应的设计要求。导管固定：导管应采用可拆卸的卡子固定在支架上，成排辐射的管路间距应均匀；管路支架的安装、间距应符合相应的设计要求。

第8章为防护与接地。介绍了爆炸和火灾危险环境电气装置施工应符合相应的规定。敷设在爆炸和火灾危险场所的电缆（导线）保护管、线路敷设、集中布置的电缆应符合相应的技术要求。电缆防火阻燃应采取必要的措施。防火封堵材料的使用应符合制造厂的要求。防冻：管路或仪表设备内的介质在恶劣环境下应有可靠的伴热保温措施，仪表应安装在保温箱内；管路伴热、蒸汽伴热、电伴热应符合相应的规定。防腐：碳钢管路、各类支吊架、电缆桥架、保护管、固定卡、设备底座及需要防腐的金属结构，外露部分无防腐层时，均应涂防锈漆和面漆；涂漆应符合相应的规定；水处理车间的仪表管和电缆不应敷设在地沟内，以免腐蚀。接地：仪表盘、接线盒、电缆保护管、电缆桥架及油可能接触到危险电压的裸露金属部件应做保护接地；金属电缆桥架的接地、计算机及监控系统的接地方法、屏蔽电缆、屏蔽补偿导线的屏蔽层应符合相应的技术要求。

第 9 章为热工测量仪表和控制装置的调试。现场仪表校验室的温度、湿度及干扰都应符合规定。热工测量仪表和控制设备校验前、后应符合相应的规定。被校仪表和控制设备应待通电热稳定后，方可进行校验。仪表的校验点应在全量程范围内均匀选取在量程的整数点上进行，其点数除有特殊要求外，应不少于 5 点，且应包括上限、下限及常用点。仪表和控制设备的校验方法和质量要求应符合相应的标准。热工测量仪表和控制设备校验后，应做好相应的记录。仪表和报警装置的调试：指示仪表的校验、数字式显示仪表、记录仪表的校验、分析仪表的显示仪表应按照相应的设计要求。仪表管路及路调试：仪表管理应检查其连接正确，试压合格。电气回路校对正确，端子接线牢固；交、直流电流回路应做好相应的绝缘。补偿导线的型号应与热电偶的分度号及允许偏差等级相符，并校验合格。启动试运前应具备的条件，在安装及施工的检查和调校之后，应进行各项验收和资料交接，使其具备成套装置系统调试和试运的条件；热工测量仪表、控制装置、自动化单体设备校验，应检查完成并合格；控制室和电子设备室内环境应符合设计要求；热工设备部分防冻设施已投运并应符合使用要求；启动试运前应完成安装部分单位工程验收签证。工程项目文件清单：热控设备安装验收时需提供相应的技术文件，提供相应的热工仪表及控制装置检验技术文件。

3．规程适用性

DL 5190.4—2012 适用于新建、扩建或改建的 1000MW 级及以下火力发电、燃机、生物质能发电、垃圾发电等电站和核电常规岛的热工仪表及控制装置的施工。热工仪表及控制装置的施工，除应符合 DL 5190.4—2012 外，尚应符合国家现行有关标准的规定。

159 DL/T 5191—2004 风力发电场项目建设工程验收规程

DL/T 5191—2004《风力发电场项目建设工程验收规程》，由中华人民共和国国家发展和改革委员会于 2004 年 3 月 9 日发布，2004 年 6 月 1 日实施。

1．制定背景

为加强风力发电场项目建设工程验收管理工作，规范风力发电场项目建设工程验收程序，确保风力发电场项目建设工程质量，根据原国家经贸委电力司《关于确认 1999 年度电力行业标准制、修订计划项目的通知》（电力〔2000〕22 号文）要求制定 DL/T 5191—2004。

2．主要内容

第 3 章为总则，风力发电场项目建设工程的验收用执行 DL/T 5191—2004。未经质量监督机构验收合格的风力发电机组及电气、土建等配套设施，不得启动，不得并网。风力发电场项目建设工程通过工程整套启动试运验收后，应在六个月内完成工程决算审核。负责风力发电场项目建设工程的项目法人单位或建设单位可根据 OL/T 5191—2004 要求，结合本地区、本工程的实际情况，制定工程验收大纲。各阶段验收应按 DL/T 5191—2004 的要求组建相应的验收组织，按 DL/T 5191—2004 的原则确定验收主持单位。

第 4 章为工程验收依据，风力发电机组安装调试工程验收、升压站设备安装调试工程验收、控楼和升压站建筑等工程验收、场内电力线路工程验收、交通工程验收应按 DL/T 5191—2004 罗列的主要标准、技术资料及其他有关规定进行检查。

第 5 章为工程验收组织机构及职责。单位工程完工验收领导小组组成及职责：单位工程完工验收领导小组由建设单位组建，设组长 1 名、副组长 2 名、组员若干名，由建设、设计、监理、质监、施工、安装、调试等有关单位负责人及有关专业技术人员组成，并履行相应的职责。工程整套启动验收委员会组成及职责：工程整套启动验收委员会（简称启委会）由项目法人单位组建，设主任委员 1 名、副主任委员和委员若干名；一般由项目法人、建设、质监、监理、设计、调试、当地电网调度、生产等有关单位和投资方、工程主管、政府有关部门等有关代表、专家组成；组成人员名单由项目法人单位与相关单位协商确定；施工、制造厂等参建单位列席工程整套启动验收，宜下设整套试运组、专业检查组、综合组、生产准备组，并履行相应的职责。工程移交生产验收组组成及职责：工程移交生产验收由项目法人单位筹建，设组长 1 名、副组长 2 名、组员若千名，其成员由项目法人单位、生产单位、建设单位、监理单位和投资方有关人员组成，并履行相应的职责；设计单位、各施工单位、调试单位和制造厂列席工程移交生产验收。工程竣工验收委员会组成及职责：工程竣工验收委员会由项目法人单位负责筹建，竣工验收委员会设主任 1 名，副主任、委员若干名，由政府相关主管部门、电力行业相关主管部门、项目法人单位、生产单位、银行（贷款项目）、审计、环境保护、消防、质量监督等行政主管部门及投资方等单位代表和有关专家组成并履行相应的职责；工程建设、设计、施工、监理单位作为被验收单位不参加验收委员会，但应列席验收委员会会议，负责解答验收委员会的质疑。工程建设相关单位职责：建设单位、施工单位、调试单位、生产单位、设计单位、设备职责单位、质监部门、监理单位、电网调度部门履行规程规定的职责。

第 6 章为单位工程完工验收。一般规定：介绍了单位工程的分类、组成部分、完工后的验收工作、验收需要注意事项、验收结束后需出示项目法人单位报告验收结果，工程合格应签发单位工程完工验收鉴定书。风力发电机组安装工程验收：每台风力发电机组的安装工程为一个单位工程，由风力发电机组基础、风力发电机组安装、风力发电机监控系统、塔架、电缆、箱式变电站、防雷接地网七个分部工程组成；各分部工程完工后必须及时组织有监理参加的自检验收。升压站设备安装调试工程验收：升压站设备安装调试单位工程包括主变压器、高压电器、低压电器、母线装置、盘柜及二次回路接线、低压配电设备等的安装调试及电缆铺设、防雷接地装置八个分部工程；各分部工程完工后必须及时组织有监理参加的自检验收。场内电力线路工程验收：场内架空电力线路工程和电力电缆工程分别以一条独立的线路为一个单位工程；每条架空电力线路工程由电杆基坑及基础埋设、电杆组立与绝缘子安装、拉线安装、导线架设四个分部工程组成；每条电力电缆工程由电缆沟制作、电缆保护管的加工与敷设、电缆支架的配制与安装、电缆的敷设、电缆终端和接头的制作五个分部工程组成；每个单位工程的各分部工程完工后，必须及时组织有监理参加的自检验收。中控楼和升压站建筑工程验收：中控楼和升压站建筑工程一般由基础（包括主变压器基础）、框架、砌体、层面、楼地面、门窗、装饰、室内外给排水、照明、附属设施（电缆沟、接地、场地、围墙、消防通道）等10个分部工程组成，各分部工程完工后，必须及时组织有监理参加的自检验收。交通工程验收：交通工程中每条独立的新建（或扩建）公路为一个单位工程；单位工程一般由路基、路面、排水沟、涵洞、桥梁等分部工程组成；各分部工程完工后，必须及时组织有监理参加的自检验收。

第7章为工程启动试运验收。一般规定：工程启动试运可分为单台机组启动调试试运、工程整套启动试运两个阶段；单台风力发电机组安装工程及其配套工程完工验收合格后，应及时进行调试试运；试运结束后，必须及时组织验收；本期工程最后一台风力发电机组调试试运验收结束后，必须及时组织工程整套启动试运验收。单台机组启动调试试运验收：验收应具备相应的条件，检查项目做好记录。工程整套启动试运验收：验收应具备相应的条件，检查项目做好记录；验收时需提供的资料包括工程总结报告、备查文件、资料。

第8章为工程移交生产验收。工程移交生产前的准备工作完成后，建设单位应及时向项目法人单位提出工程移交生产验收申请。项目法人单位应转报投资方审批。经投资方同意后，项目法人单位应及时筹办工程移交生产验收。验收应具备相应的条件，并提供所需的资料。

第9章为工程竣工验收。工程竣工验收应在工程整套启动试运验收后6个月内进行。当完成工程决算审查后，建设单位应及时向项目法人单位申请工程竣工验收。项目法人单位应上报工程竣工验收主持单位审批。工程竣工验收申请报告批复后，项目法人单位应按5.4的要求筹建工程竣工验收委员会。验收应具备相应的条件，并提供所需的资料。验收工作程序：召开预备会、召开第一次大会、分组检查、召开工程竣工验收委员会会议、召开第二次大会。

3. 规程适用性

DL/T 5191—2004的编写参照了火电、水电的相关规程，并力求全面，便于操作。DL/T 5191—2004 适用于装机容量 5MW 及以上的风力发电场项目新（扩）建工程的验收，5MW以下的风力发电场项目建设工程的验收可参照执行。

160 DL/T 5210.4—2009 电力建设施工质量验收及评价规程 第4部分：热工仪表及控制装置

DL/T 5210.4—2009《电力建设施工质量验收及评价规程 第4部分：热工仪表及控制装置》，由国家能源局于2009年7月22日发布，2009年12月1日实施。

1. 制定背景

DL/T 5210.4—2009是根据国家发展改革委员会《关于下达2008年行业标准项目计划的通知》（发改办工业〔2008〕1242号）的要求制定的。DL/T 5210.4—2009在起草过程中，参考了原电力工业部标准《火电施工质量检验及评定标准热工仪表及控制装置篇》（电综〔1998〕145号）的内容。

2. 主要内容

第3章为总则。火力发电工程施工质量验收应分别按检验批、分项、分部及单位工程进行。施工质量验收只设“合格”质量等级，当出现不符合时按 DL/T 5210.4—2009 的规定执行。有创建优质工程目标的项目应进行工程质量评价。工程质量评价应按单项工程、单台机组和整体工程三个阶段进行。

第 4 章为施工质量验收。施工质量验收规定：火电工程热工仪表及控制装置安装工程的施工质量应按 DL/T 5210.4—2009 的规定进行检查、验收，办理验收签证；因设计或设备制造原因造成的质量问题，应由设计或设备制造单位负责处理；检验批、分项工程、分部工程及单位工程质量验收文件应做到检测数据准确，文件收集完整、齐全，签字手续齐备，文件制成材料与字迹符合耐久性保存要求，符合档案管理规范。施工质量验收范围划分及通用表格：施工工程质量验收应按检验批、分项工程、分部工程及单位工程进行，质量验收范围划分，应符合表 4.2.1 的规定；单位工程施工及验收过程中，应对该单位工程施工管理情况进行检查，检查结果应填入表 4.2.2 中；单位工程验收应对表 4.2.3 所列资料进行核查，核查结果应资料齐全、符合档案管理规定；工程设计变更、材料代用、工程变更设计通知单应编号、登记并附在登记表后；单位工程设计变更、材料代用通知单的登记，应符合表 4.2.4 的规定；设备、材料出厂试验报告及质量证明材料应编号、登记并附在登记表后；单位工程设备、材料出厂试验报告及质量证明材料登记应符合表 4.2.5 的规定；发现设备缺陷后，应由施工单位、监理单位、制造单位、建设单位一起检查确认，并办理设备缺陷通知单；设备缺陷通知单的填写，应符合表 4.2.6 的规定；设备缺陷处理后由缺陷处理单位报告建设单位，由建设单位组织有关单位检查验收，并在设备缺陷处理报告单上签署验收意见、签字；设备缺陷处理报告单的填写，应符合表 4.2.7 的规定；施工检测用的计量器具必须经过检验，并在使用检定有效期内；施工过程中应对使用的计量器具按表 4.2.8 的规定进行登记；检验批施工质量应按检验项目的质量标准进行检查、验收，填写检验批施工质量验收表；检验批施工质量验收应符合表 4.2.9 的规定；分项工程施工质量检验应按表 4.2.10 的规定进行验收、填写分项工程质量验收表；分部工程质量检验应按表 4.2.11 的规定进行验收，填写分部工程质量验收表；单位工程质量检验应按表 4.2.12 的规定进行验收，按施工质量验收范围划分表 4.2.1 的规定；分部工程强制性条文执行情况检查表应按表 4.2.13 所列检验项目进行检查。通用标准：仪表和报警装置调试的通用检验项目见表 4.3.1；回路调试的通用检验项目见表 4.3.2。取源部件及敏感元件安装：先介绍验收检验数量，再以表格的形式罗列测温元件安装、压力取源装置安装、流量检出元件和检测仪表安装、物位检出元件和检测仪表安装、分析取样装置安装、机械量传感器安装、物料称重传感器安装、监视检出元件安装工序、检验项目、性质、单位、质量标准、检验方法和器具。就地检出和控制仪表的安装：先介绍验收检验数量，再以表格形式罗列压力和差压指示仪表及变送器安装、开关量仪表、分析仪表、执行器、气动基地式仪表工序、检验项目、性质、单位、质量标准、检验方法和器具。控制盘（台、箱、柜）的安装：先介绍验收检验数量，再以表格形式罗列控制盘安装、盘上仪表及设备安装工序、检验项目、性质、单位、质量标准、检验方法和器具。电线和电缆敷设及接线：先介绍验收检验数量，再以表格形式罗列电缆桥（支）架安装、电缆敷设及固定、电缆头制作安装及接线工序、检验项目、性质、单位、质量标准、检验方法和器具。管路的敷设和连接：先介绍验收检验数量，再以表格形式罗列管路敷设、表用阀门及排污、隔离容器安装工序、检验项目、性质、单位、质量标准、检验方法和器具。防护与接地：先介绍验收检验数量，再以表格形式罗列防爆和防火、防冻、防腐、接地、防水工序、检验项目、性质、单位、质量标准、检验方法和器具。热工测量仪表和控制装置的调试和验收：先介绍验收检验数量，再以表格形式罗列仪表和报警装置的调试、仪表管路和线路的调试工序、检验项目、性质、单位、质量标准、检验方法和器具。

第 5 章为单项工程施工质量评价。基本规定：火力发电工程中的土建工程、锅炉机组、汽轮发电机组、热工仪表及控制装置、管道及系统、水处理及制氢设备和系统、焊接工程、加工配制及电气装置安装等单项工程应分别进行评价；火力发电工程中的锅炉机组、汽轮发电机组、热工仪表及控制装置、管道及系统、水处理及制氢设备和系统及加工配制应分别按本规程进行单项工程评价。评价规定：单项工程所属部位（范围）评价的权重值，是综合其重要性、难易程度、工作量大小规定的；热工仪表及控制装置单项工程部位（范围）评价应按表 5.2.1 的规定执行；每个工程部位（范围）的质量评价，应包括施工现场质量保证条件、性能检测、质量记录、尺寸偏差及限值实测、强制性条文实施管理执行情况和观感质量等六项评价内容。评价内容：单项工程施工质量评价应按 DL/T 5210.4—2009 对工程部位（范围）、评价项目的内容逐项评价，结合施工现场的抽查记录和各检验批、分项、分部、单位工程质量验收记录，进行统计分析，按工程部位（范围）、评价项目（相应表格）的规定内容评分。评价方法：施工现场质量保证条件、性能检测、质量记录、尺寸偏差及限值实测、强制性条文执行情况、观感质量的评价内容和评价方法应符合 5.4 的规定。取源部件及敏感元件、就地检测和控制仪表的安装施工质量评价：取源部件及敏感元件、就地检测和控制仪表的安装施工现场质量保证条件、装性能检测检查、质量记录检查、尺寸偏差及限值实测检查、强制性条文管理执行情况、观感质量检查评价内容应按 5.5 中相应的表规定检查，综合进行判定。控制盘（台、箱、柜）的安装施工质量评价：控制盘（台、箱、柜）的安装、桥架安装、电线、电缆敷设及接线、仪表管路敷设连接、热工测量仪表和控制装置的调试施工质量保证条件评价方法应符合 5.4.1 条的规定；评价内容应按表 5.5.1 的规定检查，综合进行判定。控制盘（台、箱、柜）的安装性能检测检查、质量记录检查、尺寸偏差及限值实测检查、强制性条文管理执行情况、观感质量检查评价内容应按 5.6 中相应的表规定检查，综合进行判定。桥架安装、电线、电缆敷设及接线施工质量评价：桥架安装、电线、电缆敷设及接线性能检测检查、质量记录检查、尺寸偏差及限值实测检查、强制性条文管理执行情况、观感质量检查评价内容应按 5.7 中相应的表规定检查，综合进行判定。仪表管路敷设连接施工质量评价：仪表管路敷设连接性能检测检查、质量记录检查、尺寸偏差及限值实测检查、强制性条文管理执行情况、观感质量检查评价内容应按 5.8 中相应的表规定检查，综合进行判定。热工测量仪表和控制装置的调试施工质量评价：热工测量仪表和控制装置的调试性能检测检查、质量记录检查、尺寸偏差及限值实测检查、强制性条文管理执行情况、观感质量检查评价内容应按 5.9 中相应的表规定检查，综合进行判定。单项工程各部位（范围）评价得分汇总：单项工程质量评价实际得分应按各工程部位（范围）和评价项目对应汇总并评价等级；单项工程质量评价得分及评价等级按表 5.10.2 规定执行。单项工程质量评价报告：单项工程质量评价后，应由监理或评价机构出具评价报告。

第 6 章为单台机组质量评价。在该机组全部单项工程施工质量评价完成且配套的环保工程正常投入的基础上，在机组 168h 满负荷试运后进行。单台机组性能试验技术指标的评价纳入整体工程质量评价阶段。同期多台机组分别按单台机组评价，后续投产机组配套的公用系统与投产机组同步评价。机组 168h 满负荷试运技术指标评价应符合表 6.0.3 的规定。单台机组的评价得分是该机组全部单项工程质量评价与机组 168h 满负荷试运技术指标经加权后实得分的总和，评价得分统计应符合表 6.0.4 的规定。

第 7 章为整体工程质量评价。在该工程全部单台机组评价、全部机组已通过涉网特殊试验、性能试验及工程档案管理评价完成后进行。单台机组的性能试验技术指标评价应符合表 7.0.2 的规定。工程档案管理评价应符合表 7.0.3 的规定。整体工程质量评价应注重科技进步、节能减排等先进技术的应用，获国家、省、部（行业）级奖项按表 7.0.4 统计加分。整体工程质量评价得分是全部单台机组的评价得分的平均值、全部机组性能试验评价得分的平均值、工程档案管理评价按表中实得分之和再加上奖项加分，按表 7.0.5 评分。整体工程质量评价得分 85 分及以上为优良工程；得分 92 分及其以上为高质量等级优良工程；应由建设单位负责组织协调，监理单位或其他评价机构独立实施评价，评价结果应出具评价报告；应符合现行国家及行业工程竣工验收及评价的有关规定。

3. 规程适用性

DL/T 5210.4—2009 适用于新建、扩建和改建的单机容量 300MW～1000MW 级火力发电工程热工仪表及控制装置的施工质量验收和工程质量评价。300MW 以下火力发电工程热工仪表及控制装置的施工质量验收和工程质量评价，可参照执行。

161 DL/T 5257—2011 火电厂烟气脱硝工程施工验收技术规程

DL/T 5257—2011《火电厂烟气脱硝工程施工验收技术规程》，由国家能源局于 2011 年 1 月 9 日发布，2011 年 5 月 1 日实施。

1. 制定背景

为保证工程质量，规范火电厂烟气脱硝工程施工验收工作，特制定 DL/T 5257—2011。

2. 主要内容

第 3 章为术语和定义。包括卸氨压缩机、储氨罐、液氨输送泵、氨蒸发器、气氨缓冲罐、稀释风机、稀释空气加热器、气氨/空气混合器、喷氨格栅、静态混合器、SCR 反应器、催化剂、循环取样风机、弃氨洗涤吸收罐、淋浴洗眼器。

第 4 章为总则。火电厂烟气脱硝工程施工验收，应按 DL/T 5257—2011 的要求执行，并及时进行评定，做出质量验收及评定签证。工程施工验收工作除应执行 DL/T 5257—2011 外，还必须符合国家现行有关强制性标准的规定。进口设备还应执行生产国标准和厂家标准。对于工程项目检验内容，上一级质量检验人员可随时抽查和复评检验内容，并以复查后的检验结果进行评定。参加工程施工质量验收的各方人员及检测人员应具备相应的资格，并严格执行 DL/T 5257—2011 和国家、行业相关标准，对工程质量进行检查、验收和评定，并对所验收及评定的工程项目负责。工程施工质量验收评定记录，应按规定整理归档，并移交建设单位。

第 5 章为土建工程。火电厂烟气脱硝工程土建施工的质量验收及评定范围见 DL/T 5417。烟气脱硝工程的定位放线、上石方及基坑工程、地基与地基处理工程、防水工程、砌体工程、混凝土结构工程、钢结构工程、地面与楼面工程、屋面工程、建筑装饰装修工程、防腐蚀工程、给排水及采暖工程、通风与空调工程、建筑电气工程、电梯和厂区道路等工程的施工质量验收和评定标准按照 DL/T 5210.1 的有关规定执行。钢结构的表面涂料还要符合 GB 14907 的要求。

第 6 章为机务工程。一般规定：DL/T 5257—2011 是以分段工程、分项工程、分部工程和单位工程为对象编制的；质量检验及评定应按分段工程、分项工程、分部工程、单位工程顺序逐级进行；分段工程必须施工完毕，由工地班组自检合格并提出自检记录，然后根据质量验评范围的规定，由施工方联合工程监理或建设单位代表进行质量检验及评定；单位工程、分部工程、分项工程、分段工程分级检验指标应分为“合格”和“优良”两个等级；火电厂烟气脱硝工程机务工程的设备、管道安装施工及相应设备应按有关规定执行。机务工程质量验收及评定范围：主要包含四个部分的内容，即工程编号、质量检验项目的划分、验收单位、验评表编号；机务工程质量验收及评定范围见表 6.2.2。机务工程质量标准及检验方法：氨系统管道、相关压力容器安装质量标准和检验方法（水压试验、气密性试验）见相关标准相关部分；基础检查、画线、垫铁、地脚螺栓安装、卸氨压缩机安装、卸氨压缩机试运、储氨罐（卧式）安装、储氨罐灌水及严密性试压、氨蒸发器安、气氨缓冲罐安装、弃氨洗涤吸收罐安装、氮气储罐安装、冷凝水扩充器安装、液氨泵安装、卧式离心泵试运、废水输送泵安装、废水输送泵试运、风向标安装、淋浴洗眼器安装、氮气汇流排安装、降温喷淋安装、SCR 反应器安装、SCR 反应器开孔与接管安装、催化剂安装、稀释风机安装、稀释风机试运、稀释空气加热器安装、稀释空气加热器试运、氨气/空气混合器安装、氨气/空气混合器试运、循环取样风机安装、循环取样风机试运、喷氨格栅（静态混合器）安装、烟气混合整流器安装、吹灰器安装及试运质量标准和检验方法见规程中相应表格和规程。

第 7 章为电气工程。火电厂烟气脱硝工程电气工程施工质量验收及评定范围见 DL/T 5161.1～DL/T 5161.17，火电厂烟气脱硝工程电气工程施工应符合 GB 50257 的有关规定。

第 8 章为热控工程。一般规定：热控工程安装分为分项工程、分部工程、单位工程，检验指标的质量分为“合格”和“优良”两个等级。质量验收及评定范围：适用于热控工程安装质量验收及评定，质量验收及评定范围见表 8.2.1；烟气脱硝热控装置在进行工程验评范围划分时，单位工程不删减，分部工程、分项工程可根据脱硝工程实际情况删减；增减项目的工程编号，可续编，确保流水号顺序即可。热控工程质量检验评定标准：介绍单位工程、分部工程、分项工程、SCR 反应器出口氨分析仪安装、阀门、排污装置安装、管路敷设及严密性试验、氨泄漏报移仪安装、液位取样装里及仪表安装、流量取样装置及仪表安装、氨泄漏报警仪安装调校及回路调试、工业电视安装、防爆装置安装质量检验及评定标准主要检查内容及质量验收评定见相应的表格。

3. 规程适用性

DL/T 5257—2011 适用于新建、扩建和改建火电厂选择性催化还原法（液氨 SCR 法）烟气脱硝工程建筑和安装施工的质量验收评定工作。

162　DL 5277—2012 火电工程达标投产验收规程

DL 5277—2012《火电工程达标投产验收规程》，由国家能源局于 2012 年 4 月 6 日发布，

2012年7月1日实施。

1．制定背景

为规范火电工程达标投产验收工作，提高工程建设质量和整体工程移交水平，根据国家发展和改革委员会办公厅《关于印发2007年行业标准修订、制定计划的通知》（发改办工业〔2007〕1415号）的要求，制定DL 5277—2012。

2．主要内容

第2章为术语。包括达标投产验收、考核期和基本符合。达标投产验收是指采取量化指标比照和综合检验相结合的方式对工程建设程序的合规性、全过程质量控制的有效性以及机组投产后的整体工程进行质量符合性验收。考核期是指从机组168h满负荷试运结束开始计算，时间为6个月。基本符合是指能满足安全、使用功能，实物及项目文件质量存在少量瑕疵，尺寸偏差不超过1.5%，限值不超过1%。

第3章为基本规定。工程开工前，建设单位应制定工程达标投产规划，并应在工程合同中明确达标投产要求。建设单位应组织参建单位编制达标投产实施细则，并应在建设过程中组织实施。达标投产验收分为初验和复验两个阶段，并按照DL 5277—2012相应的规定执行。达标投产初验应在机组整套启动前进行：达标投产复验应在机组移交生产后12个月内及机组性能试验项目全部完成后进行。工程建设过程中，建设单位应组织各参建单位按DL 5277—2012进行全过程质量控制。

第4章为达标投产检查验收内容。职业健康安全与环境管理检查验收应按规程罗列的组织结构、安全管理、规章制度、安全目标与方案措施、工程发包、分包与劳务用工、环境管理、安全设施、施工用电与临时接地、脚手架、特种设备、危险品保管、全厂消防、边坡及洞室施工安全、劳动保护、灾害预防及应急预案、防洪度汛、调试、运行、事故及调查处理和其他类规定进行。土建工程质量：检查验收应按实体质量（地基基础和结构稳定性、耐久性、测量控制点、沉降观测点、观感质量、混凝土工程、混凝土构筑物、钢结构工程、压型钢板围护、网架结构及平台栏杆、砌体工程、装饰装修、屋面及防水工程、给水、排水、采暖、通风空调、消防、建筑电气、智能建筑、沟道、盖板、道路、地坪及围墙、全厂电梯、配套工程、水土保持、建筑节能）、项目文件（技术标准清单、强制性条文执行、质量验收项目划分、技术文件的编制和执行、重要报告、记录、签证）和其他类规定进行。锅炉机组工程质量：验收应按实体质量（钢结构、平台、楼梯、栏杆、踢脚板、受热面设备、烟风煤系统、锅炉风压试验、箱式空气预热器、回转式空气预热器、循环流化床锅炉、附属机械、管道、阀门、支吊架、输煤系统、燃油设备及管道、除尘、除灰、除渣装置、脱硫装置、脱硝装置、焊接工程、锅炉化学清洗系统安装、炉墙砌筑、保温工程、观感质量）、项目文件和其他类规定进行。汽轮发电机组工程质量：其检查验收应按罗列的实体质量［汽轮机本体、燃气轮机、发电机、励磁装置、直接空冷系统、间接空冷系统（特殊部分）、凝汽器、高压加热器、低压加热器、除氧器、电动给水泵、汽动给水泵、柴油发电机、其他附属机械、油系统、反渗透装置、海水淡化、化学水处理、凝结水精处理系统、废水处理系统、制氢系统、管道、阀门、支吊架、平台、楼梯、栏杆、踢脚板、焊接工程、保温工程、观感质量］、项目文件和其他类规定进行。电气、热工仪表及控制装置质量：其检测验收应按罗列的实体质量［仪表检定、盘柜安装及接地、电缆桥架、支架安装及电缆敷设、二次接线、电缆防火、变压器、电抗器、高压电器、电动机、母线、发电机、励磁装置、蓄电池、接地装置、热控管路、支吊架安装、热控装置及仪表、取源部件、执行机构（阀门）、设备及系统严密性、设备及系统标识、成品保护、观感质量]、项目文件和其他类规定进行。调整试验、性能试验和主要技术指标：检测验收应按调试质量和性能试验技术指标（锅炉化学清洗、蒸汽吹管、分部试运、整套启动试运、考核期技术指标、机组性能试验指标、脱硫装置性能指标、脱硝装置性能指标、机组调试报告）、项目文件和其他类的规定进行。工程综合管理与档案：检测验收应按一般规定（项目管理体系、造价控制、进度管理、合同管理、设备物资管理、强制性条文的执行、勘测、设计管理、施工管理、调试管理、工程监理、生产管理、信息管理、档案管理、建设项目合规性文件、安全管理主要项目文件、土建工程主要项目文件、锅炉安装主要项目文件、汽轮发电机组安装主要项目文件、电气、热控安装主要项目文件、调整试验、性能试验和技术指标主要项目文件）进行。

第 5 章为达标投产初验。初验应在机组整套启动前进行，初验应具备相应的条件，并由初验由建设单位负责验收，监理、设计、施工、调试、生产运行等单位参加。初验通过的条件应符合规程中相应的规定。初验不具备检查验收条件的“检验内容”在复验时进行。“不符合”及“基本符合”存在问题的处理应符合规程相应的规定。初验结束后，验收单位应按编制初验报告，并附规程要求的项目文件。未通过初验的机组不得进入整套启动试运。

第 6 章为达标投产复验。复验应在机组移交生产后 12 个月内进行。复验应具备规程要求的条件。复验的申请、验收、通过的条件应符合规程相应的规定。第 4 章 7 个部分的检查验收表中“验收结果”不得存在“不符合”；性质为“主控”的“验收结果”，“基本符合”率应不大于 5%；性质为“一般”的“验收结果”，“基本符合”率应不大于 10%。

第 7 章为达标投产验收结论。通过达标投产复验的机组（工程），现场复验组应按编制达标投产复验报告，并附规程要求的项目文件。复验单位应对复验报告及所附项目文件进行审核，审核通过后以公文的形式批准机组（工程）通过达标投产验收。未通过复验的机组（工程），现场复验组应提出存在问题清单，由建设单位组织参建单位分析原因、制订整改计划、落实责任单位和具体整改措施，整改闭环后，重新申请复验。重新申请复验的机组（工程），经原复验单位验收，仍可通过达标投产验收。

3．规程适用性

DL 5277—2012 适用于新建、扩建的火电工程、核电常规岛工程。火电工程建设应按 DL 5277—2012 对工程建设程序的合规性、全过程质量控制的有效性，以及机组投产后的整体工程质量，采取量化指标比照和综合检验相结合的方式进行质量符合性验收。火电工程建设应事前策划，按全过程质量控制的原则，做到政府部门监督、建设单位监管、监理单位监察、勘测设计和施工单位监控。火电工程达标投产验收除应符合 DL 5277—2012 外，尚应符合国家现行有关标准的规定。

163　DL/T 5344—2006 电力光纤通信工程验收规范

DL/T 5344—2006《电力光纤通信工程验收规范》，由中华人民共和国国家发展和改革委员会于 2006 年 9 月 14 日发布，2007 年 3 月 1 日实施。

1. 制定背景

为满足电力光纤通信工程验收工作的需要，规范工程验收、移交生产行为，根据国家发展改革委办公厅《关于下达2004年行业标准项目计划的通知》（发改办工业〔2004〕872号）要求，制定DL/T 5344—2006。

2. 主要内容

第3章为缩略语。包括告警指示信号（AIS）、异步传送模式（ATM）、比特误码率（BER）、数据通信网（DCN）、数字配线架（DDF）、帧丢失（LOF）、指针丢失（LOP）、信号丢失（LOS）、多业务传输节点（MSTP）、光放大器（OA）、光分波器（OD）、光配线架（ODF）、光合波器（OM）、光纤复合架空地线（OPGW）、光转换单元（OTU）、光监控通道（OSC）、脉冲编码调制（PCM）、准同步数字体系（PDH）、伪随机二元序列（PRBS）、同步数字体系（SDH）、信号劣化（SD）、信号失效（SF）、同步传送模块（STM）、音频配线架（VDF）、虚拟局域网（VLAN）、波分复用（WDM）。

第4章为工程验收组织和管理。介绍了工程验收主要工作内容和依据。工程验收组织：验收工作可分为工厂验收、随工验收、阶段性（预）验收、竣工验收4部分；工程有单独立项的新建和改、扩建光纤通信工程和随输变电工程配套建设的光纤通信工程。工程验收程序：包括工厂验收、随工验收、阶段性（预）验收、竣工验收条件和验收内容。

第5章为光缆线路验收。适用于光纤复合架空地线（OPGW）和全介质自承式光缆（ADSS）线路工程的验收，只规范了光缆线路中直接影响通信质量部分的验收，光缆线路验收可分为工厂验收、随工验收、阶段性（预）验收和竣工验收四部分。工厂验收和到货送检：工厂验收和到货送检方法及技术指标参见DL/T 788—2001、DL/T 832—2003；检验项目见附录B表B.1、表B.2或者按照订货合同执行；检验结果应做详细记录；必要时，可视工程情况安排工厂监造。随工验收：光缆及金具现场开箱检验；检查光缆、金具、接续盒及余缆架、分流线、导引光缆敷设、机房内光纤配线设备安装质量；检测区域光路全程指标。阶段性（预）验收：检查随工验收的各项质量记录及有关问题的处理情况，中继段光路指标，光缆线路配盘图、配纤表，工程文件的完整、准确性。竣工验收：检查中继段光路指标测试记录，进行工程移交。OPGW线路：验收内容有开箱检验、单盘测试光缆假设质量检查、光缆配套金具安装要求、引下光缆、余缆架、接线盒、导引光缆、光纤配线架（ODF）、分流线、施工质量记录、全程测试、光缆线路配盘图、光缆线路熔接点配纤表。ADSS线路：介绍验收的一般要求、架设安装、施工质量记录。

第6章为光通信设备验收。适用于光纤传输系统中同步数字体系（SDH）设备、SDH网管系统、波分复用（WDM）设备、光放大器（OA）、脉冲编码调制（PCM）设备、数字配线架（DDF）、音频配线架（VDF）的验收。准同步数字体系（PDH）传输设备、异步传输模式（ATM）传输设备的验收参照国家或相关行业标准执行；设备验收分为工厂验收、随工验收、阶段性（预）验收、竣工验收四个阶段。工厂验收：光通信设备可视工程项目情况安排工厂验收；工厂验收可采用抽查单机技术指标和搭建工程模拟系统检查系统功能及指标的方式进行。设备开箱检验：根据设备采购合同和设备装箱（验货）清单对到站设备进行开箱检验；对损坏的设备要详细记录并取证（拍照或摄像）。SDH设备单机测试及功能检查：主要项目有SDH设备单机测试及功能检查项目、电源及设备告警功能检查、SDH光接口检查与测试、电接口检查与测试、以太网接口检查与测试。SDH系统性能测试机功能检查：主要项目有系统性能测试及功能检查项目、系统误码性能测试、系统抖动性能测试、时钟选择倒换功能检查、公务电话系统检查、保护倒换功能检查、环回功能检查、光通道储备电平复核、以太网传输功能检查。SDH网管系统检查：规范了网元级网管设备验收工作；相关验收工作主要有网管系统验收项目、网管软、硬件配置检查、网管系统功能检查、远方操作终端（X终端）、维护终端（LCT）验收、SDH网元级网管设备检查表、技术合同中规定的网管其他功能的核查。光放大器验收：对于独立于SDH机架以外、单独安装的光放大器，其技术指标测试项目包括输入/输出功率（增益）、增益平坦度、噪声系数；其他特殊功能放大器的测试，参见出厂检验记录。光波复用设备验收：光波分复用（WDM）系统分为集成式WDM系统和开放式WDM系统，测试项目包括集成式WDM系统收/发信机S_n、R_n参考点技术指标检查与测试、主光通道测试、光监控通路测试、波长转换器测试、WDM系统传输性能测试、WDM网管系统功能检查。脉冲编码调制设备验收：验收时，除了需要单独检查PCM设备的单机技术指标、系统技术指标、系统功能、智能化PCM设备特殊功能外，其余验收项目均可参照本标准相关章节执行；测试项目包括PCM单机技术指标测试、系统技术指标测试及功能检查、智能化PCM设备特殊功能检查。机架安装验收：机架安装位置、子架面板布置应符合施工设计要求；子架与机架连接符合设备装配要求，子架安装牢固、排列整齐，接插件安装紧密，接触良好；缆线布放及成端检查符合要求。配线架安装验收：配线架为单独机架时，机架安装及架内缆线布放质量标准应按6.10执行；配线架安装质量检查应按站填写检查表。

第7章为通信电源系统验收。适用于光纤通信工程的交直流配电、高频开关整流器、蓄电池组及电源监控等设备的验收；电源系统验收可分为随工验收、阶段性（预）验收、竣工验收三部分；提出光通信站电源系统的总体技术要求。验收内容：随工验收包括设备开箱检验、安装质量检查、功能检查及技术指标测试；阶段性（预）验收包括对随工验收测试检查结果进行抽测，检查工程文件的完整性、准确性；竣工验收包括在试运行通过后，检查阶段性（预）验收记录，进行工程文件移交。开箱检验：电源设备开箱检验参照6.3执行，填写相应的表格。安装工艺检查：电源系统安装工艺检查参照6.10执行，填写相应的表格。功能检查与技术指标测试：主要项目包括配电设备、高频开关整流设备、蓄电池组、通信电源监控系统。

第8章为机房环境要求。接地要求：通信主辅设备的防雷和防过电压能力应满足DL 548—1994的要求，接地装置的施工及验收符合GB 50169的要求；接地系统各部件连接符合设计规定，接地引入线与接地体焊接牢固，焊缝处作防腐处理；接地母线装置安装位置符合设计规定，安装端正、牢固并有明显标志；测量接地网的接地电阻值，应符合相应要求；接地种类包括设备接地、出、入通信站交流电力线的接地与防雷、出、入通信站通信电缆的接地与防雷。机房要求：通信机房应具有防火、防尘、防水、防潮、防小动物等措施；机房室内温湿度和事故照明应符合设计要求；防火重点部位应有明显标志，按规定配置消防器材，电缆竖井防火措施应符合规定；无人站应配备具有来电自启动功能的空调器，空调机安装位置合理，避免空调漏水淋湿设备。

第9章为工程文件验收。工程文件包括工程前期文件、施工文件、监理文件及竣工验收文件；工程文件的积累、整理、归档工作应与工程建设同步进行，并与工程验收同步完成文件验收、移交工作。职责划分：工程文件产生于工程建设全过程，其形成、积累和管理应列入工程建设计划和有关部门及人员的岗位责任，并有相应的检查及考核措施；职责单位有建设单位、监理单位、设计单位、施工单位、运行单位，并对职责单位具体职责描述。验收范围：验收范围包括整个工程全过程中形成的、应当归档保存的文件；包括工程的立项、可行性研究、设计、招投标、采购、施工、调试、试运行、竣工等过程中形成的文字、图表、声像材料等形式为载体的文件。文件要求：主要包括质量要求、竣工图和图章要求、案卷质量要求、文件载体要求。移交：按照工程验收阶段，同步进行文件的移交工作；工程竣工验收后三个月内，建设单位向运行单位及其他有关单位办理工程文件移交；有尾工的应在尾工完成后及时移交；各参建单位向建设单位移交两套文件，设计单位（或施工单位）按合同约定提供竣工图；文件移交时应办理完备的移交手续，并提供移交文件的详细清单。

3．规程适用性

DL/T 5344—2006 适用于新建、扩建和改建的电力光纤通信工程，作为光缆线路、光通信设备、辅助设备和配套设施验收的依据。

164　DL/T 5403—2007 火电厂烟气脱硫工程调整试运及质量验收评定规程

DL/T 5403—2007《火电厂烟气脱硫工程调整试运及质量验收评定规程》，由中华人民共和国国家发展和改革委员会于 2007 年 12 月 3 日发布，2008 年 6 月 1 日实施。

1．制定背景

DL/T 5403—2007 是根据国家发展改革委办公厅《关于印发 2006 年行业标准项目计划的通知》（发改办〔2006〕1093 号文）的要求制定的。

2．主要内容

第 3 章为术语和定义。包括累积满负荷运行时间、脱硫效率、脱硫废水、脱硫装置整套启动、自动投入率。

第 4 章为总则。烟气脱硫装置调试、试运及质量检验评定工作，应执行 DL/T 5403—2007 的要求。按规定组织调整试运工作，及时进行调整试运质量验收及评定，作出质量验收及评定签证。由调试单位结合脱硫装置的实际情况，依照第 5 章和第 7 章的要求，编制锁承担的调试工作清单和调整试运质量检验评定清单。建设单位或其代表（如监理单位）应对调试单位编制的调试工作清单和调整试运质量检验评定清单进行核查，确认后执行。脱硫装置调整试运质量的检查和验评应按检验项目分项、专业、阶段等顺序依次进行。各参建单位对调整试运期间的安全工作各负其责。

第 5 章为启动调试工作。一般规定：启动调试工作按有关国家标准和行业标准、规程、规范、设备技术文件及有关规定的要求进行；调试单位根据设计和设备的特点，合理组织、协调、试试启动调试工作，确保启动调试工作的安全和质量；脱硫装置启动调试一般分为分部试运调试和整体启动试运调试，分别对两种调试进行了规定；对多单位参与调试的脱硫工程，建设单位应明确主体调试单位；调试单位应具有火力发电厂脱硫装置的调试业绩，并为其所承担的调试项目配备足够的合格专业调试人员；调试人员应岗位职责明确。启动调试工作职责：包括施工单位、调试单位、建设单位、生产单位的职责。机务专业调试范围及项目：包括启动调试准备工、分系统调试工作、整套启动试运阶段的调试工作。电气专业调试范围及项目：包括启动调试前期工作、分系统调试工作、整套启动调试工作、168h 后的工作。热工控制专业调试范围及项目：包括启动调试前期工作、分系统调试工作、整套启动调试工作、168h 后的工作。化学专业调试范围及项目：包括启动调试前期工作、分系统调试阶段的工作、整套启动调试工作、168h 后的工作。

第 6 章为脱硫装置试运行。一般规定：脱硫装置试运行是全面检验脱硫装置及其配套系统的设计、设备制造、施工、调试和生产准备的重要环节，是保证脱硫装置安全、可靠、经济、文明地投入生产，发挥投资效益的关键性程序；脱硫装置试运行一般分为分部试运、整套启动试运、试生产三个阶段；组织分工包括试运指挥部、试运指挥部下设机构、建设单位、生产单位、调试单位、施工单位、设计单位。分部试运阶段：分部试运阶段从脱硫系统受电开始至整套启动开始为止；分部试运包括单机试运和分系统试运两部分；分部试运应由施工单位牵头，在调试等单位配合下完成；单机试运由施工单位负责，分系统试运工作由调试单位负责；已通过验收签证的设备和系统，经协商同意可由生产单位代保管，并办理代保管手续，代保管期限自代保管各方签证始至完成 168h 试运移交试生产为止。整套启动试运阶段：整套启动试运阶段从启动增压风机、烟气进入脱硫装置开始，到完成 168h 满负荷试运为止；整套启动试运分为整套启动热态调整试运和 168h 满负荷试运两部分；整套启动试运前应具备相应的条件，试运过程中应完成 DL/T 5403—2007 相关条款有关机务、电气、热工控制、化学专业系统整套启动调试工作；168h 满负荷试运应具备相应的条件，试运期间，继续考研主要设备连续运行和满足脱硫装置满负荷运行的能力；在整套启动试运过程中，调试单位应如实、全面地做好试运、调试记录。试生产阶段：由试运指挥部宣布 168h 满负荷试运结束即试生产阶段的开始，试生产期一般为半年，因工程规模较小或工艺简单等原因未安排试生产期的，由试运总指挥与建设单位协商决定。工程竣工验收：新（扩、改）建的火电厂脱硫工程，已按批准的设计文件规定的内容全部建成，在本期工程的最后一台脱硫装置试生产结束（无试生产期的，最后一台脱硫装置完成 168h 试运）、竣工结算审定后，及时进行竣工验收；脱硫工程作为主机组建设一部分时，应随主机组一起进行竣工验收；各参建单位应配合工程竣工验收，竣工验收结束后应编制竣工验收报告书。

第 7 章为质量验收及评定。一般规定：脱硫装置调整试运工作，必须在施工（含单体调试）质量检验评定合格的基础上，根据质量验收及评定范围的规定，进行质量验收及评定；先由调试单位完成自评工作，再由试运指挥部验收检查组核定；火电厂烟气脱硫工程调试质量验收评定应按检验项目的分项、专业、阶段等依次进行；介绍了脱硫装置试运的各验收项目、各分项、各专业、各阶段所评定的质量。质量验收及评定范围：质量验收及评定范围主要包括四个部分的内容，即工程编号、质量检验项目的划分、验收单位、验评表编号；工程质量验收及评定范围见表 7.2.1。分系统调试：机务专业包括石灰石卸料及储存系统、石灰石浆液制备系统、石灰石浆液给料系统、制备区地坑系统、吸收塔系统、氧化空气系统、吸收塔区域地坑系统、事故浆液系统、增压风机及其附属设备、烟气换热器及其附属设备、石膏浆液排除系统、石膏脱水机及其附属设备、石膏脱水滤液系统、石膏脱水区地坑泵、脱硫废水处理系统、工艺（工业）水系统、压缩空气系统；电气专业包括高压配电装置、高、低压厂用电系统；热控专业包括顺序控制系统、模拟量控制系统、数据采集系统、事件顺序记录系统、可编程控制器、烟气在线监测装置；化学专业包括脱硫废水加药系统、取样仪表系统。整套启动热态调试：整套启动热态调试从启动增压风机、烟气进入吸收塔进行脱硫开始，到完成 168h 满负荷试运为止；机务专业相关专业包括工艺（工业）水系统、石膏排出系统、SO_2吸收系统、烟气系统、石膏脱水系统、脱硫废水处理系统；电气专业包括电气调试；热控专业包括热控调试；化学专业包括带负荷化学分析。脱硫装置 168h 满负荷试运：168h 满负荷试运指主机组在设计工况下稳定运行，通过脱硫装置的烟气为设计烟气量及含硫量的状态；脱硫装置 168h 满负荷试运质量标准和检测方法见表 7.5.2。

3．规程适用性

DL/T 5403—2007 适用于新建、扩建和改建火电厂石灰石湿法烟气脱硫工程的启动调试、试运、验收评定工作。其他脱硫技术工程的启动调试、试运和质量验收评定可参照执行。

165　DL/T 5417—2009 火电厂烟气脱硫工程施工质量验收及评定规程

DL/T 5417—2009《火电厂烟气脱硫工程施工质量验收及评定规程》，由国家能源局于 2009 年 7 月 22 日发布，2009 年 12 月 1 日实施。

1．制定背景

为加强火力发电厂烟气脱硫工程质量管理，统一火力发电厂烟气脱硫工程施工质量的验收，保证工程质量，根据国家发展改革委办公厅《关于印发 2006 年行业标准项目计划的通知》（发改办工业〔2006〕1093 号）的要求制定，制定 DL/T 5417—2009。

2．主要内容

DL/T 5417—2009 规定了火电厂用石灰石/石灰-石膏湿法烟气脱硫工程建筑和安装施工质量验收及评定所遵循的标准和要求。

第 3 章为术语。包括吸收塔、烟气换热器（GGH）增压风机、吸收塔浆液循环泵、磨机、旋流器、真空皮带脱水机、浆液搅拌器。

第 4 章为总则。烟气脱硫工程施工质量验收及评定工作，应执行 DL/T 5417—2009 的要求，按其规定组织验收工作，并及时进行评定，作出质量验收及评定签证，除应执行 DL/T 5417—2009 的规定外，尚应符合国家现行有关强制性标准的规定。对进口设备的检验（包括自检）及评定工程质量时，还应参照进口订货技术合同、产品说明书等资料。脱硫工程施工质量的检查和验评应按分段（检验批）、分项、分部、单位工程等顺序依次进行，未经检查、验收和质量评定不得进行下一道工序。工程施工质量验收评定记录，应按规定整理归档，并移交建设单位。

第 5 章为土建工程。一般规定：火力发电厂烟气脱硫工程土建工程质量验收划分为单位（子单位）工程、分部（子分部）工程、分项工程和检验批；工程质量验收及单位工程质量评定的程序、组织和记录应符合 5.1.14 的规定；施工现场质量管理检查记录由施工单位填写，总监理工程师或建设单位项目负责人进行检查，并作出检查结论。土建工程质量验收及评定范围：土建质量验收及评定范围主要包括四部分内容，即工程编号、质量检验项目的划分、验收单位、各分项工程检验批质量验收标准的套用表编号；表 5.2.1 为火力发电厂烟气脱硫土建工程质量验收及评定范围的基本模式；火力发电厂烟气脱硫土建工程质量验收划分为单位（子单位）工程、分部（子分部）工程、分项工程和检验批；火力发电厂烟气脱硫土建工程质量评定仅对单位工程进行；各工程均应按照表 5.2.1 的基本模式，结合工程具体情况，制定工程项目的质量验收及评定范围；在验收评定范围以外的建（构）物，可参照以上划分原则进行归类划分；质量验收及评定范围表可由承建工程的施工单位编制，监理单位审查，建设单位确认。土建工程质量标准和检验方法：烟气脱硫工程的定位放线、土石方及基坑工程、地基与地基处理工程、防水工程、砌体工程、混凝土结构工程、钢结构工程、地面与楼面工程、屋面工程、建筑装饰装修工程、防腐蚀工程、给排水及采暖工程、通风与空调工程、建筑电气工程、电梯和厂区道路等工程的施工质量标准和检验方法按照 DL/T 5210.1—2005 的有关规定执行，主要系统包括 SO_2 吸收系统、烟气系统、石灰石制备、浆液输送系统、石膏脱水、废水处理系统及公用系统。

第 6 章为机务工程。一般规定：DL/T 5417—2009 是按分段工程、分项工程、分部工程和单位工程为对象编制的；质量检验及评定应按分段工程、分项工程、分部工程、单位工程的顺序逐级进行，均分为“合格”和“优良”两个等级，其标准见 6.1.3；工程质量的评定结果，以工程质量验收及评定范围中规定的该项目最高一级的验评意见为主，并以验评签证为准，上级质量检验人员有权进行抽查和复评。机务工程质量验收及评定范围：适用于机务工程施工质量验收及评定，质量验收及评定范围主要包含工程编号、质量检验项目的划分、验收单位、验评标准编号，质量验收及评定范围见表 6.2.1。机务工程质量标准和检验方法：主要项目包括 SO_2 吸收系统、烟气系统、石灰石浆液制备系统、石膏脱水系统、废水处理系统、公用系统、防腐、保湿、焊接。

第 7 章为电气工程。一般规定：分项工程项目施工完毕，应经班组自检合格后，方可按 DL/T 5417—2009 的要求，逐级进行质量检验、评定、验收、签字；单位工程质量设“合格”及“优良”两个等级，其检验及评定，应按表 7.3.1 单位工程质量验收评定表的内容进行。电气工程质量验收及评定范围：适用于电气工程安装质量验收及评定，质量验收及评定范围主要包含工程编号、质量检验项目的划分、验收单位、质量验评及签证表编号；电气工程质量验收及评定范围见表 7.2.1。电气工程质量标准和检验方法：脱硫工程电气装置安装单位工程、分部工程、分项工程、质量验收及评定见规程相应表格；单位工程质量验收评定时，应对单位工程资料进行核查，核查项目；单位工程设计变更及材料代用通知单登记表；单位工程设备、材料出厂试验报告及合格证登记表；施工用量具、测量仪表登记表；设备缺陷通知单；设备缺陷处理报告单；电气装置安装质量验收签证、记录项目；验收项目包括高压成套柜、低压配电盘柜、控制及保护屏台基础的制作安装，手车式高压成套配电盘柜、固定式盘柜安装，交、直流母线的安装检查，真空断路器（接触器）安装与调整，电压、电流（干式）互感器安装（检查），二次回路检查接线，（配电装置名称）kV 段厂用高压配电装置带电试运签证，PC、MCC、保安段低压盘柜安装，35kV 及以下干式变压器的安装及检查，厂用低压配电装置带电试运签证，就地动力控制设备箱体的安装，控制器、按钮及限位安装，鼠笼式电动机检查，电动机带电试运签证，蓄电池安装及试运（充放电）；不间断电源（UPS）检查及试运，型钢滑接线支架制作及安装，型钢滑接线安装，滑动软电缆安装，起重机控制设备安装及调整，滑接器及撞杆安装，起重机电气装置带电试运，电源箱及控制设备安装，照明管路敷设，管内配线及接线检查，照明灯具安装，照明回路通电检查签证，电缆支架（桥架）制作及安装，电缆管配置及敷设，脱硫岛隧道、沟道及管路内电缆敷设，电力（控制）电缆终端头制作安装，电缆防火与阻燃检查，通信线管配制及敷设，500V 通信线盒安装，屋外接地装置制作安装，屋内接地装置安装，避雷器及接地引下线安装，火灾危险环境的电气装置安装检查，爆炸和火灾危险环境电气设备的接地和接零检查。

第 8 章为热控工程。一般规定：热控工程安装分项工程、分部工程、单位工程中检验指标的质量，均分为“合格”和“优良”两个等级。热控工程质量验收及评定范围：质量验收及评定范围执行表 8.2.1；烟气脱硫热控装置在进行工程验评范围划分时，单位工程不删减，分部工程、分项工程可根据脱硫工程实际情况删减；增减项目的工程编号，可续编，确保流水号顺序即可。热控工程质量标准和检验方法：单位工程、分部工程、分项工程质量验收评定见相关表格，验收安装项目包括盘底座制作安装、盘柜安装、DCS 设备安装、DCS 系统接地装置安装、电缆桥架安装、电缆保护管、支架安装、电缆敷设、缆头制作及安装接线、温度取源部件及仪表安装、压力取源部件及仪表安装、CEMS 流量取样装置及仪表安装、氧化锆氧量分析取样安装、CEMS 烟尘浓度探头安装、CEMS 烟气入口检测采样探头安装、CEMS 烟气出口检测采样探头安装、CEMS 烟囱入口（污染物排放）检测采样探头安装、烟气分析取样装置及仪表安装、变送器安装、压力表、差压表安装、振动探头及仪表安装、转速探头及仪表安装、执行机构安装、阀门、排污装置安装、管路敷设及严密性试验、分析取样装置及仪表安装、液位取样装置及仪表安装、流量取样及仪表安装、物位计安装、开关量仪表安装、工业电视安装、蒸汽伴热装置安装、电伴热装置安装、防爆装置安装、热控防腐；调试项目包括测温元件及回路调校、流量安装指示仪表及回路调校、压力、差压测量调校及回路调试、物位测量仪表调校及回路调试、分析仪表安装调校及回路调试、机械振动调校及回路调试、物料称重装置及回路调试、执行机构及回路调试、开关量仪表调校及回路调试、热控电源回路调试。

3. 规程适用性

DL/T 5417—2009 适用于新建、扩建和改建火电厂用石灰石/石灰-石膏湿法烟气脱硫工程建筑和安装施工的质量评定工作。其他脱硫技术工程的建筑和安装施工质量验收评定可参照执行。

166　DL/T 5436—2009 火电厂烟气海水脱硫工程调整试运及质量验收评定规程

DL/T 5436—2009《火电厂烟气海水脱硫工程调整试运及质量验收评定规程》，由国家能源局于 2009 年 7 月 22 日发布，2009 年 12 月 1 日实施。

1. 制定背景

近几年，随着国家和社会对环保要求的提高，火电厂烟气海水脱硫装置得到较为广泛的应用。为规范火电厂烟气海水脱硫工程建设中的调整试运和启动验收工作，根据国家发展改革委办公厅《关于印发 2007 年行业标准项目计划》（发改办〔2007〕1415 号）的要求，制定 DL/T 5436—2009。

2. 主要内容

DL/T 5436—2009规定了火电厂烟气海水脱硫工程调整试运和验收评定的基本标准和要求。

第3章为术语和定义。包括烟气海水脱硫、脱硫效率、海水脱硫工艺排水、海水供排水系统、SO_2吸收系统、海水恢复系统。

第4章为总则。调试单位编制的调试工作清单和质量验收评定清单在建设单位或其代表进行核查、确认后执行。火电厂烟气海水脱硫调整试运的质量验收评定工作应按检验项目、分项、专业、阶段等顺序依次进行，未经调整试运和质量验收评定不得投入生产运行。

第5章为启动调试工作。一般规定：启动调试工作应按有关国家标准和行业标准、规程、规范、设备技术文件及有关规定的要求进行；脱硫系统启动调试一半分为分部调试、整套启动调试；分部调试含单体调试与分系统调试工作，分系统调试和整套启动调试工作由调试单位完成，单体调试工作由施工单位完成；分系统调试必须在单体调试合格后进行；分部试运与整套启动调试工作的项目划分为机务、电气、热控、化学和水工专业；烟气海水脱硫装置整套启动调试经过168h满负荷试运合格后移交试生产。启动调试工作职责：包括施工单位、调试单位、建设单位、生产单位、监理单位、设计单位、设备厂家、总承包单位。机务专业调试范围及项目：包括启动调试准备工作、分系统调试工作、整套启动试运阶段的调试工作、168h满负荷试运行、启动调试后的运行。电气专业调试范围及项目：包括启动调试前期工作、分系统调试阶段的工作、整套启动试运行的调试工作、启动调试后的工作。热工控制专业调试范围及项目：包括启动调试前期工作、分系统调试阶段的工作、整套启动期间的工作、启动调试后的工作。化学专业调试范围及项目：包括启动调试前期工作、分系统调试阶段的工作、整套启动期间的工作、启动调试后的工作。水工专业调试范围及项目：包括启动调试准备工作、分系统试运及整体启动试运期间调试工作、启动调试后工作。

第6章为脱硫装置试运。一般规定：脱硫装置试运行一般分为分部试运、整套启动试运、试生产三个阶段；脱硫装置启动前应成立脱硫工程试运指挥部，组织分工主要包括试运指挥部、试运指挥部下设机构、建设单位、生产单位、调试单位、施工单位、设计单位。分部试运阶段：分部试运阶段从脱硫系统受电开始至整套启动开始为止；分部试运包括单体试运和分系统试运两部分；单体试运是指单台设备的试运行；分系统试运按系统对其动力、电气、热控等所有设备进行空载和带负荷试运行。整套启动试运阶段：整套启动试运阶段从启动增压风机、烟气进入脱硫装置开始，到168h满负荷试运结束为止；整套启动试运分为整套启动热态调整试运和168h满负荷试运两部分；在整套启动试运过程中，调试单位应如实全面地做好试运记录。试生产阶段：试生产阶段自试运总指挥宣布168h满负荷试运结束开始，试生产期一般为半年；因工程规模较小或工艺简单等原因未安排试生产期的，由试运总指挥与建设单位协商决定；试生产结束后，由建设单位上报工程主管单位并受其委托，组织有关单位进行移交生产的验收签字。工程竣工验收：脱硫工程的竣工验收应由建设单位主持；竣工验收的范围包括本工程的所有涉及项目，内容包括建筑、安装和工艺设备、财务、计划、安全、工业卫生、环境保护设施、消防设施及工程档案等；各参建单位应配合工程竣工验收工作。

第7章为质量验收及评定。一般规定：火电厂烟气海水脱硫工程调试质量验收应划分为阶段、专业、系统、分项；调试人员应对各检验项目进行全数质量检查，建设单位和验收组可视情况作全数检查或随机检查；在阶段评定完成后，对脱硫装置调整试运进行综合质量评定，评定结果以工程质量验收及评定范围表中的最高一级的核定意见为主，并以质量验收评定正式签证为准，但上级组织有权决定派质量验收代表进行抽查和复评。质量验收及评定范围：主要包含四个部分的内容，即工程编号、质量验收项目的划分、验收单位、验评表编号。分系统调试：系统相关专业包括机务专业、电气专业、热控专业、化学专业、水工专业；机务专业包含的设备有海水供排水系统闸门及管道、吸收塔及其附属设备、海水升压泵及其附属设备、增压风机及其附属设备、烟气换热器及其附属设备、挡板及密封风系统、曝气系统及其附属设备、工业水系统、仪用/杂用空气系统；电气专业包含的设备有脱硫高压配电装置、脱硫高/低压厂用电系统；热控专业包含的系统有顺序控制系统、模拟量控制系统、数据采集系统、事件顺序记录系统、控制系统、烟气在线检测装置。整套启动调试：包括的专业有机务专业、电气专业、热控专业、化学专业、水工专业；整套启动试运阶段从启动增压风机、烟气进入吸收塔进行脱硫开始，到完成 168h 满负荷试运为止；凡检验项目用数据表达检查结果时，该数据应采集相对稳定的数据；与此数据有关的检查项目也应该采用同一时刻的数据；机务专业包含的系统有海水供排水系统、SO_2 吸收系统、烟气系统、海水恢复系统、公用系统、脱硫阀门运行检查、脱硫带负荷运行重要指标。脱硫装置 168h 满负荷运行：主机组在设计工况下稳定运行，通过脱硫装置的烟气为设计烟气量及含硫量的状态。

3. 规程适用性

DL/T 5436—2009 适用于新建、扩建和改建火电厂烟气海水脱硫工程调整试运及治疗验收评定工作。

167　DL/T 5437—2009 火力发电建设工程启动试运及验收规程

DL/T 5437—2009《火力发电建设工程启动试运及验收规程》，由国家能源局于 2009 年 7 月 22 日发布，2009 年 12 月 1 日实施。

1. 制定背景

DL/T 5437—2009 是根据国家发展改革委办公厅《关于印发 2007 年行业标准修订、制定计划的通知》（发改办工业〔2007〕1415 号）的要求安排制定的。DL/T 5437—2009 在起草过程中参照原电力工业部颁发的《火力发电厂基本建设工程启动及竣工验收规程（1996 年版）》，结合我国电力体制改革的新形式和火力发电建设的发展及工程建设的成功经验和实际情况，旨在规范火力发电建设工程机组的试运、交接验收、达标考核及竣工验收工作，提高火力发电工程的建设质量，充分发挥火力发电建设投资的效益。

2. 主要内容

DL/T 5437—2009 规定了火力发电建设工程机组启动试运及验收阶段工作的基本要求。

第 2 章为总则。机组移交生产前，必须完成单机试运、分系统试运和整套启动试运，并办理相应的质量验收手续；应按 DL/T 5437—2009 要求完成 168h 满负荷试运，机组移交生产；机组移交生产后，必须办理移交生产签字手续；每期工程建设全部竣工后，应进行工程的竣工验收。火力发电建设工程机组的保修期，宜为移交生产后一年。

第3章为机组的试运和交接验收。通则：机组的试运是全面检验主机及其配套系统的设备制造、设计、施工、调试和生产管理的重要环节，是保证机组能安全、可靠、经济、文明的投入生产，形成生产能力，发挥投资效益的关键性程序，一般分为分部试运（包括单机试运、分系统试运）和整套启动试运（包括空负荷试运、带负荷试运、满负荷试运）两个阶段；为了组织和协调好几组的试运和各阶段的验收工作，应成立机组试运指挥部和启动验收委员会；机组归档移交工作应符合国家和电力行业有关建设项目档案归档的规定，由建设单位组织施工、设计、调试、监理等有关单位，在机组移交生产后45天内完成。机组试运的组织与职责分工：机组试运的组织包括启动验收委员会、试运指挥部，并对各组织部门的职责进行详细的说明；机组试运个单位的职责包括建设单位、监理单位、施工单位、调试单位、生产单位、设计单位、电网调度部门、电力建设质量监督部门的主要职责。分部试运阶段：应从高压厂用母线受电开始至整套启动试运开始为止；分部试运包括单机试运和分系统试运两部分。整套启动试运阶段：从炉、机、电等第一次联合启动时锅炉点火开始，到完成满负荷试运移交生产为止。机组的交接验收：机组满负荷试运结束时，应进行各项试运指标的统计汇总和填表，办理机组整套启动试运阶段的调试质量验收签证；机组移交生产后一个月内，应由建设单位负责，向参加交接签字的各单位报送一份机组移交生产交接书。特殊情况说明：由于电网或非施工和调试的原因，机组不能带满负荷时，由总指挥上报启委会决定168h试运机组应带的最大负荷；整套启动试运的调试项目和顺序，可根据工程和机组的实际情况，由总指挥确定；个别调试或试验项目经总指挥批准后也可在考核期内完成；环保设施应随机组试运同时投入，如未能随机组试运投入，应由建设单位负责，组织相关责任单位在国家规定的时间内完成施工和试运。

第4章为机组的考核期。自总指挥宣布机组试运结束之时开始计算，时间为六个月，不应延期。在考核期内，机组的安全运行和正常维修管理由生产单位全面负责，工程各参建单位应按照启委会的决议和要求，在生产单位的统一组织协调和安排下，继续全面完成机组施工尾工、调试未完成项目和消缺、完善工作。涉网特殊试验和性能试验合同单位，应在考核期初期全面完成各项试验工作。各项性能试验完成后，建设单位应按照机组达标验收的相关规定和要求，组织完成相关工作。

第5章为工程的竣工验收。凡新建、扩建、改建的火力发电工程，已按批准的涉及文件所规定的内容全部建成，在本期工程的最后一台机组考核期结束，完成行政主管部门组织的各专项验收且竣工决算审定后，由建设单位按规定申请组织工程竣工验收。

3．规程适用性

DL/T 5437—2009适用于单机容量为300MW及以上的各类新建、扩建、改建的火力发电建设工程。单机容量为300MW以下的火力发电建设工程可参照执行。

第二节　国标安装验评

168　GB 12978—2003 消防电子产品检验规则

GB 12978—2003《消防电子产品检验规则》，由国家质量监督检验检疫总局于2003年9

月1日发布，2004年12月1日实施。

1．制定背景

GB 12978—2003代替GB 12978—1991《火灾报警设备检验规则》，扩大了标准的使用范围，修改了委托检验、型式检验、监督检验和仲裁检验四种检验类别的基本规定，增加了科技成果鉴定检验、分型产品、产品技术文件和设计更改控制的规定要求。

2．主要内容

GB 12978—2003规定了消防电子产品（简称产品）的检验分类、抽样、型号编制、分型产品控制、技术文件要求、设计更改控制、样品标识和接收方法及型式检验、委托检验、监督检验、科技成果鉴定检验和仲裁检验的规则。

第3章为检验分类，可分为型式检验、委托检验、监督检验、科技成果鉴定检验、仲裁检验。第4章为基本规定，包括对抽样、型号编制、分型产品、产品技术文件、样品标识及接收、设计更改控制的基本规定。第5章为型式检验，检验流程为受理、检验、合格判定及检验报告、样品处理。第6章为委托检验，检验流程为受理、检验、合格判定及检验报告、样品处理。第7章为监督检验，检验流程为受理、检验、合格判定及检验报告、样品处理。第8章为科技成果鉴定检验，检验流程为受理、检验、检验结论。第9章为仲裁检验，检验流程为受理、检验、检验结论、样品处理。

3．规程适用性

GB 12978—2003适用于消防电子产品质量监督检验机构（简称检验机构）的检验。

169　GB/T 18929—2002 联合循环发电装置验收试验

GB/T 18929—2002《联合循环发电装置验收试验》，由国家质量监督检验检疫总局于2002年12月31日发布，2003年6月1日实施。

1．制定背景

GB/T 18929—2002是GB/T 14100—1993《燃气轮机验收试验》的增补件，它等同采用了国际标准化组织燃气轮机技术委员会ISO/TC 192发布的ISO 231：1989《燃气轮机验收试验》的增补件Amendment1：1997（E）《联合循环电厂验收试验》（英文版）。为了确定和/或考核联合循环发电装置的输出功率和热效率，需要进行验收试验。GB/T 18929—2002为验收试验的实施和报告的编制规定了标准程序和规则，为验收试验的测量方法提供了信息，也为试验条件下获得的结果按照保证条件或其他规定的条件进行修正的方法提供了信息。

2．主要内容

第3章为循环测点命名。测点号表示质量流量或能量流通量流过的控制截面所对应的位置。进入同一控制截面的所有流通量具有相同的编号。不同的流体用不同的字母来表示。同一种流体通过同一截面时，如果它们具有不同的压力等级，用一个附加的数字来区别。

第4章为试验程序。验收试验通常应在供货商完成调试、试运转后立即进行，且不应晚于考核期（可靠性运行）开始后的3个月，除非双方经协商另有协议。对于带基本负荷的发电装置，典型的考核期可延至30天。在试验前该发电装置应按照制造厂的规定进行检验和清洗。如果因某种原因，试验不得不延期进行，各方应就如何考虑到试验之日设备老化和结垢的影响达成协议。

第5章为试验运行条件。GB/T 14100—1993中5.1规定的条款相应地扩展到整套联合循环发电装置。运行调节：在读取任何数据之前，发电装置应在一个恒定的负荷下稳定运行。当连续监测表明，在试验各方所商定的时间间隔内，读数已处在最大允许波动范围之内，则认为已达到稳态。

第6章为测量仪器和测量方法。说明了在图1中所命名的燃气轮机以及不同测点上所采用的测量类型、测量方法以及注意事项；测点9～18处的测量。为了使GB/T 14100—1993和GB/T 18929—2002可用于各种联合循环发电装置的性能测定（例如分期建设、扩容改造等），试验程序的编制可按分阶段试验的形式灵活地进行。试验阶段如下：阶段Ⅰ试验，燃气轮机简单循环性能试验（如果有旁路烟囱可利用）；阶段Ⅱ试验，全套联合循环发电装置性能试验。

第8章为试验结果的计算。由测量导出的数据的计算：有几个应在不同测点处确定的数据是不能直接测得的，要由其他的测量数据推导和计算出来；为保证取得共识，规定了计算方法。按性能保证条件修正测里结果：主要方法包括输出功率修正因素、用曲线对毛输出功率的修正、用计算机模拟对毛输出功率的修正、辅机功耗的修正、燃料热量输入的修正、修正后的毛热耗率；测量结果（例如输出功率、热量输入或热效率）的修正通常用供货商提供的修正曲线来进行；为方便起见，这些曲线也以表格的形式提供或由公式来规定。典型的通用修正曲线：考虑到联合循环发电装置配置凝汽式汽轮机，修正曲线的基本形状是能够确定的；曲线的斜率可以随着所选的蒸汽参数而变化，如蒸汽的压力和温度、压力级数等，也随着燃气轮机以及控制方式而变化。

第9章为测量的不确定度。试验结果计算所用的每个数值，其测量易发生某种程度的误差，这取决于测量仪器的质量和测量条件。试验最终结果取决于所有测量误差的综合效果，因而会具有一定程度的不确定度。设置的指导值是正确进行的验收试验所预期达到的测量不确定度的度量指标。

3. 规程适用性

GB/T 18929—2002适用于不补燃的联合循环发电装置。经适当修改，也可作为一般导则用于补燃的联合循环发电装置或其他型式的联合循环。GB/T 18929—2002不适用于联合循环发电装置的各组成部分分属于不同合同的情况，因为这种情况下每个设备都有其相应的标准可适用。

170　GB 50093—2013 自动化仪表工程施工及质量验收规范

GB 50093—2013《自动化仪表工程施工及质量验收规范》，由中华人民共和国住房和城乡建设部和国家质量监督检验检疫总局于2013年1月28日发布，2013年9月1日实施。

1. 制定背景

GB 50093—2013是根据住房和城乡建设部《关于印发〈2010年工程建设标准制订、修订计划〉的通知》（建标〔2010〕43 号）的要求，由全国化工施工标准化管理中心站、中国化学工程第十一建设有限公司会同有关单位对 GB 50093—2002《自动化仪表工程施工及验收规范》和 GB 50131—2007《自动化仪表工程施工及验收规范》进行合并修订而成。在修订过程中，规范编制组经广泛的调查研究，认真总结实践经验，参考有关国家标准和国外先进标准，并在广泛征求意见的基础上，修订制定 GB 50093—2013。

为提高自动化仪表工程施工技术和管理水平，统一自动化仪表工程施工质量验收方法，确保工程质量，特制定 GB 50093—2013。

2．主要内容

第 1 章为总则。自动化仪表工程的施工应符合设计文件及 GB 50093—2013 的规定，还应符合国家现行有关标准的规定。自动化仪表工程所采用的设备和材料应符合国家现行有关标准的规定，并应具有产品质量证明文件。

第 2 章为术语。包括自动化仪表、测量、控制、现场仪表、检测仪表、传感器、转换器、变送器、显示仪表、控制仪表、执行器、检测元件、取源部件、检测点、控制系统、综合控制系统、仪表管道、测量管道、信号管道、气源管道、仪表线路、电缆桥架、电缆导管、回路、防爆电气设备、危险区域、本质安全电路、关联设备。

第 3 章为基本规定。施工技术准备：自动化仪表工程施工组织设计和施工方案应已批准，对复杂、关键的安装和试验工作应编制施工技术方案，施工前，施工单位应参加施工图设计文件会审，应对施工人员进行技术交底。质量管理：施工现场应由健全的质量管理体系、质量管理制度和相应的施工技术标准；检验项目的质量应按主控项目和一般项目进行检验和验收。施工质量验收的划分：一般工程施工质量验收应按单位工程、分部工程和分项工程划分。检验数量：规定检验数据、抽检数量、抽检比例，在特殊情况可增加检验数量，但仪表检验设备的安装、脱脂工程、保证和火灾危险区域内的仪表安装工程、一般接地安装工程、隔离与吹洗防护工程、仪表电源设备的试运、综合控制系统的试验、仪表回路试验和系统试验应全部检验。验收方法和质量合格标准：质量验收工作应按分项工程、分部工程、单位工程依次进行；质量检验应在施工过程中进行；质量检验和验收的依据应为设计文件、国家现行有关标准和 GB 50093—2013。

第 4 章为仪表设备和材料的检验及保管。仪表设备和材料的检验及保管：仪表设备和材料到达现场后，应进行检验或验证；仪表设备和材料检验合格后，应按要求的保管条件进行保管，标识应明显清晰；施工过程中，对已安装的仪表设备和材料应进行保护。质量验收：仪表设备和材料检验质量验收应符合表 4.2.1 的规定。

第 5 章为取源部件安装。一般规定：取源部件的结构尺寸、材质和安装位置应符合设计文件规定；设备上的取源部件应在设备制造的同时安装，管道上的取源部件应在管道预制、安装的同时安装；取源部件安装完毕，应与设备和管道同时进行压力试验。温度、压力、流量、物位、分析取源部件：在设备上安装时应符合规范第 5 章中的规定。质量验收：取源部件安装一般规定质量验收应符合规定。

第 6 章为仪表设备安装。一般规定：现场仪表的安装位置应符合设计文件的规定，当设计文件未规定时，应符合 GB 50093—2013 的相应规定；仪表安装前应按设计文件核对其位号、型号、规格、材质和附件；核辐射式仪表安装前应编制具体的安装方案，安装中的安全防护措施应符合国家现行有关放射性同位素工作卫生防护标准的规定；在安装现场应有明显的警戒标识。仪表盘、柜、箱：其安装位置和平面布置，应按设计文件施工；现场仪表箱、保温箱和保护箱的位置，应符合设计文件规定，且应安装在光线充足、通风良好和操作维修方便的位置。温度检测仪表：水银温度计、双金属温度计、压力式温度计、热电阻、热电偶等接触式温度检测仪表的测温元件应安装在能准确反映被测对象温度的部位，根据就地实际环境安装规范安装。压力检测仪表：现场安装的压力表不应固定在有强烈振动的设备或管道上；测量低压的压力表或变送器的安装高度，宜与取压点的高度一致；测量高压的压力表安装在操作岗位附近时，宜距操作面 1.8m 以上，或在仪表正面加设保护罩。流量检测仪表：节流件、靶式流量计、涡轮流量计、涡街流量计、电磁流量计、椭圆齿轮流量计、均速管流量计、质量流量计的安装应符合规定。物位检测仪表：浮力式液位计、钢带液位计、用差压计或差压变送器测量液位、核辐射式液位计、称重式物位计、超声波物位计、雷达物位计、音叉物位计、射频导纳物位计的安装应符合规定。机械量检测仪表：电阻应变式称重仪表，测力仪表，测量位移、振动、速度等机械量的仪表、电子皮带秤，测宽仪，测厚仪，平直度检测仪表装置的安装应符合规定。成分分析和物性检测仪表：分析取样系统的预处理装置应单独安装，并宜靠近传送器；被分析样品的排放管应直接与排放总管连接，总管应引至室外安全场所，其集液处应由排液装置；湿度计测温元件不应安装在热辐射、剧烈振动、油污和水滴的位置，当不能避开时，应采取防护措施；可燃气体检测器和有毒气体检测器的安装位置应根据所检测气体的密度确定。气体检测仪表：核辐射式密度计、噪声测量仪表的传声器、辐射式火焰探测器的安装应符合规定。执行器：控制阀的安装位置应便于观察、操作和维护；执行机构应固定牢固，机械转动应灵活，连杆长度应能调节；电磁阀的进出口方位应安装正确，安装前应检查线圈与阀体间的绝缘电阻。控制仪表和综合控制系统：控制室内安装的各类控制、显示、记录仪表和辅助单元以及综合控制系统，在开箱和搬运中不应有剧烈振动和灰尘、潮气进入设备，安装就位后应达到产品要求的供电条件、温度和湿度，并应保持室内清洁；在插件的检查、安装、试验过程中应有防止静电的措施。仪表电源设备：安装电影设备前应检查其外观及技术性能，并应符合相应的要求；现场仪表供电箱的规格型号和安装位置应符合设计文件的规定；强、弱电的端子应分开布置；供电系统送电前，系统内所有的开关均应置于断开位置，并应检查熔断器的容量；在仪表工程安装和试验期间，所有供电开关和仪表的通电断电状态都应有显示或警示标识。质量验收：仪表设备安装一般规定，仪表盘、柜、箱，温度检测仪表，压力检测仪表，流量检测仪表，物位检测仪表，机械量检测仪表，成分分析和物性检测仪表，其他检测仪表，执行器，控制仪表和综合控制系统，仪表电源设备质量验收应符合规定。

第 7 章为仪表线路安装。一般规定：仪表电气线路的敷设，除应符合本章规定外，还应符合现行国家标准《电气装置安装工程电缆线路施工及验收规范》GB 50168 和《1kV 及以下配线工程施工与验收规范》GB 50575 的有关规定。支架制作与安装：制作支架时，应将材料矫正、平直，切口处不得有卷边和毛刺，制作好的支架应牢固、平正。电缆桥架安装：安装前，应进行外观检查。电缆桥架的内、外表面应平整，内部应光洁、无毛刺，尺寸应准确，配件应齐全，安装位置、方式应正确，不宜采用焊接连接。电缆导管安装：电缆导管不得有变形或裂缝，其内部应清洁、无毛刺，管口应光滑、无锐边，当埋设于混凝土内时，钢管外壁不应涂刷涂料；电缆导管与检测元件或现场仪表之间，宜用挠性管连接，应设有防水弯；

电缆导管的敷设应遵循规定。电缆、电线及光缆敷设：敷设电缆应合理安排，不宜交叉；当仪表电缆与电力电缆交叉敷设时，宜呈直角；当平行敷设时，其相互间的距离应符合设计文件规定；电缆、电线及光缆敷设应符合设计文件和 GB 50093—2013 规定。仪表线路配线：从外部进入仪表盘、柜、箱内的电缆电线，应在其导通检查及绝缘电阻检查合格后再进行配线；仪表盘、柜、箱内的线路不得有接头，其绝缘保护层不得有损伤，接线端子两端的线路均应按设计图纸标号；备用芯线应接在备用端子上，或按使用的最大长度预留，并应按设计文件规定标注备用线号。质量验收：仪表设备安装一般规定、支架制作与安装、电缆桥架、电缆导管安装、电缆、电线、光缆敷设、仪表线路的配线质量验收应符合规定。

第 8 章为仪表管道安装。一般规定：仪表工程中金属管道的施工，除应符合 GB 50093—2013 的规定外，还应符合现行国家标准《工业金属管道工程施工范围》GB 50235 的有关规定。测量管道：测量管道的敷设应符合设计文件的规定，并应按最短路径敷设。启动信号管道：应采用紫铜管、不锈钢管或聚乙烯、尼龙管，不宜有中间接头，当需设置中间接头连接时，应采用卡套式中间接头，管道终端应配装活动连接件，应汇集成排敷设。气源管道：采用镀锌钢管时，应采用螺纹连接，拐弯处应采用弯头关键，连接处应密封；当采用无缝钢管时，应焊接连接，焊接时焊渣不得落入管内。供气管道宜架空敷设；气源系统的配管应整齐美观，安装完毕后应进行吹扫；气源装置使用前，应按设计文件规定整定气源压力值。液压管道：液压管道压力不大于 1.6MPa 的液压控制系统的安装应符合规定。盘、柜、箱内仪表管道：应敷设在不妨碍操作和维修的位置，管道引入孔处应密封；仪表管道与仪表线路应分开敷设。管道试验：仪表管道在试验前应进行检查，并应符合规定；气压试验介质应使用空气或氮气，气压、液压试验的压力应为设计压力的 1.5 倍。质量验收：仪表设备安装一般规定，测量管道，气动信号管道，气源管道，液压管道、盘、柜、箱内管道，管道试验质量验收应符合规定。

第 9 章为脱脂。一般规定：需要脱脂的仪表、控制阀、管子和其他管道组成件，应按设计文件的规定脱脂；设计文件未规定脱脂溶剂时，可按要求选用脱脂溶剂。脱脂方法：有明显锈蚀的管道部位，应先除锈再脱脂；经脱脂的仪表、控制阀、管子和其他管道组成件，应进行自然通风或用清洁无油、干燥的空气或氮气吹干；当允许用蒸汽吹洗时，可用蒸汽吹洗。脱脂件检查：仪表、控制阀和管道组成件脱脂后，应检验合格。质量验收：脱脂质量验收应符合规定。

第 10 章为电气防爆和接地。爆炸和火灾危险环境的仪表装置施工：除应符合 GB 50093—2013 规定外，还应符合现行国家标准《电气装置安装工程爆炸和火灾危险环境电气装置施工及验收规范》GB 50257 的规定；安装在爆炸危险环境的仪表、仪表线路、电气设备及材料，其规格型号必须符合设计文件的规定；防爆设备必须有铭牌和防爆标识，并应在铭牌上标明国家授权的机构颁发的防爆合格证编号。接地：供电电压高于 36V 的现场仪表的外壳，仪表盘、柜、箱支架、底座等正常不带电的金属部分，均应做保护接地；保护接地的接地电阻值应符合设计文件的规定；防静电接地应符合设计文件的规定；仪表控制系统、仪表控制室等应按设计文件的规定应采取防雷措施。质量验收：保证和火灾危险环境仪表装置、接地质量验收应符合规定。

第 11 章为防护。隔离与吹洗：当采用膜片隔离时，膜片式隔离器的安装位置宜紧靠检测点；隔离容器应垂直安装，承兑隔离器的安装标高应一致；当采用隔离管充注隔离隔离液时，测量管和隔离管的配管，应使隔离液充注方便、贮存可靠；隔离液的选用应符合规定。防腐、绝热：仪表管道、支架、仪表设备底座、电缆桥架、电缆导管、固定卡等外表面防腐蚀涂层的涂刷应符合设计文件的规定；仪表绝热工程可与设备和管道的绝热工程同时进行，并应符合设计文件和现行国家标准《工业设备及管道绝热工程施工规范》GB 50126 的有关规定。伴热：当伴热方式为重伴热时，伴热管道应与仪表及仪表测量管道直接接触；当伴热方式为轻伴热时，伴热管道与仪表及仪表管道不应直接接触，并应加以隔离；碳钢伴热管道与不锈钢管道不应直接接触；当伴热管通过被伴热的液位计、仪表管道阀门、隔离器等附件时，宜设置活接头。质量验收：隔离与吹洗、防腐、绝热、伴热质量验收应符合相关表的规定。

第 12 章为仪表试验。一般规定：仪表在安装和使用前应进行检查、校准和试验，安装前的校准和试验应在室内进行，试验的电源电压应稳定，试验的气源应清洁、干燥。单台仪表校准和试验：指针式显示仪表、数字式显示仪表、指针式记录仪表、积算仪表、变送器、转换器、温度检测仪表、压力、差压变送器、开关量仪表、浮筒式液位计、贮罐液位计、料面计、称重仪表及其传感器、测量位移、振动、转速等机械量的仪表、分析仪表的显示仪表部分、单元组合仪表、组装式仪表、控制仪表的显示部分的校准和试验应符合规定；现场不具备校准条件的流量检测仪表，应对职责厂的产品合格证和有效的检定证明进行验证；控制阀和执行机构的试验应符合规定；单台仪表校准和试验应填写校准和试验记录，仪表上应有试验状态标识和位号标识，仪表需加封印和漆封的不稳应加封印和漆封。一般电源设备试验：电源设备的带电部分与金属外壳之间的绝缘电阻，应进行输出特性检查；不间断电源应进行自动切换性能试验。综合控制系统试验：综合控制系统在回路试验和系统试验前应在控制室内对系统本身进行试验；试验项目应包括组成系统的各操作站、工程师站、控制站、个人计算机和管理计算机、总线和通信网络等设备的硬件和软件的有关功能试验。回路试验和系统试验：回路试验应在系统投入运行前进行，试验前应具备规定的条件，应做好试验记录。质量验收：仪表设备安装一般规定、仪表电源设备试验、综合控制系统、回路试验和系统试验质量验收应符合规定。

第 13 章是工程交接验收。交接验收条件：设计文件范围内仪表工程的取源部件、仪表设备和装置、仪表管道、仪表线路、仪表供电、供气供液系统，均应按设计文件和 GB 50019—2013 的规定安装完毕，仪表单台设备应校准和试验合格；仪表工程的回路试验和系统试验，应按设计文件和 GB 50093—2013 的规定进行，并应经试验合格；仪表工程应连续开通投入运行 48h，并应运行正常。交接验收：仪表工程具备交接试验条件后，应办理交接验收手续。

3．规程适用性

GB 50093—2013 适用于自动化仪表工程的施工及质量验收，不适用于制造、贮存、使用爆炸物质的场所以及交通工具、矿井井下等自动化仪表安装工程。

第四章 在线验收测试

第一节 行标在线验收测试

171 DL/T 260—2012 燃煤电厂烟气脱硝装置性能验收试验规范

DL/T 260—2012《燃煤电厂烟气脱硝装置性能验收试验规范》，由国家能源局于 2012 年 4 月 6 日发布，2012 年 7 月 1 日实施。

1. 制定背景

DL/T 260—2012 由中国电力企业联合会提出。由电力行业环境保护标准化技术委员会归口。起草单位为国电环境保护研究院、南京电力设备质量性能检验中心、河南电力试验研究院、中电投远达环保工程有限公司。

2. 主要内容

DL/T 260—2012 规定了燃煤电厂烟气脱硝装置性能验收试验的时间、条件、内容、方法、数据处理和检测结果的评价等内容。

第 4 章为燃煤电厂烟气脱硝装置性能验收的试验条件，包括对试验时间的要求以及对燃料、烟气状态、还原剂和烟气排放连续监测系统的要求，对 SCR 烟气脱硝装置和 SNCR 烟气脱硝装置的测点布置也进行了具体说明。第 5 章为试验内容，包括 SCR 烟气脱硝装置和 SNCR 烟气脱硝装置的各项测量及计算参数和性能指标。第 6 章在试验内容的基础上描述试验的具体方法，如氮氧化物浓度的测定方法有非分散性红外法、定电位电解法、紫外线法、化学荧光法、紫外分光光度法等；烟气参数和烟气浓度、二氧化硫浓度、氧量、三氧化硫等都可以先进行采样再测定。还有许多性能指标需要进行计算，如脱硝效率计算、氨逃逸浓度、烟气脱硝系统阻力、电能消耗量等，都有相应的计算方法。第 7 章为试验报告的组成部分，包括机组主要运行参数和烟气脱硝装置主要运行参数的记录、数据的处理，以及结果的分析等。

3. 规程适用性

DL/T 260—2012 适用于燃煤电厂选择性催化还原法（SCR）和选择性非催化还原法（SNCR）烟气脱硝装置的性能验收试验，其他烟气脱硝装置可参照执行。

172 DL/T 262—2012 火力发电机组煤耗在线计算导则

DL/T 262—2012《火力发电机组煤耗在线计算导则》，由国家能源局于 2012 年 4 月 6 日发布，2012 年 7 月 1 日实施。

1. 制定背景

DL/T 262—2012 由中国电力企业联合会提出。由西安热工研究院有限公司归口。起草单位为西安热工研究院有限公司、贵州电网公司电力调度控制中心、贵州电力试验研究院。

2．主要内容

DL/T 262—2012 规定了火力发电机组煤耗在线计算的数据采集处理准则、计算方法、机组煤耗曲线和微增率曲线的获得方法。

第 3 章为术语和符号。包括：一次数据（primary data）、人工输入数据（manual input data）、校验值（check data）、异常数据（subnormal data）、有效数据（valid data）、计算数据（calculated data）、在线计算（on-line calculation）等术语，以及 A_{ar}—日常的入炉煤收到基灰分，b_f—机组发电标准煤耗率［g/（kW·h）］等符号。

第 4 章介绍了火力发电机组煤耗在线计算。锅炉热效率的在线计算宜采用热损失法。锅炉输入热量应取燃料收到基低位发热量，应忽略燃料的物理显热、外来热源加热空气带入热量等。燃料收到基低位发热量和工业成分分析结果宜采用电厂的日常入炉煤化验值，入炉煤收到基元素成分计算公式为 $X_{i,ar}=X_{i,ar}^{o}\times\frac{100-A_{ar}-M_{ar}}{100-A_{ar}^{o}-M_{ar}^{o}}$。锅炉热效率计算的进风温度应取风机进口空气温度，空气预热器一、二次风是分开的，进风温度可按一、二次风实测值或设计比例加权平均。空气的绝对湿度可取定值 0.01kg/kg（空气）。飞灰和炉渣可燃物宜取电厂采集化验的数据。可忽略磨煤机排除石子煤的热损失。对锅炉的不确定热损失，如有明确计算依据的，可在在线计算中考虑。介绍了汽轮机热耗率在线计算，汽轮机热耗率的在线计算宜符合 GB/T 8117.2 规定的方法，可采用主给水流量为基准参数计算主蒸汽流量。大气压力应采用电厂的大气压力实测值。对汽包炉机组，在线计算汽轮机热耗率时，锅炉连续排污并没有关闭的应将该部分热量扣除。在线计算汽轮机热耗率时应考虑门杆漏气量、高压缸轴封漏气量、高压缸夹层漏气量和平衡盘漏气量等。漏气量可取电厂的近期试验值或设计值。若根据近期试验报告等资料可判断机组的主给水流量在线值存在明显的偏差，可以选取 2h 的稳定工况数据，用除氧器入口凝结水流量对主给水流量进行校准。机组生产厂用电率在线计算公式为 $\delta_{ap}=\frac{N_{ap}}{N_{a}}\times100\%$。对多台机组的公用系统有功功率按机组的发电功率加权分摊。

第 5 章介绍了机组煤耗在线计算测点要求。机组煤耗在线计算测点采用电厂已有的运行测点，空气预热器后没有排烟氧量测点的应加装，测点要求可参考附录 A。介绍了锅炉测点位置及基本要求，测点安装要求：锅炉排烟氧量和排烟温度布置在空气预热器的出口烟道上，每个烟道上至少布置 1 个排烟温度测点和 1 个排烟氧气测点，如 300MW 的机组，一般空气预热器分 4 个烟道与静电除尘器连接，因此需要分别安装 4 个排烟温度测点和 4 个排烟氧气测点；排烟温度测点和排烟氧量测点应尽量布置在烟道中间气流平稳处，如果排烟温度测点和排烟氧量测点偏差较大或者对测点的准确性有疑义，应按 GB 10184 的要求对测点在烟道内的布置位置进行确定，使测点所处位置的测量值代表该烟道内的平均值；电厂应采用沉降灰收集器取样装置，应通过试验确定该飞灰可燃物的修正系数和安装位置，煤耗在线计算用数据宜通过现场实际使用的测量仪器获得，测量仪器要求满足 DL/T 589 和 DL/T 590 的要求。

第 6 章介绍了计算结果的处理。关于工况稳定性判断和煤耗数据的筛选中，在利用煤耗在线计算得到的数据拟合煤耗曲线之前，应对机组稳定性进行判断，当一定时间内某些一次数据的变化幅度大于某一定值，该时间段煤耗在线计算得到的数据不纳入煤耗量曲线处理。

机组稳定性判断的一次数据变化幅度可参考附录 B。根据筛选后的数据，可采用最小二乘法得到机组的标准煤耗量与机组发电功率二次曲线函数关系为 $B(N_e)=\alpha N_e^2+bN_e+c$，同时，得到机组的煤耗量微增率曲线为 $\phi(N_e)=2\alpha N_e+b$。

3．规程适用性

DL/T 262—2012 适用于容量为 100MW 级以上燃煤纯凝发电机组的煤耗（发电煤耗和供电煤耗）在线计算。其他容量火力发电机组可参照执行。

173　DL/T 655—2006 火力发电厂锅炉炉膛安全监控系统验收测试规程

DL/T 655—2006《火力发电厂锅炉炉膛安全监控系统验收测试规程》，由中华人民共和国国家发展和改革委员会于 2006 年 9 月 14 日发布，2007 年 3 月 1 日实施。

1．制定背景

DL/T 655—2006 是根据国家发展改革委办公厅《关于印发 2006 年度电力行业标准项目计划的通知》（发改办工业〔2006〕1093 号文）的安排，对 DL/T 655—1998《火力发电厂锅炉炉膛安全监控系统在线验收测试规程》进行修订的。修订后与 DL/T 655—1998 的主要变化为：①扩大了使用范围，机组容量扩大到 125MW～600MW 等级机组；②涵盖了新建或技术改造工程验收测试的各个阶段；③测试项目和质量指标涵盖了整个锅炉炉膛安全监控系统的验收测试。DL/T 655—2006 自实施之日起，代替 DL/T 655—1998。

2．主要内容

DL/T 655—2006 规定了火力发电厂锅炉炉膛安全监控系统验收测试的内容、方法，以及应达到的标准。

第 3 章为术语、定义和缩略语。例如：锅炉炉膛安全监控系统（furnace safeguard supervisory system，FSSS）当锅炉炉膛燃烧熄火时，保护炉膛不爆炸（外爆或内爆）而采取监视和控制措施的自动系统，FSSS 包括燃烧器控制系统（burner control system，BCS）和炉膛安全系统（furnace safety system，FSS）；炉膛吹扫（furnace purge），使空气流过炉膛、锅炉烟井及与其相连的烟道，以有效地清除任何积聚的可燃物，并用空气予以置换的过程；总燃料跳闸（master fuel trip，MFT），由人工操作或保护信号指令动作快速切断进入锅炉炉膛的所有燃料；燃油跳闸（oil fuel trip，OFT），由人工操作或保护信号指令动作，快速关闭燃油阀，切断进入锅炉炉膛的所有燃烧用油；辅机故障减负荷（run back，RB），当发生部分主要辅机故障跳闸，使锅炉最大出力低于给定负荷时，机组协调控制系统（CCS）将机组负荷快速降低到实际所能达到的相应出力，并能控制机组在允许参数范围内继续运行称为辅机故障减负荷，RB 试验通过真实的辅机跳闸来检验机组在故障下的运行能力和 CCS 的控制性能，RB 功能的实现为机组在高度自动化运行方式下的安全性提供了保障。

第 4 章介绍了验收测试内容及测试条件。各阶段验收测试的主要内容：FSSS 在完成调整试验工作后，应按第 5 章的要求（除 5.10）对系统进行功能测试，按第 6 章的要求对系统进行性能测试；机组在进行满负荷连续 168h（72h）试运行后，应按第 8 章 8.3、8.4 的要求进行输入输出点的接入率和完好率的统计计算和考核；在新建机组商业移交或技术改造机组正式移交生产前，还应按 5.10 的要求进行 RB 试验，按第 8 章 8.1、8.2 的要求进行 MFT 动作正确性以及 BCS 完好率的统计计算和考核；FSSS 在完成 4.1.1、4.1.3 要求的全部试验之后，应按第 7 章的要求提供试验报告。在机组商业移交或正式移交生产前应由验收方决定对 FSSS 的全部项目或抽查部分项目进行最终验收测试，最终验收测试应按第 5 章、第 6 章和第 8 章的要求进行。最终验收测试应具备的条件：最终验收测试应在装置随机组运行 60 天以上，锅炉本体及与 FSSS 有关的主、辅设备可控；实现 FSSS 的分散控制系统已复核 DL/T 659 的要求；与 FSSS 相关的测量仪表、取源部件、就地执行机构等设备完好，安装和调试质量复核 DL/T 5190.5 的要求；与 FSSS 系统设备相关的电源、气源、接地、环境条件安装和调试质量复核 DL/T 5190.5 的要求；与 FSSS 有关的设计、制造、安装、调试、运行及故障处理等资料齐全、有效，技术文档应满足第 7 章的要求；验收测试应由测试单位编写测试方案，由运行单位编写操作方案。试验设备、工具齐全并符合要求，由运行单位编写操作方案。试验设备、工具齐全并符合要求，测试仪器应包括多路开关量信号发生器（分辨率 0.1ms～0.3ms）、数字万用表（$5\frac{1}{2}$位分辨率），测试仪器均应有在有效期内的检定合格证书。

第 6 章介绍了火力发电厂锅炉炉膛安全监控系统的性能测试。性能测试主要包括系统自检、火焰检测装置测试、炉膛压力测量元件测试、电源测试等。抗干扰能力测试：用发射功率 5W、工作频率 400MHz～500MHz 的步话机在距敞开柜门的机柜 1.5m 处工作，FSSS 应能正常工作。

第 8 章介绍了火力发电厂锅炉炉膛安全监控系统动作正确性、完好率和接入率的考核。MFT 应进行动作正确性考核，在考核期内部应发生 MFT 拒动或错误动作。MFT 动作正确性的统计工作自整套系统投入工作后即开始进行。开始计算动作正确性的时间可由供需双方商定，其间不允许解除跳闸条件。MFT 的动作正确性的统计期应不少于 60 天（需扣除机组停机检修时间），若在此期间出现正确动作而未发生拒动或错误动作则系统动作正确性判断为合格；若拒动或错误动作 1 次，则需重新开始进行统计且统计期应不少于 60 天，在此期间出现正确动作而未再次出现拒动或错误动作，则系统动作正确性判定为合格，否则为不合格。错误动作是指 MFT 条件不成立，由于其他非正常原因而引起 MFT 动作；拒动是指 MFT 条件成立，而 MFT 不动作。动作次数根据运行班志确定。

3．规程适用性

DL/T 655—2006 适用于装设单机容量为 125MW～600MW 等级机组的火力发电厂新建工程各个阶段和技术改造工程的锅炉炉膛安全监控系统验收测试。其他容量机组的验收测试以及机组检修后的验收测试也可参照执行。

174 DL/T 656—2006 火力发电厂汽轮机控制系统验收测试规程

DL/T 656—2006《火力发电厂汽轮机控制系统验收测试规程》，由中华人民共和国国家发展和改革委员会于 2006 年 9 月 14 日发布，2007 年 3 月 1 日实施。

1．制定背景

DL/T 656—2006 是根据国家发展改革委办公厅《关于印发 2006 年度电力行业标准项目计划的通知》（发改办工业〔2006〕1093 号文）的安排，对 DL/T 656—1998《火力发电厂汽轮机控制系统在线验收测试规程》进行修订的。修订后与DL/T 656—1998相比，主要变化为：增加了汽轮机控制系统适应机组协调方式的各项功能测试要求；增加了当协调控制系统单元主控设在汽轮机控制系统侧时接受电网自动发电控制（AGC）功能的测试要求；对汽轮机控制系统的其他功能和性能的测试作出了新的要求。DL/T 656—2006自实施之日起，代替DL/T 656—1998。

2. 主要内容

DL/T 656—2006规定了火力发电厂汽轮机电液控制系统验收测试的内容、方法以及应达到的技术要求。

第3章为术语、定义和缩略语。如：数字式电液控制系统（DEH），由电气原理设计的敏感元件，按电气、液压原理设计的放大元件和伺服机构，实现控制逻辑的汽轮机调节、保安系统，一般由电子控制器、电液转换装置和液压伺服机组成，简称电液调节系统或电调系统；汽轮机自启动（ATC），根据汽轮机的热应力或其他设定参数，指挥汽轮机控制系统完成汽轮机的启动，并网带负荷或停止运行的自动控制系统；超速保护控制（OPC），机组甩负荷的同时，或转速超过预设值时，自动关闭调节汽门，防止转速达到超速跳闸保护动作值，并维持机组在额定转速下运行；自动发电控制（AGC），根据电网负荷指令，控制发电机有功功率的自动控制系统；辅机故障减负荷（RB），当发生部分主要辅机故障跳闸，使锅炉最大出力低于给定负荷时，CCS将机组甩负荷快速降低到实际所能达到的相应出力，并能控制机组在允许参数范围内继续运行称为辅机故障减负荷，RB试验是通过真实的辅机跳闸来检验机组在故障下的运行能力和CCS的控制性能，RB功能的实现为机组在高度自动化运行方式下的安全性提供了保障。

第4章介绍了验收测试内容及测试条件。验收测试内容：在完成汽轮机控制系统的调整试验，机组试运行的过程中，对系统的性能进行测试，确认系统的各项功能和性能满足要求；参与RB功能的测试应结合锅炉安全监控系统和接受RB指令一并进行；汽轮机控制系统参加机组协调控制和接受AGC控制的功能测试工作，可以和模拟量控制系统进行协调控制功能的验收测试一起进行；按要求对汽轮机控制系统的保护功能进行检查，结合机组甩负荷试验，对汽轮机控制系统的控制功能进行测试；对完成测试的项目应有合格的测试记录。测试条件：接入汽轮机控制系统的全部现场设备均应按照有关标准进行安装、调试、试运行并通过验收合格；最终验收测试应在汽轮机及其辅机在试生产阶段中已经稳定运行，且控制系统已随机组连续运行时间超过60天；控制系统的工作环境符合技术规范的要求等。

第5章介绍了火力发电厂汽轮机控制系统验收测试中对功能的测试。包括转速控制功能、负荷控制功能、阀门管理和阀门在线试验功能、汽轮机自启动功能、机组保护控制功能、机组保护功能、机组运行监视功能、参加机组协调控制功能和接受AGC调节的功能。

第6章介绍了火力发电厂汽轮机控制系统验收测试中对性能的测试。包括系统电源切换的测试、系统容错能力的测试、卡件可维护性的测试、系统重置能力的测试、CRT画面响应时间的测试、输入输出通道测试、系统储备容量的测试、负荷率测试、OPC控制器处理周期检查。

第8章介绍了可用率考核的相关内容。自开始计算系统可用率的时间起，汽轮机控制系统连续运行60天（1440h），其间累计故障停用时间小于1.4h，则可认为可用率的试验完成。

若累计故障时间超过 1.4h，可用率的统计应延长到 120 天（2880h），在此期间，累计故障时间不得超过 2.9h，完成可用率考核的最高时限为 120 个连续日。若超过这一时限，系统的可用率仍不合格，则认为系统的可用率考核未能通过。

3．规程适用性

DL/T 656—2006 适用于单机容量为 125MW～600MW 等级机组火力发电厂新建工程各个阶段或技术改造工程的汽轮机电液控制系统的验收测试。其他容量机组的验收测试以及机组重大检修后的验收测试也可参照执行。汽动给水泵汽轮机电液控制系统的验收测试可参照 DL/T 656—2006 的有关部分执行。

175 DL/T 657—2015 火力发电厂模拟量控制系统验收测试规程

DL/T 657—2015《火力发电厂模拟量控制系统验收测试规程》，由国家能源局于 2015 年 7 月 1 日发布，2015 年 12 月 1 日实施。

1．制定背景

DL/T 657—2015 是按照 GB/T 1.1—2009 给出的规则，对 DL/T 657—2006《火力发电厂模拟量控制系统验收测试规程》进行修订的。主要技术变化：扩大适用范围、修订相关技术指标、增加部分内容。

2．主要内容

DL/T 657—2015 规定了火力发电厂模拟量控制系统验收测试的内容、方法，以及应达到的品质指标。

第 3 章为术语、定义和缩略语。如模拟量控制系统（MCS）、协调控制系统（CCS）、控制子系统、AGC 控制方式、负荷变动试验、AGC 负荷跟随试验、辅机故障减负荷（RB）、动态品质指标、稳态品质指标、过渡过程衰减率、稳定时间、超调量、实际负荷变化速率、负荷响应纯延迟时间、快速甩负荷、一次调频、烟气排放连续监测系统、烟气脱硫控制系统、烟气脱硝控制系统。

第 4 章介绍了火力发电厂模拟量控制系统验收测试规程中验收测试内容及测试条件。各阶段验收测试的主要内容：MCS 在完成调整试验工作后，调试方应按附录 A 的 A.1～A.4 的要求对系统进行扰动试验，按第 5 章的要求对系统进行功能测试；测试结果填入附录 B 的表 B.1、表 B.3 和附录 C 的表 c 中；新建机组在进行满负荷连续 168h（72h）试运行期间，可用率的统计计算和考核按第 8 章的要求；在 CCS 完成细微调整试验后，应按 6.1 的要求进行 CCS 负荷变动试验；在新建机组商业移交或技术改造机组正式移交生产前，应按 6.3、6.4 的要求进行协调控制系统 AGC 负荷跟随试验和 RB 试验。MCS 在完成 4.1.1～4.1.4 要求的全部试验之后，还应按第 7 章的要求提供试验报告，按第 8 章的要求提供 MCS 可用率统计运行记录，在机组商业移交或正式移交生产前，验收方可决定对 MCS 的全部项目或抽查部分项目进行最终验收测试。最终验收测试应具备的条件：与 MCS 有关的主、辅设备可控且有调节裕量，机组负荷 50% P_e～70% P_e 能正常变动；实现 MCS 的分散控制系统（DCS）已符合 DL/T 659 的要求；与 MCS 相关的热工自动化现场设备完好，安装和调试质量负荷 DL/T 5190.4 的要求等。

第5章介绍了火电发电厂模拟量控制系统功能测试。主要包括控制方式无扰动切换、偏差报警功能、方向性闭锁保护功能、超驰控制保护功能的测试。

第6章为性能测试。主要包括CCS负荷变动试验、MCS性能测试、AGC负荷跟随试验、RB试验、一次调频试验。

第7章为文档验收。

第8章为可用率考核。MCS投入试运行起，开始考核其可用率。单元机组MCS的统计工作宜借助编入DCS的程序自动进行统计。考核统计时间：机组验收测试考核统计时间不得少于60天。

3. 规程适用性

DL/T 657—2015适用于装设单机容量为125MW～1000MW等级机组的火力发电厂新建工程各个阶段和技术改造工程的模拟量控制系统验收测试。其他容量机组的验收测试以及机组检修后的验收测试也可参照执行。

176 DL/T 658—2006 火力发电厂开关量控制系统验收测试规程

DL/T 658—2006《火力发电厂开关量控制系统验收测试规程》，由中华人民共和国国家发展和改革委员会于2006年9月14日发布，2007年3月1日实施。

1. 制定背景

DL/T 658—2006是根据国家发展改革委办公厅《关于印发2006年度电力行业标准项目计划的通知》（发改办工业〔2006〕1093号）的安排对DL/T 658—1998《火力发电厂顺序控制系统在线验收测试规程》进行修订的。与DL/T 658—1998相比有以下主要变化：适用范围扩大到装设单机容量125MW～1000MW等级机组的火电厂新建工程各阶段的开关量控制系统验收测试和技术改造工程的开关量控制系统验收测试；考虑到实际可操作性，完好率考核统计期缩短到不少与60d，开关量控制系统使用次数达到5次及以上。

2. 主要内容

DL/T 658—2006规定了火力发电厂开关量控制系统验收测试的内容、方法以及应达到的要求。

第4章介绍了火力发电厂开关量控制系统验收测试的测试条件。开关量控制系统验收测试前应达到下列基础条件：开关量控制装置、变送器、过程开关和执行器等部件的安装和调试质量应符合DL/T 5190.5的要求；与开关量控制系统相关的电源、气源、接地、环境条件应符合DL/T 5190.5的要求；各系统的控制功能已基本达到原设计要求，根据168h（72h）试运行验收和最终验收的不同情况已随机组分别连续运行7d（3d）或累计60d。试验用仪器要求：校验用的标准仪器应具备有效的证书；其基本误差的绝对值不应超过被校仪表基本误差绝对值的1/3；电流信号发生器4mA～20mA；多路开关信号发生器可提供多路独立开关量信号；数字电压表4位，电压分辨率0.1mV；步话机发射功能不小于5W，工作频率400MHz～500MHz。

第5章介绍了火力发电厂开关量控制系统验收测试的相关功能测试。机组的全部开关量控制系统均应进行功能测试，功能测试方法是检查需测试的开关量控制系统满足 4.1 测试条件要求的前提下，启动该控制系统，根据设计控制逻辑核对每个步骤的工作，测试该控制系统的工作与生产流程的实际要求是否符合，以及有关整定值是否符合要求。任何开关量控制系统在生产过程中实际应用的次数达到 5 次及以上，而且其动作已符合生产流程的实际要求时，允许对该控制功能不再进行测试而直接承认该系统的功能测试合格。对于实际应用次数少于 5 次的开关量控制系统以及局部顺序，应按 5.1 的要求进行功能测试，在测试时，如果生产过程中的条件不可能自然出现时，应使用开关量信号发生器采取模拟方法进行测试。

第 6 章和第 7 章介绍的是火力发电厂开关量控制系统的性能测试与抗干扰能力测试。

3．规程适用性

DL/T 658—2006 适用于装设单机容量为 125MW～1000MW 等级机组的火力发电厂新建工程各个阶段的开关量控制系统验收测试和技术改造工程的开关量控制系统验收测试。其他容量机组的验收测试以及机组重大检修后的测试也可参照执行。

177　DL/T 659—2006 火力发电厂分散控制系统验收测试规程

DL/T 659—2006《火力发电厂分散控制系统验收测试规程》，由中华人民共和国国家发展和改革委员会于 2006 年 9 月 14 日发布，2007 年 3 月 1 日实施。

1．制定背景

DL/T 659—2006 是根据国家发展改革委办公厅《关于印发 2006 年度电力行业标准项目计划的通知》（发改办工业〔2006〕1093 号文）的安排，对 DL/T 659—1998《火力发电厂分散控制系统在线验收测试规程》进行修订的。

DL/T 659—2006 与 DL/T 659—1998 比较有以下主要变化：

（1）适用范围扩大为单机容量 125MW～600MW 等级机组的火力发电厂新建和技术改造工程的分散控制系统，以及由可编程控制器和用于汽轮机控制系统的以微处理机为基础的其他控制系统。不仅适用于最终验收测试，也适用于 168h（72h）验收测试。

（2）功能测试中增加了与厂级监控信息系统接口和卫星定位系统相关功能要求；输入/输出通道检查数量由选取 30 个～50 个，修改为系统总量的 2%～5%。

（3）系统综合考核除采用可用率外，增加了可靠性评估，并对考核方法进行了修改。

2．主要内容

DL/T 659—2006 规定了火力发电厂分散控制系统（distributedc ontrolsy stem，DCS）验收测试的内容、方法以及应达到的要求。

第 3 章为术语、定义和缩略语。包括数据采集系统、模拟量控制系统、开关量控制系统、炉膛安全监测系统、数字式电液控制系统、给水泵汽轮机电液控制系统和厂级监控信息系统。

第 4 章为测试条件。接入 DCS 的全部现场设备（包括变送器、执行器、接线箱以及电缆等）的安装、调试质量应符合 DL/T 5190.5 的要求。DCS 的硬件和软件应按照制造厂的说明书和有关标准完成安装和调试，并投入连续运行。火电机组及辅机在试生产阶段中已经稳定运行，根据机组 168h（72h）试运行验收和最终验收的不同情况，DCS 应随机组分别连续运行时间超过7天（3天）或累计60天。DCS的运行环境符合DL/T 774的规定。DCS投入运行后的运行记录应完整，设计、安装和调试的其他资料也应齐全。DCS的供电电源品质应符合制造厂的技术条件。测试所需的计量仪器应具备有效的计量检定证书。计量仪器的误差限应不大于被校对象误差限的1/3。DCS的中央处理单元（CPU）负荷率、通信负荷率的测试方法由DCS厂家提供，经用户认可后方可作为测试方法使用。如DCS厂家不能提供测试方法，则由用户确定测试方法，作为考核CPU负荷率、通信负荷率的标准。DCS的接地应符合制造厂的技术条件和有关标准的规定。屏蔽电缆的屏蔽层应单点接地。DCS采用独立接地网时，若制造厂无特殊要求，则其接地极与电厂电气接地网之间应保持10m以上的距离，且接地电阻不应大于2Ω。当DCS与电厂电气系统共用一个接地网时，控制系统接地线与电气接地网只允许有一个连接点，且接地电阻应小于0.5Ω。

第5章为功能测试。对DCS的功能应全部进行测试。对验收测试前已完成的功能测试项目可以通过检查合格测试记录和抽查的方式进行测试。主要的检查包括输入和输出功能的检查、人机接口功能的检查、显示功能的检查、打印和制表功能的检查、事件顺序记录和事故追忆功能的检查、历史数据存储功能的检查、机组安全保证功能的检查、输入/输出通道冗余功能的测试、DCS与远程I/O和现场总线通信接口的测试检查、DCS与其他控制系统之间的通信接口测试检查、DCS与SIS系统的通信接口测试检查、全球定位系统功能的检查和DAS系统性能计算的检查。

第6章为性能测试。对DCS的性能应全部进行测试。对验收测试前已完成的性能测试项目可以通过检查合格测试记录和抽查的方式进行测试。主要的测试包括系统容错能力的测试、供电系统切换功能的测试、模件可维护性的测试、系统的重复能力的测试、系统储备容量的测试、输入输出点接入率和完好率的统计、系统实时性的检测、系统各部件的负荷测试和时钟同步精度的测试。

第7章为抗干扰能力测试。检查引入DCS的电缆选型和安装情况。I/O信号电缆应采用屏蔽电缆。电缆的敷设应符合分层、屏蔽、防火和接地等有关规定的要求。用功率为5W、频率为400MHz～500MHz的步话机作干扰源，距敞开柜门的分散控制系统机柜1.5m处工作时，DCS应正常运行。与模拟量信号精确度的测试同时进行。测试时，在输入端子处测量各种类型信号从现场引入的共模和差模干扰电压值。实际共模干扰电压值应小于输入模件抗共模电压能力的60%。实际差模干扰电压所引起的通道误差应满足$\frac{U_N(\%)}{10^{\frac{NMR}{20}}} \leqslant 0.005\%$［其中：$U_N$（%）为变送器回路中的交流分量（峰峰值）与变送器量程之比；NMR为差模抑制比］。在DCS供应商规定的供电电压范围内，改变DCS供电电压，DCS应能保持正常运行。

第8章为文档验收。DCS文档资料应齐全，至少应包括：系统硬件手册；系统操作手册；系统维护手册；系统组态手册；构成系统所有模件、部件的原理图；机柜内部布置图；DCS的I/O清单、接线图，图上应有电缆编号和端子编号；机柜、操作台的布置图、连接图；所有控制和调整装置在维护时所需的校验曲线；所有卖方外购设备手册；DCS使用的一些特殊机械设备详图；DCS硬件、软件清册；专用工具、材料清册；系统接地手册；CRT图形、画面清册；DCS数据库清单；控制逻辑图、组态图清册。所列的文档资料除纸质文本外都应有电子文档，而且是竣工版，与现场实际情况完全一致。DCS各种测试报告应齐全，有测试人、验收人签字。DCS 至少应包括：DCS 出厂验收、测试报告；DCS 硬件、电源系统测试报告；DCS 接地系统测试、验收报告；DCS 功能测试报告；DCS 性能测试报告。

第 9 章为可用率考核。分散控制系统的可用率（*A*）应达到 99.9%以上。可用率的统计范围只限分散控制系统本身，不包括接入系统的变送器和执行器等现场设备。可用率的统计工作自整套系统调试结束，完成功能和性能测试，投入试运行且随机组启动和正常运行即可进行。开始计算可用率的时间可以由供需双方商定；自开始计算系统可用率的时间起，分散控制系统连续运行 60 天，即 1440h，其间累计故障停用时间小于 1.4h，则可认为完成可用率试验。若累计故障停用时间超过 1.4h，可用率的统计应延长到 120 天，即 2880h。在此期间，累计故障时间不得超过 2.9h。完成系统可用率考核的最高时限为 120 个连续日。若超过这一时限，系统的可用率仍不合格，则认为系统的可用率考核未能通过。在可用率考核期间，若发生由于 DCS 原因引起的总燃料跳闸（MFT）、汽轮机跳闸、发电机跳闸、MFT 拒动或全部操作员站功能丧失、冗余通信总线功能丧失，则认为系统的可用率考核未能通过。可用率考核期间，分散控制系统的各种备件应齐全，且备件应存放在试验现场，出现故障应及时处理。故障时间是指故障设备或子系统的停用时间和故障的正常处理时间，去除因无备件造成的等待时间或其他原因造成的等待处理故障时间，如发生备件短缺，卖方应在 48h 内提供所缺备件，如超过 48h，48h 后的等待备件时间将累计到故障时间中去。实际试验时间和故障时间根据运行班志（依据计算机记录）确定。根据运行班志记录或依据 DCS 系统记录确定考核时间和故障记录。

第 10 章为可靠性评估。给出分散控制系统可靠性的评估要点。

附录 A 为运行班志摘抄表，附录 B 为分散控制系统加权系数。

3. 规程适用性

DL/T 659—2006 适用于单机容量为 125MW～600MW 等级机组的火力发电厂的新建工程各个阶段 DCS 的验收测试，适用于技术改造工程的 DCS 或由可编程序控制器（PLC）组成的 DCS，以及用于 DEH（MEH）的、以微处理器为基础的其他控制系统的验收测试。

其他容量机组 DCS 的验收测试以及机组 DCS 重大检修后的验收测试也可参照执行。

178 DL/T 711—2000 汽轮机调节控制系统试验导则

DL/T 711—2000《汽轮机调节控制系统试验导则》，由国家经济贸易委员会于 2000 年 2 月 24 日发布，2000 年 7 月 1 日实施。

1. 制定背景

DL/T 711—2000 是根据原电力工业部《关于下达 1998 年电力行业标准计划项目》（综科教〔1998〕28 号文）的安排制定的。DL/T 711—2000 规定了汽轮机调节控制系统的性能标准，提出了统一的静态、动态和保安系统的试验方法，以及试验仪器、仪表的要求。为电站驱动发电机的汽轮机机械型、液压型、电液型调节控制系统的调整试验、验收试验和考核试验的标准和方法提供依据。DL/T 711—2000 中的规定与要求，根据我国的国情，综合了国内外有关标准，力求与国际标准接轨。调节控制系统的基本术语、专业术语和技术规范，参照 IEC 标准。试验方法以我国有关规程的规定为基本进行编制，增加了试验项目，使导则内容更加规范化、标准化和实用化。

2. 主要内容

DL/T 711—2000 规定了汽轮机调节控制系统的性能标准和试验方法。

第 3 章为术语、符号、定义和单位等。包括功率或负荷、转速、角速度、压力、温度、电压、电流等一系列单位符号；额定功率、最大容量、最大过负荷容量、额定转速、空负荷时的最低控制转速、空负荷时的最高控制转速等。

第 4 章为技术规范和要求。如调节系统转速不等率δ为 3%～6%，一般取 4%～5%，背压式汽轮机一般为 4.5%～6.5%。调节系统局部转速不等率δ_i、调节系统迟缓率ε、压力不等率δ_p等一系列参数有规定的计算方法。

第 5 章为试验需要做的准备。拟定试验计划与组织分工；成立试验领导小组；参加考核、验收试验的各方，应对试验方法、标准和仪器仪表的精度等级达成协议；参加试验的各方应明确职责，共同制定编写试验大纲和试验报告。保证仪器、仪表的精度、频率响应和记录速度应能满足被测量对象的要求。最好使用专用仪器、仪表。

第 6 章为保安系统的试验。包括提升转速试验、汽阀严密性试验、汽阀油动机关闭时间的测定、危急超速最高转速的测定。

第 7 章为调节系统静态特性试验。包括静止试验、空负荷试验和负荷试验。

第 8 章为调节系统的动态特性试验。包括常规法甩负荷试验、测功法甩负荷试验、甩负荷瞬时最高转速的静态预测。

3. 规程适用性

DL/T 711—2000 适用于电站中驱动发电机的汽轮机机械性、液压型、电液型调节系统的调整试验、验收试验和考核试验。其他类型汽轮机的调节控制系统也可以参照执行。

179 DL/T 824—2002 汽轮机电液调节系统性能验收导则

DL/T 824—2002《汽轮机电液调节系统性能验收导则》，由电力行业电站汽轮机标准化技术委员会于 2002 年 9 月 16 日发布，2002 年 12 月 11 日实施。

1. 制定背景

DL/T 824—2002 是根据原国家经贸委电力司《关于确认 1999 年度电力行业标准制、修订计划项目的通知》（电力〔2000〕22 号）的安排制定的。

汽轮机电液调节系统已被广泛应用，并日趋成熟。目前，我国有关汽轮机电液调节系统的性能要求缺乏完整性和系统性。为适应电力工业发展的需要，有必要使其标准化、规范化，建立适合我国国情、实用、统一的汽轮机电液调节系统性能的行业标准，为汽轮机电液调节系统的性能验收提供依据。

2. 主要内容

DL/T 824—2002 规定了汽轮机电液调节系统的性能标准和验收要求。

第4章为电液调节系统技术规范和要求。包括转速不等率、局部转速不等率、迟缓率、一次调频不灵敏区、转速和负荷给定、最高瞬时转速、危急超速最高飞升转速、超速保护系统、稳定性、环境要求、控制系统的电磁兼容性、控制系统可用率、机组监视系统、电液转换装置、液体工质、蓄压器和油动机动作过程时间。

第5章为电液调节系统功能。基本操作控制方式主要分为操作员自动控制和手动操作控制。控制功能有必备控制功能、基本控制功能、可选控制功能、限制功能、接口功能、保护功能、超速功能、试验功能和人机接口和数据处理功能。

第6章为电液调节系统类型及要求。汽轮机无机械（液压）调节系统仅设有电液调节系统称纯电液调节系统，汽轮机同时设有电液调节系统和机械（液压）调节系统称电液并存调节系统。控制器采用模拟量控制方式称模拟式电液调节系统，采用数字量控制方式称数字式电液调节系统。液压部件采用抗燃油为工质，称抗燃油电液调节系统；采用透平油为工质，称透平油电液调节系统。同时还给出了纯电液调节系统、电液并存跟踪、切换系统调节、电液并存联合调节系统、电液并存同步器给定值控制系统的要求。

第7章为电液调节系统性能验收。参加性能验收的各方，应对性能验收项目、方法和时间达成协议。参加性能验收的各方，应对在制造厂和电厂内进行的验收项目达成协议。参加性能验收的各方,应对制造厂提供的性能保证和采用DL/T 824—2002以外的性能标准达成协议。参加性能验收的各方，应在不具备或尚不能满足某项性能验收试验条件等情况下，对其性能验收方法达成协议。承担试验方编写验收试验大纲，并应征得参加性能验收各方的认可。用户和制造厂的授权代表应参加性能验收、鉴证的全过程。在制造厂内进行性能验收试验前，控制器必须完成拷机、硬件老化试验，通电时间不得少于90天。电液调节系统的所有现场设备，应按照有关标准要求安装、调试完毕，并通过验收合格。电液调节系统的硬件和软件，应按照制造厂的技术文件和相关标准要求安装、调试完毕。电液调节系统随机投入，机组已带满负荷稳定运行。性能验收试验方法按照DL/T 711、DL/T 656的有关规定执行，或按供、需双方协商的方法进行。

附录A为电液调节系统加权系统，附录B为液体工质标准，附录C为液体工质颗粒度分级标准。

3．规程适用性

DL/T 824—2002适用于电站中驱动发电机的汽轮机电液调节系统，其他类型汽轮机的电液调节系统也可参照执行。

180 DL/T 851—2004 联合循环发电机组验收试验

DL/T 851—2004《联合循环发电机组验收试验》，由中华人民共和国国家发展和改革委员会于2004年3月9日发布，2004年6月1日实施。

1．制定背景

为确定或验证联合循环发电机组输出功率和热效率（或热耗率）而进行的验收试验及编写报告的标准程序和规则，并为验收试验提供了测量方法和把试验结果从试验状态修正到保证性能的规定条件或其他规定状态的方法，制定了DL/T 851—2004。

2. 主要内容

验收试验的目的是确定与性能保证值有关的联合循环性能，包括：在规定运行状态下，包含在一个总合同中供货的整套发电机组的输出功率(燃气和蒸汽部分)；在规定运行状态下，包含在一个总合同中供货的整套发电机组的热效率、热耗率或燃料消耗率。

第3章给出了循环测点命名与流体符号。

第4章为试验程序。一般情况下，发电机组验收试验应在调试完成后立即进行。除非双方另有协议，否则至少应在试生产（可靠性）运行开始后的三个月内进行。不论任何情况，试验前发电机组应由制造商安排进行检查和清洁处理，如果试验因故不得不推迟进行，则有关各方应就机组老化或积污的影响达成协议，同时还给出了试验工作的注意事项。

第5章为试验时的运行状态。主要分为概述运行状态和试验测量。

第6章为仪表和测量方法。供货范围和工作划分对测量的范围和质量（精度）的影响很大。在一个供货范围内的测量主要是用于检测设备运行状态，因此可以比较简单地进行。供货范围边界的接口参数的测量是验证合同保证性能所需要的，应特别注意并要求仔细、精确。位置9处的测量为烟气侧的测量和水侧的测量；位置10处的测量为烟气侧的测量和蒸汽侧的测量。同时还给出了位置11～18处的测量。

第7章为试验方法。采用基于分阶段试验这种比较灵活的方式来叙述试验程序，以便能在各种联合循环工程（如分阶段建设、老厂改造等）中应用或参照应用DL/T 851—2004。通常按以下阶段进行试验：阶段Ⅰ，简单循环燃气轮机性能试验（如果有旁路烟囱可用的话）；阶段Ⅱ，整套联合循环发电机组性能试验。对于没有简单循环运行设施的联合循环发电机组，阶段Ⅰ和阶段Ⅱ的性能试验同时进行。

第8章为试验结果计算。完成数据采集后，以每组多次连续采集的各参数的平均值，进行机组特性计算；经修正后获得一组功率、热耗率等性能数据。最后以三组数据之平均值作为验收试验的试验结果。在整理测量数据时，对于数据自动采集系统记录的大量数据应进行分析取舍，包括删除其中偏离平均值超过规定波动极限的异常数据。测量导出数据的计算包括燃气/烟气比焓、燃气轮机排气质量流量。测量结果的修正，即输出功率和输入热量或热效率的修正，通常是用由供货商提供的修正曲线来进行。为了方便起见，供货商也应该提供这些修正曲线的表格形式或方程式。这些修正曲线应与供货范围相一致，如果机组也能在简单循环方式下运行，则应分别提供有关燃气轮机和联合循环的修正曲线。对于多级不调整抽汽的区域供热机组，在供热加热器之间的负荷分配取决于汽轮机中的流量分配，后者是一个与汽轮机负荷、地区热负荷和实际供热温度有关的函数。在这种情况下，进入蒸汽循环的能量是蒸汽循环输出的功率和热量等很多变量的函数。这时，推荐采用计算机模拟的方法来确定蒸汽部分的修正，主要包括输出功率修正参数、用曲线修正毛输出功率、用计算机模拟修正毛输出功率、辅机功率的修正、燃料输入热量的修正、修正后的毛热耗率、修正后的净热耗率。同时在最后还给出典型的通用修正曲线。

第9章为测量不确定度。用于计算试验结果的各个测量值会有不同程度的误差，主要取决于测量仪表的质量和测量的条件。因此试验结果会有一定程度的不确定度，这取决于所有测量误差的综合效果。由于有很多相关的原因，应针对每种情况进行计算来评价测量不确定度。

第 10 章为试验报告。试验报告应提供充分的材料来表明所有的试验目的均已达到。详细的报告（在正文和附件中）应包括下列内容：试验结果、修正到规定状态后的试验结果及与保证值的比较；试验目的，保证和约定的协议；循环的示意图；发电机组运行过程的简述，为恢复满意的运行状态而采取的改进措施；关于试验、布置、设备、仪表及其位置和运行状态的叙述；相关的测量和观察的简要综述；试验中所用仪表的主要校验曲线；计算方法的参考文献；用于修正不同试验状态的修正系数；测量不确定度的计算；允许误差和不确定度的有关协议；有关试验、试验结果的讨论和结论。

附录 A 为部分章条编号与 ISO 2314：1989/Amd.1：1997（E）章条编号对照，附录 B 为部分条款与 ISO 2314：1989/Amd.1：1997（E）的技术性差异及原因。

3．规程适用性

DL/T 851—2004 未考虑燃气轮机、余热锅炉与汽轮机等主要设备由不同的独立合同供货的情况。在这种情况下，各独立合同应明确电厂设计者或业主提出的合同设备（组合）的外特性及接口性能参数，采用相应各设备的有关标准，按各设备（组合）的外特性及接口性能分别进行验收试验。

DL/T 851—2004 适用于无补燃的联合循环发电机组。经适当修正也可用于指导有补燃联合循环发电机组及其他型式联合循环发电机组的验收试验。

181　DL/T 913—2005 火电厂水质分析仪器质量验收导则

DL/T 913—2005《火电厂水质分析仪器质量验收导则》，由中华人民共和国国家发展和改革委员会于 2005 年 2 月 14 日发布，2005 年 6 月 1 日实施。

1．制定背景

DL/T 913—2005 是根据原国家经济贸易委员会《关于下达 2002 年度电力行业标准制、修订计划项目的通知》（国经贸电力〔2002〕937 号文）的安排编制的。

DL/T 913—2005 与 GB/T 19022.1—1994（idt ISO10012-1：1992）《测量设备的质量保证要求　第一部分　测量设备的计量确认体系》相一致。DL/T 913—2005 提出了建立火电厂水质分析仪器质量检查验收的主要要素，而且提供了实现这些要素的具体规定和方法，以满足电厂化学仪表检验/校准实验室计量确认工作。力求对新购置水质分析仪器的质量检查验收标准达到统一，从而规范质量控制、质量检查验收与质量保证。实践证明水质分析仪器的质量检查验收工作，是提高测量结果的准确性、应用的可靠性，提高化学技术监督水平、保障发电机组安全、经济生产的重要措施之一。DL/T 913—2005 可以为水质分析仪器采购提供技术依据。

2．主要内容

DL/T 913—2005 规定了火电厂常用的水质分析仪器，包括电导率仪、酸度计、钠离子监测仪、溶解氧分析仪、硅酸根分析仪五种水质分析仪器的质量验收条件、验收规则与验收内容。

第 3 章为验收条件。第 4 章为验收规则，包括新购置水质分析仪器的质量检查验收程序、形式检验、性能测试、实用性考核、质量验收结束。第 5 章为验收内容，包括形式检验验收内容、性能测试验收内容、实用性考核验收内容、质量验收结束内容。

附录中详细地给出了火电厂水质分析仪器质量验收报告格式（包括形式检验报告格式、实用性考核报告格式、火电厂水质分析质量检查验收报告格式）、火电厂水质分析仪器与上位机通信协议和水质分析仪器异常与故障的判定。

3. 规程适用性

DL/T 913—2005 适用于新购置的国产与进口水质分析仪器的质量验收，也适用于已投产使用的水质分析仪器在应用中的质量检查验收。

182　DL/T 1012—2006 火力发电厂汽轮机监视和保护系统验收测试规程

DL/T 1012—2006《火力发电厂汽轮机监视和保护系统验收测试规程》，由中华人民共和国国家发展和改革委员会于 2006 年 9 月 14 日发布，2007 年 3 月 1 日实施。

1. 制定背景

DL/T 1012—2006 是根据国家发展改革委办公厅《关于印发 2006 年度电力行业标准项目计划的通知》（发改办工业〔2006〕1093 号）安排制定的。

2. 主要内容

DL/T 1012—2006 规定了火力发电厂汽轮机（包括给水泵汽轮机）监视和保护系统验收测试的内容、方法及应达到的技术要求。

第 4 章为验收测试的内容及测试条件。验收测试的内容和测试条件：设备已经安装到位，线路接线正确、牢固；系统供电电源可靠，供电品质符合要求、系统接地、信号电缆屏蔽、绝缘性能符合设备制造厂的要求及 DL 5000 的规定；系统的工作环境应符合制造厂技术规范的要求；测试仪器符合计量检定标准；就地测量元件、取源部件、电磁阀及继电器、开关等设备的安装应符合 DL/T 5190.5 的有关规定；系统组件及传感器、前置器、压力开关等已经过校验，校验数据合格；最终验收测试应在系统已进行静态调试并合格，所有组件工作稳定、可靠，并随主机安全稳定地连续运行 60d 以上；现场具备在线测试条件，有完善的技术和安全措施以及设备制造厂及设计图纸资料齐全。

第 5 章为汽轮机监测仪表系统。功能测试：包括轴向位移监视功能测试、差胀监视功能测试、转子偏心及键相监视功能测试、振动监视功能测试、转速及零转速监视功能测试、缸胀监视功能测试、监视器状态、旁路、报警及危急指示功能测试；其中监视器状态、旁路、报警及危急指示功能测试，仅对具有类似功能的监测仪表系统进行测试；当测量回路正确连接，传感器间隙调整在监视器指示量程范围内时，其指示应正常，否则应有故障指示，当线路发生故障或者人为切除监视器通道时，该通道应发出旁指示，当监视器发出报警和停机输出信号时，监视器应发出相应的报警和停机指示，当报警消失后，复位监视器，报警和停机指示应消失。性能测试：包括模件在线维护性能测试，通、断电抑制功能测试，监视器在线自诊断功能测试，缓冲输出及记录仪输出功能测试，数据通信能力测试。

第 6 章为汽轮机保护系统。功能测试：包括操作按钮及指示灯测试、电超速跳闸保护验收测试、跳闸回路测试、机电炉大连锁模拟试验。性能测试：包括压力开关测试、首出跳闸原因记忆测试、系统电源失电、切换测试、系统接地绝缘测试以及动作正确性，完好率和接入率考核。

第 7 章为抗干扰能力测试。包括电缆的检查、抗射频干扰能力测试、检查 TSI 装置接地点应符合制造厂要求、抗共模差模干扰能力测试。

第 8 章为文档验收。系统应提供下列完整有效的文档资料：技术协议；汽轮机监测仪表系统校验记录；ETS 系统压力开关校验记录；制造厂提供的技术资料及图纸；ETS 系统试验报告；TSI 系统传感器安装记录；ETS、TSI 系统设计接线原理图；汽轮机 TSI 系统测点布置图；汽轮机保护参数设定值；专用调试仪器说明书。

3．规程适用性

DL/T 1012—2006 适用于装设单机容量为 125MW～600MW 等级机组的火力发电厂汽轮机（包括给水泵汽轮机）监视和保护系统新建工程各个阶段的验收测试和技术改造工程的验收测试。其他容量机组的验收测试以及机组检修后的测试也可参照执行。

183　DL/T 1201—2013 发电厂低电导率水 pH 在线测量方法

DL/T 1201—2013《发电厂低电导率水 pH 在线测量方法》，由国家能源局于 2013 年 3 月 7 日发布，2013 年 8 月 1 日实施。

1．制定背景

DL/T 1201—2013 是根据国家能源局《关于下达 2009 年第一批能源领域行业标准制（修）订计划的通知》（国能科技〔2009〕163 号）的要求，按照 GB/T 1.1—2009、GB/T 2000.2—2009 给出的规则制定的。

发电厂水汽系统 pH 的准确测量与控制，是控制热力设备水汽系统腐蚀、结垢的关键。但是，水汽系统的 pH 在线测量受到特殊干扰（流动电位、液接电位、纯水温度补偿等），其在线测量经常会出现很大误差。而国内所有标准（JJG、GB、DL、JB 等）均未涉及纯水 pH 在线测量的特殊干扰，这也是目前电厂水汽系统 pH 在线测量普遍不准确的主要原因之一。

DL/T 1201—2013 修改采用美国 ASTMD 5128—2009《低电导率水 pH 的在线测量标准测试方法》，并针对发电厂水汽系统低电导率水样 pH 在线测量时受到的特殊干扰因素而编写制定，规范了发电厂低电导率水样 pH 在线测量的方法，对提高发电机组安全经济运行具有重要意义。

2．主要内容

DL/T 1201—2013 规定了低电导率流动水样 pH 在线测量的程序、设备和校准方法，以及对水样流动压力、流速和温度的控制要求。

第 4、5 章给出测量方法概述及意义和作用。pH 在线测量，是指将玻璃电极与参比电极放置在密闭流通池中进行低电导率水 pH 的在线连续测量。选择适合在低电导率水中连续测量、内阻小的玻璃电极，以降低流动电位的影响。宜采用密闭结构、无需补充电解液的参比电极，带有的盐桥与水样通过扩散导通，在连续测量期间，盐桥能限制内充电解液扩散速度，以防止扩散造成电极内充电解液被显著稀释。提高在线测量低电导率水 pH 的准确性，对水汽系统 pH 监督、判断水中杂质的污染性质以及获得与纯水系统总体状态有关的信息有重要意义。

第 6 章对低电导率水样 pH 在线测量影响因素进行全面的分析。包括污染、流动电位、液接电位、温度和流速的影响。

第 7、8、9 章对仪器、校准和 pH 的在线测量做了详细介绍。其中仪器包括测量传感器、取样管系统和传感器与二次仪表的连接。校准包括了检查性校准、准确性校准和注意事项。pH 的在线测量：连接在线 pH 测量系统；所有与水样接触的材料应由不锈钢（316 不锈钢或电化学抛光的 304 不锈钢）、玻璃、聚四氟乙烯等组成。应避免使用不同金属，以防止不同金属间的电偶腐蚀。电偶腐蚀会在水样中产生电位梯度，会造成明显的 pH 测量误差。关于水样系统污染的讨论，参见附录 E；对于新投运的仪表，尤其是电极浸入在 pH 标准缓冲液或其他高电导率溶液后，应使用低电导率水样，以 250mL/min 的流量，冲洗水样系统 3h～4h；应控制水样流量在仪表厂家推荐流量范围内。流通池入口的水样压力应保持在 345kPa 以下。宜保持水样流量和压力稳定，以防止水样压力和流量的变化产生 pH 测量误差。确定水样流量应考虑的因素有：取样管路的长度、内径对取样滞后时间和取样代表性的影响，温度控制的影响，压力调节的影响等。水样流量和压力的影响参见附录 D；宜保持水样温度在（25±1）℃（见 6.4）。低电导率水样温度对 pH 测量的影响参见附录 C；应按照厂家说明书安装在线传感器和连接管路，保证系统严密，避免空气漏入；按照厂家说明书将 pH 传感器与 pH 二次仪表相连接；按第 8 章对在线 pH 仪表进行校准后，仪表才可投入正常测量；按 8.2.2 规定的检验周期，定期检验和校准在线 pH 仪表，保证其测量准确。

附录中详细地给出了 DL/T 1201—2013 与 ASTMD 5128—2009 相比的结构变化情况对照表、与 ASTMD 5128—2009 的技术性差异及其原因、温度对低电导率水 pH 测量的影响、低电导率水样流速对 pH 测量的影响、pH 传感器和取样管的安装。

3．规程适用性

DL/T 1201—2013 适用于电导率低于 10μS/cm、pH（25℃）＝3～11 水样的 pH 在线测量。

184　DL/T 1210—2013 火力发电厂自动发电控制性能测试验收规程

DL/T 1210—2013《火力发电厂自动发电控制性能测试验收规程》，由国家能源局于 2013 年 3 月 7 日发布，2013 年 8 月 1 日实施。

1．制定背景

DL/T 1210—2013 按照 GB/T 1.1—2009 的规则起草。由中国电力企业联合会提出。由电力行业热工自动化与信息标准化技术委员会归口。起草单位为西安热工研究院有限公司。

2．主要内容

DL/T 1210—2013 规定了煤粉锅炉发电机组自动发电控制系统（AGC）性能测试验收的内容、条件、方法，以及应达到的品质指标。

第 4 章为机组 AGC 性能测试条件，包括电网调度和机组之间通信信号品质要求、机组 AGC 辅助控制逻辑的要求、机组各主要控制系统的要求。

第5章为机组AGC性能测试内容和方法。包括：性能测试（在AGC方式下机组负荷的控制品质测试、在AGC方式下机组其他主要参数的控制品质测试）；稳定负荷性能测试；变动负荷性能测试。

第6章为性能测试考核指标。包括稳定负荷AGC性能测试的考核指标、变动负荷AGC性能测试的考核指标。

第7章为文档和资料验收。火电机组AGC性能测试结束后，应编制AGC性能测试报告，其内容应包括：机组主辅设备概述；机组CCS控制策略概述性说明（必要时辅以关键逻辑框图说明）；机组主要MCS系统的概述性控制品质说明（直接关系AGC品质的主要MCS系统）；调度和机组通信信号测试数据和结论（详见附录B）；稳定负荷AGC性能测试数据和指标（详见附录C）；稳定负荷AGC性能测试曲线；变负荷AGC性能测试数据和指标（详见附录D）；变负荷AGC性能测试曲线；机组AGC性能整体评价。

附录中详细地给出了AGC测试负荷响应曲线及参数、调度和机组通信信号测试记录表、稳定负荷工况AGC性能测试机组主参数品质记录表、变负荷工况AGC性能测试机组主参数品质记录表。

3．规程适用性

DL/T 1210—2013适用于100MW～1000MW等级煤粉锅炉火力发电机组，其他类型及容量的火力发电机组可参照使用。

185　DL/T 1213—2013 火力发电机组辅机故障减负荷技术规程

DL/T 1213—2013《火力发电机组辅机故障减负荷技术规程》，由国家能源局于2013年3月7日发布，2013年8月1日实施。

1．制定背景

DL/T 1213—2013按照GB/T 1.1—2009的规则起草。由中国电力企业联合会提出。由电力行业热工自动化与信息标准化技术委员会归口。起草单位为西安热工研究院有限公司、神华国华（北京）电力研究院有限公司、浙江省电力公司电力科学研究院。

2．主要内容

DL/T 1213—2013规定了煤粉锅炉火力发电机组辅机故障减负荷（run back，RB）功能要求及测试和验收的内容、方法，以及应达到的品质指标。

第4章为RB的类型和功能要求。RB的类型：锅炉侧RB，由空气预热器RB、引风机RB、送风机RB、一次风机RB、炉水循环泵RB（可选）组成；汽轮机侧RB。RB的功能与设计要求：各类型RB基本功能，如空气预热器RB、引风机RB、送风机RB、一次风机RB、炉水循环泵RB、给水泵RB和汽动给水泵跳闸电泵联启RB的基本功能；RB信号与通道设计要求；RB的投运条件；RB的触发条件；RB过程中控制系统的技术要求；RB的复位条件。

第5、6章为对RB的测试和验收考核。其中RB试验包括：RB功能模拟静态试验、RB动态试验。RB的验收考核有：RB的验收条件（包括机组能够带满负荷稳定运行，模拟量控制系统定值扰动试验及协调控制系统负荷变动试验满足DL/T657的要求；机组无主要缺陷，锅炉不投油稳燃负荷低于50%额定负荷，机炉主要保护全部投入；在RB正式试验过程中，严禁采用诸如提前投油稳燃、改变保护定值、改变自动定值、改变机组运行参数等与正常运行状态不符的方法来追求RB的成功率）；RB的验收标准（包括RB验收合格标准、RB试验验收、对机组实际RB动作后的效果评价）。

附录中详细地给出了RB动作过程中机组主要参数记录表、机组总体RB动作/试验情况一览表、RB动作不成功原因分析表。

3. 规程适用性

DL/T 1213—2013适用于300MW及以上等级煤粉锅炉火力发电机组，其他类型的火力发电机组可参照执行。

第二节 国标在线验收测试

186 GB/T 6904—2008 循环冷却水及锅炉用水中pH的测定

GB/T 6904—2008《工业循环冷却水及锅炉用水中pH的测定》，由国家质量监督检验检疫总局和中国国家标准化管理委员会于2008年4月1日发布，2008年9月1日实施。

1. 制定背景

GB/T 6904—2008同时代替GB/T 15893.2—1995《工业循环冷却水中pH的测定　电位法》、GB/T 6904.1—1986《锅炉用水和冷却水分析方法　pH的测定　玻璃电极法》和GB/T 6904.3—1986《锅炉用水和冷却水分析方法　pH的测定　用于纯水的玻璃电极法》。GB/T 6904—2008将GB/T 15893.2—1995、GB/T 6904.1—1986和GB/T 6904.3—1986进行了合并。GB/T 6904—2008与GB/T 15893.2—1995、GB/T 6904.1—1986和GB/T 6904.3—1986相比在技术内容上没有差异。

2. 主要内容

GB/T 6904—2008规定了工业循环冷却水及锅炉用水中pH值的测定方法。

第3章为原理。将规定的指示电极和参比电极浸入同一被测溶液中，成一原电池，其电动势与溶液的pH有关；通过测量原电池的电动势即可得出溶液的pH。

第4章为试剂和材料的配制。包括：草酸盐标准缓冲溶液，c［KH_3（C_2O_4）$2\cdot2H_2O$］＝0.05mol/L；酒石酸盐标准缓冲溶液，饱和溶液；苯二甲酸盐标准缓冲溶液，c（$C_6H_4CO_2HCO_2K$）＝0.05mol/L；磷酸盐标准缓冲溶液，c（KH_2PO_4）＝0.025mol/L，c（Na_2HPO_4）＝0.025mol/L；硼酸盐标准缓冲溶液，c（$Na_2B_4O_7\cdot10H_2O$）＝0.01mol/L；氢氧化钙标准缓冲溶液，饱和溶液。

第5、6、7章分别对仪器、设备；分析步骤；分析结果的表述做了详细说明。第8章对允许差做了解释：取平行测定结果的算术平均值为测定结果。平行测定结果的绝对差值不大于0.1pH单位。

3．规程适用性

GB/T 6904—2008 适用于工业循环冷却水及锅炉用水中 pH 值在 0～14 范围内的测定，还适用于天然水、污水、除盐水、锅炉给水以及纯水的 pH 值的测定。

187 GB/T 6908—2008 锅炉用水和冷却水分析方法电导率的测定

GB/T 6908—2008《锅炉用水和冷却水分析方法电导率的测定》，由国家质量监督检验检疫总局和中国国家标准化管理委员会于 2008 年 4 月 1 日发布，2008 年 9 月 1 日实施。

1．制定背景

GB/T 6908—2008 同时代替 GB/T 6908—2005《锅炉用水和冷却水分析方法 电导率的测定》、GB/T 12147—1989《锅炉用水和冷却水分析方法 纯水电导率的测定》。GB/T 6908—2008 与 GB/T 6908—2005 和 GB/T 12147—1989 相比，主要变化如下：

——将 GB/T 6908—2005 和 GB/T 12147—1989 的标准内容进行了和合并；

——不再将纯水电导率的测定单独列出，而是根据电导池常数的电极选用来达到测定纯水点导率的目的。

2．主要内容

第 3 章为原理。溶解于水的酸、碱、盐电解质，在溶液中解离成正、负离子，使电解质溶液具有导电能力，其导电能力的大小用电导率表示。

第 4 章为仪器、设备。一般实验室仪器包括电导率仪、电导电极和温度计。

第 5 章为试剂和材料的介绍、配制方法、保存方式。包括：水，符合 GB/T 6682 要求；氯化钾标准溶液，c（KCl）＝1mol/L；氯化钾标准溶液，c（KCl）＝0.1mol/L；氯化钾标准溶液，c（KCl）＝0.01mol/L；氯化钾标准溶液，c（KCl）＝0.001mol/L；氯化钾标准溶液，c（KCl）＝1×10^{-4}mol/L；氯化钾标准溶液，c（KCl）＝1×10^{-5}mol/L；氯化钾标准溶液，c（KCl）＝1×10^{-6}mol/L）；并且给出了氯化钾在不同温度下的电导率。

第 7 章为具体的操作步骤。包括：电导率的校正、操作、读数应按其使用说明书的要求进行；不同电导池常数的电极的选用；试验室测量时，电导率、温度的测定方法；非试验室测量时，电导率、温度的测定方法；电导率仪带有温度的自动补偿以及电导率仪没有温度的自动补偿的说明；电导池常数校正说明。

第 8 章为精密度。试验室测量时测定结果读数相对误差±1%；非试验室测定时结果读数相对误差±3%。

第 9 章为试验报告。包括：注明采用 GB/T 6908—2008；受检产品的完整标识，包括水样名称、采样地点、单位名称等；水样电导率（25℃），μS/cm；试验人员和试验日期。

3．规程适用性

GB/T 6908—2008 规定了锅炉用水、冷却水、锅炉给水等电导率的测定。

GB/T 6908—2008 适用于电导率在 0～10^{6}μS/cm（25℃）的测定，也适用于原水及生活用水的电导率的测定。

188 GB/T 10180—2003 工业锅炉热工性能试验规程

GB/T 10180—2003《工业锅炉热工性能试验规程》，由国家质量监督检验检疫总局于 2003 年 1 月 17 日发布，2003 年 6 月 1 日实施。

1. 制定背景

GB/T 10180—2003 修订时参考了先进工业国家相应的标准并尽量与这些标准相协调，如英国 BS8 45—1987《蒸汽、热水和高温热载流体锅炉的热工性能评定》、德国 DIN 1942—1996（蒸汽锅炉验收试验规范》、日本 JISB 8222—1993《陆用锅炉热工测试方法》，并以英国标准为主要参考对象，为工业锅炉热工性能测试提供了一种操作简便、费用较低并具有较高精度的试验方法。

GB/T 10180—2003 代替 GB/T 10180—1988《工业锅炉热工试验规范》。

GB/T 10180—2003 与 GB/T 10180—1988 相比主要变化如下：

——具体列出了所适用工业锅炉范围（1988 版开头语；本版的第 1 章）；

——当蒸汽锅炉的实际给水温度与设计之差或热水锅炉的进水温度和出水温度与设计之差超过规定范围时，对锅炉效率规定了折算修正方法［1988 版的 3.3.4、3.3.5；本版的 7.4d）、7.4e）］；

——正式试验测试时间针对更多种类的锅炉作出了规定（1988 版的 3.5；本版的 7.6）；

——当蒸汽和给水的实测参数与设计不一致时，给出了锅炉蒸发量的修正公式［本版的 7.7b）］；

——简化了饱和蒸汽湿度和过热蒸汽含盐量测定方法的规定（1988 版的附录 B；本版的附录 C）；

——将电加热锅炉的测试方法列入标准正文（1988 版的附录 D；本版的 7.8）；

——增加了热油载体锅炉的试验要求（本版的 7.9）。

GB/T 10180—2003 所代替标准的历次版本发布情况为：JB2829—1980、GB/T 10180—1988。

2. 主要内容

GB/T 10180—2003 规定了工作压力小于 3.8MPa 的蒸汽锅炉以及热水锅炉热工性能试验（包括定型试验、验收试验、仲裁试验和运行试验）的方法，并规定了以表格形式表示试验结果。

第 5 章为总则，包括：测定锅炉效率的方法和选用依据；锅炉效率，为不扣除自用蒸汽和辅机设备耗用动力折算热量的毛效率值，但自用蒸汽量和辅机设备用动力应予以记录，必要时，进行净效率计算；蒸汽锅炉的出力由折算蒸发量来确定，要扣除自用蒸汽量和取样量。

第 6 章为试验准备工作。主要包括试验大纲内容的介绍、人员的要求、仪器设备的安装运行等。

第 7 章为试验要求。包括：热工况稳定所需时间要求；进行验收试验时应保证锅炉处于稳定工况下运行；锅炉试验所使用燃料应符合设计要求；锅炉出力波动、蒸汽锅炉压力波动、过热蒸汽温度波动、热水锅炉进水出水及机组给水温度、锅炉其他运行工况及排污的要求；试验开始前的准备及结束后的收尾工作要求；正式试验测试时间的规定；试验次数、蒸发量修正方法及误差规定；电加热锅炉试验要求；热油载体锅炉试验要求；定型试验和验收试验时，基准温度的选择。

第 8 章为测量项目。包括各种热工性能试验测量项目的确定、热工试验效率计算测量项目和热工性能试验工况分析项目。热工试验效率计算测量项目包括：燃料元素分析、工业分析，发热量；液体燃料的密度、温度、含水量；气体燃料组成成分；混合燃料组成成分；燃料消耗量，电热锅炉耗电量；蒸汽锅炉输出蒸汽量（饱和蒸汽测给水流量、过热蒸汽侧给水流量或过热蒸汽流量），热水锅炉的循环水流量，热油载体锅炉的循环油流量；蒸汽锅炉的给水温度、给水压力；热水锅炉的进、出口水温或进、出口水温温差及进水温度，热油载体锅炉的进、出口油温；过热蒸汽温度；蒸汽锅炉的蒸汽压力，热水锅炉的进、出口水压力，热油载体锅炉进、出口油压力；饱和蒸汽湿度或过热蒸汽含盐量；排烟温度、燃烧室排出炉渣温度、溢流灰和冷灰温度；排烟处烟气成分（含 RO_2、O_2、CO）；炉渣、漏煤、烟道灰、溢流灰和冷灰的重量；炉渣、漏煤、烟道灰、溢流灰、冷灰和飞灰可燃物含量；自用蒸汽量；蒸汽取样量；锅水取样量；排污量（连续排污量，计入锅水取样量）；入炉冷空气温度；当地大气压力；环境温度；试验开始到结束的时间。热工性能试验工况分析测量项目包括：炉膛压力；燃烧器前油、气压力；燃烧器前油、气温度；沸腾燃烧锅炉的沸腾层温度；一次风风压或沸腾燃烧锅炉风室风压；二次风风压；炉膛出口烟温；烟道各段压力；省煤器（或节能器）进、出口烟温；空气预热器进、出口烟温和热风温度；对煤粉锅炉，应测煤粉细和灰熔点，对沸腾燃烧锅炉，应测燃料的粒度组成，对火床锅炉，在必要时可测燃料的粒度组成，对燃烧重油锅炉，测重油的勃度、凝固点；辅机（送风机、引风机、破碎机、炉排传动装置、给水泵等）耗电量。

第 9 章为测试方法。包括：燃料取样的方法；燃料计量的方法；试验燃料消耗量计算方法的介绍；蒸汽锅炉蒸汽量的测量仪表、方法；热水锅炉的循环水量及热油载体锅炉的循环油量测量仪表的选择要求；锅炉给水及蒸汽系统的压力测量压力表的精度等级要求；锅炉蒸汽、水、空气、烟气介质温度及热水锅炉进、出水温度的测量仪表的选用及精度要求；对烟气成分分析仪表的选择及精度要求；锅炉固体未完全燃烧热损失及灰渣物理热损失应进行灰平衡测量及测量方法的介绍；进行灰平衡计算的条件要求；各种灰渣的取样方法；饱和蒸汽湿度和过热蒸汽含盐量的测定方法要求；对风机风压、锅炉风室风压和烟、风道各段烟气、风的压力等测量仪表的选择；散热损失的要求；有关测试项目的测量机记录要求。

第 10 章为锅炉效率的计算。包括：正平衡效率的计算；反平衡效率的计算。其中正平衡效率的计算有输入热盘计算公式、饱和蒸汽锅炉正平衡效率计算公式、过热蒸汽锅炉正平衡效率计算公式、热水锅炉和热油载体锅炉正平衡效率计算公式、电加热锅炉正平衡效率计算公式。第 12 章对试验报告做了详细要求，包括报告封面内容、报告正文内容，试验数据综合表的选择以及热工试验原始数据、试验报告的存档。

附录中详细地给出了煤和煤粉的取样和制备、奥氏分析仪吸收剂配制方法、饱和蒸汽湿度和过热蒸汽含盐量测定方法、散热损失、烟气、灰和空气的平均定压比热容、常用气体的有关量值等都做了详细的解释说明。

3. 规程适用性

GB/T 10180—2003 适用于手工或机械燃烧固体燃料的锅炉、燃烧液体或气体燃料的锅炉和以电作为热能的锅炉。热油载体锅炉及以垃圾作燃料的锅炉可参照采用。GB/T 10180—

2003不适用于余热锅炉。

189　GB/T 12149—2007 工业循环冷却水和锅炉用水中硅的测定

GB/T 12149—2007《工业循环冷却水和锅炉用水中硅的测定》，由国家质量监督检验检疫总局和中国国家标准化管理委员会于2007年8月13日发布，2008年2月1日实施。

1. 制定背景

GB/T 12149—2007同时代替GB/T 12149—1989《锅炉用水和冷却水分析方法　硅的测定　钼蓝比色法》、GB/T 12150—1989《锅炉用水和冷却水分析方法　硅的测定　硅钼蓝光度法》、GB/T 14417—1993《锅炉用水和冷却水分析方法　全硅的测定》、GB/T 16633—1996《工业循环冷却水中二氧化碳含量的测定　分光光度法》。将GB/T 12149—1989、GB/T 12150—1989、GB/T 14417—1993和GB/T 16633—1996进行了合并。

2. 主要内容

GB/T 12149—2007规定了工业循环冷却水、锅炉用水及天然水中硅含量的测定方法。

第3章主要对分光光度法做了全面的介绍。包括：原理，硅酸根与钼酸盐反应生成硅钼黄（硅钼杂多酸），硅钼黄被1-氨基-2-萘酚-4-磺酸还原成硅钼蓝，用分光光度法测定；试剂和材料的浓度和配置，盐酸溶液、草酸溶液、钼酸铵溶液、1-氨基-2-萘酚-4-磺酸溶液、二氧化硅标准贮备液、二氧化硅标准溶液；仪器和设备要求，分光光度计，带有1cm的比色血、具色比色管，50mL；分析步骤，具体有校准曲线的绘制说明、测定操作说明；结果计算公式说明；允许差说明。

第4章主要对硅酸根分析仪法的介绍。包括：原理，在pH值为1.1～1.3条件下，水中的可溶硅与钼酸铵生成黄色硅钼络合物，用1-氨基-2-萘酚-4-磺酸还原剂把硅钼络合物还原成硅钼蓝，用硅酸根分析仪测定其含量；试剂盒材料配制及浓度说明；仪器和设备介绍说明；测定方法的介绍；结果计算公式及说明。

第5章为重量法的介绍和说明。包括：原理的介绍；试剂盒材料配制及浓度说明；仪器和设备介绍说明；详细分析步骤介绍；结果计算公式及说明；允许差量值规定。

第6章为氢氟酸转化分光光度法的介绍和说明。包括：原理的介绍；试剂盒材料配制及浓度说明；仪器和设备介绍说明；详细分析步骤介绍；结果计算公式及说明；允许差量值规定。

3. 规程适用性

GB/T 12149—2007中分光光度法适用于工业循环冷却水中可溶性硅含量为0.1mg/L～5mg/L的测定；硅酸根分析仪法适用于化学除盐水、锅炉给水、蒸汽、凝结水等锅炉用水中硅含量为0～50μg/L的测定；重量法适用于工业循环冷却水及天然水中硅含量大于5mg/L的测定；氢氟酸转化分光光度法适用于天然气中全硅含量为0.5mg/L～5mg/L的测定。

190　GB/T 14100—2009 燃气轮机　验收试验

GB/T 14100—2009《燃气轮机　验收试验》，由国家质量监督检验检疫总局和中国国家标准化管理委员会于2009年4月13日发布，2010年1月1日实施。

1. 制定背景

为了确定或检验做燃气轮机动力装置的功率、热效率等主要性能参数及其他性能，GB/T 14100—2009 规定了燃气轮机动力装置的验收试验方法。GB/T 14100—2009 是对 GB/T 14100—1993《燃气轮机验收试验》和 GB/T 10490—1989《轻型燃气轮机验收试验规范》的整合修订。纳入了：GB/T 10490—1989 中的试验地点要求（1989 年版的 5.2，本版的 4.1）；预运行和调整试验要求（1989 年版的 5.3.5；本版的 4.5）；预试验和综合性试验方法等部分内容（1989 年版的 8.1.3；本版的 7.2.1）。

2. 主要内容

第 4 章为实验的准备工作，在进行预实验之后，经合同双方同意，预实验可以承认为验收试验。

第 5 章为试验运行条件。在测试期间，取读数时应保持负荷稳定在±1%以内。如果做不到这一点，每做一次测定时至少在上述规定时间范围内取 5 组读数，并将结果取平均值。当负荷的最大波动超过±2%时，只有经过合同双方商定后才能接受该次试验。在整个试验期间内，每种运行状态的每个观测值与报告给出的平均运行值偏差不应超过表 1 所示的偏差范围，否则应由合同双方达成书面协议。

第 6 章为测量仪器和测量方法。对进行燃气轮机动力装置和部件试验所用的仪器、测量方法及预防措施做了说明和规定。未规定的其他仪器及测量方法的使用，应由合同双方另行商定。功率测量，包括机械功率的测量、电功率的测量、其他情况下的功率测量、用热力学计算法确定输出功率、燃气发生器的排气功率测量。燃料测量，包括液体燃料的测量、气体燃料的测量、固体燃料的测量。温度测量，包括测量仪器、压气机进气温度、透平排气温度、透平进气温度、燃烧室进口空气温度、燃料温度、其他温度。压力测量，有测量仪器的要求、大气压力、压气机进气压力、透平排气压力、压气机出口压力和透平进口压力。流量测量，包括工质流量、燃料测量、其他测量。还介绍了与调节系统、噪声等有关的测量。

第 7 章为实验方法。必做试验有功率的确定、热效率、热耗率或燃料消耗率的确定、主要的保护装置；选做的实验有预实验和综合性实验、调节系统、保护装置、操纵特性、震动、排放物、排气的质量流量和排气温度、噪声级、排热。

第 8 章为实验结果的计算。按试验结果计算功率和热效率时，应取每次连续测试期间仪表观测数据的平均值或积分值，但事前应按要求对仪器设备等予以校正。介绍了输出功率。其中净机械功率：由电动机驱动的辅机，其功率应以电动机的输入电功率计算；由其他动力装置驱动的辅机，则以其净输出功率计算。净电功率：发电机组的测量的电功率应在发电机的出线端测量，如果从配电盘处测量，则应加上从出线端到配电盘之间的电缆损失或其他损失。将净电功率换算为净机械功率，如果燃气轮机通过齿轮箱驱动发电机时，则输出轴端的净机械功率等于净电功率除以发电机效率和齿轮箱效率。利用制造厂提供的性能资料可以确定不同负荷与相应的功率因数下的发电机效率以及齿轮箱效率。根据这些资料绘制出发电机效率和齿松箱效率随输出电功率变化的曲线。如果没有发电机性能资料，则发电机的各项损失可参考公认的有关资料计算得出。介绍了耗热量、热效率及热耗率。按参考条件修正实验结果，燃气轮机最理想的试验条件应当是 3.1 规定的标准参考条件，但通常不可能做到，试验经常在其他条件下进行，为了便于比较各种实验条件下的功率和热效率，对实验结果必须按参考条件（标准参考条件或其他规定条件）作出修正。燃气轮机在实际的压气机进气条件下运行时，使其气动状态与它在参考条件下以额定工况运行时的气动状态相同（即满足运行工况相似原理)。这样压气机和透平的运行都不会偏离其效率曲线图上的相应于参考条件下额定工况点。为了模拟这种条件，如果压气机进气温度低于参考值，则实际的排气温度和转速也将低于参考值。与此相反，若压气机进气温度高于参考值，则试验进行时排气温度和转速也必然高于参考值。因此，从实际观点出发，试验应尽量在压气机进气温度不大于参考值的外界条件下进行。例如，当气温较高时，实验应安排在夜间进行。但上述方法有时并不适用，例如恒速机组。实验结果的整理，按 5.2.3 规定的方法得出的功率和效率值并进行修正后再取平均值，对于变转速燃气轮机，为了确定不同转速下最大输出功率和热效率，则应先绘出以输出转速为参变量的效率对净机械功率的变化曲线，由此得出热效率对最大输出功率作为转速函数的曲线。确定输出功率的间接方法，包括控制体和热平衡方程式、排气流量的间接确定、主要参数的确定和功率误差的估计、次要项目数值的限制、辐射和对流散热损失的估计、泄漏量的估计、机械损失和辅机功率损失估计、燃烧效率的确定、比焓的确定、功率修正、负载为压缩机时输出功率的确定、分轴燃气轮机输出功率的确定。透平进气温度，利用燃烧室（包括与其相连的管路）热平衡方程可确定透平进气温度的参考值。

第 9 章为实验报告。实验报告应提供足够的资料，证明实验的全部目的已经达到。

3．规程适用性

GB/T 14100—2009 适用于常规燃烧系统的开式循环燃气轮机动力装置，也适用于闭式循环和半闭式循环燃气轮机动力装置。经过适当的修改也可适用于其他热源的燃气轮机动力装置。

正在研制中的燃气轮机可参照使用。

191　GB/T 14424—2008 工业循环冷却水中余氯的测定

GB/T 14424—2008《工业循环冷却水中余氯的测定》，由国家质量监督检验检疫总局和中国国家标准化管理委员会于 2008 年 4 月 1 日发布，2008 年 9 月 1 日实施。

1．制定背景

GB/T 14424—2008 代替 GB/T 14424—1993《锅炉用水和冷却水分析方法余氯的测定》。与 GB/T 14424—1993 相比，主要变化如下：标准名称由原来的“锅炉用水和冷却水分析方法余氯的测定”改为“工业循环冷却水中余氯的测定”；取消了 GB/T 14424—1993 的 DPD 目视比色法和领联甲苯胺目视比色法；范围由 GB/T 14424—1993 规定的 0.10mg/L～1.50mg/L 扩大为 0.03mg/L～2.50mg/L。

2．主要内容

GB/T 14424—2008 规定了工业循环冷却水中余氯、游离氯的测定方法。

第 4 章为 N，N-二乙基-1，4-苯二胺分光光度法。原理：包括游离氯的测定和余氯的测定。试剂和材料：所使用的试剂，除非另有规定，仅使用分析纯试剂和符合 5.2.1 规定的水；

实验中所需的标准滴定溶液，在没有注明其他要求时，按 GB/T 601 的规定制备。仪器和设备：一般实验室用仪器和分光光度仪；试验中所用的玻璃器皿需用次氯酸甲溶液Ⅱ注满器皿，1h 后用大量自来水冲洗，再用水洗净；在分析过程中，为避免污染游离氯那一组，应一组玻璃器皿用于测定游离氯，另一组用于余氯的测定。取样：取样瓶须用带螺纹盖的棕色细口瓶，用市售洗涤剂清洗后，再用蒸馏水冲洗；敞开式循环冷却水系统，通常在进入冷却塔之前的回水管道中取样；直流水系统，在出水管出取样；对封闭水系统，则在低位取样；为保证取样具有代表性，管道内各处应保持全部充满水，并且在正式取样之前，先放掉一些，再从有压管道中取出试样来清洗取样瓶，后来试样充满取样瓶，旋紧盖子，存放阴凉处。分析步骤：需先试样然后校准曲线的绘制，再游离氯的测定，余氯的测定，最后锰氧化物干扰的校正。分析结果：包括游离氯含量的计算、余氯含量的计算。允许差：取平行测定结果的算术平均值为测定结果；平行测定结果的绝对差值不超过 0.03mg/L。

第 5 章为 N，N-二乙基-1，4-苯二胺滴定法。原理：包括游离氯的测定和余氯的测定。试剂和材料：所使用的试剂，除非另有规定，仅使用分析纯试剂和符合 4.2.1 规定的水；实验中所需的标准滴定溶液，在没有注明其他要求时，按 GB/T 601 的规定制备。仪器和设备：一般实验室用仪器和微量滴定管；微量滴定管容积为 5.00mL，最小分度为 0.02mL。实验中所用的玻璃器皿需用次氯酸钠溶液Ⅱ注满器皿，1h 后用大量自来水冲洗，再用水洗净；在分析过程中，为避免污染游离氯那一组，应一组玻璃器皿用于测定游离氯，另一组用于余氯的测定。样品：同 4.4。分析步骤：需先试样然后游离氯的测定，再余氯的测定，最后锰氧化物干扰的测定。结果计算：包括游离氯含量的计算、余氯含量的计算。允许差：取平行测定结果的算术平均值为测定结果；平行测定结果的绝对差值不超过 0.03mg/L。

3. 规程适用性

GB/T 14424—2008 适用于原水和工业循环冷却水余氯、游离氯的分析，测定范围为 0.03mg/L～2.50mg/L。

192　GB/T 14427—2008 锅炉用水和冷却水分析方法　铁的测定

GB/T 14427—2008《锅炉用水和冷却水分析方法　铁的测定》，由国家质量监督检验检疫总局和国家标准化管理委员会于 2008 年 4 月 1 日发布，2008 年 9 月 1 日实施。

1. 制定背景

GB/T 14427—2008 代替 GB/T 14427—1993《锅炉用水和冷却水分析方法　铁的测定》。GB/T 14427—2008 与 GB/T 14427—1993 相比，主要变化如下：删除了“4，7-二苯基-1，10-菲啰啉光度法”，增加了可溶性铁（Ⅱ）的内容。

2. 主要内容

GB/T 14427—2008 规定了锅炉用水、冷却水、原水及工业废水中总铁、总可溶性铁和可溶性铁（Ⅱ）的测定方法。

第 3 章为原理。铁（Ⅱ）菲啰啉络合物在 pH 为 2.5-9 是稳定的，颜色的强度与铁（Ⅱ）存在量成正比；在铁浓度为 5.0mg/L 以下时，浓度与吸光度呈线性关系；最大吸光值在 510nm

波长处。

第 4 章为试剂和材料。所用试剂，除非另有规定，仅使用分析纯试剂；试验中所需杂志标准溶液、制剂及制品，在没有注明其他要求时，均按 GB/T 602、GB/T 603 的规定制备。

第 5 章为仪器。一般实验室用仪器：分光光度计，可在 510nm 出测定，棱镜型或光栅型；吸收池，光程长至少 10mm，氧瓶，容量 100mL。

第 6 章为采样步骤。总铁：采样后立即酸化至 pH=1，通常 1mL 硫酸可以满足 100mL 水样的要求。总可溶性铁：采样后立即过滤样品，将滤液酸化至 pH=1（每 100mL 试样加 1mL 浓硫酸）。可溶性铁（Ⅱ）：加 1mL 硫酸于一个氧气瓶中，用水样完全充满，避免与空气接触。

第 7 章为分析步骤。总铁：通过氧化、还原成铁（Ⅱ）、显色、光度测量可以直接测定；分解后的总铁。总可溶性铁的测定：移取 50mL 试样（6.2）于 50mL 比色管中。可溶性铁（Ⅱ）：移取 50mL 试样（6.3）于 50mL 比色管中。空白试验：用 50mL 水代替试样，按与测定试样相同的步骤测其吸光度。校准曲线的绘制：先需要参比溶液的制备，绘制校准曲线，校准周期。

第 8 章为计算结果。结果的报告应指明所测铁的形式。

3. 规程适用性

GB/T 14427—2008 适用于测定铁的质量浓度范围为 0.01mg/L～5mg/L。铁质量浓度高于 5mg/L 时可将样品适当稀释后再进行测定。

193 GB/T 14640—2008 工业循环冷却水及锅炉用水中钾、钠含量的测定

GB/T 14640—2008《工业循环冷却水及锅炉用水中钾、钠含量的测定》，由国家质量监督检验检疫总局和中国国家标准化管理委员会于 2008 年 4 月 1 日发布，2008 年 9 月 1 日实施。

1. 制定背景

GB/T 14640—2008 代替 GB/T 14640—1993《工业循环冷却水中钾含量的测定 原子吸收光谱法》、GB/T 14641—1993《工业循环冷却水中钠含量的测定 原子吸收光谱法》、GB/T 12156—1989《锅炉用水和冷却水分析方法 钠的测定 静态法》和 GB/T 10539—1989《锅炉用水和冷却水分析方法 钾离子的测定 火焰光度法》。

2. 主要内容

第 4 章为钾含量的测定（原子吸收光谱法）。原理：向样品中加入氯化铯溶液作为离子化抑制剂，直接吸收样品至原子吸收光谱仪的空气/乙炔火焰，在 766.5nm 波长处测量吸光度；水中各种共存元素及水处理药剂对本方法均无干扰。试剂和材料：所用试剂和水，除非另有规定，应使用分析纯试剂和符合 GB/T 6682 三级水的规定；试验中所用制剂及制品，在没有特殊注明时，均按 GB/T 6682 规定制备。仪器：一般实验室仪器为原子吸收光谱仪。采样：用清洁的聚乙烯瓶收集样品。测定步骤：试样的制备，校准溶液的制备，校准和测定。分析结果的表述：校准曲线的使用，从校准曲线中读出实验溶液中钾的浓度；由这些值计算出试样中钾的浓度，要把所取试样的体积及容量瓶的总体积考虑进去。

第 5 章为钠含量的测定。原子吸收光谱法：在样品中加入氯化铯作为离子抑制剂，直接吸收样品至原子吸收光谱仪的空气/乙炔火焰，在 330.2nm 或 589.0nm 波长处测量吸光度；水

中各种共存元素及水处理药剂对钠的测定均不干扰；所用试剂和水，除非另有规定，应使用分析纯试剂和符合 GB/T 6682 三级水的规定；试验中所用制剂及制品，在没有特殊注明时，均按 GB/T 603 规定制备；钠含量小于 50mg/L 的溶液的测定，先试样的制备，然后校准溶液的制备，再校准和测定，最后分析结果的表述。静态法：当钠离子选择性电极-pNa 电极与甘汞参比电极同时浸入溶液后，即组成测量电池对。其中 pNa 电极的点位随溶液中钠离子的活度面变化。用一台高阻抗输入的毫伏计测量，即可获与水样中的钠离子活度相对应的电极电位，以 pNa 值表示。试剂和材料：水符合 GB/T 6682 一级水规格；氯化钠标准溶液的配制；碱化剂（二异丙胺母液的含量，应不少于 98%，贮存于塑料瓶中）。仪器：离子计或性能类似的其他表计，仪器精度应达±0.01%pNa，具有斜率校正功能。钠离子选择电极：电极长时间不用，以干放为宜，干放钱应用水清洗干净。当电极定位时间过长，测定时反应迟钝，线性变差都是电极衰老或变坏的表示，应更换新电极。当使用无斜率标准功能的钠度计时，要求 pNa 电极的实际斜率不低于理论斜率的 98%，新的久置不用的 pNa 电极，应用沾有四氯化碳或乙醚的棉花擦静电级的头部，然后用水清洗，浸泡在 3%的盐酸溶液中 5min～10min 用棉花擦再用水洗干净，并将电极浸泡在碱化后的 pNa4 标准溶液中 1h 后使用。电极导线有机玻璃引出部分切勿受潮。甘汞电极用完后应浸泡在内充液浓度相同的氯化钾溶液中，不能长时间浸泡在纯水中。长期不用时应干放保存，并套上专用的橡皮套，防止内部变干而损坏电极，重新使用前，先在内充液浓度相同的氯化钾溶液中浸泡数小时。测定中如发现读数不稳，可检查甘汞电极的接线是否牢固，有无接触不良现象，陶瓷塞是否破裂或堵塞，有以上现象可换电极。所用试剂瓶以及取样瓶都应用聚乙烯塑料制品，塑料容器用洗涤剂清洗后用 1:1 的热盐酸浸泡半天，然后用水冲洗干净后才能使用。各取样及定位用塑料容器应专用，不宜更换不同浓度的定位溶液或互相混淆。分析步骤：在仪器开启 0.5h 后，按仪器说明书进行校正。向分析中需使用的 pNa4、pNa5 的标准溶液，水和水样中滴加二异丙胺溶液，进行碱化，调整 pH 大于 10，以 pNa5 标准溶液定位，将碱化后的标准溶液摇匀。冲洗电极杯数次，将 pHa 电极和甘汞电极同时浸入该标准溶液进行定位。定位应重复核对 1～2 次，直至重复定位误差不超过 pHa5±0.02，然后以碱化后的 pNa5 标准溶液冲洗电极和电极杯次数，再将 pNa 电极和甘汞电极同时浸入 pNa5 标准溶液中，待仪器稳定后旋动斜率校正旋钮使仪器指示 pNa5±（0.02～0.03），则说明仪器及电极均正常，可进行水样测定。水样测定时用碱化后的水冲洗电极和电极杯，是 pNa 计的读数在 pNa6.5 以上。再以碱化后的被测水样冲洗电极和电极杯 2 次以上。最后重新取碱化后的被测水样。将电极浸入被测水样中，摇匀，按下仪表读数开关，待仪表指示稳定后，记录读数，若水样钠离子浓度大于 0.001mol/L，则用水稀释后滴加二异丙胺使 pH 大于 10，然后进行测定。经常使用的 pNa 电极，在测定完毕后应将电极放在碱化后的 pNa4 标准溶液中备用。不用的 pNa 电极以干放为宜，但在干放钱应用水清洗干净，以防溶液侵蚀敏感薄膜，电极一般不宜放置过久。0.1mol/L 甘汞电极在测试完后，应浸泡在 0.1mol/L 氯化钾中，不能长时间浸泡在纯水中，以防盐桥微孔中氯化钾被稀释，对测定结果有影响。

3．规程适用性

GB/T 14640—2008 中原子吸收光谱法适用于钾含量 0.3mg/L～50mg/L、钠含量 5mg/L～500mg/L 的测定，静态法适用于钠含量大于 0.23mg/L 的测定。GB/T 14640—2008 也适用于各种工业用水、锅炉用水、原水及生活用水中钾、钠的测定。

194　GB/T 14642—2009 工业循环冷却水及锅炉用水中氟、氯、磷酸根、亚硝酸根、硝酸根和硫酸根的测定　离子色谱法

GB/T 14642—2009《工业循环冷却水及锅炉用水中氟、氯、磷酸根、亚硝酸根、硝酸根和硫酸根的测定　离子色谱法》，由国家质量监督检验检疫总局和中国国家标准化管理委员会于2009年5月18日发布，2010年2月1日实施。

1. 制定背景

GB/T 14642—2009代替GB/T 14642—1993《工业循环冷却水及锅炉用水中氟、氯、磷酸根、亚硝酸根、硝酸根和硫酸根的测定　离子色谱法》。与GB/T 14642—1993相比主要变化如下：在方法提要中给出离子色谱流路图，增加了“5干扰”。

2. 主要内容

第4章为方法提要。样品阀处于装样位置时，一定体积的样品溶液（如10μL）被注入样品定量环，当样品阀切换到进样位置时，淋洗液样品定量环中的样品溶液（或将富集于浓缩柱上的被测离子洗脱下来）带入分析柱，被测阴离子根据其在分析柱上的保留特性不同实现分离。淋洗液携带样品通过抑制器时，所有阳离子被交换为氢离子，氢氧根型淋洗液转换为水，碳酸根型淋洗液转换为碳酸，背景电导率降低；与此同时，被测阴离子被转化为相应的酸，电导率升高。由电导检测器检测相应信号，数据处理系统记录并显示离子色谱图。以保留时间对被测阴离子定性，以峰高或峰面积对被测阴离子定量，测出相应离子含量。

第5章为干扰。在离子色谱法中，当样品中某组分浓度非常高时，色谱图中会对应产生很大峰，掩盖其他组分的峰并造成干扰，这种干扰通常可根据其他阴离子浓度，适当稀释样品来减少干扰；或者通过预处理分离干扰离子的方法减少干扰。由于在冷却水中加入大量缓蚀、阻垢和杀菌剂，这些有机物，特别是含苯环的有机物对分离柱的树脂永久性地吸附，使分离柱的吸附容量降低，以致损坏柱子，干扰测定。通常采用预处理柱来处理。由于水的电导率低于淋洗液的电导率，试样中的水在淋洗时会在色谱图中产生一个峰值。

第6章为试剂和材料。所用试剂和水，除非另有规定，应使用优级纯试剂和符合GB/T 6682中一级水的规定。试验中所需杂质测定用标准溶液，在没有注明其他要求时，均按GB/T 602规定制备。

第7章为仪器、设备。离子色谱仪的精密度要求RSD<3%。柱的分离能力R：被检测阴离子的分离度R不能低于1.3。淋洗液泵：泵接触流动相的部件应为非金属材料，且耐强酸耐强碱，这样不会对分析柱造成污染，也可以用高压高纯氮代替泵输送淋洗液。保护柱：通常使用和分离柱一样的离子交换材料，保护柱的目的是用于保护分离柱免受颗粒物或不可逆保留物等杂质的污染。分析柱：对GB/T 14642—2009规定的待测离子应达基线分离。抑制器：包括电解自动再生微膜抑制器或其他抑制器。电导检测器：可以进行温度补偿或自动调整量程。浓缩柱、浓缩泵和阴离子捕捉柱（选择使用）：样品定量环。样品预处理柱（H^+柱）、R-Ag^-：根据需要选用。数据处理系统（色谱工作站）：用于数据的记录、处理、存储等。电冰箱温度−10℃。容量瓶用聚丙烯材质，各种规格。样品瓶用聚丙烯或高密度聚乙烯材质，

各种规格。0.45μm 一次性针筒微膜过滤器（水相）。

第 8 章为取样。水样的采集方法应符合 GB/T 6907 的规定。用聚丙烯或高密度聚乙烯瓶取样，让水样溢流，赶出空气，盖上瓶盖。不应使用玻璃瓶取样，因为玻璃瓶会导致离子污染。水样采集后应尽快分析，需要分析亚硝酸根离子、硝酸根离子和磷酸根离子时，水样应于 4℃冷藏存放。对含有颗粒物等杂质的水样，进样前可用 0.45μm 一次性针筒微膜过滤器过滤，以免堵塞柱子，防止膜对样品的污染（如用少量样品润洗膜，弃去过滤液的前面部分）。

第 9 章为分析步骤。包括仪器的准备、混合标准溶液的配置、标准工作曲线的绘制、试样溶液的制备、试样分析。

第 10 章为计算结果。分析结果保留到小数点后两位，单位为 mg/L。

第 11 章为测试报告。测试报告需要包括以下信息：注明引用 GB/T 14642—2009；样品标识（包括样品名称、编号、采样日期、采样地点、采样人、使用单位名称等）；依据第 10 章表述的结果；如果需要，应描述样品的预处理方法；描述色谱条件（仪器类型，柱类型，柱尺寸，流速，检测器类型和检测参数）；描述定量依据（峰高或峰面积）；计算结果（线性校正方程，标准加入法）；任何与本方法的差异和任何影响结果的情况。

3．规程适用性

GB/T 14642—2009 适用于工业循环冷却水及锅炉水中氟离子含量 0.10mg/L～100.0mg/L；氯离子含量 0.10mg/L～500.0mg/L；磷酸根离子含量 0.10mg/L～100.0mg/L；亚硝酸根离子含量 0.10mg/L～100.0mg/L；硝酸根离子含量 0.10mg/L～100.0mg/L；硫酸根离子含量 0.20mg/L～500.0mg/L 范围的测定。

GB/T 14642—2009 也适用于地表水、地下水及其他工业用水中氟离子（F^-），氯离子（Cl^-），磷酸根离子（PO_4^{3-}）、亚硝酸根离子（NO_2^-）、硝酸根离子（NO_3^-）、硫酸根离子（SO_4^{2-}）等离子的测定。

195　GB/T 15453—2008 工业循环冷却水和锅炉用水中氯离子的测定

GB/T 15453—2008《工业循环冷却水和锅炉用水中氯离子的测定》，由国家质量监督检验检疫总局和中国国家标准化管理委员会于 2008 年 4 月 1 日发布，2008 年 9 月 1 日实施。

1．制定背景

GB/T 15453—2008 同时代替 GB/T 6905.1—1986《锅炉用水和冷却水分析方法　氯化物的测定　摩尔法》、GB/T 6905.2—1986《锅炉用水和冷却水分析方法　氯化物的测定　电位滴定法》、GB/T 6905.4—1993《锅炉用水和冷却水分析方法　氯化物的测定　共沉积富集分光光度法》和 GB/T 15453—1995《工业循环冷却水章氯离子的测定　硝酸根测定法》。GB/T 15453—2008 与 GB/T 6905.1—1986、GB/T 6905.2—1986、GB/T 6905.4—1993 和 GB/T 15453—1995 相比在技术上并无差异，只是根据 GB/T 1.1—2000 的有关规定进行了编写。

2．主要内容

第 3 章为摩尔法。原理：以铬酸钾为指示剂，在 pH=5～9.5 的范围内用硝酸根标准滴定溶液滴定，硝酸根与氧化物作用生成白色氯化银沉淀，当有过量硝酸根存在时，则与铬酸钾指示剂反应，生成砖红色铬酸根，表示反应达到终点。试剂和材料：所用试剂，除非另有规定，应使用分析纯试剂和符合 GB/T 6682 中三级水的规定；试验中所需标准滴定溶液、制剂及制品，在没有注明其他要求时，均按 GB/T 601、GB/T 603 规定制备。分析步骤：移取适量体积的水样于 250mL 锥形瓶，加入 2 滴酚酞指示剂，用氢氧化钠溶液或硝酸溶液调节水样的 pH，使红色刚好变为无色；加入 0.1mL 铬酸钾指示剂，在不断摇动情况下，最好在白色背景条件下用硝酸根标准地定溶液滴定，直至出现砖红色为止，同时作空白试验。计算结果：氯离子含量以质量浓度ρ_1（mg/L）计，计算式为 $\rho_1=\frac{(V_1-V_0)cM}{1000V}\times10^6$。允许差：取平行测定结果的算术平均值为测定结果；平行测定结果的绝对值不大于 0.5mg/L。

第 4 章为电位滴定法。原理：以双液型饱和甘汞电极为参比电极，以银电极为指示电极，用硝酸银标准滴定溶液滴定至出线电位突跃点（即理论终点），即可从消耗的硝酸银标准滴定溶液的体积算出氯离子含量；溴、碘、硫等离子存在干扰。试剂和材料：所用试剂，除非另有规定，应使用分析纯试剂和符合 GB/T 6682 中三级水的规定；试验中所需标准滴定溶液、制剂及制品，在没有注明其他要求时，均按 GB/T 601、GB/T 603 规定制备。仪器和设备：一般实验室用仪器和电位滴定剂、双液型饱和甘汞电极、银电极。分析步骤：移取适量体积的水样于 250mL 烧杯中，加入 2 滴酚酞指示剂，用氢氧化钠溶液或硝酸溶液调节水样的 pH 值，使红色刚好变为无色；放入搅拌子，将盛有试样的烧杯置于电磁搅拌器，开动搅拌器，将电极插入烧杯中，用硝酸银标准滴定溶液滴定至终点电位（在电位突跃点附近，应放慢滴定速度）；同时作空白试验。结果计算：氯离子含量以质量浓度ρ_2（mg/L）计，计算式为 $\rho_2=\frac{(V_1-V_0)cM}{1000V}\times10^6$。允许差：取平行测定结果的算术平均值为测定结果；平行测定结果的绝对值不大于 0.5mg/L。

第 5 章为功沉淀富集分光光度法。原理：基于磷酸铅沉淀做载体，共沉淀富集痕量氯化物，经高速离心机分离后，以硝酸铁-高氯酸溶液完全溶解完全溶液沉淀，加硫氰酸汞-甲醇溶液显色，用分光光度法间接测定水中痕量氯化物。试剂和材料：所用试剂，除非另有规定，应使用分析纯试剂；试验中所需杂质标准溶液，在没有注明其他要求时，按 GB/T 602 规定制备。仪器和设备：一般实验室仪器和风光光度仪、高速离心机。分析步骤：需先校准曲线的绘制，然后水样的测定。结果计算：氯化物含量（Cl^-计）以质量浓度 ρ_3（μg/L）计，计算式为 $\rho_3=\frac{m}{V}\times1000$。允许差：水样中氯化物在不同含量范围时的允许差，见表。

氯化物含量范围与允许差

单位：mg/L

氯化物含量（ρ）	允许差
$\rho\leqslant10.0$	≤6.2
$10.0<\rho\leqslant20.0$	≤6.4
$20.0<\rho\leqslant30.0$	≤6.6
$30.0<\rho\leqslant50.0$	≤7.2
$50.0<\rho\leqslant100.0$	≤8.4

3．规程适用性

GB/T 15453—2008 中摩尔法和电位滴定法适用于天然水、循环冷却水、以软化水为补给水的锅炉炉水中氯离子含量的测定，测定范围为 5mg/L～150mg/L；共沉淀富集分光光度法适用于除盐水、锅炉给水中氯离子含量的测定，测定范围为 10μg/L～100μg/L。

196　GB/T 15456—2008 工业循环冷却水中化学需氧量的测定　高锰酸钾法

GB/T 15456—2008《工业循环冷却水中化学需氧量的测定　高锰酸钾法》，由国家质量监督检验检疫总局和中国国家标准化管理委员会于 2008 年 4 月 1 日发布，2008 年 9 月 1 日实施。

1．制定背景

GB/T 15456—2008 代替 GB/T 15456—1995《工业循环冷却水中需氧量（COD）的测定　高锰酸钾法》。GB/T 15456—2008 与 GB/T 15456—1995 相比，在技术内容上并无变化，只是对文本结构和文字进行了修改。

2．主要内容

第 3 章为方法提要。化学需氧量是指在规定的条件下，用氧化剂处理水样时，与消耗的氧化剂相当的氧的量。高锰酸钾在酸性中呈较强的氧化性，在一定条件下水样中还原性物质氧化，高锰酸钾还原为锰离子。过量的高锰酸钾可通过草酸测得。

第 4 章为试剂和材料。所用试剂和水，除非另有规定，应使用分析纯试剂和符合 GB/T 6682 中三级水的规定。试验中所需标准滴定溶液、制剂及制品，在没有注明其他要求时，均按 GB/T 601、GB/T 603 规定制备。

第 5 章为分析步骤。移取 25mL～100mL 现场水样于锥形瓶中，加 50mL 水、5mL 硫酸溶液，5 滴～10 滴硫酸银饱和溶液，然后再移取 10.00mL 高锰酸钾标准滴定溶液，在电炉上慢慢加热至沸腾后，再煮沸 5min。水样应为粉红色或红色。若为无色，则再加 10.00mL 高锰酸钾标准滴定溶液；或者减少取样量，按上述过程重新煮沸 5min。冷却至 60℃～80℃，用移液管加 10.00mL 草酸钠标准溶液，溶液应呈无色，若呈红色，则再加 10.00mL 草酸钠标准溶液。用高锰酸钾标准滴定溶液滴至粉红色终点。同时作空白试验。

第 6 章为结果计算。水样中化学需氧量（COD）（以 O_2 计）以质量浓度 ρ 计，数值以 mg/L 表示，计算式为 $\rho=\frac{(V_1-V_0)cM/4}{V}\times10^3$。

第 7 章为允许差。取平行测定结果的算术平均值为测定结果，平行测定结果的绝对差值不大于 0.5mg/L。

3．规程适用性

GB/T 15456—2008 适用于工业循环冷却水中化学需氧量（COD）为 2mg/L～80mg/L（以 O_2 计）的测定，也适用于工业废水、原水、锅炉水中 COD 的测定。

197　GB/T 15479—1995 工业自动化仪表绝缘电阻、绝缘强度技术要求和实验方法

GB/T 15479—1995《工业自动化仪表绝缘电阻、绝缘强度技术要求和实验方法》，由国

家技术监督局于1995年1月27日发布，1995年10月1日实施。

1．制定背景

GB/T 15479—1995由中华人民共和国机械工业部提出，由全国工业过程测量和控制标准化技术委员会归口。由上海工业自动化仪表研究所负责起草。GB/T 15479—1995自实施之日起，ZB N10 003.12—1988《工业自动化仪表通用实验方法 绝缘电阻》和ZB N10 003.13—1988《工业自动化仪表通用实验方法 绝缘强度》作废。

2．主要内容

第4章为绝缘电阻。具有保护接地端子或保护接地点的仪表、依靠安全特低电压供电的仪表，在不同试验条件下进行绝缘电阻试验时，其与地绝缘的端子同外壳（或与地）之间、互相隔离的端子之间分别施加的直流试验电压应符合规定值，且绝缘电阻应不小于规定值。无保护接地端子或保护接地点的仪表，在不同试验条件下进行绝缘电阻试验时，各类端子与外壳之间分别施加的直流试验电压应符合规定值，且绝缘电阻应不小于规定值；互相隔离的端子之间其施加的直流试验电压应符合规定值，且绝缘电阻应不小于规定值。经过运输湿热试验的仪表，在一般试验大气条件下恢复24h后，其绝缘电阻仍不应小于相应规定值。具有测量电路部分通过电阻或电容器接地的仪表，在不同试验条件下进行绝缘电阻试验时，其测量端子与外壳（或与地）之间施加的直流试验电压和绝缘电阻要求应符合有关标准或制造厂的规定。具有保护接地端子或保护接地点的仪表、依靠安全特低电压供电的仪表，在不同试验条件下进行绝缘强度试验时，其与绝缘的端子同外壳（或与地）之间、互相隔离的端子之间应能承受与主电源频繁相同的所规定的正弦交流电试验电压。无保护接地端子或保护接地点的仪表，在不同试验条件下进行绝缘强度试验时，各类端子与外壳之间应能承受与主电源频率相同的所规定的正弦交流电的试验电压；互相隔离的端子之间施加的试验电压仍应符合规定。具有电场影响可能受损的半导体器件的仪表，若试验电压超过1kV时，则试验电压可降为规定电压值一半，但不得小于1kV，不能用交流电压进行试验的仪表，则可用所规定的交流试验电压值1.4倍的直流电压替代。具有测量电路部分通过电阻或电容器接地的仪表，在不同试验条件下进行绝缘强度试验时，其测量端子与外壳（或与地）之间承受与主电源频率相同的正弦交流电的试验电压应符合有关标准或制造厂的规定。试验电压不超过2kV的仪表，可以承受需要次数的100%试验电压；试验电压超过2kV的仪表，允许承受两次（即重复一次）的100%试验电压，若重复试验时应承受80%试验电压。被试端子如果有几种额定电压值时，应按最高额定电压选取试验电压。

第5章为试验方法。实验条件：仪表的绝缘电阻和绝缘强度的试验条件应与产品标准规定的正常工作大气条件相适应，并按产品的检验类别进行选择。一般试验大气条件为：温度15℃～35℃，相对湿度45%～75%。湿热条件一般为：温度40℃，相对湿度91%～95%或按有关标准规定的仪表湿热影响量试验时的温度和相对湿度参数。运输湿热试验条件应符合ZBY 002的规定或按有关标准规定的仪表抗运输湿热性能试验时的参数。试验设备：测试绝缘电阻用的绝缘电阻表，其直流电压应符合规定，精确度等级指数应不超过10（级）。绝缘电阻试验：仪表的绝缘电阻试验应在规定的大气条件下进行；需要在湿热条件试验的仪表，可按GB 4793规定的试验方法单独进行湿热处理或与湿热影响量试验同时进行；经湿热试验的仪表，从试验箱中取出后应正即完成湿热条件下的绝缘电阻试验；局部或全部由绝缘材料制成的外壳，型式检验时应用金属箔缠绕，使其与接线端子的距离约为 20min；出厂检验仅在接线端子间测量；试验时，仪表应不接通电源而处于非工作状态；但仪表若有电源开关，则应位于接通位置；将仪表的输入端子、输出端子、电源端子分别短接，然后用规定的直流电压绝缘电阻表，10s 后进行读数。同类端子各路之间具有绝缘要求的仪表，应在同类端子各路之间进行绝缘电阻的试验。绝缘强度试验：仪表的绝缘强度试验应在规定的大气条件下进行；经湿热试验的仪表，从试验箱中取出后应立即完成湿热条件下的绝缘强度试验；局部或全部由绝缘材料制成的外壳，型式检验时应用金属箔缠绕，使其与接线端子的距离约为 20min；出厂检验仅在接线端子间测量；电源与接地间的抗干扰电容器不应开路，若这些电容器不能用交流电压进行试验，则可用一个等于交流试验电压值 1.4 倍的直流电压替代；绝缘强度试验时的击穿判断原则上应为沿施加电压方向的位置上被试仪表有贯穿的小孔或烧焦等痕迹；当痕迹不明显而又有异议时，可重复对该部位施加电压，以不能达到规定的试验电压作为击穿判断的依据；为了试验时操作安全，尽量避免试验设备和被试仪表损坏及便于具体检测，可在相应的产品标准或技术条件中，以规定绝缘回路泄漏电流的允许值作为裁定耐压测试结果；试验时，先按被试仪表要求，将试验设备检测泄漏电流的参比值设定在规定允许的最大值（报警值）上，试验期间观察试验设备有无异常的指示信号（包括切断供给电压）或有声报警等现象；绝缘强度试验后，应对仪表能否正常工作进行简易复测；由绝缘强度试验后所造成的仪表不正常工作或器件损坏，也应裁定为击穿。

3. 规程适用性

GB/T 15456—1995 适用于一般工作条件下使用的交、直流供电的工业自动化仪表（简称仪表），特殊工作条件（如防爆、防水、防腐、防霉、耐湿热型等）下使用的仪表所额外的技术要求和安全试验，不属于 GB/T 15456—1995 的内容。GB/T 15456—1995 也适用于直接作用式的工业自动化仪表（如直接指示和记录型仪表）。GB/T 15456—1995 不适用于系统成套装置，其绝缘电阻、绝缘强度的技术要求和试验方法按有关标准或制造厂的规定，或由制造厂与用户协商确定。

198 GB/T 17189—2007 水力机械（水轮机、蓄能泵和水泵水轮机）振动和脉动现场测试规程

GB/T 17189—2007《水力机械（水轮机、蓄能泵和水泵水轮机）振动和脉动现场测试规程》，由国家质量监督检验检疫总局和中国国家标准化管理委员会于 2007 年 12 月 3 日发布，2008 年 5 月 1 日实施。

1. 制定背景

为适应我国的情况以及现代测试技术的发展，GB/T 17189—2007 对 IEC 60994：1991 的部分内容和条款做了改动，有关技术差异在它们所涉及的条款的页边空白处用垂直单线标识。为了便于使用，GB/T 17189—2007 对 IEC 60994：1994 还作了下列修改：按 GB/T 1.1—2000 的要求，对书写格式进行了修改；用小数点“.”代替作为小数点的逗号；删除了 IEC 前言；将规范性引用文件的内容进行了调整，其将原 IEC 标准中有对应的国家标准或行业标准的均

予更换；第 3 章的引导语按 GB/T 1.1—2000 的要求作了修改。与 GB/T 17189—1997《水力机械振动和脉动现场测试规程》相比主要变化如下；根据近几年测试技术的发展，对原标准在试验工况、压力脉动测点位置、压力传感器和测量管路安装要求、主轴扭矩脉动测量、功率脉动测量、推力轴承轴向载荷脉动测量、数据处理方法等内容进行了部分修改，增减了部分内容，并对规程名称、章条结构和顺序进行了调整，使之尽可能与 IEC 60994 保持一致。对文字、单位和图表进行了规范化处理。根据 GB/T 1.1—2000 的编写规定，在编制格式上进行了规范化处理。

2. 主要内容

第 4 章为关于保证值。GB/T 17189—2007 不包括提出水力机械振动和脉动的性能保证值。振动和脉动评价标准的制定和施用依赖于振动和脉动试验的标准化，按 GB/T 17189—2007 的规定进行试验，对得出的结果进行统计分析后，可为保证值得确定奠定基础。保证值必须以一定的测试规程为基础，而当应用保证值（或标准）和测试结果对机组进行评价时，则保证值和测量结果都必须符合同一测试规程。如在某些情况下，需要给出保证值，而在合同中又没有明确规定，则振动允许值或对其振动进行评价可参考 GB/T 8564、GB/T 6075.5、GB/T 11348.5，压力脉动允许值可参考 GB/T 15468。

第 5 章为实验条件。试验工况：需要试验的工况取决于现场条件、机组情况、试验目的和双方协议。试验前的检查：机组运行工况点参数如采用电站已安装的刻度盘或表盘直接读取（如导叶开度、叶片转角等），则应在试验前对其读数的准确性进行检查；试验前应对压力传感器测压点的位置及测压管路的堵塞和漏水现象等进行检查；如有可能，最好将机组流道内的水排空后进行检查，或参考最近的检查结果（如不超过六个月）；试验前，试验有关各方应试验机组及试验装置进行全面检查，以便创造良好的试验条件。

第 6 章试验程序。确定工况点的参数：稳态试验时，应测量机组的运行参数，如导叶（喷针或阀门）开度、功率、转速、单位水能和净吸出高度；试验中，机组运行参数保持恒定；对于水库较小的电站，单位水能的波动范围可适当放宽，但不应超过平均值±3%；在过渡过程（如启动、停机、升降负荷、在水轮机运行工况下甩负荷、在水泵运行工况下失电等）试验中，为便于全面分析机组过渡过程，除应记录所需的振动和脉动参数外，还应记录确定过渡过程所必需的其他参数，如转速、单位水能（水头/扬程）、导叶或阀门开度等。测量的振动量和脉动量及测点位置：测量的振动和脉动量及测点位置根据机组情况及双方协议具体确定；对于结构振动的测量，根据预估的振动频率范围，选择不同类型的测量传感器；机组结构振动的频率范围一般在十分之几赫兹（低频）到几百赫兹（高频）的范围内；对于低频振动通常测量振动位移，而对高频振动则优先测量振动加速度，对于中频振动通常测量振动速度；试验中，可根据需要或所含频率范围分别测量振动位移、振动速度、振动加速度，或同时测量两种振动量；对于过渡过程的振动测量，还必须考虑传感器的暂态响应特性，应根据被测量的暂态类型和时间历程选择传感器的固有频率和阻尼系数；有关规定参考 GB/T 13866、ISO 16063。人员组织：除非在合同中另有规定，试验承担单位由供需双方共同协商确定；合同双方和试验单位协商确定一名试验总负责人；合同双方应派人员参加试验或作为试验的观察员。试验程序：试验程序应由试验总负责人提出，并提前足够的时间提交有关各方协商。试验大纲：由试验负责人草拟并提交有关各方协商，试验大纲主要内容参照如下，但是不限于：试验目的；试验测点；试验工况和试验进度；测试设备；准备工作；试验结果。试验准备：有检查机组并确认；在各施测地点设置通信系统；按规定的位置安装传感器；连接传感器、放大器、记录器并进行检查核对、准备投入使用；建议绘制传感器布置图；测量仪器应尽可能在安装后进行原位标记，至少应在现场标定。不能在现场标定的仪器应将其最新检定结果的证明带到现场。在正式试验前，应先确定好各被测量的传感器系数、采用速率及采样时间。试验完毕后应尽可能进行重复标定；试验准备工作完成后，试验负责人应进行检查。准备工作过程中如出现于计划不符之处，应与有关各方磋商并达成一致意见。预备试验：需要时可在正式试验前安排预备试验，目的是检验测试系统和信号系统，并使参试人员熟悉试验进行的方法，可选择部分典型的或易操作的工况并完全按正式试验的方法进行，结果应加以整理并与以后的正式试验结果相比较，如差别较大则应分析原因，必要时作适当处理货评价。之后是正式试验及观察，并重复试验。

第 7 章为测量方法。推荐了水力机械振动、压力脉动及其他脉动的测量方法，并对测量系统布置、系统中各独立测试仪器的选择作了原则性规定或建议。当对振动水平的允许极限有疑问时，可根据应变（应力）脉动水平作辅助判断。

第 8 章为标定。测试系统必须在试验前进行标定，在试验后做检查。在长时间的测试中，试验期间也应进行校核。标定一般应在被测值得全部范围内进行。标定的方法、范围和结果应在试验大纲中说明，并包括在最终报告中。标定信号的记录及（或）存贮应使用与实际测量相同的记录仪器及（或）存贮器。

第 9 章为信号记录。信号记录应采用图形记录器、磁带记录器或数字记录仪直接记录。记录仪的精度应尽可能与测量仪器设备的精度相匹配。

第 10 章为数据处理与分析。水力机械振动和脉动水平的评价需根据规定的测量部位和规定的分析处理方法得到的振动及脉动测量结果进行。因此，正确的测量和正确的数据分析处理时正确评价振动水平的基础和保证。通过“在线”或“离线”方式，观察被测振动量（如时域波形图中，以时间为横轴显示或以 X-Y 模式显示），对机组振动进行初步评价，并借以采用永久媒质（如照片或计算机输出硬拷贝），保存观察结果。对数据的进步一步处理可更深刻地理解振动或脉动现象。分析处理包括手工或自动测量和计算振幅、相应的频率和其他各种专门参数。专门参数的计算一般需通过电子数据处理系统或计算机进行。

第 11 章为测量不确定度。在估计测量不确定度前，尤其在自动估计前，必须保证（如通过波形图检查）所记录的信号无干扰。如果存在干扰（如电磁干扰引起的“脉冲”），则应细心地进行人工计算。最后完成最终的报告，包括：试验目的；试验大纲；试验单位及人员名单；试验条件；仪器设备的型号、参数、生产厂家、标定系数、数据处理方法；传感器的布置位置说明及示意图；在数据处理（标定及其他）过程中所用的简图；试验结果；测量不确定度的说明；结论和（或）建议。

3．规程适用性

GB/T 17189—2007 适用于水力机械的振动和脉动试验，其测量结果能充分反映机组的一般振动情况。可用于评价机组的振动状况和在使用寿命期限内振动特性的变化及正常运行工况下的振动水平，为水力机械的设计、制造和安装质量提供技术依据，提出有利于机组运行的建议，为故障诊断和事故分析及改善机组振动、脉动水平提供依据。如果在试验中发现某些重要部件上有较强的局部振动（共振），则应另外采用具有针对性的试验方法对有关部件作更深入的试验研究，试验也应参照 GB/T 17189—2007 提出的原则进行。具体试验的内容和测量项目应参照 GB/T 17189—2007 由有关方面协商确定。在具体机组上，试验内容、测量项目、测点位置和数量等取决于机组的结构型式、设备的具体条件以及重要性，不要求每种情况下都进行 GB/T 17189—2007 所列全部项目的测量。

199　GB/T 18345.1—2001 燃气轮机　烟气排放　第 1 部分：测量与评估

GB/T 18345.1—2001《燃气轮机　烟气排放　第 1 部分：测量与评估》，由国家质量技术监督局于 2001 年 3 月 26 日批准，2001 年 8 月 1 日实施。

1. 制定背景

GB/T 18345.1—2001 是 GB/T 18345《燃气轮机　烟气排放》系列标准的第一部分，它等同采用了国际标准化组织燃气轮机技术委员会（ISO/TC 192）发布的国际标准 ISO 11042—1：1996《燃气轮机　烟气排放　第 1 部分：测量与评估》。GB/T 18345.1—2001 主要涉及燃气轮机烟气排放的测量及评估。

2. 主要内容

第 5 章为条件。燃气轮机排放物有关的测量条件应包括：燃气轮机制造厂；燃气轮机型号；在进行排放测量所处的条件下的输出功率、烟气质量流量和（或）燃料流量；环境条件，即周围空气的压力、温度和湿度；燃料详情。需要测量的数值是与湿烟气或干烟气有关的气态组分的体积浓度；烟气中的烟排放值——巴克拉奇数（ES）（按照 ISO 5063 烟点数）；如果经特地协商一致，包括在湿烟气（EP）内的固体颗粒的重量浓度。标准条件是压力为 101.3Pa，温度为 15℃，相对湿度为 60%。

第 6 章为测量。需要进行烟气组分的测定。测量系统配置应考虑三个部分：采样探头，输送与处理系统，分析仪器和数据采集。在燃气轮机达到 GB/T 14100 规定的稳定运行工况后，才可进行试验。在试验期间以干空气中水分含量表示的环境湿度的变化不超过±0.5g/kg。如果环境条件变化并超过了上述限值，若经有关各方协商同意可进行修正。在试验前、后都应对分析器进行校准。整个系统应在试验前检查且定期进行检查。对组装体的气密性应进行特别检查。应在制造厂规定的测试步骤所确定的时间内对使用的全部设备进行必要的性能检查。只有在分析器提供稳定数据之时才可进行多次测量（至少 3 次），同时应采集燃气轮机性能试验的有关数值。对于易受温度变化产生校准漂移问题的仪器，应将它置于一个热稳定的环境中。由三次单独试验得到的测量结果的算术平均值组成一完整的试验。每次测量的采样时间至少为 1min，再加上系统响应时间的平均值，测量值应是采样时间内稳定浓度的平均值。当要求提供协商一致的准确度时，颗粒测量的试验时间应延长。

第 7 章为仪器。NO_x 分析器的规范：氮氧化合物浓度测量应采用化学发光技术，按照此方法，可测量通过 NO 和 O_3 的反应所产生的辐射量；这种方法对 NO_2 不敏感，因此，使样品通过转换器，在其中产生 NO 测量时，应记录初始的 NO 和总的 NO_x 浓度，可通过相减获得 NO_2 测量值；仅 NO_x 的测定是强制性的。CO 和 CO_2 分析器的规范：应使用非分散红外线（NDIR）分析器去测量一氧化碳和二氧化碳；这些分析器利用平行的参比气室与样品室中对能量的吸收不同，通过使用组合的样品室或电子线路的改变，或者两种方法并用都可以获得要求的灵敏度范围；利用气体吸收过滤器和（或）光学过滤器（最好用后者）可以把由于吸收带重叠产生的气体干扰减至最小；CO_2 和 CO_2 分析器有特殊要求，最好的操作方式是对基于干态的样品进行分析，在这种情况下应测量分析器进口处样品的压力，并在整个校准和试验过程中将其稳定在 0.2kPa；采用这种操作方式，无论何时要求测量 SO_2 和（或）O_2 组分时，CO 和 CO_2 的分析器可与相应的 SO_2 和（或）O_2 分析器串联使用；在（最好）基于干态测量 CO 和 CO_2 的情况下，分析器内的采样室的温度应保持在不低于 40℃，波动范围为±2℃；如果经有关各方协商同意，当使用轻的碳氢化合物燃料时，允许在“湿”的状态下进行样品分析；在这种情况下，采样室及在该子系统内与样品接触的所有其他部分，应保持温度不低于 50℃，波动范围为±2℃；应做 H_2O 干扰修正。硫的氧化物分析器规范：最好通过燃料分析去计算硫的氧化物，所以应假定燃料中的硫完全被氧化成 SO_2；仅仅当干烟气中 SO_2 的预期浓度超过较低检测限值 3.4mg/m^3 时，才考虑测量 SO_2。UHC 分析器的规范：包括所有碳氢化合物种类的未燃烧和部分燃烧物质的测量应采用火焰离子化检测技术；当未燃烧的碳氢化合物气体在独立控制的火焰中相继燃烧时，即产生与断开的碳氢键的个数成比例的电离；这种技术可产生所有存在的碳氢化合物的总数；对于作为挥发性有机化合物的要求而言，为了排除那些对 VOCs（挥发性有机化合物）无影响的碳氢化合物，需要在各种碳氢化合物之间加以区分。氨分析器的规范：氨的测量是基于 NO_2 转变成 NO 的转换器两种设计所具有的不同功效，这两种转换器与 7.2 中规定的化学发光仪器结合起来使用；由于这两种转换器的材料不同，即不锈钢和碳，它们与烟气中的 NO_2 和 NH_3 成分的反应不同。氧分析器的规范：氧分子由于具有顺磁性，在不均匀磁场中被吸引向高磁场强度方向；如果把具有不同 O_2 含量的两种气体引入同一磁场区，它们之间将产生压力差；两种气体中的一种是样品气，另一种是标准气；对于燃气轮机烟气测量来讲，在 N_2 中带 20.95% O_2 的气体被用作标准气，气体经过两个通道被引入到测量室，在磁场区两个通道中的一个把标准气与样品气混合。由于两个通道是连接的，与样品气中 O_2 含量成比例的压力差 Δp 产生一个流动，该流动通过微流动传感器转变成电信号。烟分析器的规范：烟测量并不意味着是固体颗粒的测量；如有关方面协商同意应当进行固体颗粒的测量，其相应的方法可参照 7.9；燃气轮机烟的浓度等级是利用规定的烟点数，亦称巴卡拉奇数，烟点标度范围是 0～9，其较低值与烟的对数的较低值相对应。固体颗粒分析器的规范：重力分析法测量烟气中的固体颗粒荷重（和由压气机吸入空气中的颗粒荷重）；从整个流动中采集具有代表性的载有颗粒的烟气/空气样品，从样品中分离出这些颗粒，将它们的累计质量称重，该累计质量与采样烟气/空气的数量有关；如果经有关部门同意，可增加固体颗粒样品的分析，如颗粒大小分布的分析、化学分析等；在这种情况下，适当的方法要经特地同意，它不包含在 GB/T 18345.1—2001 中；光学方法，通常用于连续排放控制情形，例如对光的传播或散射光进行连续测量；但就质量相关的颗粒荷重而言，这些方法遇到了与颗粒大小、尺寸分布、颗粒形状、颗粒密度及颗粒材料的某些光学性质有关的传播/散射方面的问题；经适当的校准后，并在假定相关的性质一旦确立并经过检查后是稳定的情况下，这些方法是可以采用的。

第 8 章为测量的质量。测量的质量受测量系统的设计和安装、校准程序及测量试验程序的影响。系统的设计和测量试验程序已在前面有所涉及。烟气样品是否具有代表性可通过碳平衡法来确定，即通过燃料中的碳含量与烟气中测得的碳含量（未注入烟中的游离碳）相比较确定。仪器的校准是通过与标准气作比较来实现。按照 ISO 6141，标准气应具有混合气制备合格证。较好的做法是借氮气中含相关组分去提供标准气混合物，其浓度约为分析器测量量程满刻度的 60%和 90%。

第 9 章为数据。转换气体的成分将被认为是理想气体，所以摩尔浓度与分压力对总压的比值及体积百分数成正比。体积浓度应以%或以 cm^3/m^3（ppm）表示。以巴克拉奇数测得的烟点数以及颗粒浓度不要转换。需要进行以下转换：湿烟气与干烟气之间的转换；转换到特定的烟气氧含量；转换到与在常规条件下的干烟气体积流量和特定的氧含量相应的组分质量流量；转换到与输出功率相应的排放值；转换到与消耗的燃料能量相应的排放值。

3. 规程适用性

GB/T 18345.1—2001 适用于所有产生机械轴功率和（或）用作发电驱动用的燃气轮机，但不包括航空燃气轮机。对配备有利用排气余热的装置，GB/T 18345.1—2001 的规定可作为基础使用。

GB/T 18345.1—2001 适用于开式循环过程的燃气轮机。对半闭式循环的燃气轮机、配备自由活塞式压气机或带有特殊热源的燃气轮机，GB/T 18345.1—2001 的规定可作为基础使用。

GB/T 18345.1—2001 可用于燃气轮机烟气排放物的验收试验。

200　GB/T 18345.2—2001 燃气轮机　烟气排放　第 2 部分：排放的自动监测

GB/T 18345.2—2001《燃气轮机　烟气排放　第 2 部分：排放的自动监测》，由国家质量技术监督局于 2001 年 3 月 26 日批准，2001 年 8 月 1 日实施。

1. 制定背景

对于在持续且不受限制的时间内，用以进行连续测量的监测方案，以及对所用硬件的选择和操作的要求制定了 GB/T 18345.2—2001。应当对烟气中指定的排放物的浓度、绝对数量及燃气轮机的有关气组分和必要的运行条件进行监测。GB/T 18345.2—2001 既对监测环境、仪器测量和记录，又对质量评定和数据修正提出了要求。

2. 主要内容

GB/T 18345.2—2001 主要涉及对燃气轮机烟气排放物，进行连续测量的监测方法及硬件的选择和要求。

第 3 章为定义。在解释系统运行特性的同时指出应考虑响应时间、零不稳定、量程、量程不稳定性的定义来补充系统运行特性。分别通过校准功能、线性功能、非线性功能、置信区间、拟真试验对系统校准特性进行了详细的定义。监测需要采样系统和分析系统，它们连续地监测烟气和燃气轮机装置的状态数据，同时为电子评估系统产生信号。

第 5 章为监控方案。解释监测需要采样系统和分析系统，它们连续地监测烟气和燃气轮机装置的状态数据，同时为电子评估系统产生信号。必须测量的组分应由有关方面按当地法规协商一致。环境大气条件、燃气轮机/装置性能、运行状态、外部输入量、自动数据采集和处理等数据应在组分测量时做记录。

第 6 章为监测系统的布置。气态排放物的测量位置：探头应安装在某一个易接近的位置，该装置组分浓度或排放量的测量具有直接代表性或可进行修正以代表来自设备或在测量横截面处的总排放物。介绍了气态排放物的点测量、气态排放物的通路测量。颗粒测量位置：测量装置最好是光学十字管道监测器，其气口应该与连续气态排放测量和基准测量点的气口分开，基准测量点可以包括气态排放测量和连续微粒监测器的校准都用的若干独立气口。基准测量的测量位置：提到初始测量时，可横向移动测量点，以确定有代表性的监测点的位置。

第 7 章为监测系统的部件。所有组成监测系统的部件，设计成能可靠、长久、不间断地运行，并且应相互兼容试验，基准气体的用量应减到最小。提取采样：气体采样系统的目的是提取有代表性的一部分烟气，并将在组成上无变化或有一已知变化的样品输送到测量仪器；样品气体一定要通过除尘和除去或保持水分含量（如果需要）进行处理。分析器：分析器系统的布置、测量设备的类型、分析器精确度。

第 8 章为校准、功能检验和维护。测量的质量受测量系统的设计和安装、操作方式（校准和测量）及维护方式的影响。介绍了校准、功能检验和维护方式。基准测量作为装置试运行调试过程的一部分，有必要证明采样位置的气流是均匀的还是分层的。为了使测量具有可信度，必须确保设备正常工作，所分析样品对装置的烟气具有代表性。所有类型的测量系统均要求校准。提取和点式非提取监测器需要校准气体。如果能够证明零漂和量程漂移处在可接受的限值内，校准应每月执行一次；否则应对校准周期进行选择，以确保零漂和量程漂移不超过 8.4 中规定的限值。运行要求连续供给基准气体，该气体应按照 GB/T 18345.1—2001 来供应，并具有适当的跟踪能力。如果制造厂商的建议能给出 GB/T 18345.1—2001 中所详述的可接受性能，通常所有系统应根据该建议进行维护。任何部件工作不正常，导致未达到规定性能标准，造成计划外的维护，除非另有协议，否则应该在 72h 内矫正。除非另有规定，否则在任何时候计划内维护的最大允许停机时间是一星期。在 12 个月期间，最多允许两次停机。计划内和计划外的停机总量不应超过燃气轮机正常运行时间的 10%。

3．规程适用性

GB/T 18345.2—2001 适用于所有产生机械轴功率和（或）发电驱动用燃气轮机，也适用于船用燃气轮机，但不包括航空用燃气轮机。对配备有利用排气余热的装置，GB/T 18345.2—2001 可以作为基础使用。

GB/T 18345.2—2001 适用于开式循环燃气轮机。对半闭式循环燃气轮机和具有自由活塞式压气机或特殊热源的燃气轮机，GB/T 18345.2—2001 也可作为基础使用。

未经各方协商一致，GB/T 18345.2—2001 不用于燃气轮机烟气排放的验收试验。对大量地，即超过某一定限值而排放到空气中的成分，应该进行监测。这些值应由各方协商一致来定。

GB/T 18345.2—2001 要求连续监测以下参数：排放物、稀释气体、烟气流量（计算或按要求测量的）、燃料消耗量及燃气轮机装置性能。对定期取出的燃料样品要求进行化学分析。

201 GB/T 19952—2005 煤炭在线分析仪测量性能评价方法

GB/T 19952—2005《煤炭在线分析仪测量性能评价方法》，由国家质量监督检验检疫总局和中国国家标准化管理委员会于 2005 年 9 月 28 日发布，2006 年 4 月 1 日实施。

1. 制定背景

现在有许多仪器能对煤炭质量的各种参数进行快速的在线测量，它们采用了与当前所用的采样、制样和分析方法完全不同的途径及原理。为了评价这类分析仪测量性能的方法制定了 GB/T 19952—2005。

2. 主要内容

第 3 章为定义。包括准确度、精密度、偏倚、斜率偏倚、截距偏倚、在线分析仪、分析仪示值、分析仪试验方法、分析仪动态精密度、比对试验方法、比对动态精密度、比对周期、反散射几何形式、透射几何形式、探测过程、探测容量、探测区、主流结构、旁流结构、试验单元、参比试验方法、参比值、静态重要性、样品。

第 5 章为原理。对一台已安装调试并标定过的在线分析仪的测量性能，通过三个主要的方面进行评价：仪器的稳定性、标定的有效性和操作测量性能（运行条件下的测量精密度）。仪器的稳定性通过检验分析仪在不同时间内对同一参比样品的静态重复测量值变化的显著性进行评定；标定的有效性通过用分析仪和参比方法对包含了被测量值全部范围的煤样进行比对试验，检验斜率和截距偏倚的显著性加以确认；分析仪操作测量性能通过比较动态条件下分析仪测量结果和参比方法试验结果，检验它们之间差值的显著性进行评价。其中分析仪动态精密度需与两个参比方法进行比较；比对动态精密度只需与一个参比方法进行比较。

第 6 章为分析仪安装。有许多基于不同原理和不同的安装结构的在线分析仪，它们可以测量通过其探测区的煤炭的一个或多个质量指标。分析仪的类型大概分为 4 种，分别是吸收/散射法、受激辐射法、自然 γ 射线辐射法、性质变化法。样品可通过运输皮带或其他支撑平台将煤样输送到分析仪下，也可通过一个容器、溜槽或管子把煤样输送到在线分析仪下进行检测。在大多数情况下，在线分析仪检测系统是无损检测并不与被测煤样直接接触的系统。对不同的分析仪试验方法，输送到分析仪下的煤样状态不同，有的为原煤，有的为经破碎、混合、甚至经过干燥的煤样。浆状煤样也可输送到分析仪下进行测量。安装结构主要是主流结构和旁流结构。

第 7 章为数据分析。对在线分析仪的一个基本要求是仪器稳定并对总的测量误差有尽可能小的影响。来源于仪器的误差可能是随机的，也可能是系统的。仪器的随机误差通过对参比标准样的静态重复性测量而估算。若该随机误差随时间的变化明显增大，则表明仪器的性能已发生变化，可能导致分析仪的测量性能变差。仪器的静态重复性是它所能达到的准确度的极限值，即在线分析仪的基本性能。仪器的系统误差通过检查分析仪在不同时间对参比标准样的响应水平（示值）的变化而估算。如果仪器的系统变化较大，将会影响仪器标定的有效性，同时它也给校正仪器的系统变化提供了信息。某些分析仪可定期对参比标准样自动进行检测并给出校正值。目的：为以后检验仪器的稳定性建立比对基础数据（基准性能）；测量和监测仪器响应值的随机变化对在线分析仪总的测量误差的影响；监测仪器响应值的系统性变化，分析它对标定的影响，必要时进行校正。以在时间 0 时进行的测量为基准；用在时间 t 时的测量结果与其进行比较。当基准性能已建立，使用中的在线分析仪的测量性能如果在时间 t 时发生了显著的变化，应根据这些变化校正在时间 t 时得到的测量数据。讲述了对结果的记录和解释。

第 8 章为标定。由于在线分析仪只能借助于参比由其他可靠方法得到的量值进行测量，建立和保持正确的标定曲线对保证在线分析仪进行准确测量是至关重要的。其目的主要是确认以前的标定曲线仍然有效，并适用于当前的操作条件和提供校正标定曲线的信息，同时还介绍了动态标定试验和静态标定试验。数据分析包括目视判断、相关性检验、离群值检验、差值的独立性检验、偏倚检验以及结果的记录和解释。

第 9 章为操作测量性能。当分析仪的标定曲线已建立且没有显著的偏倚存在时，操作（动态）条件下的测量精密度就是分析仪的测量准确度。分析仪动态精密度测定包括试验方法、试验目的、试验程序、数据分析、结果记录和解释。动态精密度是分析仪测量性能的较为粗略的度量，用比对试验方法进行测定。它包含了参比试验方法的误差。该方法比分析仪动态精密度的测定程序简单，多用于测量性能的常规监测。目的主要是测定操作测量性能中的一个指标和检验它与以前的值相比是否有显著的变化。数据分析主要是数据计算、目视判断、离群值检验、比对动态精密度、与以前的值比较。

第 10 章为应用。第 7～9 章中描述的试验程序包含了较宽范围的应用，适合于在线分析仪运行期间可能出现的各种情况。给出了每种情况适宜使用的试验程序，内容主要包括初始试验、常规试验、分析仪系统改变后的试验、参比采样系统改变后的试验、煤炭质量改变后的试验。

附录 A 为比对试验方法，附录 B 为稳定性试验数据分析方法，附录 C 为标定试验数据分析方法，附录 D 为操作测量性能试验数据分析方法，附录 E 为图解分析方法，附录 F 为参比标准样，附录 G 为应用举例，附录 H 为统计表，附录 I 为章条编号与 ISO 15239：2005 章条编号对照，附录 J 为 GB/T 19952—2005 与 ISO 15239：2005 的技术性差异及其原因。

3．规程适用性

GB/T 19952—2005 适用于各种类型的煤炭在线分析仪。

202 GB/T 21391—2008 用气体涡轮流量计测量天然气流量

GB/T 21391—2008《用气体涡轮流量计测量天然气流量》，由国家质量监督检验检疫总局和中国国家标准化管理委员会于 2008 年 2 月 2 日发布，2008 年 8 月 1 日实施。

1．制定背景

GB/T 21391—2008 与欧洲标准 EN 12261：2001《气体流量计——气体涡轮流量计》的一致性程度为非等效，并参考了 AGA No.7：2004《测量燃料气体用涡轮流量计》、ISO 9951：1993《密封管道气体测量——涡轮流量计》和 JJG 198—1994《速度式流量计检定规程》的部分内容，同时结合现场使用的实际要求，增加了天然气气体积和发热量计算的标准参比条件、用涡轮流量计测量天然气流量的防爆要求、一体化智能流量计要求、用涡轮流量计测量天然气流量的计算、压缩因子的计算、不确定度估算、实流校准及其校准后的应用等方面的技术规定。

2．主要内容

第 3 章定义了气体涡轮流量计、量程比、工作压力范围、工作温度范围、压强、K 系数、分界流量，同时列举了符号。

第 4 章指出涡轮流量计是一种流体流量测量装置，流动流体的动力驱使叶轮旋转，其旋转速度约体积流量近似成比例，通过流量计的流体体积是基于叶轮的旋转数得到的，同时还给出了影响测量准确度的因素。

第 5 章为计量性能。每一台流量计应单独进行校准，并应遵守技术要求，用于不同压力下天然气流量测量的流量计，并进行实流校准。误差中包括流量计误差要求和一体化智能流量计误差要求。每台流量计各流量点操作条件下流量的重复应不超过流量及最大允许误差的 1/3。一体化智能流量计的重复性应不超过流量计最大允许误差的 1/2。同时应根据用户规定的工作压力，对流量计在一个或多个压力下进行校准。流量计应能在 $1.2q_{max}$ 流量下运行 30min 不损坏，并且不影响流量计的性能。满足流量计性能要求的气流温度范围至少应为－10℃～40℃。安装条件对流量计的影响应不大于规定的最大误差的 1/3。生产厂家应提供各种类型和口径的流量计或流量计组件的压损数据。

第 6 章为流量计要求。相同型号、相同压力等级和相同类型的流量计和元件应能互换。流量计的外表面应具备防雨水、抗腐蚀和外力冲击等的能力。与气流直接接触的流量计的轴承和机械驱动装置应采取保护措施以防止气流中的杂质进入。流量计的所有内部元件应选用几何尺寸稳定的材质制造，并应采取保护措施以防被测气体的腐蚀。介绍了耐压强度及严密性、流量计的连接和长度、取压口、可拆卸的流量计机芯、润滑、电气安全、输出和显示。流量计标志：在正常使用条件下，这些标志应清晰可见、不易损坏，气体流动的方向应有明显的永久性标志并标示出流量计的安装方式。介绍了外观质量、适应环境的能力、运输和储存及流量计算。一体化智能流量计是集流量测量、压力测量、温度测量、温压修正、压缩因子修正和流量计算一体的流量计。介绍了压力传感器、温度传感器、输出、电源和其他要求。

第 7 章为安装要求、使用及维护。安装环境包括温度、振动及脉动。通过最小直管段长度、突入物、内表面、测温口、安装方式、过滤器或过滤筛、旁通、放空阀、限流器、在线实时校准接口来说明管道配置。介绍了使用、维护和检查周期。

第 8 章为流量计算方法及测量不确定度估算。包括体积流量计算、质量流量计算、能量流量计算、测量不确定度估算。

附录 A 为实流校准，附录 B 为流量计的其他性能特性，附录 C 为流量计的现场检验，附录 D 为天然气流量计算实例。

3. 规程适用性

GB/T 21391—2008 规定了用于天然气流量测量的气体涡轮流量计的测量条件、要求、性能、安装、实流校准和现场检查。

GB/T 21391—2008 规定天然气体积流量计量的标准参比条件和发热量测量的燃烧标准参比条件均为绝对压力 p_n＝0.101325MPa 和热力学温度 Ta＝293.15K。也可采用合同压力和合同温度作为参比条件。

除非特别声明 GB/T 21391—2008 所指的压力均为表压。

203 JB/T 6239.1—2007 工业自动化仪表通用试验方法 第 1 部分：共模、串模抗扰度试验

JB/T 6239.1—2007《工业自动化仪表通用试验方法 第 1 部分：共模、串模抗扰度试验》，

由中华人民共和国国家发展和改革委员会于2007年10月8日发布，2008年3月1日实施。

1．制定背景

为了工业自动化仪表共模、串模抗扰度试验的方法，包括试验设备、试验配置、试验程序及试验结果和试验报告制定了JB/T 6239.1—2007。

2．主要内容

第2章为试验设备。能提供受试仪表所需输入信号不受共模和串模干扰的信号源，其性能应符合受试仪表有关技术要求的规定。能测量受试仪表施加共模和串模骚扰电压，有调相功能的试验装置。

第3章为试验配置。共模抗扰度试验配置包括受试仪表为非金属外壳和受试仪表为金属外壳。串模抗扰度试验配置主要是试验配置原理图。

第4章为试验程序。给出了实验室的参比条件，介绍了交流共模抗扰度试验、直流共模抗扰度试验、交流串模抗扰度试验、直流串模抗扰度试验。

第5章为试验结果和试验报告。试验报告应指出任何不同于试验程序之处，以便正确解释试验结果。若有关标准或产品技术规范没有给出不同的技术要求，试验结果应该按受试仪表的运行条件和功能规范进行分类。受试仪表不应由于进行JB/T 6239.1—2007规定的试验而出现危险或不安全的后果。试验报告应包括试验条件和试验结果。

3．规程适用性

JB/T 6239.1—2007适用于工业自动化仪表共模、串模抗扰度的性能评定。

204　JB/T 6239.2—2007工业自动化仪表通用试验方法　第2部分：电源电压频率变化抗扰度试验

JB/T 6239.2—2007《工业自动化仪表通用试验方法　第2部分：电源电压频率变化抗扰度试验》，由中华人民共和国国家发展和改革委员会于2007年10月8日发布，2008年3月1日实施。

1．制定背景

为了工业自动化仪表电源电压频率变化抗扰度试验的试验方法，包括试验设备、试验配置、试验程序及试验结果和试验报告，制定了JB/T 6239.2—2007。

2．主要内容

第2章为试验设备。能提供受试仪表所与输入信号的信号源，其性能应符合受试仪表有关技术要求的规定。能测量受试仪表输入信号的监测仪器，其性能应符合受试仪表有关的技术要求的规定。能对受试仪表供电，并能进行调压和调频的试验装置。

第3章为试验配置。主要给出了电源电压频率变化抗扰度试验配置原理图。

第4章为试验程序。给出了实验室的参比条件，受试仪表应在其指定的气候条件下工作。交流电源电压和频率变化：在公称电压和公称频率下按受试仪表有关技术规定的要求进行试验；受试仪表受电源电压频率变化抗扰度试验影响时的性能要求由受试仪表有关技术要求规定；除电源电压频率组合变化试验外，允许单独按电压变化或频率变化进行试验。直流电源电压变化：在公称电压下，按受试仪表有关技术规定的要求进行测量；受试仪表受电源电压变化抗扰度试验影响时的性能要求由受试仪表有关技术要求规定。

第 5 章为试验结果和试验报告。试验报告应指出任何不同于试验程序之处，以便正确解释试验结果。若有关标准或产品技术规范没有给出不同的技术要求，试验结果应该按受试仪表的运行条件和功能规范进行分类。受试仪表不应由于进行 JB/T 6239.2—2007 规定的试验而出现危险或不安全的后果。试验报告应包括试验条件和试验结果。

3. 规程适用性

JB/T 6239.2—2007 适用于工业自动化仪表电源电压频率变化抗扰度的性能评定。

205 JB/T 6239. 3—2007 工业自动化仪表通用试验方法 第 3 部分：电源电压低降抗扰度试验

JB/T 6239.3—2007《工业自动化仪表通用试验方法 第 3 部分：电源电压低降抗扰度试验》，由中华人民共和国国家发展和改革委员会于 2007 年 10 月 8 日发布，2008 年 3 月 1 日实施。

1. 制定背景

为工业自动化仪表电源电压低降抗扰度试验的试验方法，包括试验设备、试验配置、试验程序及试验报告，制定了 JB/T 6239.3—2007。

2. 主要内容

第 2 章为试验设备。能提供受试仪表所与输入信号的信号源，其性能应符合受试仪表有关技术要求的规定。能测量受试仪表输入信号的监测仪器，其性能应符合受试仪表有关的技术要求的规定。能对受试仪表供电电源的电压进行调节的试验装置。

第 3 章为试验配置。给出了电源电压低降抗扰度试验配置原理图。

第 4 章为试验程序。实验室的参比条件：受试仪表应在其指定的气候条件下工作；试验时受试仪表的示值或输出应设定在量程的 90%附近；将电源电压降低到公称值得 75%并保持 5s；然后恢复到公称值，上升时间不应少于 100ms，以避免引起瞬变；在此过程中观察和记录受试仪表示值或输出变化和持续时间，受试仪表受电源电压低降影响时的性能要求由受试仪表有关技术要求规定。

第 5 章为试验结果和试验报告。试验报告应指出任何不同于试验程序之处，以便正确解释试验结果。若有关标准或产品技术规范没有给出不同的技术要求，试验结果应该按受试仪表的运行条件和功能规范进行分类。受试仪表不应由于进行 JB/T 6239.3—2007 规定的试验而出现危险或不安全的后果。试验报告应包括试验条件和试验结果。

3. 规程适用性

JB/T 6239.3—2007 适用于交流或直流供电的工业自动化仪表电源电压低降抗扰度的性能评定。

206 JB/T 6239.4—2007 工业自动化仪表通用试验方法 第 4 部分：电源电压短时中断抗扰度试验

JB/T 6239.4—2007《工业自动化仪表通用试验方法 第 4 部分：电源电压短时中断抗扰度试验》，由中华人民共和国国家发展和改革委员会于 2007 年 10 月 8 日发布，2008 年 3 月 1 日实施。

1. 制定背景

为工业自动化仪表电源短时中断抗扰度试验的试验方法，包括试验设备、试验配置、试验程序及试验结果和试验报告，制定了 JB/T 6239.4—2007。

2. 主要内容

第 2 章为试验设备。能提供受试仪表所与输入信号的信号源，其性能应符合受试仪表有关技术要求的规定。能测量、记录受试仪表输出信号和电源中断的监测仪器，其性能应符合受试仪表有关的技术要求的规定。能对受试仪表的供电电源进行中断的试验装置。

第 3 章为试验配置。给出了电源短路中断抗扰度试验配置原理图。

第 4 章为试验程序。实验室的参比条件：受试仪表应在其指定的气候条件下工作。试验的实施：试验时输入信号应保持在量程的 50%附近，还给出了交直流供电仪表的中断时间；交流电源供电时，如过零点中断，应重复进行三次，如采用随机相位中断，应重复进行 10 次；观察和记录由于供电电源短时中断而引起的受试仪表示值或输出最大瞬时变化，以及电源重新接通后示值或输出恢复到稳态值 90%所需的时间和永久变化；受试仪表受电源短时中断影响的性能要求由受试仪表有关技术要求规定；两次试验之间的时间间隔至少等于中断时间的 10 倍。

第 5 章为试验结果和试验报告。试验报告应指出任何不同于试验程序之处，以便正确解释试验结果。若有关标准或产品技术规范没有给出不同的技术要求，试验结果应该按受试仪表的运行条件和功能规范进行分类。受试仪表不应由于进行 JB/T 6239.4—2007 规定的试验而出现危险或不安全的后果。试验报告应包括试验条件和试验结果。

3. 规程适用性

JB/T 6239.4—2007 适用于工业自动化仪表电源短时中断抗扰度的性能评定。

207 JB/T 6239.5—2007 工业自动化仪表通用试验方法 第 5 部分：电源快速瞬变单脉冲抗扰度试验

JB/T 6239.5—2007《工业自动化仪表通用试验方法 第 5 部分：电源快速瞬变单脉冲抗扰度试验》，由中华人民共和国国家发展和改革委员会于 2007 年 10 月 8 日发布，2008 年 3 月 1 日实施。

1. 制定背景

为了工业自动化仪表电源电压频率变化抗扰度试验的试验方法，包括试验设备、试验配置、试验程序及试验结果和试验报告，制定了 JB/T 6239.5—2007。

2．主要内容

第 2 章为试验设备。能提供受试仪表所与输入信号的信号源，其性能应符合受试仪表有关技术要求的规定。能测量受试仪表输入信号的监测仪器，其性能应符合受试仪表有关的技术要求的规定。能对受试仪表的供电电源是假电源快速瞬变单脉冲的试验装置。

第 3 章为试验配置。给出了电源快速瞬变单脉冲抗扰度试验配置原理图。

第 4 章为试验程序。实验室的参比条件：受试仪表应在其指定的气候条件下工作。试验的实施：受试仪表和电缆应放置在厚度为 0.1m 的绝缘支架上与接地参考平面隔开，接地参考平面应是一块厚度不小于 0.25mm 的铜或铝金属板，也可以使用其他金属材料，但它们的厚度至少应为 0.65mm；接地参考平面的最小尺寸取决于受试仪表的尺寸，而且每边至少应伸出受试仪表的投影面 0.1m，并将它与保护接地系统相连；按照受试仪表的安装技术条件，应该将它与接地系统连接，不允许有其他附加的接地连接线。试验时受试仪表的示值或输出应设定在量程的 50%附近；将正极性和负极性 100ns/10μs 瞬变单脉冲以对称、非对称的形式分别叠加到受试仪表交流供电电源的 90° 和 180° 相位上各 1min，如随机叠加到供电电源的相位上应施加 5min；正极性和负极性 100ns/10μs；瞬变单脉冲以对称、非对称的形式分别叠加到受试仪表交流供电电源正、负极上各 1min，瞬变单脉冲幅值为主电源电压有效值的 100%、200%、300%、500%和 800%；观察和记录受试仪表的示值或输出最大瞬时变化和永久变化；受试仪表的电源受快速瞬变单脉冲抗扰度试验影响时的性能要求由受试仪表有关技术要求规定。

第 5 章为试验结果和试验报告。试验报告应指出任何不同于试验程序之处，以便正确解释试验结果。若有关标准或产品技术规范没有给出不同的技术要求，试验结果应该按受试仪表的运行条件和功能规范进行分类。受试仪表不应由于进行 JB/T 6239.5—2007 规定的试验而出现危险或不安全的后果。试验报告应包括试验条件和试验结果。

3．规程适用性

JB/T 6239.5—2007 适用于交流或直流供电的工业自动化仪表电源快速瞬时单脉冲抗扰度的性能评定。

JB/T 6239.5—2007 不包括直接参与或不参与过程测量、信号传输和控制的端口及功能接地端口试验，也不适用于连接电池或再充电时必须从装置上拆下的可充电电池输入端口。

208　JJF 1117—2010 计量对比

JJF 1117—2010《计量对比》，由国家质量监督检验检疫总局于 2010 年 6 月 10 日发布，2010 年 12 月 10 日实施。

1．制定背景

为了计量比对的标准制定了 JJF 1117—2010。

2．主要内容

第 3 章为术语和定义。包括计量比对、比对组织者、主导实验室、传递标准、[量值]

复观、溯源、参考值、等效值、等效度、归一化偏差和 Z 比分数。

第 4 章为概述。主要是说明比对的作用和比对工作方法。

第 5 章为比对相关应具备的条件和责任。介绍了比对组织者的责任和参比实验室责任。通过主导实验室应具备的条件和主导实验室的责任来说明主导实验室；通过专家组成员应具备的条件和专家组责任来说明专家组。

第 6 章为技术文件要求。比对计划申报书应详细介绍比对目的及比对能够证明的能力范围、比对量及相关要求、具备的条件（包括稳定、可靠的传递标准）、比对组织者的组织能力、主导实验室的技术能力、符合比对条件的参比实验室数量及邀请参比实验室数量的建议、初步实施方案、经费预算及时间安排等。比对实施方案主要包括任务概述、总体技术描述、实验室、传递标准、比对方式、比对日程、实验方法、意外情况处理、记录格式、报告的提交时间与方式、参比实验室提交比对结果报告的内容和要求、比对数据处理方法、保密规定以及其他注意事项。比对实施方案所要求的比对过程记录文件。比对总结报告要包括比对概况及相关说明、传递标准技术状况描述、概要描述各实验室所用仪器设备、原理、方法和实验条件等、参考值、比对结果、比对结果分析和比对结论。

第 7 章为比对的实施。比对项目的立项包括建议和申报、审查及确定。比对的组织由比对组织者、主导实验室、参比实验室、专家组组成。比对前期，主导实验室应针对传递标准的稳定性、均匀性、对影响量的敏感程度、运输特性等在传递过程中对比对结果有影响的因素开展相关实验，并有合理的修正和不确定度评定方法。主导实验室按要求起草比对实施方案。由比对组织者负责召开比对方案讨论会。由主导实验室介绍比对实施方案，通过参比实验室的讨论，确定比对实施方案，报比对组织者批准并发送给参比实验室。主导实验室和参比实验室按比对实施方案的规定接受传递标准，完成比对实验并交送（或发运）传递标准。对比对实施方案的任何偏离均应有书面记录，并及时通知主导实验室或相关参比实验室。然后对比对结果提交并且对比对数据进行处理和保密，最后起草和修改比对总结报告，总结比对。

第 8 章为比对结果的上报及应用。比对工作全部完成后，应将比对总结报告及会议纪要及时上报计量行政部门。经正式公布的比对结果，可以以报道、论文等形式将比对情况公开发表在国内外相关管理或技术刊物及会议论文集上；也可提供给各种认证、认可、考核评审，作为实验室能力的证明。

附录 A 为比对申报书内容及格式、附录 B 为传递标准的交接，附录 C 为比对方式，附录 D 为参考值的确定，附录 E 为比对结果的评价与分析。

3. 规程适用性

JJF 1117—2010 适用于计量比对的组织、实施和评价。其他比对可参照使用。

第五章 电力检修维护

第一节 运行维护规程

209 DL/T 261—2012 火力发电厂热工自动化系统可靠性评估技术导则

DL/T 261—2012《火力发电厂热工自动化系统可靠性评估技术导则》，由中华人民共和国国家发展和改革委员会于2012年4月6日发布，2014年7月1日实施。

1．制定背景

随着热工自动化控制（简称热控）系统在电力生产过程中的广泛应用和覆盖面的不断扩展，其可靠性对机组安全经济运行和电网稳定的影响逐渐增大。热控系统的控制逻辑、测量和执行设备、电缆电线、电源、热控设备的外部环境，以及设计、安装调试、运行检修维护、技术与监督管理人员的素质等，其中任一环节出现问题，都可能引起机组热控保护系统的误动或机组跳闸，影响机组的安全、经济运行。因此，做好热控系统设计、基建安装调试、运行维护检修的全过程质量监督与可靠性评估和问题处理，提高热控系统与设备的运行可靠性，已发展成为电力建设和电力生产中至关重要的工作。在此情况下，浙江省电力公司电力科学研究院主持、联合中国大唐集团公司、浙江省能源集团公司、广东电力公司科学研究院、中国电力企业联合会科技开发服务中心、浙江浙能嘉兴发电有限公司、浙江浙能温州发电有限公司、浙江浙能乐清发电有限公司、国电浙江北仑发电有限公司组成项目组，在贯彻落实DL/T 774《火力发电厂热工自动化系统检修运行维护规程》等相关标准的基础上，通过调研、收集、深入分析国内火力发电机组热控系统存在的问题和引起事故的原因，总结、吸收国内电厂多年从事热工技术和监督管理工作的实践经验，进行多年研究和电厂应用实践后，制定了DL/T 261—2012。

2．主要内容

第4章为控制系统、设备的可靠性分类与管理。给出了系统与设备的可靠性分类原则，测量与控制仪表产品质量定级依据，设备维护质量评级标准、可靠性分类管理。根据控制系统与设备的重要性分类、质量等级、维修工作的复杂性等进行可靠性管理的任务、原则与方法。包括：根据控制系统与设备的重要性，从新建机组设计、生产准备阶段开始，按A、B、C三类进行分类与配置；根据设备质量和维修质量可靠性，从机组移交生产运行开始，进行一、二、三级可靠性评级；对因热控系统的设备隐患、故障引起的运行机组和辅机跳闸故障，按故障生成时间、可控性、起因及严重性进行分类、分级；根据控制系统的实际配置，辨识可能发生的故障风险，分析故障风险可能对系统产生的影响，制订切实可操作的故障应急处理预案，并定期进行反事故演习和应急处理能力评估；针对热工设备未分类设计与配置，设备采购往往采用低价中标使一些质量差的产品进入热工重要系统，研究并提出的热工设备可靠性分类方法可有效提高热工系统的可靠性；针对测量仪表现执行的检定周期，不仅浪费人力、物力，还增加设备异常的现况，研究并提出热控系统试验周期、测量仪表精度配置与合理校验周期制定及调整的原则与方法，为规范管理、提高效率、降低成本提供依据。

热工自动化系统的可靠性与否，直接影响机组的安全经济运行，因此 DL/T 261—2012 中写入了“经过检修或升级后的系统，应对系统设备和系统性能、各子系统设备和逻辑功能进行全面检查、试验和调整。整个检查、试验和调整时间，大修后机组整套前（期间）至少应保证 72h，小修后机组整套前应保证 36h，为确保控制系统的可靠运行，该检查、试验和调整的总时间应列入机组检修计划，并予以充分保证”的条文。同时提出了通过设备挂牌的颜色予以区别的规定。

第 5 章为技术评估程序。提出电力建设与生产过程中，发电厂应在做好热控系统与设备可靠性管理基础上，开展设计、基建、生产过程设备可靠性评估工作。给出了各阶段评估原则。

第 6 章为系统及设备可靠性技术评估。通过收集、分析研究从事热工自动化系统调试、检修、运行、维护、管理的工程技术人员在理论、电力生产实践中积累的大量经验和管理办法，DCS 系统故障原因和系统中存在的问题、总结提炼反事故措施落实效果，从热工系统与设备配置、安装调试与检修、运行与技术管理、技术监督指标及可靠性等方面分别进行研究。提出了系统及设备可靠性技术评估总的原则要求；在控制系统配置可靠性评估、控制系统性能与应用功能可靠性评估中、独立控制装置与公用控制系统可靠性评估、电源气源和公用系统可靠性评估、现场设备安装维护检修可靠性评估、控制系统运行可靠性评估、技术管理可靠性评估这 7 节中系统性地提出了热工自动化系统可靠性评估技术标准，覆盖了热工自动化系统的配置设计、基建安装调试、运行检修维护及技术管理的全过程。

3．规程适用性

DL/T 261—2012 规定了火力发电厂燃煤机组热控系统与设备的重要性分类、可靠性评级管理与管理办法，过程技术评估的程序、内容与方法。适用于火力发电厂燃煤机组热控系统基建过程的设计、安装、调试和生产过程的运行、维护、检修及技术监督管理的可靠性评估。

DL/T 261—2012 为机组的热工自动化系统，从设计、基建、运行维护、检修到监督管理的过程监督、评价、验收，提供一个规范的、系统的、统一的可付诸操作的评估依据，通过评估工作的开展，促进设计、基建、运行维护、检修、监督过程的科学化、规范化。精细化管理，促进电力建设、发电企业的安全生产以预防为主，提高对设备的更有效监督，通过科学的基础管理和对系统的状态评估，去发现和消除存在的隐患，提高机组的安全经济运行。

210 DL/T 335—2010 火电厂烟气脱硝（SCR）系统运行技术规范

DL/T 335—2010《火电厂烟气脱硝（SCR）系统运行技术规范》，由国家能源局于 2011 年 1 月 9 日发布，2011 年 5 月 1 日实施。

1．制定背景

DL/T 335—2010 由中国电力企业联合会提出，电力行业环境保护标准化技术委员会归口。

2．主要内容

第3章给出了脱硝系统、选择性催化还原法（SCR）等16个术语和定义。

第4章为总则。确定了各电厂要结合电厂实际情况编制脱硝系统运行规程，规定了火电厂SCR烟气脱硝系统运行操作、检修维护和管理人员的资格以及运行、维护的要求。

第5章为脱硝系统启动。启动前的基本条件：启动前应符合的基本要求，启动前需要完成的试验、启动前的检查、转动设备的试转、氨稀释槽和液氨蒸发器冲洗、氨系统置换应符合的规定。介绍了脱硝系统启动步骤，给出了卸氨操作、液氨蒸发系统、尿素配料系统等启动步骤。

第6章为运行调整。指出了运行调整的主要原则、液氨蒸发系统主要运行调整内容、尿素热解系统主要运行调整内容、脱硝装置主要运行调整内容和脱硝系统运行中的检查维护。

第7章为脱硝系统停运。详细介绍了正常停运、紧急停运的操作步骤以及停运后的检查维护及注意事项。

第8章脱硝系统主要故障处理。确定了故障处理的一般原则。出现特殊情况时及时做好脱硝系统故障紧急停运和脱硝系统故障异常停运，详细介绍了液氨蒸发系统故障、稀释风机故障、吹灰器故障、催化剂运行故障和发生火警时的处理步骤与方法。

第9章为还原剂制备区安全。确定了还原剂制备区安全的一般规定和安全管理要求、安全技术要求，以及氨泄漏的处理方法。

第10章为运行和维护管理。确定了脱硝系统的人员与运行管理和维护保养管理。

附录给出了脱硝系统运行参数记录格式和脱硝系统设计参数和性能特性要求、脱硝系统主要设备规范等台账格式。

3．规程适用性

DL/T 335—2010规定了火电厂烟气脱硝（SCR）系统的启动停运、运行调整、故障处理和安全运行等内容。DL/T 335—2010适用于火电厂烟气脱硝（SCR）系统的运行、维护和安全管理。

211 DL/T 774—2004 火力发电厂热工自动化系统检修运行维护规程

DL/T 774—2004《火力发电厂热工自动化系统检修运行维护规程》，由国家经济贸易委员会于2004年4月6日发布，2004年7月1日实施。

1．制定背景

DL/T 774—2004制定前，国内大中型火力发电机组热力系统的监控，开始普遍采用分散控制系统，电气系统的部分控制也正在逐渐纳入其中。但当时电力行业尚无一部适合火力发电厂分散控制系统机组热工自动化设备检修运行维护的规程。1986年版电力部《热工仪表及控制装置检修运行规程》一直以来是我国火力电厂热工设备检修的依据，但该规程主要用于单体仪表构成的热工测量和控制系统的检修，不满足分散控制系统机组热工设备运行检修的需要，人们对DCS的检修和维护，一直是凭着各自的经验在进行。其次，随着科学技术的进步，热工设备的质量、种类已有了很大的提高和发展，1986年版电力部《热工仪表及装置检修运行规程》中规定的热工单体设备检修种类、周期也需要相应的变更。为此浙江省电力试验研究所，根据原国家经贸委电力司电力〔2000〕70号文的通知，组织浙江省台州发电厂、北仑发电第一有限责任公司、嘉兴发电有限公司、半山发电有限公司等单位，在消化吸收国外技术管理经验的基础上，收集、总结、提炼了国内自动化设备运行检修和管理经验、事故教训，制定了DL/T 774—2004。

2. 主要内容

计算机技术与控制技术的紧密结合，将过程自动化技术提高到新的水平，使得热工自动化控制系统面目一新。传统控制系统采用不同功能组件组合实现机组控制策略，信号间联系采用硬接线连接。计算机控制系统采用软件组态实现机组控制策略，重要信号采用冗余，信号之间通过通信网络实现信息共享。这就使得计算机系统与控制策略相结合的控制系统，与采用分离功能组件构成的传统控制系统有着本质区别。为兼顾这种区别，又能保证规程体系的合理性和完整性，按照硬件及设备、应用及控制功能、管理及指标的次序，把热工自动化系统的各相关内容归纳成章，其中第4～7章为控制系统硬件与通用设备，第8～15章为应用与控制功能，第16章为技术管理。除16章技术管理外，其余各章都由基本检修项目与要求、试验项目与技术标准、运行维护三部分组成。

第8～15章，检修、试验、运行维护的完整内容都应该包括硬件、软件和就地设备三个部分。由于当前这些系统与计算机控制系统实际已经逐步融合在一起，成为大系统中的一套子系统或子功能，虽然还存在单独的板卡或PLC构成的小系统，但这些系统设备的检修、运行、维护工作没有本质区别。考虑到这些系统硬件、现场设备的检修维护内容和质量要求都已包括在第4～7章中，因此第8～15章中，只是以提示性的方式对这些检修内容和质量要求进行了罗列，为的是保持规程体系的完整性。这些章节的重点是检查应用软件实现的功能和逻辑条件应满足机组运行要求。DL/T 774—2004包括了DCS设备的硬件、软件、单体测量仪表、数据采集处理系统（DAS），模拟控制系统（MCS），顺序控制系统（SCS），锅炉安全监控系统（FSSS）、机组热工保护系统、数字电液调节（DEH）系统等所涉及的现有热工自动化设备的检修、试验、运行维护和技术管理要求。由于系统庞大、设备繁杂、产品多样、互相牵连且专业技术性强，因此在结构上，经过对不同形式的比较，最后采用了先DCS后单元仪表，先硬件后软件，先设备后管理，先测量单元后控制单元的次序。

实践经验证明，为保证工自动化设备和系统的安全、可靠运行，正常的检修和维护是基础，技术管理是保证。只有对计算机控制系统设备的检修、试验与日常运行维护及考核进行全过程管理，并对所有涉及计算机控制系统安全的外部设备及设备的环境和条件（其中一部分不属于电厂热工自动化专业管理范围，但其工作质量与否，直接影响着控制系统运行的可靠性，如电源、气源、控制系统接地等）进行全方位管理，才能保证计算机控制系统的安全稳定运行。因此DL/T 774—2004尽可能地将这些内容都编入了其中，并规定了系统和设备投运前、后和运行中必须检查的内容。

由于热工自动化系统设备品种繁多，新产品层出不穷，加上工艺流程的差别，使得实现控制功能的逻辑条件也不一定完全相同，故DL/T 774—2004不可能包罗万象，只是通过对一些通用的设备和特定的控制系统逻辑的检修、试验、运行维护的规定，制定了热工自动化系统检修、运行维护的内容、步骤、性能指标、技术管理的基本原则和方法，以确保自动化系统及设备状态良好和工作可靠。DL/T 774—2004 适用于采用计算机控制系统的火力发电厂已投产机组所采用的热工自动化系统及设备的一般性检修调校和日常运行维护工作，未采用 DCS 计算机控制系统的电力行业火电机组可参照执行。各电厂在具体执行时，可根据规程规定的这些检修原则和方法，结合本厂具体设备和系统实际情况进行增减处理，制定适合本厂热工自动化系统检修、运行维护的相应实施细则。

为了保持试验的完整性，DL/T 774—2004 有关章节的试验内容中，纳入了一些不属于热工管辖范围的内容，但需要指出，涉及的这些试验项目内容不影响原有的工作分工。

3．规程适用性

DL/T 774—2004 适用于火力发电厂已投产机组热工自动化系统的检修和日常运行维护工作。

212　DL/T 838—2003 发电企业设备检修导则

DL/T 838—2003《发电企业设备检修导则》，由国家经济贸易委员会于 2003 年 1 月 9 日发布，2003 年 6 月 1 日实施。

1．制定背景

DL/T 838—2003 是根据原国家经贸委电力司《关于确认 1999 年度电力行业标准制、修订计划项目的通知》（电力〔2000〕22 号）的安排修订的。

SD 230—1987《发电厂检修规程》是国家主管部门对发电企业设备检修计划编制、审批和实施做出的强制性规定，对于搞好设备检修，保证发电设备和电网的安全、稳定、经济运行发挥了重要作用。随着我国电力工业的发展，大容量、高参数机组不断投入运行，不同机组可靠性、安全性、经济性差别较大，原标准对检修项目、间隔等所做的规定已不尽适用。同时，在“厂网分开、竞价上网”新的电力体制下，发电企业作为独立的经营主体参与市场竞争，设备检修管理已属企业内部经营管理范畴，也不宜再进行强制性规定。但是，发电设备检修具有共同的特性，而且发电机组作为电力系统的重要组成部分，其检修安排对电网安全、稳定运行有重大影响。因此，仍需要有一种行业性标准对其进行规范，故将原强制性标准 SD 230—1987 改为推荐推荐性标准 DL/T 838—2003，并更名为《发电企业设备检修导则》。

2．主要内容

DL/T 838—2003 规定了发电企业设备检修的间隔、停用时间、项目、计划及其相关的管理内容。

第 3 章主要介绍了检修等级、定期检修等 10 个术语和定义。

第 4 章为基本原则。简单介绍了发电企业要根据规定的法规经及设计文件合理安排设备检修，以及发电机组、设备检修的要求。

第 5 章为检修管理的基本要求。发电企业应在规定的期限内，保质保量完成既定的项目，保证机组安全、稳定、经济运行。在检修期间应采用 PDCA 循环的方法，制订各项计划和具体措施，做好施工、验收和修后评估工作。

第 6 章为检修间隔和停用时间。规定了检修间隔（发电机组检修分为 A、B、C、D 四个等级)、附属设备和辅助设备的检修间隔、发电机组的检修停用时间以及燃气轮机的检修间隔、检修等级和停用时间。

第7章为检修项目和检修计划。检修项目的确定：主要设备的检修项目分标准项目和特殊项目两类；主要设备的附属设备和辅助设备应根据设备状况和制造厂要求，合理确定其检修项目；生产建筑物和非生产设施的检修。检修工程规划和计划的编制：发电企业应每年编制三年检修工程滚动规划和下年度检修工程计划，并于每年8月15日前报送其主管机构；另外，对年度检修工期计划的编制和申报、年度检修工期计划的调整和执行做了规定。

第8、9章为检修材料、备品配件、检修费用和对外包工的管理。明确了发电企业应制订检修材料、备品配件的管理、检修费用的管理和对外包工的管理制度，并做好检修材料、备品配件的计划编制、订货采购等流程的规范，以及费用的管理要求和机组控制系统、继电保护系统的检修一般不宜进行对外发包。

第10章为发电设备检修全过程管理。检修全过程管理是指检修计划制订、材料和备品配件采购、技术文件编制、施工、冷（静）态验收、热（动）态验收以及检修总结等环节的每一管理物项、文件及人员等均处于受控状态，以达到预期的检修效果和质量目标。明确了开工前准备阶段、检修施工阶段、试运行及报复役、检修评价和总结阶段的组织和管理工作。

附录给出了A级检修各专业项目参考表和三年检修工程滚动规划表、年度检修工程计划表、年度检修工期计划表的格式，明确了检修文件包编制的主要内容、发电机组A/B级检修全过程管理程序框图、A/B级检修冷热态评价和主要设备检修总结报告格式。

3. 规程适用性

DL/T 838—2003适用于单机容量为100MW及以上火力发电设备或单机容量为40MW及以上水力发电设备检修工作。其他容量等级的火力或水力发电设备的检修工作可参照执行。

第六章 电力监督管理

第一节 电 力 监 督

213 防止电力生产重大事故的二十项重点要求（2014）

《防止电力生产重大事故的二十项重点要求》（简称二十五项反措），由国家能源局于 2014 年 4 月 15 日发布并实施。

1. 制定背景

原国家电力公司《防止电力生产重大事故的二十项重点要求》自 2000 年 9 月发布以来，在防范电力生产重大、特大安全事故发生，保证电厂和电网安全运行以及可靠供电方面发挥了重要作用，各类事故均呈下降趋势。

但是，随着我国电力工业快速发展和电力工业体制改革的不断深化，高参数、大容量机组不断投运，特高压、高电压、跨区电网逐步形成，新能源、新技术不断发展，电力安全生产过程中出现了一些新情况和新问题；电力安全生产面临一些新的风险和问题，对电力安全生产监督和防范各类事故的能力提出了迫切要求；2006 年以来，国务院及有关部门连续出台了一系列安全生产法规制度，对电力安全生产提出了更高要求。因此，为了进一步适应当前电力安全生产监督和管理的需要，落实“安全第一，预防为主，综合治理”方针，完善电力生产事故预防措施，有效防止电力事故的发生，国家能源局在原国家电力公司《防止电力生产重大事故的二十项重点要求》的基础上，归纳总结各电力企业近些年来防止电力生产事故的反措施经验，特制定二十五项反措。二十五项反措在内容上增加了防止机网协调及风电大面积脱网事故、防止发电机励磁系统事故、防止电力电缆损坏事故等 7 项重点要求，修编了防止人身伤亡事故等其他 18 项重点要求的条款和内容，并在附录中列出了对应各项重点要求应遵循的国家有关法律法规和标准规范。

2. 主要内容

第 1 章为防止人身伤亡事故。指出防止高处坠落事故、防止触电事故、防止物体打击事故、防止机械伤害事故、防止灼烫伤害事故、防止起重伤害事故、防止烟气脱硫设备及其系统中人身伤亡事故、防止液氨储罐泄漏、中毒、爆炸伤人事故、防止中毒与窒息伤害事故和防止电力生产交通事故的具体要求。

第 2 章为防止火灾事故的发生。应加强防火组织与消防设施管理，重点做好防止电缆着火、防止汽机油系统着火、防止燃油罐区及锅炉油系统着火、防止制粉系统爆炸、防止氢气系统爆炸、防止输煤皮带着火、防止脱硫系统着火、防止氨系统着火爆炸、防止天然气系统着火爆炸、防止风力发电机组着火等事故发生的要求。

第 3 章为防止电气误操作事故。为了防止电气误操作事故的发生，应严格执行“两票”

制度，严格执行调度命令，制定和完善相关设备的运行规程和检修规程，逐项落实《电业安全工作规程》以及其他有关规定，强化岗位培训，使运维检修人员、调控监控人员等熟练掌握防误装置及操作技能。

第 4 章为防止系统稳定破坏事故。重点做好防止电源、网架结构、稳定分析及管理、二次系统、无功电压等系统的事故发生。

第 5 章为防止机网协调及风电大面积脱网事故。重点做好防止机网协调事故、风电机组大面积脱网事故的要求和管理。

第 6 章为防止锅炉事故。重点做好防止锅炉尾部再次燃烧事故、防止锅炉炉膛爆炸事故、防止制粉系统爆炸和煤尘爆炸事故、防止锅炉满水和缺水事故、防止锅炉承压部件失效事故的要求和管理。

第 7 章为防止压力容器等承压设备爆破事故。重点要求做好防止承压设备超压、防止氢罐爆炸事故，严格执行压力容器定期检验制度和加强压力容器注册登记管理。

第 8 章为防止汽轮机、燃气轮机事故。重点做好防止汽轮机超速、汽轮机轴系断裂及损坏、汽轮机大轴弯曲、汽轮机和燃气轮机轴瓦损坏、燃气轮机超速事故、燃气轮机轴系断裂及损坏事故以及燃气轮机燃气系统泄漏爆炸等事故的发生。

第 9 章为防止分散控制系统控制、保护失灵事故。指出了分散控制系统（DCS）配置的基本要求，重点做好防止水电厂（站）计算机监控系统、热工保护失灵、水机保护失灵事故的发生以及分散控制系统故障的紧急处理措施。

第 10 章为防止发电机损坏事故。重点防止定子绕组端部松动引起相间短路、定子绕组绝缘损坏和相间短路，防止定、转子水路堵塞和漏水，防止漏氢以及发电机局部过热、发电机内遗留金属异物故障的措施等。

第 11 章为防止发电机励磁系统故障。要求加强励磁系统的设计管理和基建安装及设备改造的管理，加强系统的调整试验管理和运行安全管理。

第 12 章为防止大型变压器损坏和互感器事故。重点是防止变压器出口短路、绝缘、套管和保护、火灾事故，以及防止互感器事故。

第 13 章为防止 GIS、开关事故。重点防止 GIS（包括 HGIS）、六氟化硫断路器事故，防止敞开式隔离开关、接地开关和开关柜事故。

第 14 章为防止接地网和过电压事故。重点做好防止接地网事故，防止雷电过电压、变压器过电压、谐振过电压和无间隙金属氧化物避雷器事故。

第 15 章为防止输电线路事故。重点是防止倒塔、断线、绝缘子和金属断裂、风偏闪络以及外力破坏等事故。

第 16、17 章为防止污闪事故和防止电力电缆损坏事故。做好防污闪的管理措施，防止电缆绝缘击穿事故、外力破坏和设施被盗。

第 18 章为防止继电保护事故。涉及电网安全、稳定运行的发电、输电、配电及重要用电设备的继电保护装置应纳入统一规划、设计、运行、管理和技术监督。

第 19 章为防止电力调度自动化系统、电力通信网及信息系统事故。

第 20、21 章为防止串联电容器补偿装置和并联电容器装置事故和防止直流换流站设备损坏和单双极强迫停运事故。

第 22 章为防止发电厂、变电站全停及重要客户停电事故。重点做好防止发电厂全停电事故、变电站和发电厂升压站全停以及重要用户停电事故。

第 23 章为防止水轮发电机组（含抽水蓄能机组）事故。重点做好防止机组逸、水轮机损坏、水轮发电机重大事故以及抽水蓄能机组相关事故。

第 24 章为防止垮坝、水淹厂房及厨房坍塌事故。重点做好加强大坝、厂房防洪设计，落实大坝、厂房施工期防洪、防汛措施，加强大坝、厂房日常防洪、防汛管理。

第 25 章为防止重大环境污染事故。严格执行环境影响评价制度与环保“三同时”原则，加强灰场、除尘、除灰、除渣以及脱硫、脱硝设施的运行维护管理，加强废水处理，防止超标排放，加强烟气在线连续监测装置运行维护管理。

3. 规程适用性

二十五项反措给出了发电和输电系统防止火灾事故等电力生产重大事故二十五项，并逐项做了落实要求。二十五项反措适用于各发电和输电企业，且各单位应密切联系本单位本部门的实际情况，把各项重点要求落到实处，防止特大、重大和频发性事故的发生。

214　DL/T 544—2012 电力通信运行管理规程

DL/T 544—2012《电力通信运行管理规程》，由国家能源局于 2012 年 1 月 4 日发布，2012 年 3 月 1 日实施。

1. 制定背景

DL/T 544—1994 自发布以来，电力通信的运行管理体系、管理模式、工作内容、通信网技术体制等都发生了很大变化，DL/T 544—1994 已经不适合现代电力通信运行管理的要求。为进一步明确电力通信运行管理职责与分工，规范管理工作与流程，促进电力通信运行的科学化、规范化管理，充分发挥电力通信网的基础支撑作用，为确保电网安全稳定运行提供保障，国家电力调度通信中心、中国电力科学研究院、国网电力科学研究院、南方电网调度通信中心、华东电网有限公司、国网信息通信有限公司和西北电力设计院组成项目组，在 DL/T 544—1994 的基础上按照 GB/T 1.1—2009 及 DL/T 600—2001 的要求，增加了前言、范围、规范性引用文件、术语和定义，并对格式进行修改，同时结合现代电力通信运行管理的要求增加了通信网运行管理体系与职责章节、通信网运行管理章节以及通信调度、运行方式、通信检修等章节，对安全管理及统计分析章节的内容也进行了修改。

2. 主要内容

DL/T 544—2012 规定了电力系统通信网运行管理的基本任务、管理原则、组织体系、职责分工、管理内容和要求。

DL/T 544—2012 列出了 GB/T 14733.1、DL/T 1040 界定的有关电力通信运行管理的相关术语和定义。规定了电力通信运行管理原则、运行管理体系的职责分工（包括电网通信机构和发电厂通信机构）、通信调度的总体要求、通信调度管辖范围和通信调度员的要求、运行汇报、故障处理。对通信系统的运行、检修和通信设备、备品备件以及通信系统安全做了明确的要求和管理规定。也给出了系统统计分析的范围和内容。

3．规程适用性

DL/T 544—2012 适用于电力系统通信网运行管理。

215　DL/T 1051—2007 电力技术监督导则

DL/T 1051—2007《电力技术监督导则》，由中华人民共和国国家发展和改革委员会于2007 年 7 月 20 日发布，2007 年 12 月 1 日实施。

1．制定背景

DL/T 1051—2007 是根据国家发展改革委办公厅《关于下达 2004 年行业标准项目补充计划的通知》（发改办工业〔2004〕11951 号）文件的要求，由湖北省电力试验研究院组织制定的。

2．主要内容

DL/T 1051—2007 列出了电力技术监督等 4 个相关术语和定义。规定了电网企业主要监督的内容（包括电能质量监督、绝缘监督、电测监督、继电保护及安全自动装置监督、节能监督、环保监督、化学监督和热工监督）和发电企业的主要监督内容［包括绝缘监督、电测监督、继电保护及安全自动装置监督、励磁监督、节能监督、环保监督、金属监督、化学监督、热工监督、电能质量监督、水工监督和汽（水）轮机监督］。规范了各相关部门电力技术监督的管理职责和管理要求。

3．规程适用性

DL/T 1051—2007 适用于电力规划、设计、建设、生产全过程的技术监督工作。

216　DL/T 1056—2007 发电厂热工仪表及控制系统技术监督导则

DL/T 1056—2007《发电厂热工仪表及控制系统技术监督导则》，由中华人民共和国国家发展和改革委员会于 2007 年 6 月 20 日发布，2007 年 12 月 1 日实施。

1．制定背景

热控技术监督一直是电力行业的主要技术监督内容之一，多年来对发电厂热工设备的安全、可靠起到了重要的作用。DL/T 1056—2007 是根据国家发展改革委办公厅《关于下达 2004 年行业标准项目补充计划的通知》（发改办工业〔2004〕1951 号）的要求安排，结合了目前发电厂热控技术监督的实施情况和管理模式，由陕西电力科学研究院组织制定的。

2．主要内容

DL/T 1056—2007 规定了发电厂热控技术监督的范围、内容、技术管理及监督职责，是发电厂热控技术监督的依据。

第 3 章列出了热工检测参数等 3 个相关术语和定义。第 4 章规定了热控技术监督体系的监督机构、各相关部门的监督职责。第 5 章明确了热控技术监督的监督范围（包括热工仪表及设备、热控系统）。

第 6～9 章强调不同阶段热控技术监督的具体要求和工作重点。在设计、安装、调试阶段要重点监督新建、扩建、改建机组的热控系统的设计应符合 DL 5000、DL/T 5175、DL/T 5182 和 DL/T 5227 的要求，热工自动化试验室的设计应满足 DL/T 5004 的要求；热控系统施工前图纸的核对、安装过程的技术交底和施工质量的管理、验收，投产前调试单位对保护系统、模拟量控制系统和顺序控制等等应按有关规定和要求做各项试验。在试生产期间发电企业应负责组织有关单位进行热控系统的深化调试，按照国家及行业的有关规定对遗留问题及未完项目做深入的调整试验工作，组织调试、生产、施工、监督、监理、制造等单位按照有关规定对各项装置和系统的各项试验进行逐项考核验收。在运行过程中热控系统应随主设备准确可靠地投入运行，主要热工检测参数应定期进行现场校验，热工保护连锁系统应定期进行试验，热控人员应定期对运行中的热控系统进行巡检，并做好巡检记录；运行中发生异常或故障时，机组运行人员应加强对机组的监控，防止事态扩大，并及时通知热控人员处理并做好记录，加强管理不断提高机组的整体控制水平。在检修阶段，热控系统的检修宜随主设备的检修同时进行，检修周期按 DL/T 838 的规定进行；热控系统的检修项目，应按 DL/T 774 规定的内容进行，并应制定检修计划，不得缺项、漏项；检修、检定和调试均应符合检修工艺要求。检修、技改、检定、校验和试验记录等技术资料应在检修工作结束后及时整理归档。

第 10 章对量值传递中的对计量人员要求、计量设备要求、建标考核、技术档案管理做了明确规定。

第 11 章规定技术监督管理应建立的各项管理制度、技术监督报表及报告管理、技术监督指标管理以及资料档案管理。

附录中详细地给出了热控技术监督考核指标、主要热工仪表及控制系统清单、热控技术监督指标统计方法和发电厂热控技术监督报表格式。

3．规程适用性

DL/T 1056—2007 适用于并网运行的火力发电企业和水力发电企业，供电企业的热控技术监督工作可参照相关部分执行。

217 DL/Z 870—2004 火力发电企业设备点检定修管理导则

DL/Z 870—2004《火力发电企业设备点检定修管理导则》，由中华人民共和国国家发展和改革委员会于 2004 年 3 月 9 日发布，2004 年 6 月 1 日实施。

1．制定背景

DL/Z 870—2004 是根据国家经济贸易委员会《关于下达 2002 年电力行业年度标准制订和修定计划的通知（国经贸电力〔2002〕973 号）》的安排制定的。

点检定修制是一种在设备运行阶段以点检为核心对设备实行全员、全过程管理的设备管理模式。国内外实践证明，推行点检定修制的设备管理模式，可以有效地防止设备的“过维修”和“欠维修”，提高可靠性，降低故障发生率，减少设备的维护检修费用。

随着电力行业的深化改革，采用点检定修制管理设备的发电企业越来越多，需要掌握有关点检定修管理的内容和实施的具体方法来规范管理行为。

DL/Z 870—2004 为发电企业提供了点检定修管理的基本内容和点检定修制的具体实施方法。新成立的发电企业可按 DL/Z 870—2004 设置设备管理系统的机构和岗位，老发电企业在企业改制时其设备管理系统亦可参照 DL/Z 870—2004 设置有关岗位。

2. 主要内容

DL/Z 870—2004 规定了火力发电企业设备点检定修管理的方法和内容。

第 3 章给出了设备点检、设备定修、点检定修制等 15 个专业术语和定义。第 4 章为总则。指出点检定修管理的工作应包括点检管理、定修管理、标准化管理、安全的全过程管理、设备的维护保养管理、设备的备品和费用管理、设备的全过程（PDCA）管理。

第 5～7 章详细介绍了发电设备点检管理、发电设备定修管理和点检定修的主要技术标准。设备点检管理的基本原则：定点、定标准、定人、定周期、定方法、定量、定作业流程、定点检要求。介绍了设备点检管理的五层防护体系、点检基层组织的划分、设备点检人员的配置和职责、点检路线图和作业流程。设备定修管理的策略：发电设备在开展定修管理时按规定的原则分成 A、B、C 三类，点检定修工作的重点应放在 A、B 类设备上，A、B、C 类设备根据其在生产中的重要性不同，采用不同的定修策略。给出设备定修计划的管理流程、计划内容的编制、年修模型、定修过程的管理和定修项目的质量监控。检修技术标准、点检标准、检修作业标准和设备维护保养标准，是实行设备点检定修管理的主要依据。还详细介绍了各标准的编写内容和依据。

第 8 章为台账和基本业务记录。点检定修的管理台账和业务记录，一般包括点检工作日志、点检实绩记录及分析、检修工时和费用预算及实绩记录、外协工程管理记录、备品配件管理记录、设备改进记录以及质量监控和安全工作的有关记录。

第 9 章为教育培训及考核。

附录列出火力发电企业设备性能考核项目、各级管理人员岗位职责、专业点检员的应知应会及任职条件、火力发电企业设备的 ABC 分类、点检定修主要技术标准和作业标准的表式示例。

3. 规程适用性

DL/Z 870—2004 适用于中华人民共和国境内的火力发电企业。其他发电企业可参照使用。

218 JJF 1033—2008 计量标准考核规范

JJF 1033—2008《计量标准考核规范》，由国家质量监督检验检疫总局于 2008 年 1 月 31 日发布，2008 年 9 月 1 日实施。

1. 制定背景

为了加强计量标准的管理，进一步规范计量标准的考核工作，保障国家计量单位制的统一和量值传递的一致性、准确性，为国民经济和社会发展以及计量监督管理提供准确的检定、校准数据或结果，根据《中华人民共和国计量法》《计量标准考核办法》的有关规定，并参照国际法制计量组织（OIML）对计量标准的要求，制定 JJF 1033—2008。

2. 主要内容

第 3 章确定了计量标准、计量标准考核等 9 个专业术语。

第 4 章为计量标准的考核要求。计量标准器及配套设备：介绍计量标准器及配套设备配置和计量标准的溯源性。计量标准的主要计量特性：有计量标准的测量范围、计量标准的不确定度或准确度等级或最大允许误差、计量标准的重复性、计量标准的稳定性及其他计量特性。还给出了环境条件及设施、人员的要求。每项计量标准应建立的文件以及文件的要求和管理方法：包括计量标准装置考核资料、计量检定规程或技术规范、计量标准技术报告、检定或校准的原始记录、检定或校准证书以及管理制度。计量标准测量能力的确认：主要为计量标准考核时检定或校准人员现场实际操作和回答问题的能力要求。

第 5 章为计量标准考核的程序。程序为计量标准考核的申请、计量标准考核的受理、计量标准考核的组织与实施、计量标准考核的审批，并详细指出了每一阶段需要完成的任务内容和要求。

第 6 章为计量标准的考评。指出了计量标准的考评原则和要求、考评方法、整改和考评结果的处理。

第 7 章为计量标准考核的后续监督。包括计量标准器或主要配套设备的更换、计量标准的封存与撤销、计量标准的恢复使用、计量标准的技术监督。

附件给出了计量标准考核（复查）申请书、计量标准技术报告、计量标准履历书、重复性试验记录、稳定性考核记录等格式以及表格填写过程中的注意事项和要求。

3. 规程适用性

JJF 1033—2008 适用于新建计量标准的考核、已建计量标准的复查以及计量标准考核的监督管理。

219　发电厂并网运行管理规定（电监市场〔2006〕42 号）

《发电厂并网运行管理规定》（电监市场〔2006〕42 号），由国家电力监管委员会于 2006 年 11 月 3 日发布并实施。

1. 制定背景

为保障电力系统安全、优质、经济运行，促进厂网协调，维护电力企业合法权益，制定《发电厂并网运行管理规定》。《发电厂并网运行管理规定》由国家电力监管委员会负责解释。

2. 主要内容

第 2 章为运行管理。电力调度机构负责电力系统运行的组织、指挥、指导和协调。电网企业、并网发电厂、电力用户有义务共同维护电力系统安全稳定运行。并网发电厂应严格遵守国家法律法规、国家标准、电力行业标准及所在电网的电力调度规程。

第 3 章为考核实施。区域电力监管机构组织电力调度机构及电力企业制定考核办法，电力调度机构负责并网运行管理的具体实施工作。电力调度机构对已投入商业运行（或正式运行）的并网发电厂运行情况进行考核，考核内容应包括安全、运行、检修、技术指导和管理等方面。发电厂并网运行管理考核采取扣减电量或收取考核费用的方式。考核所扣电量或所收考核费用实行专项管理，并全部用于考核奖励。

第4章为监管。电力监管机构负责协调、监督发电厂并网运行管理和考核工作，各级电力监管机构负责辖区内并网运行管理争议的调解和裁决工作，电力调度机构应当按照电力监管机构的要求组织电力三公调度信息披露，建立并网调度协议和购售电合同备案制度，建立电力三公调度情况书面报告制度，建立厂网联席会议制度，通报有关情况，研究解决发电厂并网运行管理中的重大问题。

3. 规程适用性

《发电厂并网运行管理规定》适用于各区域电监局，各城市电监办，国家电网公司，南方电网公司，华能、大唐、华电、国电、中电投集团公司及各有关电力企业，各区域电监局根据《发电厂并网运行管理规定》，与电力企业制定本区域发电厂并网运行管理实施细则，报电监会审核同意后施行。

第二节　电　力　管　理

220　国家电网公司专业技术监督规定（试行）（国家电网生 2005-682 号）

《国家电网公司专业技术监督规定（试行）》（国家电网生 2005-682 号）由国家电网公司办公厅于2005年10月19日印发。《国家电网公司专业技术监督规定（试行）》由国家电网公司负责解释、修订和监督执行。

1. 制定背景

为适应电网发展的要求，实现建设“一强三优”现代公司的战略目标，不断拓展技术监督专业的范围和内容，实现对电网和设备的全方位、全过程的技术监督，公司生产部组织有关单位制订了九项专业技术监督规定（试行），请据此认真做好各项专业技术监督工作。《国家电网公司专业技术监督规定（试行）》自印发之日起执行。

为加气热工技术监督工作，保障国家电网公司系统的正常工作秩序和设备安全经济运行，制定《国家电网公司专业技术监督规定（试行）》。

2. 主要内容

第1章为总则。热工技术监督在管理上应严格执行《国家电网公司技术监督工作管理规定》的要求，建立相应的管理体制和制度，规范技术监督工作。热工仪表及控制装置技术监督的任务是：通过对热工仪表及控制装置进行正确的系统设计、设备选型、安装调试和周期性的检定、校验、日常维护、技术改造以及统计、考核等工作，使之经常处于准确、可靠状态，以满足生产、管理的要求。

第2章为热工技术监督范围及主要内容。其中国家电网公司系统各企业的热工技术监督范围包括热工仪表及控制装置的检查元件、二次线路、脉冲管路、控制设备；国家电网公司直属企业热工技术监督主要内容包括设计阶段、安装阶段、调试阶段、生产阶段的热工技术监督；与省级及以上电网并网（联网）运行的发电企业相关热工技术监督范围及主要内容；量值传递监督范围及主要内容。

第3章为附则。对电力设备及系统的热工参数进行检测的仪表称为热工仪表；对电力设备及其系统的工艺过程进行控制、调节、保护与联锁的装置称为热工控制装置。热工仪表及热工控制装置统称为热工仪表及控制装置，简称为热工（控）装置。

3．规程适用性

技术监督作为电力生产管理的一项重要技术手段，有效提高了电网生产设备的健康水平，为保证电网安全、稳定、经济运行发挥了重要作用。为做好各专业技术监督的管理工作，按照“国家电网公司技术监督工作管理规定”的要求，在国家电网公司生产部统一归口管理的同时，不同专业技术监督管理工作由国家电网公司总部相关专业部门分别具体负责。

根据国家电力监管委员会《关于发电厂并网运行管理的意见》，对与省级及以上电网并网（联网）运行的发电企业相关热工技术监督工作也纳入《国家电网公司专业技术监督规定（试行）》。热工技术监督在管理上应严格执行《国家电网公司技术监督工作管理规定》的要求，建立相应的管理体制和制度，规范技术监督工作。《国家电网公司专业技术监督规定（试行）》适用于国家电网公司各电网企业、供电企业、发电企业、建设施工企业、修造企业。第九条适用于其他并网（联网）运行的发电企业。各区域电网公司、省（直辖市、自治区）电力公司应根据《国家电网公司专业技术监督规定（试行）》制定具体实施细则。

221　关于开展电力工控PLC设备信息安全隐患排查及漏洞整改工作的通知

《关于开展电力工控PLC设备信息安全隐患排查及漏洞整改工作的通知》由国家能源局综合司于2013年9月12日发布并实施。

1．制定背景

根据工业和信息部《关于加强工业控制系统信息安全管理的通知》（工信部协〔2011〕451号）和电力二次系统安全防护的有关要求，国家能源局决定对经检验存在信息安全风险的电力工控PLC设备开展隐患排查及漏洞整改工作。

2．主要内容

各有关单位要对本企业发电厂计算机监控系统、辅助设备控制系统等电力工控系统所使用的PLC设备进行细致排查和梳理。并填写电力工控PLC设备生产厂商及型号统计表，并且根据企业实际，结合厂站设备检修等工作计划，在确保发电厂安全稳定运行的前提下，积极稳妥地做好对存在信息安全漏洞的电力工控PLC设备的整改工作。且对以上的二项工作内容做了技术管理和时间上的要求。

3．规程适用性

适用于各派出机构，国家电网公司，南方电网公司，华能、大唐、华电、国电、中电投集团公司以及各有关电力企业，发电厂计算机监控系统、辅助设备控制系统等电力工控系统中所使用的PLC设备。

222 华北区域并网发电厂辅助服务管理实施细则（试行）

《华北区域并网发电厂辅助服务管理实施细则（试行）》由国家电力监管委员会华北电力监管局于2009年3月发布，2009年6月实施。

1. 制定背景

为保障电力系统安全、优质、经济运行，规范华北区域辅助服务管理，根据《并网发电厂辅助服务管理暂行办法》（电监市场〔2006〕43号）和国家有关法律法规，制定《华北区域并网发电厂辅助服务管理实施细则（试行）》。《华北区域并网发电厂辅助服务管理实施细则（试行）》将根据华北电网实际运行情况及时修订。华北电力监管局根据辅助服务运营情况，对补偿标准进行修改，报国家电力监管委员会备案后执行。

2. 主要内容

第一章为总则。明确了辅助服务的范围和电力监管机构的职责。

第二章为定义与分类。指出辅助服务分为基本辅助服务和有偿辅助服务，基本辅助服务是指为了保障电力系统安全稳定运行，保证电能质量，发电机组必须提供的辅助服务，包括一次调频、基本调峰、基本无功调节。有偿辅助服务是指并网发电厂在基本辅助服务之外所提供的辅助服务，包括自动发电控制（AGC）、有偿调峰、有偿无功调节、自动电压控制（AVC）、旋转备用、黑启动。

第三章为提供与调用。并网发电厂有义务提供辅助服务，且所提供的辅助服务应达到规定标准。电力调度机构调用并网发电厂提供辅助服务时，应履行相应的职责。

第四章为考核与补偿。对基本辅助服务不进行补偿，当并网发电厂因自身原因不能提供基本辅助服务时需接受考核。对有偿辅助服务进行补偿，确定有偿辅助服务的补偿原则、有偿调峰服务补偿、自动发电控制（AGC）服务补偿、有偿无功服务补偿、自动电压控制（AVC）服务补偿、旋转备用服务补偿、黑启动服务补偿。当并网发电厂因自身原因不能被调用或者达不到预定调用标准时需接受考核。具体考核办法见《华北区域发电厂并网运行管理实施细则》。

第五章为计量与结算。电力调度机构负责辅助服务的计量。计量的依据为电力调度指令，能量管理系统（EMS）、发电机组调节系统运行工况在线上传系统、广域测量系统（WAMS）等调度自动化系统采集的实时数据，电能量采集计费系统的电量数据等。

第六章为监督与管理。电力调度机构应建立并网发电厂辅助服务管理技术支持系统，并将信息接入电力监管机构的监管信息系统。电力监管机构负责组织或委托有资质单位，审核并网发电机组性能参数和辅助服务能力。并网发电厂与省（市）电力调度机构之间因辅助服务调用、补偿和统计等情况存在争议的，由属地城市监管办依法协调或裁决。未设立城市监管办的省（市），由华北电监局依法协调或裁决。并网发电厂与区域电力调度机构之间存在争议的，由华北电监局依法协调或裁决。

3. 规程适用性

《华北区域并网发电厂辅助服务管理实施细则（试行）》适用于华北区域省级及以上电力

调度机构直调的并网发电厂（包括并网自备发电厂）。地（市）、县电力调度机构及其直接调度的并网发电厂可参照执行。

223 华东区域并网发电厂辅助服务管理实施细则（试行）和华东区域发电厂并网运行管理实施细则（试行）

《华东区域并网发电厂辅助服务管理实施细则（试行）》和《华东区域发电厂并网运行管理实施细则（试行）》（简称华东两个细则）由国家电力监管委员会华东电力监管局于 2009 年 2 月 26 日发布，9 月实施。

1．制定背景

根据国家电力监管委员会《关于同意印发实施华东区域发电厂辅助服务管理及并网运行管理实施细则的通知》（电监市场〔2008〕61 号）要求，华东电力监管局在进一步广泛征求电力企业和地方政府有关部门意见的基础上，为保障电力系统安全、优质、经济运行，规范华东区域辅助服务管理和维护电力企业的合法权益，促进电网经营企业和并网发电厂协调发展，根据《并网发电厂辅助服务管理暂行办法》（电监市场〔2006〕43 号）和《发电厂并网运行管理规定》（电监市场〔2006〕42 号），修改并完善了《华东区域发电厂并网运行管理实施细则（试行）》和《华东区域并网发电厂辅助服务管理实施细则（试行）》。

2．主要内容

（1）华东区域并网发电厂辅助服务管理实施细则（试行）。

第一章为总则。明确了辅助服务的范围，确定了华东区域电力监管机构负责监管辅助服务调用、考核及补偿等情况，电力调度交易机构按照调度管辖范围具体实施辅助服务考核和补偿情况统计等。

第二章为定义与分类。指出辅助服务分为基本辅助服务和有偿辅助服务，基本辅助服务是指为了保障电力系统安全稳定运行，保证电能质量，发电机组必须提供的辅助服务，包括一次调频、基本调峰、基本无功调节。有偿辅助服务是指并网发电厂在基本辅助服务之外所提供的辅助服务，包括自动发电控制（AGC）、有偿调峰、有偿无功调节、自动电压控制（AVC）、旋转备用、黑启动。

第三章为提供与调用。并网发电厂有义务提供辅助服务，电力调度交易机构调用并网发电厂提供辅助服务，双方都应履行相应的职责。

第四章为考核与补偿。对并网发电厂提供的基本辅助服务不进行补偿，当并网发电厂因自身原因不能提供基本辅助服务时需接受相应的考核。对并网发电厂提供的有偿辅助服务进行补偿，确定有偿辅助服务的补偿原则、有偿调峰服务补偿、自动发电控制（AGC）服务补偿、有偿无功服务补偿、自动电压控制（AVC）服务补偿和旋转备用、热备用服务补偿，另外对事故预案确定的提供黑启动服务的机组按规定的标准进行补偿。

第五章为计量与结算。电力调度机构负责辅助服务的计量。计量的依据为：电力调度指令，能量管理系统（EMS）、发电机组调节系统运行工况在线上传系统、广域测量系统（WAMS）等调度自动化系统采集的实时数据，电能量采集计费系统的电量数据等。规定了结算的方式。

第六章为监督与管理。电力调度机构应建立并网发电厂辅助服务管理技术支持系统，规定每月10日前公布上月并网发电厂辅助服务调用和补偿统计结果。如并网发电厂对统计结果有疑义，应在每月15日前向相关电力调度交易机构提出复核。每月20日前调度交易机构将结果以文件形式报送电力监管机构，审批后生效。并网发电厂与区域电力调度交易机构之间存在争议，由华东电监局依法协调或裁决。

（2）华东区域发电厂并网运行管理实施细则（试行）。

第一章为总则。

第二章为安全管理。指出电网公司、电力调度交易机构、并网发电厂、电力用户有义务共同维护华东电力系统安全稳定运行，各电力调度交易机构按其调度管辖范围负责华东电力系统运行的组织、指挥、指导和协调，确定了并网发电厂安全生产的具体管理要求。

第三章为调度管理。并网发电厂应按规定及时签订并网调试协议、购售电合同，并严格服从相关电力调度交易机构的指挥，迅速、准确执行高度命令，不得以任何借口拒绝或者拖延执行，如违反调度纪律，每次考核并网发电厂全厂当月发电量的0.5%。并网发电厂应严格执行相应电力调度交易机构的励磁系统、调速系统、继电保护、安全自动装置、行货设备和通信设备等的参数管理规定。严格执行相应电力调度交易机构下达的发电计划曲线的运行方式安排，并对执行情况给出考核方式。

第四章为检修管理。并网发电厂应按《发电企业设备检修导则》（DL/L 838—2003）及相应电力调度交易机构的调度规程的规定，提出年度、月度及日常检修申请，并按照下达的年度、月度及日常检修计划严格执行。电厂外送输电设备、涉网为继电保护及安全自动装置、自动化及通信等二次设备的检修管理以及电厂提出临修或变更检修都应按相应的电力调度交易机构的高度规程和规定执行。电厂应按照“应修必修，修必修好”的原则，按时保持完成检修任务，保证设备的正常可靠运行，检修工作中出现非正常情况要考核检修机组当月发电量。

第五章为技术指导和管理。并网发电厂涉及电网安全稳定运行的继保和安全自动装置、通信设备等应纳入华东电力系统统一规划、设计、建设和运行管理，其技术性能和参数应达到国家及行业规定和安全性评价要求，其技术规范应满足接入电网的要求，涉网设备选择、配置和定值等应满足所在电网安全稳定运行的要求，并经相应电力调度交易机构审核批准。电力调度交易机构对并网电厂继电保护和安全自动装置，包括发电机涉及机网协调的保护、通信设备、自动化设备等要开展技术指导和管理工作，并对电厂继保专业的管理工作和安全运行水平、通信专业的工作、自动化设备的运行等进行考核。

第六章为考核实施及信息发布。电力调度交易机构在电力监管机构的授权下负责其管辖范围内发电厂的并网运行管理考核工作。确定了考核的基本原则和考核依据。规定了运行考核结果公布、复核申请、考核生效的时间和要求。

第七章为监管。为保证并网运行管理考核工作的准确、高效，电力调度交易机构应建立相应的技术支持系统，确定发电厂、电力调度交易机构、电力监管机构的监督内容和管理要求。

附件中给出了机组一次调频基本技术要求和AGC调节速率测试方法。

3. 规程适用性

《华东区域并网发电厂辅助服务管理实施细则（试行）》适用于华东区域省级及以上电力

调度交易机构管辖范围内已进入商业运营的并网发电厂（包括自备发电厂）。《华东区域发电厂并网运行管理实施细则（试行）》适用于华东区域省级及以上电力调度交易机构管辖的发电厂（包括并网自备发电厂），考核部分适用于省级及以上电力调度交易机构管辖范围的并已进入商业运营的发电厂。地（市）、县电力调度交易机构及调度管辖的并网发电厂可参照执行。

224 燃煤发电机组脱硫电价及脱硫设施运行管理办法（试行）

《燃煤发电机组脱硫电价及脱硫设施运行管理办法（试行）》由中华人民共和国国家发展和改革委员会和中华人民共和国环境保护部于 2014 年 5 月 1 日发布并实施。

1. 制定背景

为发挥价格杠杆的激励和约束作用，促进燃煤发电企业建设和运行环保设施，减少二氧化硫、氮氧化物、烟粉尘排放，切实改善大气环境质量，根据《中华人民共和国价格法》《中华人民共和国环境保护法》《中华人民共和国大气污染防治法》《国务院关于印发大气污染防治行动计划的通知》（国发〔2013〕37 号）等有关规定，制定《燃煤发电机组脱硫电价及脱硫设施运行管理办法（试行）》。

2. 主要内容

安装环保设施的燃煤发电企业，环保设施验收合格后，由省级环境保护主管部门函告省级价格主管部门，省级价格主管部门通知电网企业自验收合格之日起执行相应的环保电价加价。新建燃煤发电机组同步建设环保设施的，执行国家发展改革委公布的包含环保电价的燃煤发电机组标杆上网电价。

现有燃煤发电机组应按照国家和地方政府确定的时间进度完成环保设施建设改造，由发电企业向负责审批的环境保护主管部门申请环保验收。市级环境保护主管部门验收的，验收结果报省级环境保护主管部门。环境保护主管部门充分验收合格的环保设施出具验收合格文件。

燃煤发电机组排放污染物应符合《火电厂大气污染物排放标准》（GB 13223—2011）规定的限值要求及一些地方或其他特殊要求，并按国家有关规定安装运行烟气排放连续监测系统（简称 CEMS），与省级环境保护主管部门和省级电网企业联网，实时传输数据，按规定要求做好日常巡检和维护保养，并确保其正常运行。

燃煤发电企业应建立环保设施运行、维修、检修等生产和管理台账，并建立相应的管理制度。

省级电网企业应建立辖区内发电企业的监控平台，实时监控发电企业的环保设施 DCS 和 CEMS 主要参数，分析污染物排放情况，并将相关数据提供给省级环境保护主管部门等作为确定各企业污染物排放达标情况以及考核的参考依据。燃煤发电企业通过改装 CEMS 或 DCS 软、硬件设备，修改 CEMS 或 DCS 主要参数等手段，经核实将受到相关部门的考核。

环保电价按照污染物种类分项考核。省级环境保护主管部门根据日常检查结果、CEMS 自动监测数据有效性审核情况和发电企业上报的 DCS 关键参数，每季度核实辖区内各燃煤发电机组环保设施运行情况，定期向社会公告所辖地区各燃煤发电机组污染物排放情况。电网企业提供燃煤发电机组电量核算环保电价款。省级价格主管部门负责环保电价款的核算、没收和罚款。

国务院环保部门会同其他监管部门依法定期组织对燃煤发电企业环保设施运行情况进行核查和监督。

燃煤发电企业未按规定安装环保设施及CEMS，或环保设施及CEMS没有达到国家规定要求的，或擅自拆除、闲置或者无故停运环保设施及CEMS，未按国家环保规定排放污染物的，由省级环境保护主管部门按照《环境保护法》等规定予以处罚。

电网企业、省级环境保护主管部门、省级价格主管部门未按规定要求操作按照《价格违法行为行政处罚规定》等有关规定追究有关责任人责任。

3．规程适用性

《燃煤发电机组脱硫电价及脱硫设施运行管理办法（试行）》适用于符合国家建设管理规定的燃煤发电机组（含循环流化床燃煤发电机组，不含以生物质、垃圾、煤气等燃料为主掺烧部分煤炭的发电机组）脱硫、脱硝、除尘电价（简称环保电价）及脱硫、脱硝、除尘设施（简称环保设施）运行管理。对燃煤发电机组新建或改造环保设施实行环保电价加价政策。环保电价加价标准由国家发展改革委制定和调整。

225 南方区域并网发电厂辅助服务管理实施细则

《南方区域并网发电厂辅助服务管理实施细则》由国家电力监管委员会南方电力监管局发布，2009年3月31日实施。

1．制定背景

为保障南方区域（广东、广西、云南、贵州和海南省（区））电力系统安全、优质、经济运行，规范南方电力市场辅助服务管理，促进电力工业健康发展，根据《并网发电厂辅助服务管理暂行办法》（电监市场〔2006〕43号）和国家有关法律法规，制定《南方区域并网发电厂辅助服务管理实施细则》。

2．主要内容

第一章为总则。界定了总体原则和制定背景，规程适用范围等。辅助服务是指为维护电力系统的安全稳定运行，保证电能质量，除正常电能生产、输送、使用外，由发电企业、电网经营企业和电力用户提供的服务，包括一次调频、自动发电控制（AGC）、调峰、无功调节、备用、黑启动等。辅助服务是指由并网发电厂提供的辅助服务。

第二章为定义与分类。辅助服务分为基本辅助服务和有偿辅助服务。基本辅助服务是指为了保障电力系统安全稳定运行，保证电能质量，发电机组必须提供的辅助服务，包括一次调频、基本调峰、基本无功调节等。有偿辅助服务是指并网发电厂在基本辅助服务之外所提供的辅助服务，包括自动发电控制（AGC）、有偿调峰、旋转备用、有偿无功调节、黑启动等。

第三章为提供与调用。并网发电厂有义务提供辅助服务，且所提供的辅助服务应达到规定标准。并网发电厂应履行以下职责：①负责厂内设备的运行维护，确保具备提供符合规定标准要求的辅助服务的能力；②向调度机构提供辅助服务能力的基础技术参数及有相应资质的单位出具的辅助服务能力测试报告；③具备相应技术条件，满足本细则实施辅助服务管理的需要；④根据电力调度指令提供辅助服务；⑤根据本细则接受辅助服务的考核和分摊辅助服务补偿金。

第四章为考核与补偿。提供与调用对基本辅助服务不进行补偿，当并网发电厂因自身原因不能提供基本辅助服务时需接受考核，具体考核标准和办法见《南方区域发电厂并网运行管理实施细则》。对有偿辅助服务进行补偿。承担调度机构指定 AGC、旋转备用、有偿调峰和黑启动等辅助服务的并网发电厂，当因自身原因达不到预定调用标准时需接受考核。AGC、旋转备用、有偿调峰等辅助服务的考核标准和办法见《南方区域发电厂并网运行管理实施细则》。对于省（区）级电网经营企业之间的电能交易及区外电源，仅对其深度调峰进行补偿。根据 AGC 投运率、调节容量、调节电量，对并网发电机组提供的 AGC 服务实施补偿。AGC 投运率为统计时段内的 AGC 投运时间除以机组运行时间，机组运行时间不包括机组启动、停机、调试和电出力低于 AGC 投入允许最低出力的时段。AGC 服务补偿包括容量补偿及电量补偿两部分。

第五章为统计与结算计算。辅助服务考核与补偿数据以辅助服务能力测试报告及调度自动化系统记录为准。辅助服务考核与补偿数据包括电能量计量装置的数据、调度自动化系统记录的发电负荷指令、实际有功（无功）出力、日发电计划曲线、电网频率、省际联络线实际交换功率曲线、电压曲线等。辅助服务考核与补偿数据至少应保存一年。并网发电厂应建设辅助服务考核与补偿配套系统和通信系统的厂内配套装置，调度机构应予以指导。电网经营企业应在辅助服务考核与补偿费用结算等过程中履行职责。电网经营企业是指与并网发电厂有购售电合同关系的省级电网经营企业。与多个省级电网经营企业有购售电合同关系的并网发电厂所提供的有偿辅助服务供应量按其在各省级电网落地电量的比例分摊，按落地省份的标准补偿，分别与各省级电网经营企业结算。辅助服务补偿支出费用为自动发电控制（AGC）、有偿调峰、有偿无功调节、黑启动等各项辅助服务补偿费用之和。有偿辅助服务按月统计和结算，与下一个月电量的电费结算同步完成。电力调度机构按照调度管辖关系记录和统计辅助服务补偿和考核情况，按月度统计分析，并向结算各方出具补偿和考核凭据。

第六章为监督与管理。电力监管机构负责组织或委托有资质单位，审核并网发电机组性能参数和提供辅助服务的能力。任何单位不得擅自篡改一次调频、AGC 投（退）信号及有关量测数据。调度机构于每月 15 日前在“三公”调度信息披露网站上（或者其他专用技术支持系统）向所并网有发电厂披露所有机组（含抽水蓄能电站）上月辅助服务调用、考核及补偿的明细结果，并报电力监管机构备案。并网发电厂对考核和补偿统计结果有异议的，应在每月 17 日前向所属调度机构提出复核。并网发电厂与调度机构、电网经营企业之间因辅助服务调用、考核、补偿结算等情况存在争议的，由电力监管机构依法协调和裁决。

3．规程适用性

《南方区域并网发电厂辅助服务管理实施细则》适用于南方区域省级及以上电力调度机构（简称调度机构）直接调度的并网发电厂（含并网的自备发电厂）的辅助服务管理。并网发电厂包括火力发电厂（含燃煤电厂、燃气电厂、燃油电厂）、水力发电厂、核电厂、风力发电厂等，以及向南方区域售电的区域外电源（简称区外电源）。抽水蓄能电站的辅助服务管理办法在细则试行一年内另行制定。与当地省级政府签订特许权协议的外商直接投资企业的发电机组，可继续执行现有协议，协议期满后，执行《南方区域并网发电厂辅助服务管理实施细则》。

226 南方区域发电厂并网运行管理实施细则

《南方区域发电厂并网运行管理实施细则》由国家电力监管委员会南方电力监管局发布，2009年3月31日实施。

1．制定背景

为保证南方区域［广东、广西、云南、贵州、海南省（区）］电力系统的安全、优质、经济运行，促进厂网协调，维护电力企业合法权益，根据《发电厂并网运行管理规定》（电监市场〔2006〕42号），制定《南方区域发电厂并网运行管理实施细则》。

2．主要内容

第一章为总则。界定了总体原则和制定背景，规程适用范围等。发电厂并网运行应遵循电力系统客观规律，贯彻安全第一的方针，实行统一调度，坚持公开、公平、公正的原则。

第二章为运行管理。调度机构负责南方电力系统运行的组织、指挥、指导和协调。南方区域的电网企业、并网发电厂、电力用户有义务共同维护南方电力系统安全稳定运行。调度机构负责南方电力系统运行的组织、指挥、指导和协调。南方区域的电网企业、并网发电厂、电力用户有义务共同维护南方电力系统安全稳定运行。调度机构应针对电力系统运行中存在的安全问题，及时制定反事故措施；并网发电厂应落实调度机构制定的反事故措施。对并网发电厂一、二次设备中存在的影响系统安全运行的问题，并网发电厂应与调度机构共同制订相应整改计划，并确保计划按期完成。并网发电厂按所在电网防止大面积停电预案的统一部署，落实相应措施，编制全厂停电事故处理预案及其他反事故预案，并按调度机构要求参加联合反事故演习。并网调度协议由并网发电厂和调度机构根据平等互利、协商一致和确保电力系统安全运行的原则，参照国家电监会和国家工商总局印发的《并网调度协议（示范文本）》签订，并网发电厂不得无并网调度协议并网运行。调度机构、电网经营企业和并网发电厂应按照《电力企业信息报送规定》（国家电监会13号令）及《电力企业信息披露规定》（国家电监会14号令）的要求及时报送和披露调度运行信息。并网发电厂应严格服从调度机构的指挥，迅速、准确执行调度指令，不得以任何借口拒绝或者拖延执行。接受调度指令的并网发电厂值班人员认为执行调度指令将危及人身、设备或系统安全的，应立即向发布调度指令的调度机构值班调度人员报告并说明理由，由调度机构值班调度人员决定该指令的执行或者撤销。属调度机构管辖范围内的励磁系统、调速系统、继电保护、安全自动装置、自动化设备和通信设备等的参数整定值应按照调度机构下达的整定值执行。并网发电厂改变其状态或参数前，应当经调度机构批准。调度机构对并网发电厂日发电计划曲线执行偏差进行统计和考核。调度机构编制次日的发电计划曲线，并下达至各发电厂，根据电能计量系统（EAS）所采集的每时段发电机组电量与下达（包括修改后）的对应时段发电机组计划上网电量进行比较，形成偏差电量和电量偏差率。调度机构对并网发电厂非计划停运情况进行统计和考核。非计划停运时间为机组临时停运时间与等效停运时间之和。每台机组允许的年累计非计划停运时间为200h/（台·年）。对并网发电机组一次调频的投入情况及相关性能进行考核。并网发电机组的自动发电控制（AGC）服务应达到三个标准。三个标准都满足时，合格率为 100%；其中一个不满足，合格率减 33%。因电厂原因导致 AGC 不能投运期间，其合格率按 0%计算；非电厂原因导致 AGC 退出运行期间合格率按 100%计算。对并网发电厂的母线电压曲线合格率进行考核，调峰包括基本调峰和有偿调峰，其分类方法见《南方区域并网发电厂辅助服务管理实施细则》。

第三章为考核实施。发电厂并网运行考核统一标准，分省实施。同一事件同时适用不同条款的考核，考核电量不累加，取考核电量最大的一款。调度机构负责实施其直调电厂的日常统计和考核工作。各并网发电厂的实际考核电量为以上规定的考核电量之和。同时与多个省级电网公司有购售电合同关系的并网发电厂的实际考核电量按照在各省级电网落地电量的比例分摊。考核结算电量按月结算，在下一个月电量的电费支付环节兑现，具体办法见《南方区域并网发电厂辅助服务管理办法实施细则》。

第四章为监管。南方电监局及昆明、贵阳电监办负责协调、监管发电厂并网运行管理和考核工作。调度机构、电网经营企业、并网发电厂应具备相应技术条件，满足本细则实施发电厂并网运行管理的需要。调度机构应当按照电力监管机构的要求组织电力“三公”调度信息披露。建立并网调度协议和购售电合同备案制度。建立厂网联席会议制度，通报有关情况，研究解决发电厂并网运行管理中的重大问题。厂网联席会议由电力监管机构会同政府有关部门组织召开，有关电力企业参加，采取定期和不定期召开相结合的方式。

3. 规程适用性

《南方区域发电厂并网运行管理实施细则》适用于南方区域省级及以上调度机构（简称调度机构）直接调度的并网发电厂（含并网自备发电厂，简称并网发电厂）的运行管理。对与当地省级政府签订特许权协议的外商直接投资企业的发电机组，可继续执行现有协议，协议期满后，执行《南方区域发电厂并网运行管理实施细则》。

227　中国南方电网自动发电控制（AGC）技术规范（试行）

《中国南方电网自动发电控制（AGC）技术规范（试行）》由中国南方电网电力调度通信中心发布，2009 年 5 月 21 日实施。

1. 制定背景

为适应南方电网自动发电控制（Automatic Generation Control，AGC）技术发展的需要，指导有关 AGC 技术装备的设计、选型、调试及 AGC 运行工作，参照国际、国家、行业、南方电网现行的有关标准、规程、规定的要求，结合南方电网各省（区）在 AGC 建设和运行中实际情况，特组织制定了《中国南方电网自动发电控制（AGC）技术规范（试行）》。

2. 主要内容

《中国南方电网自动发电控制（AGC）技术规范（试行）》是根据《中国南方电网自动发电控制（AGC）调度管理规程》的技术要求，结合中国南方电网各省（区）的实际情况而制定的自动发电控制（AGC）技术规范。

第四章为总体要求。基本要求，AGC 的技术支持系统及其技术装备体系必须对南方电网及其各省（区）电力系统的安全、稳定、优质、经济和协调运行提供相应的技术支持。AGC的技术支持系统及其技术装备体系必须符合国家有关技术标准、行业标准和有关的国际标准。AGC的技术支持系统及其技术装备体系必须满足电力二次系统安全防护规定要求，确保整个系统、数据及其控制行为的安全。AGC的技术支持系统及其技术装备体系的结构设计、系统配置、软件编制必须满足各控制区域对系统频率和联络线功率控制的要求。AGC的技术支持系统及其技术装备体系应满足软、硬件平台兼容及各相关系统间的互联的要求，其结构设计应注重系统的可维护性，并提供系统自身运行状态的实时监视信息。功能要求：AGC的控制区域应具备调度管辖和可调资源这两个基本条件，并具有相应的控制手段和可调对象。互联系统的控制区域应该是包括全部联络线在内的联络线走廊断面所构成闭合区域；独立系统的控制区域就是该系统所构成闭合区域。南方电网内部总调和中调 AGC 可以相互独立各自控制，也可以由总调 AGC 协调控制，以达到充分利用网内资源优化控制的目的。同时，中调AGC 也可以在子区域进行分层控制。区域控制方式是南方电网及其各省（区）AGC 实现其控制目标的运行方式，AGC控制方式由电网区域的控制目标要求决定，有以电网频率为控制目标的定频率的控制方式，以联络线为控制目标的定联络线控制方式和同时兼顾频率和联络线的频率与联络线偏差控制方式，其中区域控制偏差（ACE）在 AGC 控制中最常使用的计算分量。通常情况下 AGC 按区域总调节功率（而非区域控制偏差 ACE）的大小和给定的静态门槛值将控制区域划分为死区、正常调节区、紧急区（或者分为次紧急区和紧急区），用于表示控制区域内功率不平衡的程度。南方电网系统频率偏差引起的电钟与标准时钟之间的累积误差不应大于30s。AGC在时差校正中通常采用设置频率偏置的方式来实现，即将目标频率设置为偏离标准频率的值。在机组一次调频投入的情况下，频率偏置幅度不能过大，应不超过0.02Hz。时差的调整应该由总调 AGC 自动发给中调，中调接收到频率偏置后，同时开始以新的目标频率和总调一起调整控制。通信要求：确定远动信息的传输通道、质量及技术要求。发电厂至调度机构具备两个以上可用的独立路由的通信通道。AGC远动信息所遵循的通信规约应该是符合国际标准的通信规约。

第五章为调度主站。总体要求：AGC应该包括的基本功能模块有负荷频率控制（LFC）、LFC 性能监视、机组计划（UNSK）、交易功率计划（TRSK）、机组响应测试（UTEST），一般情况下还需要参与配合运行的功能模块有系统超短期负荷预报（LF）、网络分析（PAS）。功能要求：在线状态，即所有功能都投入正常运行，进行闭环控制；离线状态，即为开环运行，对机组的控制信号均不发送，但其他功能正常运行；暂停状态，当异常情况出现，需要AGC 暂停发出控制信号；当在规定的时间内暂停原因消除后，AGC 自动恢复到运行状态。机组发电控制：机组的基本功相当于计划功率，安排适当与否对 AGC 调节影响非常大，基本功率为机组的实际出力，即没有机组发电计划。根据电网功率不平衡程度所处的区域不同，结合机组基本功率的来源不同，机组控制模式组合。在实际应用的调度 AGC 软件可能需要其中几种就能满足运行需要。控制模式的种类选择可以灵活处理。PLC应有暂停状态和退出状态，处于AGC控制下的PLC在量测量不可靠或机组出力发生突变等情况发生时，AGC程序应将其设置暂停状态。在给定的时间内，一旦引起暂停的原因消失，立即恢复原控制状态；否则转至退出状态。当需要再次投入 AGC 时，必须由调度人员手动完成。某些机组存在一段或几段禁止运行区域，如水电机组的振动区、气蚀区等。备用容量监视：主站 AGC 计算和监视区域中的各种备用容量和响应速率。用户可以通过界面输入和修改区域的备用要求，当备用不足时给运行人员发出报警。调节备用是指在线运行并受 AGC 控制的机组的调节余量，包括上升和下降两个方向。电厂和系统的调节备用容量是其属下各可控机组的调节备用容量之和。旋转备用容量是指在线运行机组可由调速器增加其出力的那一部分容量。安全约束控制：如果主控制区域的联络线走廊断面或相关的线路或元件等存在可以明确的传输阻塞、稳定极限、安全约束等运行限制，AGC 必须采取有效的预防或校正措施。安全约束控制可以有 AGC 软件自带的简单安全约束控制和独立的安全约束调度模块。主站 AGC 必须的安全措施：AGC 的关键遥测数据电网频率、联络线断面潮流使用前必须严格的校验环节，防止遥测数据错误导致 AGC 误调整。控制参数设置，ACE 超过最大单机容量的 1.5 倍时 AGC 应暂停。当各省控制区域内最大容量的单机跳闸时，AGC 应能具备调节稳定电网频率的能力。当 ACE 超过最大单机容量的 1.5 倍时，是由于该控制区域内至少两台发电机同时或相继跳闸、突然失去大量负荷或 ACE 计算数据出现重大偏差，因难以判断确切原因，此时 AGC 应自动暂停。

第六章为水电子站。单机容量在 40MW 以上或全厂容量在 50MW 以上的水力发电厂机组应装设单元协调控制装置（下位机），以实现机组协调控制。且应在下位机装设并投入频率校正回路，当机组工作在 AGC 方式时，由调速系统和下位机共同完成一次调频功能。多台机组具备单元协调控制装置的水力发电厂应装设成组调节（上位机）计算机监控系统，以实现全厂集中协调控制，同时还应具备完善、可靠、稳定的机组全自动启停控制能力。发电厂（机组）AGC 装置的装设不得隔断、阻绝、削弱、妨碍或影响继电保护和安全自动装置的功能。调度自动控制方式（调度设定值方式）。即遥调方式，其控制权由调度远方自动控制；电厂自动控制方式（当地设定值方式）。其控制权由电厂当地自动控制，允许交由调度远方自动控制，全厂出力跟踪当地设定值。电厂自动控制方式（当地曲线方式）。其控制权由电厂当地自动控制，允许交由调度远方自动控制，全厂出力跟踪当地曲线，当地曲线可以由调度自动下发获取。

第七章为火电子站。单机容量在 200MW（新建 100MW）及以上的火力发电厂机组应装设分散控制系统（DCS），以实现机炉协调控制。应在 DCS 装设并投入频率校正回路，当机组工作在机炉协调或 AGC 方式时，由电液调速系统（DEH）和 DCS 共同完成一次调频功能。多台机组具备机炉协调控制系统的火力发电厂建议具备全厂计算机监控系统，视情况实现全厂集中协调控制。发电厂（机组）AGC 装置的装设不得隔断、阻绝、削弱、妨碍或影响继电保护和安全自动装置的功能。调度自动控制方式（遥调）。其控制权由调度远方自动控制；电厂自动控制方式（自动）。其控制权由电厂当地自动控制，允许交由调度远方自动控制；电厂人工控制方式（人工）。其控制权由电厂当地人工控制，不具备调度远方自动控制的条件；电厂 AGC 投退条件，现场没有异常情况；电网及电厂运行方式适合电厂（机组）调度自动控制；电厂（机组）当地显示的遥调指令值与当前实际出力在允许偏差范围内（同步跟踪）；接到值班调度员发布的电厂（机组）投入调度自动控制方式命令或遥控指令。火电厂 AGC 安全措施，火电厂需对遥调指令进行校核，当指令超出机组的出力上下限时，或指令调整量超过调节步长限制时，DCS 应该拒绝执行该指令或自动退出 AGC 远方控制。火电厂由电气功率变送器得到的机组有功值和由 CCS 得到的机组有功值必须保持一致。

第八章为电厂 AGC 测试。界定了电厂 AGC 测试的条件和总体要求，给出了技术条件、测试内容和测试方案。电厂 AGC 性能评价，调节速率要求符合水电厂和火电厂技术规范的控制性能标准。响应时间要求符合水电厂和火电厂技术规范的控制性能标准。过振动区、优先方式、成组方式变化要求对控全厂的电厂，在过振动区、优先方式、成组方式变化过程中，电厂出力应保持稳定，不发生欠调、过调、出力振荡。与主站系统配合要求不与主站 AGC 系统发生正反馈、振荡等现象，不与系统内其他 AGC 主站及其他系统发生正反馈、振荡等现象。

3．规程适用性

《中国南方电网自动发电控制（AGC）技术规范（试行）》适用于南方电网总调、各中调及其直接调度管辖的火力、水力发电厂新（改、扩）建 AGC 技术装备的设计、选型、安装、调试及运行。